ELEMENTE DER MATHEMATIK

11. Schuljahr

Einführung in die Analysis

Herausgegeben von

Heinz Griesel, Helmut Postel

unter Mitwirkung von Friedrich Suhr

Schroedel

Elemente der Mathematik 11

Einführung in die Analysis

Herausgegeben von
Prof. Dr. Heinz Griesel und Prof. Helmut Postel unter Mitwirkung von Friedrich Suhr

Bearbeitet von
Günter Cöster, Dr. Heinz Griesel, Dr. Arnold Hermans, Horst Jahner, Reinhard Kind, Dr. Andreas Meißner, Angelika Müller, Heinz Klaus Strick, Friedrich Suhr

Unter beratender Mitwirkung von
Dr. Rudolf vom Hofe, Dr. Lothar Profke, Ferdinand Weber

Im Buch verwendete Symbole

rote Aufgabenziffer bedeutet erhöhten Schwierigkeitsgrad

GTR kennzeichnet Aufgaben für einen grafikfähigen Taschenrechner

CAS kennzeichnet Aufgaben für ein Computer-Algebra-System

▲ kennzeichnet zusätzlichen Inhalt

Zum Schülerband erscheint:
Lösungsband Best.-Nr. 83951

ISBN 3-507-**83931**-8

Druck A 5 4 3 2 1 / Jahr 2005 2004 2003 2002 2001

Alle Drucke der Serie A sind im Unterricht parallel verwendbar. Die letzte Zahl bezeichnet das Jahr dieses Druckes.

Umschlagentwurf: Loeper & Wulf, Hannover
Illustrationen: Liselotte Lüddecke
Zeichnungen: Michael Wojczak, Barsinghausen
Druck: klr mediapartner GmbH & Co. KG, Lengerich

CHLORFREI

Gedruckt auf Papier, das nicht mit Chlor gebleicht wurde. Bei der Produktion entstehen keine chlorkohlenwasserstoffhaltigen Abwässer.

Vorwort

1. Zur Zielgruppe und zur Zielsetzung des Buches

Dieser Band enthält einen Lehrgang zur *Differentialrechnung* einschließlich des dazu erforderlichen Vorkurses über Funktionen und Grenzwerte und der Anwendungen des Ableitungsbegriffs als dem zentralen Begriff der Differentialrechnung als Änderungsrate, aber auch bei Funktionsuntersuchungen und Extremwertaufgaben. Er ist vor allem für den Mathematikunterricht eines 11. Schuljahres geeignet, der im Klassenverband unterrichtet wird.

2. Übersicht über den Aufbau des Buches

Der zentrale Begriff der Differentialrechnung ist der *Ableitungsbegriff.* Es ist jedoch im Allgemeinen ungünstig den Mathematikunterricht des 11. Schuljahres mit der Einführung dieses Begriffs zu beginnen. Es ist vielmehr sinnvoll der eigentlichen Differentialrechnung einen *Vorkurs* vorzuschalten.

2.1 Vorkurs zur Differentialrechnung in den Kapiteln 1 und 2

Die Kapitel *1. Funktionen* und *2. Grenzwerte bei Folgen und Funktionen* enthalten einen *Vorkurs zur Differentialrechnung.* In diesen Kapiteln wird alles das bereitgestellt bzw. wiederholt, was für das Verständnis des Ableitungsbegriffs und seiner Anwendung unerlässlich bzw. günstig ist. Das ist im 1. Kapitel vor allem der *Funktionsbegriff* (Unterkapitel 1.1) und ein hinreichendes *Beispielmaterial für Funktionen* (Unterkapitel 1.2 bis 1.7) sowie ein wenig *Koordinatengeometrie mit Geraden* (Abschnitt 1.2.2, im Rahmen der Linearen Funktionen). Wichtig ist dabei, dass die charakteristischen Eigenschaften der Funktionen bekannt sind.
Großer Wert wird im Buch auch auf die Verwendung von Funktionen zur *Beschreibung funktionaler Zusammenhänge in Verbindung mit Modellbildung* gelegt.
Zum Verständnis des Begriffs der Ableitung ist der Grenzwertbegriff unerlässlich. Dieser kann auf unterschiedlichem Exaktheitsniveau behandelt werden.
Will man auf einem *nur anschaulichen Niveau* arbeiten und argumentieren, so kann man Kapitel 2 *Grenzwerte bei Folgen und Funktionen* überspringen. In diesem Falle kann man für die Ableitungsregeln (siehe Unterkapitel 3.3) allerdings nur Plausibilitätsargumente angeben. Auf die Behandlung von Folgen in Kapitel 1 (Abschnitte 1.1.2 Folgen und ihre Darstellungen; 1.6.3 Geometrische Folgen; 1.6.4 Geometrische Reihen als Folgen) kann dann auch verzichtet werden.
Legt man Wert auf einen stärker *präzisierten Grenzwertbegriff,* so sollte man Kapitel 2 behandeln. Dies dürfte für Schülerinnen und Schüler, welche einen Leistungskurs Mathematik zu wählen beabsichtigen, unerlässlich sein. Die Abschnitte 1.1.2, 1.6.3 und 1.6.4 über Folgen sollten dann vorher behandelt sein.

2.2 Zur Behandlung der Differentialrechnung in den Kapiteln 3, 4 und 5

Zentrale Grundvorstellung des Begriffs der Ableitung ist die Tangentensteigung. Diese wird daher auch zuerst eingeführt. Die *anderen Grundvorstellungen* betreffen *Änderungsseiten.* Diese werden gestützt auf die Grundvorstellung der Tangentensteigung auch in Kapitel 3 behandelt. Diese Sequenzierung hat sich unterrichtlich bewährt.
Anwendungen der Differentialrechnung werden in den Kapiteln 4 und 5 behandelt.
Im Anhang erfolgt als Angebot die Behandlung weiterer Ableitungsregeln.

3. Einsatz von grafikfähigem Taschenrechner (GTR), Computer und Computeralgebrasystemen (CAS)

GTR, Computer und CAS erhalten als Hilfsmittel in Studium, Wissenschaft und Beruf eine immer größere Bedeutung. Sie sollten daher auch zu Werkzeugen des Mathematikunterrichts werden.
Die Autoren hoffen außerdem, dass diese neuen Hilfsmittel zur Etablierung einer Unterrichtskultur beitragen, in welcher sich die Schülerinnen und Schüler stärker als bisher eigenständig, und mit den neuen Medien experimentierend, Begriffe und Sachverhalte erarbeiten.
Deshalb wurden Aufgaben aufgenommen, welche mit dem GTR oder dem CAS gelöst werden können bzw. deren Lösung durch GTR oder CAS unterstützt wird. Diese Aufgaben sind in der Marginalspalte mit den Hinweiszeichen GTR bzw. CAS versehen. Bei anderen Aufgaben ist *Tabellenkalkulation* sinnvoll.
An keiner Stelle sind solche Aufgaben jedoch für das Erlernen des jeweiligen Stoffgebiets substanziell unerlässlich. Man kann alles im Buch auch ohne GTR, CAS und Computer erlernen. Allerdings erhoffen sich die Autoren, dass diese Aufgaben den Weg zu einem selbstverständlichen Einsatz dieser Systeme bereiten, so wie der Einsatz des gewöhnlichen Taschenrechners im Mathematikunterricht inzwischen eine Selbstverständlichkeit geworden ist.

Inhaltsverzeichnis

1. Funktionen 6

1.1 Funktionsbegriff – Modellieren von Sachverhalten
1.1.1 Funktionen und ihre Darstellung 7
1.1.2 Folgen und ihre Darstellung 16

1.2 Lineare Funktionen – Geraden
1.2.1 Begriff der linearen Funktion 21
1.2.2 Koordinatengeometrie mit Geraden 24
1.2.3 Vermischte Übungen 33

1.3 Quadratische Funktionen
1.3.1 Begriff der quadratischen Funktion 35
1.3.2 Verschieben und Strecken von Parabeln 39
1.3.3 Lineare Gleichungssysteme zur Bestimmung quadratischer Funktionen 44
1.3.4 Quadratwurzelfunktion als Umkehrung einer Quadratfunktion 48
1.3.5 Vermischte Übungen 51

1.4 Potenzfunktionen – Ganzrationale Funktionen
1.4.1 Potenzfunktionen 53
1.4.2 Begriff der ganzrationalen Funktion – Globalverlauf 58
1.4.3 Nullstellen einer ganzrationalen Funktion – Polynomdivision 61

1.5 Trigonometrische Funktionen
1.5.1 Sinus, Kosinus und Tangens am Einheitskreis 67
1.5.2 Das Bogenmaß eines Winkels – Sinus-, Kosinusfunktion mit $\mathbb{R}$ als Definitionsbereich 73
1.5.3 Die allgemeine Sinusfunktion – Modellieren periodischer Vorgänge 76

1.6 Exponentialfunktionen
1.6.1 Der Begriff der Exponentialfunktion 81
1.6.2 Logarithmusfunktion als Umkehrung der Exponentialfunktion 85
1.6.3 Geometrische Folgen 91
1.6.4 Geometrische Reihen als Folgen 94

1.7 Scharen von Funktionen 97

1.8 Vermischte Übungen

Klausurtraining 103

Blickpunkt: Grafikfähige Taschenrechner 106

Exkurs: Der Funktionsbegriff als fundamentaler Begriff in der Mathematik 108

2. Grenzwerte bei Folgen und Funktionen 110

2.1 Grenzwerte bei Folgen
2.1.1 Grenzwert einer Folge 111
2.1.2 Grenzwertsätze für Folgen 115
2.1.3 Konvergenz der geometrischen Reihe 118

2.2 Grenzwerte bei Funktionen
2.2.1 Grenzwert einer Funktion an der Stelle a 120
2.2.2 Grenzwertsätze für Funktionen 126

Exkurs: Unendlich in der Mathematik 130

3. Differentialrechnung 132

3.1 Berechnen der Tangentensteigung bei Graphen
3.1.1 Steigung eines Funktionsgraphen in einem Punkt 133
3.1.2 Berechnen der Tangentensteigung beim Graphen von $x \mapsto x^2$ 137
3.1.3 Bestimmen der Ableitung bei weiteren Funktionen 140
3.1.4 Vermischte geometrische Anwendungen 144

3.2 Analytische Definition der Ableitung
3.2.1 Sonderfälle und Probleme bei der Berechnung der Tangente 146
3.2.2 Analytische Definition der Ableitung – Differenzierbarkeit 148
3.2.3 Ableitungsfunktion – erste, zweite, dritte, ... Ableitung 152

Blickpunkt: CAS als Hilfsmittel zur Visualisierung 154

3.3 Ableitungsregeln
3.3.1 Potenzregel 156
3.3.2 Faktorregel 158
3.3.3 Summen- und Differenzregel 159

3.4 Anwendungen des Begriffs Ableitung
3.4.1 Geschwindigkeit als punktuelle Änderungsrate 163
3.4.2 Dichte eines Gases als punktuelle Änderungsrate 165
3.4.3 Weitere Beispiele für Änderungsraten in den Anwendungen 167
3.4.4 Das Newton-Verfahren 169
3.4.5 Vermischte Übungen 172

Blickpunkt: Grenzsteuer – Spitzensteuersatz 176

Klausurtraining 178

Exkurs: Zur Geschichte der Differentialrechnung 180

4. Funktionsuntersuchungen 182

4.1 Extremstellen – Notwendiges Kriterium 183

4.2 Hinreichende Kriterien für Extremstellen – Monotoniesatz
4.2.1 Vorzeichenwechsel der 1. Ableitung als hinreichendes Kriterium für Extremstellen 190
4.2.2 Monotonie und Vorzeichen der Ableitung 193
4.2.3 Hinreichendes Kriterium für relative Extremstellen mittels der 2. Ableitung 196

4.3 Linkskurve, Rechtskurve – Wendepunkte 199

4.4 Ausführliche Untersuchung ganzrationaler Funktionen 204

4.5 Vermischte Übungen 208

Blickpunkt: Verkehrsfluss in Abhängigkeit von der Geschwindigkeit 210

Klausurtraining 212

5. Bestimmen von Funktionen – Extremwertaufgaben 214

5.1 Bestimmen ganzrationaler Funktionen mit vorgegebenen Eigenschaften 215

5.2 Extremwertprobleme 220

5.3 Untersuchung von Funktionenscharen 227

Blickpunkt: Safttüte mit minimalem Materialbedarf 232

Klausurtraining 234

Anhang

I. Weitere Ableitungsregeln
I.1 Spezialfall der Kettenregel 236
I.2 Produktregel 240
I.3 Quotientenregel 243

II. Lösungen zum Klausurtraining 246

Stichwortverzeichnis 253

Überblick über den Kern des Lehrgangs 255

Verzeichnis mathematischer Symbole 256

Bildquellenverzeichnis

Umschlag: VCL – Bavaria, Gauting; *Seiten 6, 28:* AKG Berlin; *Seite 6 (Planeten):* Astrofoto, Bern Koch, Leichlingen; *Seite 7:* Volkswagen, Wolfsburg; *Seite 34:* DB, Berlin; *Seite 52:* Mauritius – Hubacher, Mittenwald; *Seite 67:* Dr. L. Reinbacher, Kempten; *Seite 85:* Xeniel – Dia, Stuttgart; *Seite 94:* H. Tegen, Hambühren; *Seiten 108, 109, 131, 151:* AKG Berlin; *Seite 110:* (Tschernobyl) Mauritius – Behr, (Medikamente) Mauritius – Speedy, Mittenwald; *Seite 166:* Christian Brand – Bavaria, Gauting; *Seite 168:* Kleefeld – dpa, Frankfurt; *Seiten 180, 181:* AKG Berlin; *Seite 181 (Robinson):* R. Robinson, USA; *Seite 182:* Rob Curtis/The Early Birder, USA; *Seite 183:* Goebel – dpa, Frankfurt; *Seite 199:* TCL – Bavaria, Gauting; *Seite 210:* Scanpix Norway – action press, Hamburg; *Seite 214:* Mauritius – Schmidt-Luchs, Mittenwald; *Seite 220:* VCL – Bavaria, Gauting; *Seiten 14, 17, 49, 90, 232:* Michael Fabian, Edemissen

1. FUNKTIONEN

Der Planet Mars umläuft die Sonne in 1,88 Jahren. Sein mittlerer Abstand zur Sonne ist dabei 1,52-mal so groß wie der mittlere Abstand der Erde zur Sonne.
Man sagt auch: Der Bahnradius des Mars beträgt 1,52 Astronomische Einheiten (wobei 1 AE = 149,6 Millionen km).

Name des Planeten	Bahnradius a (in AE)	Umlaufzeit t_u (in Jahren)
Merkur	0,39	0,24
Venus	0,72	0,62
Erde	1,00	1,00
Mars	1,52	1,88

Der deutsche Astronom JOHANNES KEPLER (1571 – 1630) vermutete schon zu Beginn des 17. Jahrhunderts, dass es zwischen den Umlaufzeiten und den Bahnradien der Planeten einen gesetzmäßigen Zusammenhang gibt. Die Art des funktionalen Zusammenhangs erkennt man besonders gut am Graphen im Koordinatensystem.

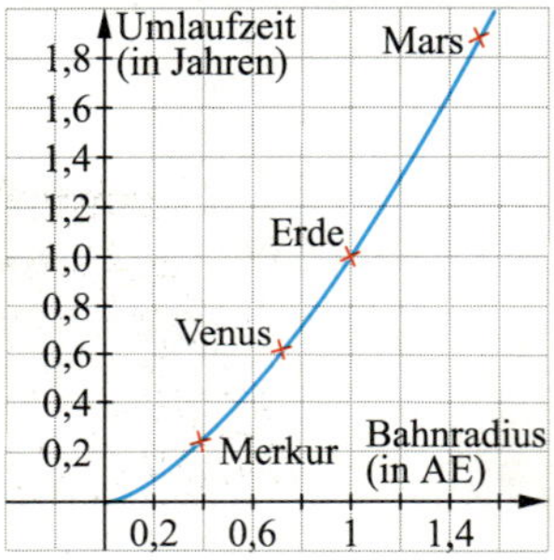

Welche Eigenschaften des Graphen sprechen gegen einen proportionalen Zusammenhang zwischen der Umlaufzeit t_u und dem Bahnradius a, also auch gegen eine Funktionsgleichung der Form $t_u = k \cdot a$?
Welche Eigenschaften des Graphen lassen eine Funktionsgleichung der Form $t_u = k \cdot a^2$ oder $t_u = k \cdot a^3$ vermuten?
Zur Klärung der Frage, mit welcher Funktionsgleichung man den Sachverhalt besonders gut beschreiben kann, erweitern wir die Tabelle um Spalten für die Quotienten $t_u : a$, $t_u : a^2$, $t_u : a^3$ und $t_u : a^{\frac{3}{2}}$.

	Bahnradius a	Umlaufzeit t_u	$\frac{t_u}{a}$	$\frac{t_u}{a^2}$	$\frac{t_u}{a^3}$	$\frac{t_u}{a^{\frac{3}{2}}}$
Merkur	0,39	0,24	0,62	1,58	4,05	0,99
Venus	0,72	0,62	0,86	1,20	1,66	1,01
Erde	1,00	1,00	1,00	1,00	1,00	1,00
Mars	1,52	1,88	1,24	0,81	0,54	1,00

Wie kann man an den Werten für die Quotienten erkennen, dass Gleichungen der Form $t_u = k \cdot a$, $t_u = k \cdot a^2$ und $t_u = k \cdot a^3$ den Sachverhalt schlecht beschreiben? Die Funktionsgleichung $t_u = a^{\frac{3}{2}}$ stellt dagegen den Sachverhalt besonders gut dar. JOHANNES KEPLER erkannte diesen funktionalen Zusammenhang nach langjährigen Bemühungen am 15. Mai des Jahres 1618. Er drückte ihn so aus:
Die Quadrate der Umlaufzeiten der Planeten sind den dritten Potenzen der mittleren Entfernungen von der Sonne proportional. Dieses Beispiel zeigt, dass man den Zusammenhang zwischen den Umlaufzeiten und den Bahnradien mithilfe einer **Funktion** beschreiben kann.

1.1 Funktionsbegriff – Modellieren von Sachverhalten

1.1.1 Funktionen und ihre Darstellungen

Aufgabe 1 Auf einer Teststrecke gilt die Höchstgeschwindigkeit von 130 $\frac{km}{h}$.

Für einen Personenkraftwagen wurde für unterschiedliche Geschwindigkeiten gemessen, wie lang der zugehörige Bremsweg ist.

Geschwindigkeit v (in $\frac{km}{h}$)	20	40	60	80	100
Länge s des Bremsweges (in m)	4	14	33	55	88

a) Veranschauliche die Ergebnisse dieser Messreihe durch Punkte im Koordinatensystem. Beschreibe den funktionalen Zusammenhang zwischen der Geschwindigkeit v (in $\frac{km}{h}$) und der Länge s des Bremsweges (in m) durch eine passende Gleichung.

b) Berechne zu selbst gewählten Ausgangsgeschwindigkeiten v (in $\frac{km}{h}$) die Länge s des Bremsweges (in m) unter der Annahme, dass die gefundene Gleichung den Bremsweg für Geschwindigkeiten kleiner als 20 $\frac{km}{h}$ und größer als 100 $\frac{km}{h}$ ebenfalls angemessen beschreibt. Wie lang kann der Bremsweg auf dieser Teststrecke höchstens sein? Die Höchstgeschwindigkeit beträgt 130 $\frac{km}{h}$.

Lösung **a)** Der Graph ist nicht geradlinig. Der funktionale Zusammenhang zwischen der Geschwindigkeit v und der Länge s des Bremsweges ist sicherlich nicht linear, d.h. er wird nicht durch eine Gleichung der Form $s = m \cdot v + b$ beschrieben. Daher untersuchen wir jetzt, ob es einen quadratischen Zusammenhang zwischen v und s gibt.

Die Lage der Messpunkte lässt vermuten, dass der Graph Teil einer Parabel mit der Gleichung $s = a \cdot v^2$ ist.

Um zu prüfen, ob dieser Ansatz gerechtfertigt ist, bilden wir zu den Wertepaaren der gegebenen Tabelle die Quotienten $s : v^2$. Die Quotienten sind nahezu konstant. Daher wählen wir als geeigneten Wert für den Faktor a den (gerundeten) Mittelwert aus allen Quotienten: 0,009.

Ergebnis: Der funktionale Zusammenhang zwischen der Geschwindigkeit v (in $\frac{km}{h}$) und der zu erwartenden Länge s des Bremsweges (in m) wird dargestellt durch die Gleichung $s = 0{,}009 \cdot v^2$.

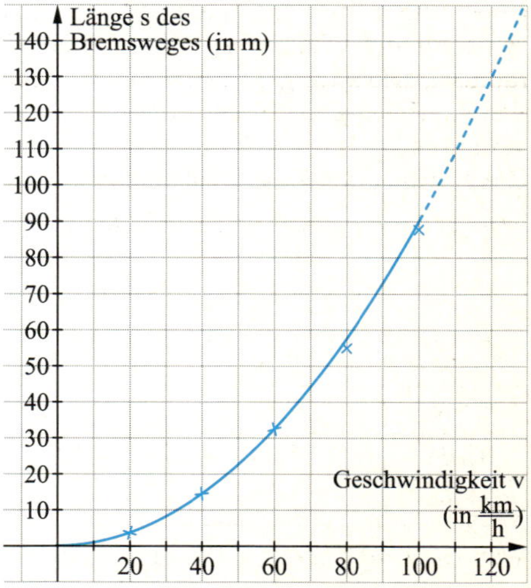

v (in $\frac{km}{h}$)	s (in m)	$s : v^2$ $\left(\text{in } \frac{m}{\frac{km^2}{h^2}}\right)$
20	4	0,01000
40	14	0,00875
60	33	0,00917
80	55	0,00859
100	88	0,00880

b) Für z. B. $10\,\frac{km}{h}$ erhält man: $s = 0{,}009 \cdot 10^2 = 0{,}009 \cdot 100 = 0{,}9 \approx 1$

Für z. B. $80\,\frac{km}{h}$ erhält man: $s = 0{,}009 \cdot 80^2 = 0{,}009 \cdot 6400 = 57{,}6 \approx 58$

Ebenso erhält man die Länge s des Bremsweges für andere Geschwindigkeiten v:

Wertetabelle:

Geschwindigkeit v (in $\frac{km}{h}$)	10	20	30	40	50	60	70	80	90	100	110	120	130
Länge des Bremsweges (in m)	1	4	8	14	23	32	44	58	73	90	109	130	152

Ergebnis:

Aufgrund der Berechnung erwartet man, dass bei der zugelassenen Höchstgeschwindigkeit $130\,\frac{km}{h}$ der Bremsweg höchstens 152 m lang ist. Dabei handelt es sich um einen Schätzwert.

Information **(1) Angabe einer Funktion; Definitions- und Wertebereich**

Die Gleichung $s = 0{,}009 \cdot v^2$ in Aufgabe 1 liefert zu jeder zulässigen Geschwindigkeit v einen ganz bestimmten Bremsweg s. Die *Zuordnung* $v \mapsto s$ ist also eindeutig und daher eine *Funktion*.

Anstelle der Variablen s und v in der Funktionsgleichung $s = 0{,}009 \cdot v^2$ kann man auch z. B. die Variablen y und x verwenden. Man erhält dann die Gleichung $y = 0{,}009 \cdot x^2$.

Man kann diese Funktion auch durch einen *Funktionsterm* wie $0{,}009 \cdot x^2$ oder durch eine *Zuordnungsvorschrift* wie $x \mapsto 0{,}009 \cdot x^2$ (gelesen: x zugeordnet $0{,}009 \cdot x^2$) angeben.

Für x sind nur nichtnegative Zahlen bis 130 zugelassen. Das bedeutet:

$\{x \in \mathbb{R} \mid 0 \leq x \leq 130\}$ ist der *Definitionsbereich* (die Definitionsmenge) der Funktion.

Alle zugehörigen Werte für y bilden den *Wertebereich* (die Wertemenge) der Funktion: $\{y \in \mathbb{R} \mid 0 \leq y \leq 152\}$.

Definition 1

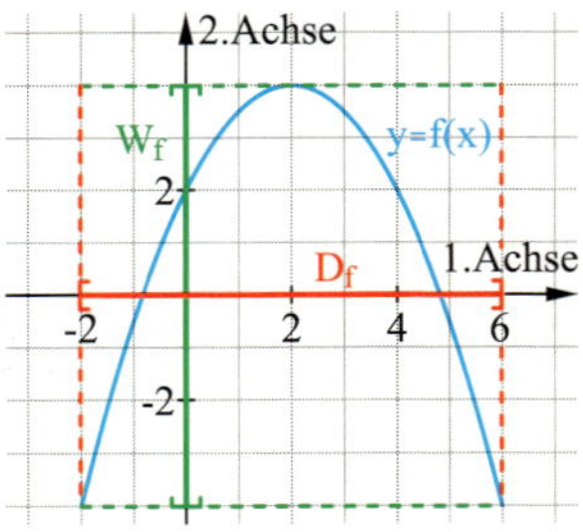

Eine Zuordnung, die jeder Zahl x aus einer Menge D genau eine reelle Zahl y zuordnet, heißt **Funktion**.

Die einer Zahl x aus D eindeutig zugeordnete Zahl y heißt *Funktionswert* von x (an der *Stelle* x, zu dem *Argument* x).

Die Menge D nennt man den **Definitionsbereich** der Funktion.

Die Menge W aller Funktionswerte heißt **Wertebereich** (Wertemenge) der Funktion.

Eine Funktion f kann man angeben durch ihren Definitionsbereich D_f wie z. B. durch $\{x \in \mathbb{R} \mid -2 \leq x \leq 6\}$ und mithilfe

(1) einer *Funktionsgleichung* $y = f(x)$, z. B. $y = -0{,}5(x-2)^2 + 4$

(2) eines *Funktionsterms* $f(x)$, z. B. $-0{,}5(x-2)^2 + 4$

(3) einer *Zuordnungsvorschrift* $x \mapsto f(x)$, z. B. $x \mapsto -0{,}5(x-2)^2 + 4$

Als Kurzbezeichnung für eine Funktion verwendet man häufig Buchstaben wie f, g, h. Den Funktionsterm einer Funktion bezeichnet man dann mit f(x), g(x) bzw. h(x), Definitionsbereich und Wertebereich entsprechend mit D_f, D_g, D_h bzw. W_f, W_g, W_h.

(2) Maximaler Definitionsbereich

Die Zuordnungsvorschrift $x \mapsto 0{,}009 \cdot x^2$ kann man auf alle (auch negative) reelle Zahlen anwenden. Der *maximale Definitionsbereich* ist also $\mathbb{R}$.
Der Wertebereich W ist dann $\mathbb{R}_0^+$.
In Aufgabe 1 auf Seite 7 war der Definitionsbereich gegenüber dem maximalen eingeschränkt. Das lag daran, dass die Geschwindigkeiten (die nicht negativ waren) die Höchstgeschwindigkeit $130\,\frac{\text{km}}{\text{h}}$ nicht überschritten.
Andere Teststrecken können zu anderen Definitionsbereichen führen.
Wir vereinbaren:
Wenn über den Definitionsbereich nichts anderes vorgeschrieben ist, soll dieser aus allen reellen Zahlen bestehen, auf die man die Zuordnungsvorschrift anwenden kann (für die also ein Funktionswert definiert ist). Der Definitionsbereich ist dann *maximal.*

(3) Graph im Koordinatensystem – Pfeilbild

Die Zuordnungsvorschrift $x \mapsto x^2$ ordnet jeder reellen Zahl x (auch negativen) eindeutig ihre Quadratzahl x^2 zu. Der maximale Definitionsbereich ist also $\mathbb{R}$.
Die Quadratfunktion lässt sich durch ihren *Graphen im Koordinatensystem* veranschaulichen.

Wertetabelle:

Stelle (Argument) x	Funktionswert x^2
−2	4
−1	1
0	0
1	1
2	4

Graph:

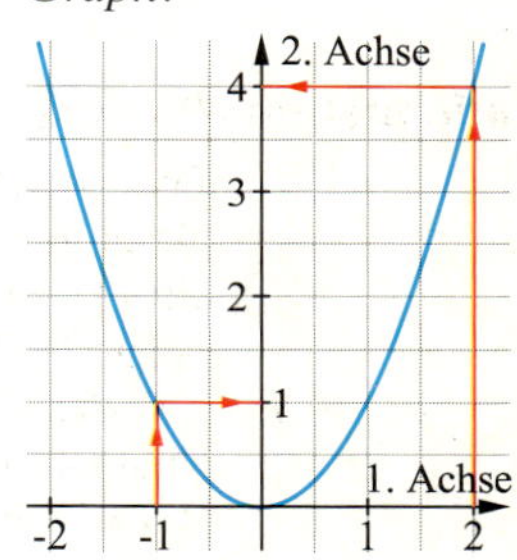

Man kann eine Zuordnung auch durch ein *Pfeilbild* veranschaulichen. Daran zeigt sich, dass die Zuordnung $x \mapsto x^2$ eindeutig ist, da von jeder Stelle x aus dem Definitionsbereich genau ein Pfeil startet.
Die Umkehrzuordnung dagegen ist nicht eindeutig.

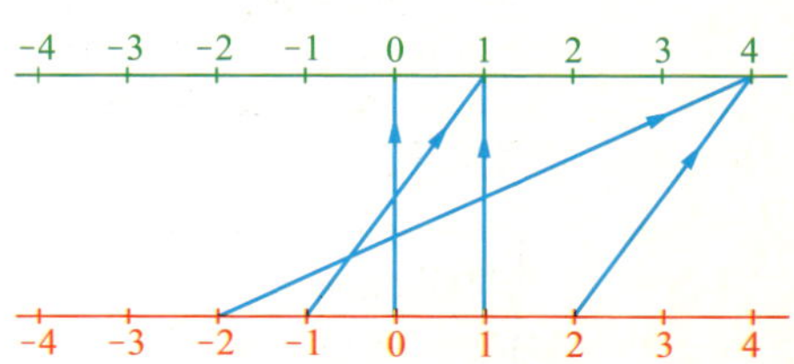

(4) Funktionale Zusammenhänge – Modellieren

In Aufgabe 1 sind wir von Messungen an einem Pkw auf einer Teststrecke mit der Höchstgeschwindigkeit $130\,\frac{\text{km}}{\text{h}}$ ausgegangen. Die Zusammenstellung der Ergebnisse in einer Tabelle legte einen Zusammenhang zwischen einer erlaubten Geschwindigkeit und der Länge des Bremsweges nahe.
Um diesen Zusammenhang besser zu beschreiben, haben wir die Ergebnisse mit mathematischen Mitteln (Graph, Quotientenbildung usw.) bearbeitet. Dann wurde eine Gleichung aufgestellt, die den Sachverhalt beschreibt.
Wir haben zu dem Sachverhalt ein **mathematisches Modell** in Form einer Funktion gebildet. Man sagt auch, wir haben den Sachverhalt mithilfe einer Funktion **modelliert.**
Mithilfe der gefundenen Gleichung wurden anschließend erwartete Längen von Bremswegen (z. B. der größtmögliche) berechnet.
Wir haben unser mathematisches Modell angewandt. Diese berechneten Werte kann man abschließend mit denen vergleichen, die man bei einer weiteren Testserie durch Messen gewinnen kann. Auf diese Weise lässt sich das mathematische Modell überprüfen.
Wir werden später noch weitere Aspekte des Modellierens kennen lernen.

Aufgabe 2 GTR

a) Stelle die Funktionsgleichung $y = 0{,}009 \cdot x^2$ auf einem grafikfähigen Taschenrechner (GTR) durch ihren Graphen dar.
Untersuche, welche verschiedenen Darstellungsarten dieser GTR zulässt und betrachte auch jeweils die Graphen in Darstellungsfenstern von unterschiedlicher Größe. Beschreibe die dabei gemachten Beobachtungen.

b) Erstelle mithilfe eines GTR eine Wertetabelle zur Funktionsgleichung $y = 0{,}009 \cdot x^2$.

Lösung

Siehe auch Blickpunkt GTR S. 106/107.

a)

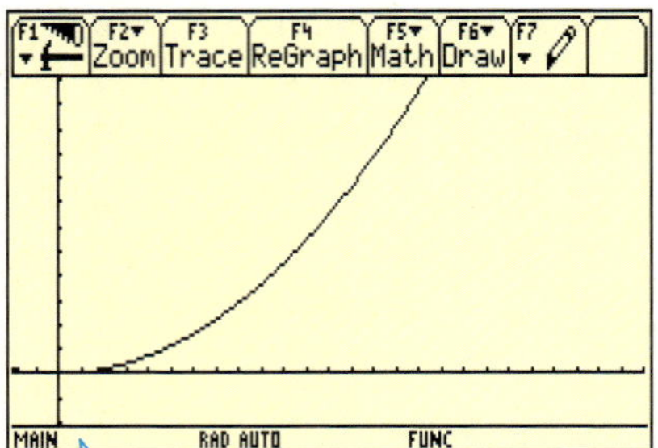

Fenster:
$-10 \le x \le 130$
$-10 \le y \le 60$

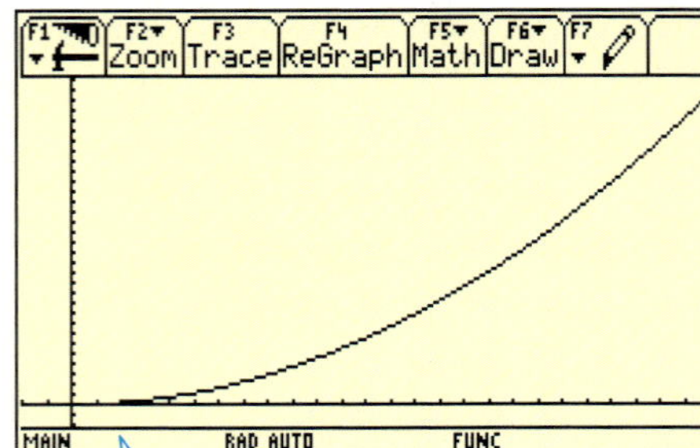

Fenster:
$-10 \le x \le 130$
$-10 \le y \le 160$

Die Bilder zeigen den Graphen der Funktion f mit $f(x) = 0{,}009 \cdot x^2$ in verschieden großen Darstellungsfenstern.
Man kann sehen, dass ein Computer keinen exakten Graphen zeigt.
Ein Computer berechnet lediglich einzelne Punkte. Dies führt in den Bildern zum Entstehen von kurzen, zur 1. oder 2. Achse parallelen Strecken.

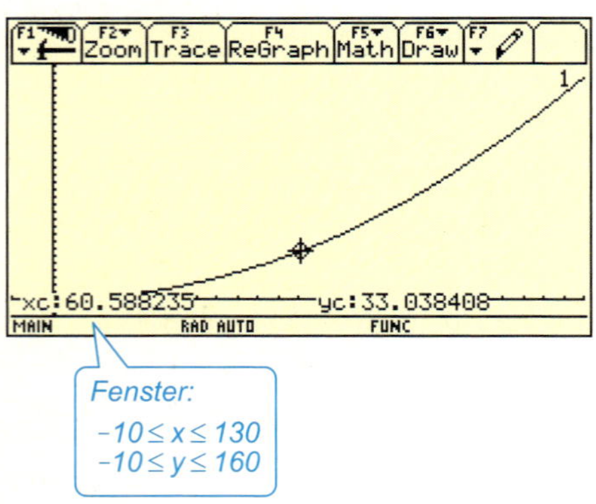

Fenster:
$-10 \le x \le 130$
$-10 \le y \le 160$

b) Ein GTR verfügt über verschiedene Möglichkeiten für das Aufstellen einer Wertetabelle.
Jeder GTR besitzt einen Spurmodus (TRACE). Er gestattet das Bestimmen der Wertepaare zu den Punkten, welche wirklich vom GTR zur Darstellung des Graphen einer Funktion berechnet werden.
Der Nachteil des Verfahrens besteht darin, dass eine vorgegebene Stelle wie im Beispiel $x = 60$ häufig nur näherungsweise gefunden wird.
Günstiger ist das Aufstellen einer Wertetabelle zu einer bereits gespeicherten Funktion.
Der Startwert und die Schrittweite der Änderung der Stellen in der Tabelle lassen sich einstellen.
Außerdem verfügen viele GTR über zusätzliche Möglichkeiten, zu vorgegebenen Stellen die Funktionswerte von gespeicherten Funktionen direkt zu berechnen.

Startwert: $x = 0$

Schrittweite: 10

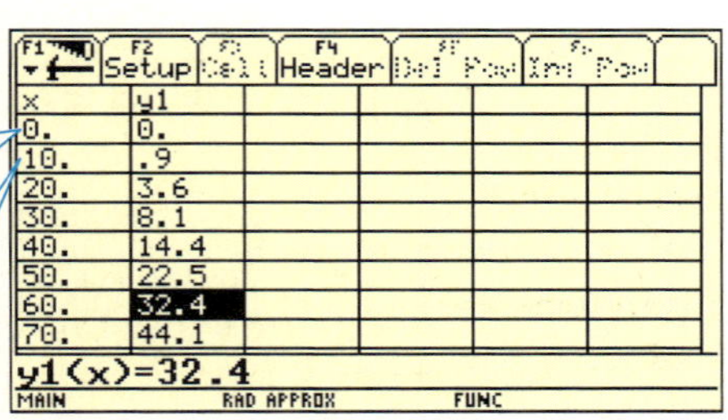

Weiterführende Aufgaben

3. *Zeichnen des Graphen zwischen zwei Punkten*

Die **Wurzelfunktion** hat die Vorschrift $x \mapsto \sqrt{x}$. Aus einer negativen Zahl lässt sich keine Wurzel ziehen. Auf alle anderen reellen Zahlen ist aber die Zuordnungsvorschrift eindeutig anwendbar. Daher ist $\mathbb{R}_0^+$ der maximale Definitionsbereich.
Der Wertebereich ist dann $\mathbb{R}_0^+$.
Hier sind zwei Schülerzeichnungen für den Graphen der Wurzelfunktion angegeben. Lies in beiden Graphen die Funktionswerte für $x = 3$, $x = 4$, $x = 7$ ab.
Welche Zeichnung ist korrekt? Erläutere.

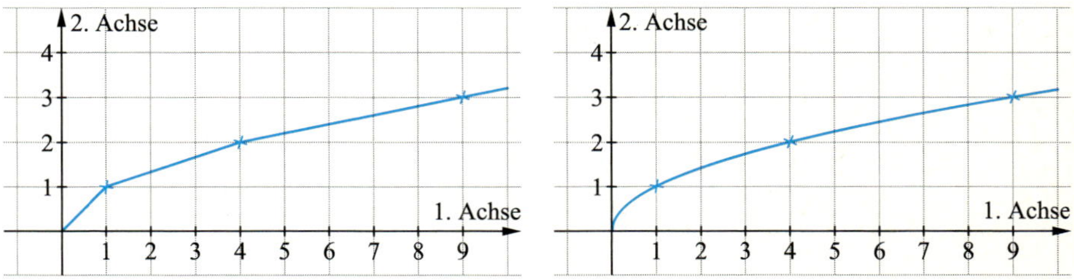

4. *Punktprobe*

Die Funktion f hat die Funktionsgleichung $y = \sqrt{x \cdot (6 - x)}$.
Prüfe, ob die Punkte zum Graphen von f gehören:
$P_1(3\,|\,3)$, $P_2(6\,|\,0)$, $P_3(2\,|\,8)$, $P_4(5\,|\,\sqrt{5})$, $P_5(-1\,|\,\sqrt{7})$, $P_6(1{,}2\,|\,-2{,}4)$.

> A (4,8 | 2,4) gehört zum Graphen,
> denn $2{,}4 = \sqrt{4{,}8 \cdot (6 - 4{,}8)}$
> $2{,}4 = \sqrt{5{,}76}$ ist wahr.
>
> B (1 | 2) gehört nicht zum Graphen,
> denn $2 = \sqrt{1 \cdot (6 - 1)}$
> $2 = \sqrt{5}$ ist falsch.

5. *Funktionen, die abschnittsweise definiert sind*

a) Die Firma Heizöl-Rennert macht folgendes Sommer-Angebot:

> Bis zu 3000 Liter zahlen Sie 20 € je 100 Liter, bei höherer Abnahme gewähren wir 5 % Preisnachlass.

Zeichne mithilfe einer Wertetabelle den Graphen der Funktion *Heizölvolumen → Preis.* Unterscheide beim Volumen zwei Abschnitte (Intervalle).

b) Die Funktion f, die jeder reellen Zahl x ihren Betrag $|x|$ zuordnet, heißt **Betragsfunktion.** So gilt z. B. $f(-3) = |-3| = 3$, $f(1{,}8) = |1{,}8| = 1{,}8$.

(1) Zeichne mithilfe einer Wertetabelle den Graphen der Betragsfunktion.

(2) f kann man auch abschnittsweise definieren. Erläutere.

c) Zeichne den Graphen der **Signumfunktion** mit dem nebenstehenden Term.

d) Zeichne den Graphen der **Ganzteilfunktion** mit dem Term INT (x).

> **Betrag von x:** $|x| = \begin{cases} x & \text{für } x \geq 0 \\ -x & \text{für } x < 0 \end{cases}$
>
> $\text{sgn}(x) = \begin{cases} 1 & \text{für } x > 0 \\ 0 & \text{für } x = 0 \\ -1 & \text{für } x < 0 \end{cases}$
>
> $\text{INT}(x) = \begin{cases} x, & \text{falls } x \text{ ganzzahlig;} \\ \text{die zu } x \text{ nächstkleinere ganze Zahl}, & \text{sonst} \end{cases}$

GTR **e)** Untersuche, welche Darstellungsmöglichkeiten dein GTR für die Betragsfunktion, die Signumfunktion und die Ganzteilfunktion aufweist.

6. *Nicht jede Gleichung mit zwei Variablen ist eine Funktionsgleichung*

Gegeben sind die Gleichungen: (1) $-y+1=x^2$; (2) $y^2=x$; (3) $2\cdot x+0\cdot y=6$.

a) Prüfe, ob durch die Gleichung eine Funktion $x \mapsto y$ gegeben ist. Setze dazu einmal oder mehrmals für x eine reelle Zahl ein und ermittle, ob sich für y eine reelle Zahl eindeutig finden lässt. Prüfe das an mehreren Beispielen.

b) Zeichne den Graphen zu jeder Gleichung. Wie kann man am Graphen erkennen, ob die Zuordnung $x \mapsto y$ eindeutig ist?

7. *Kreis um den Ursprung des Koordinatensystems*

Gegeben ist die Gleichung $x^2+y^2=25$.

a) Zeige, dass die Koordinaten der Punkte $P_1(4\,|\,3)$ und $P_2(-5\,|\,0)$ diese Gleichung erfüllen. Suche weitere Punkte, deren Koordinaten die Gleichung erfüllen.

b) Zeige, dass alle diese Punkte vom Koordinatenursprung gleich weit entfernt sind und damit auf einem Kreis liegen, dessen Mittelpunkt der Koordinatenursprung ist. Welchen Radius hat dieser Kreis?

c) Ist der Kreis mit der Gleichung $x^2+y^2=25$ der Graph einer Funktion?

Information **(1) Kreis um den Ursprung**

Der Kreis ist kein Graph einer Funktion.

Satz 1

In der Gleichung $x^2+y^2=r^2$ gehört ein Kreis um den Koordinatenursprung mit dem Radius r.
Die Kreisgleichung ist *keine* Funktionsgleichung.

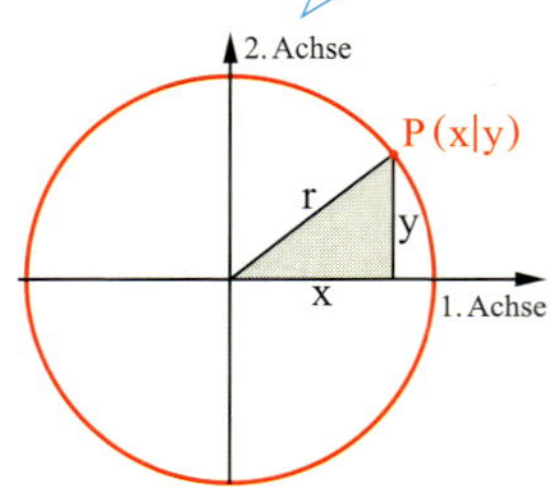

(2) Begriff des Intervalls

Definition 2

Ein **Intervall** ist eine spezielle Untermenge (Teilmenge) von $\mathbb{R}$.

(a) abgeschlossenes Intervall von a bis b
$[a; b] = \{x \in \mathbb{R} \mid a \le x \le b\}$

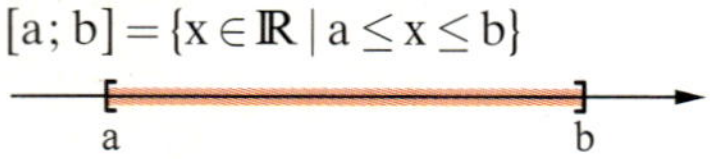

(b) offenes Intervall von a bis b
$]a; b[= \{x \in \mathbb{R} \mid a < x < b\}$

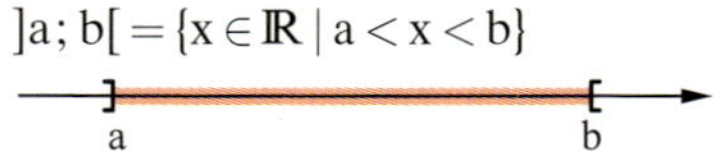

(c) rechtsoffenes Intervall von a bis b
$[a; b[= \{x \in \mathbb{R} \mid a \le x < b\}$

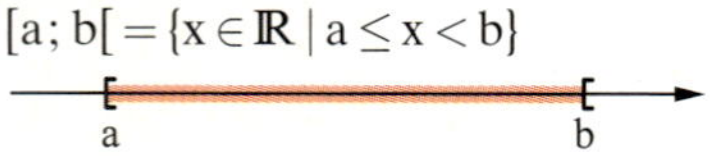

(d) linksoffenes Intervall von a bis b
$]a; b] = \{x \in \mathbb{R} \mid a < x \le b\}$

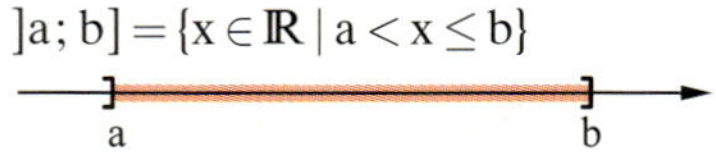

(e) offenes Intervall von $-\infty$ bis a
$]-\infty; a[= \{x \in \mathbb{R} \mid x < a\}$

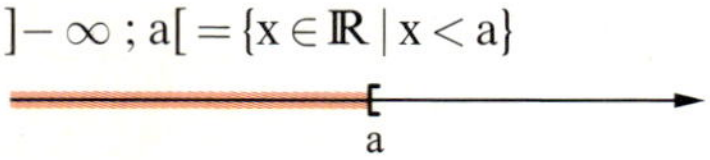

(f) linksabgeschlossenes Intervall von a bis $+\infty$
$[a; +\infty[= \{x \in \mathbb{R} \mid a \le x\}$

Übungsaufgaben

8.
Die Funktion f hat den Term:

a) $f(x) = 3x$ **c)** $f(x) = \frac{6}{x^2}$

b) $f(x) = \sqrt{x+4}$ **d)** $f(x) = \sqrt{36 - x^2}$

> $f(x) = x^4$
> Funktionswert an der Stelle −2
> $f(-2) = (-2)^4 = 16$

Berechne: $f(1)$, $f(3)$, $f(6)$, $f(-4)$, $f(0{,}41)$, $f\left(-\frac{3}{2}\right)$, $f(a)$, $f(3+h)$, $f(3-h)$.
Bestimme den maximalen Definitionsbereich und den Wertebereich.
Zeichne auch den Graphen.

9.
Zeichne den Graphen der Funktion. Notiere den Wertebereich. Zeichne zu den Teilaufgaben a), b) und c) auch ein Pfeildiagramm.

a) $y = 2 - \frac{x}{2}$ für $x \in [0; 4]$

b) $f(x) = x \cdot (x - 4)$ für $x \in [-1; 5]$

c) $x \mapsto \frac{6}{x}$ für $x \in [1; 6]$

d) $r \mapsto 5$ für $r \in [-2; 4]$

e) $g(t) = \sqrt{x} - 2$ für $t \in [0; 9]$

f) $w = v^3 - 2v$ für $v \in [-2; 2]$

10.
Welche der Punkte $P_1(0|0)$, $P_2(0|1)$, $P_3(1|0)$, $P_4(1|1)$, $P_5(8|2)$, $P_6(-0{,}5|3)$, $P_7(27|-3)$, $P_8(-1|9)$ liegen auf dem Graphen der Funktion mit der Gleichung

a) $y = x^3$; **b)** $y = \sqrt[3]{x}$; **c)** $y = \frac{1-x}{1+x}$; **d)** $y = 1$?

11.
Die Funktion g hat die Geichung $y = \sqrt{5 + x}$.

a) Bestimme den maximalen Definitionsbereich der Funktion.

b) Prüfe, ob die Punkte zum Graphen der Funktion gehören:
$P_1(4|3)$, $P_2(-1|2)$, $P_3(3|3)$, $P_4(0|\sqrt{5})$, $P_5(-3|-\sqrt{2})$, $P_6(-5|0)$, $P_7(-4|1)$

c) Zeichne den Graphen der Funktion g. Lies aus dem Graphen den Wertebereich ab.

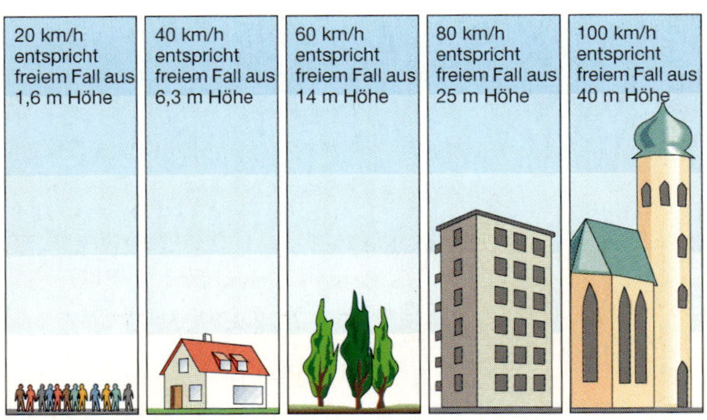

12.
Welche Bedeutung die Geschwindigkeit eines Fahrzeuges für die Folgen eines Unfalls hat, veranschaulicht das Bild links.

a) Zeichne den Graphen der Zuordnung *Geschwindigkeit v (in $\frac{km}{h}$) → Höhe s beim Fall (in m)*.

b) Bestimme eine passende Funktionsgleichung.

c) Übertrage die Wertetabelle ins Heft und ergänze sie mithilfe der Funktionsgleichung.

v (in $\frac{km}{h}$)	10	20	30	40	50	60	70	80	90	100	110
s (in m)											

d) Ist die Umkehrung eindeutig? Erläutere am Graphen.

GTR **13.**
Gegeben ist die Funktionsgleichung $y = 4{,}22 \cdot x^3$.

a) Stelle den Graphen auf einem GTR dar $(0 \leq x \leq 1{,}5)$.

b) Stelle eine Wertetabelle auf. Wähle als Startwert $x = 0$ und als Schrittweite 0,2.

Funktionen – Gegenbeispiele

14.
Kann der Graph zu einer Funktion gehören? Begründe die Antwort.

a)
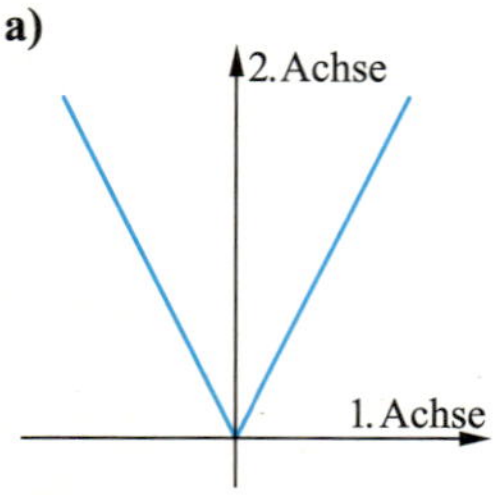

b)
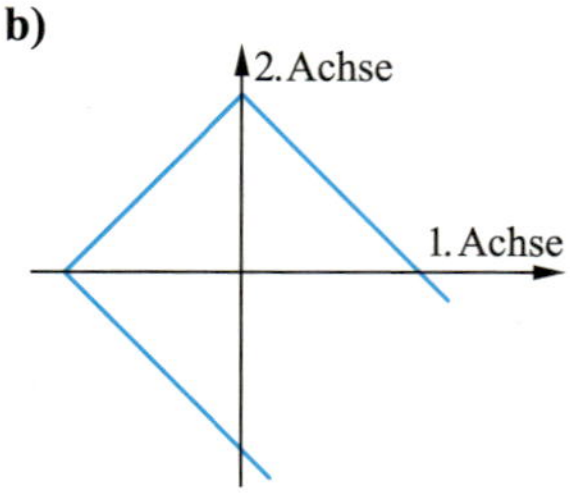

c)
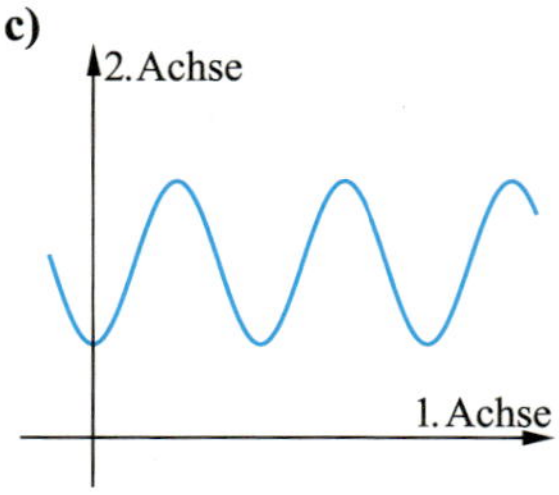

15.
Prüfe, ob durch die Gleichung eine Funktion gegeben ist. Setze dazu einmal oder mehrmals für x eine (reelle) Zahl ein und ermittle, ob sich der Wert für y eindeutig finden lässt. Durch welche Gleichung ist dann eine Funktion $x \mapsto y$ gegeben?

a) $-y = x^2$ **c)** $y^2 = x - 1$ **e)** $0 \cdot x + 3y = -12$ **g)** $x \cdot y = 1$

b) $3x - 0 \cdot y = -9$ **d)** $(x + y)^2 = 36$ **f)** $(x - 2) \cdot y = 0$ **h)** $x \cdot y = x + y$

16.
Welcher der Punkte $A(4 \mid -3)$, $B(1 \mid 1)$, $C(3 \mid -1)$, $D(5 \mid 2)$ und $E(-1 \mid 5)$ liegt auf dem Kreis, welcher innerhalb und welcher außerhalb des Kreises?

a) $x^2 + y^2 = 25$ **b)** $x^2 + y^2 = 10$

17.
Der Kreis hat den Koordinatenursprung als Mittelpunkt und geht durch den Punkt P. Bestimme seine Gleichung in Mittelpunktform.

a) $P(5 \mid -12)$ **b)** $P(-3 \mid -4)$ **c)** $P(3 \mid \sqrt{7})$ **d)** $P(0 \mid 6)$

Funktionen, die abschnittsweise definiert sind

18.
Ein Einkaufszentrum weist auf die Möglichkeit hin, den Pkw in der hauseigenen Tiefgarage zu parken:

„Vorteil unserer Park-Card: Das Parken ist in der ersten Stunde kostenlos. Für jede weitere angefangene Stunde berechnen wir 1,25 €.“

a) Bestimme die Parkgebühren bei einer Parkzeit von 30 min, $1\frac{1}{2}$ h, 2 h 1 min, 4 h 59 min.

b) Zeichne den Graphen der Zuordnung *Parkzeit → Parkgebühr*.

19.
Ein Entsorgungsunternehmen berechnet für die Abfuhr von Grünabfällen (Heckenschnitt usw.) 20 € für bis zu 3 m^3, 40 € für über 3 m^3 bis zu 8 m^3 und 60 € bei mehr als 8 m^3. Zeichne den Graphen der Zuordnung *Abfallvolumen → Preis.*

20.
An dem Graphen kann man die Gebühren für den Paketversand durch einen Paketdienst ablesen.

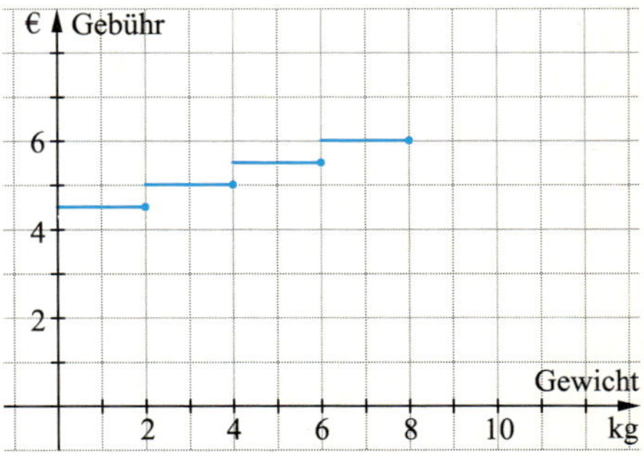

a) Fülle die Tabelle aus.

Paketgewicht	Paketgebühr
bis 2 kg	☐ €
über 2 bis 4 kg	☐ €
über 4 bis 6 kg	☐ €
über 6 bis 8 kg	☐ €

b) Zeichne den Graphen ins Heft und ergänze ihn mithilfe der Tabelle rechts.

c) Ist die Zuordnung
Paketgewicht → Gebühr
[*Gebühr → Paketgewicht*]
eine Funktion? Begründe.

Paketgebühren	
über 8 bis 10 kg	6,25 €
über 10 bis 12 kg	6,50 €
über 12 bis 14 kg	7,00 €
über 14 bis 16 kg	7,50 €
über 16 bis 18 kg	9,00 €
über 18 bis 20 kg	9,25 €

21.
Notiere den Funktionsterm ohne Betragszeichen. Zeichne den Graphen.

a) $g(x) = |-x|$ **b)** $h(x) = -|x|$ **c)** $r(x) = |x| - 5$ **d)** $s(x) = |x - 5|$

22.
Vereinfache die Funktionsgleichung $y = |x| \cdot \operatorname{sgn}(x)$ und erläutere, warum man die Funktion mit dem Term sgn (x) auch *Vorzeichenfunktion* nennt.

▲ **23.**
Notiere den Funktionsterm abschnittsweise. Zeichne auch den Graphen.

a) $f(x) = |x| + 2$ **c)** $g(x) = |2x + 1|$ **e)** $g(x) = |\operatorname{sgn}(x)|$ **g)** $h(x) = \operatorname{sgn}(\operatorname{INT}(x))$

b) $f(x) = |x + 2|$ **d)** $g(x) = |x| + x$ **f)** $h(x) = |x| + \operatorname{sgn}(x)$ **h)** $h(x) = \operatorname{INT}\left(\frac{1}{2}\operatorname{sgn}(x)\right)$

24.
Rechts siehst du ein Schwimmbecken. In dieses Becken wird gleichmäßig Wasser eingelassen. Welcher der Graphen (1) bis (3) passt dazu?

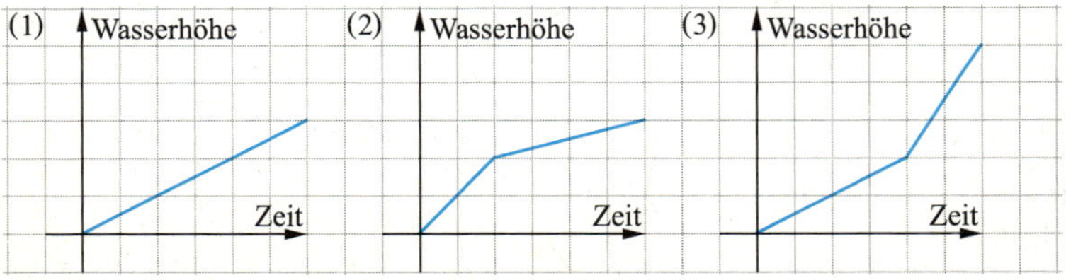

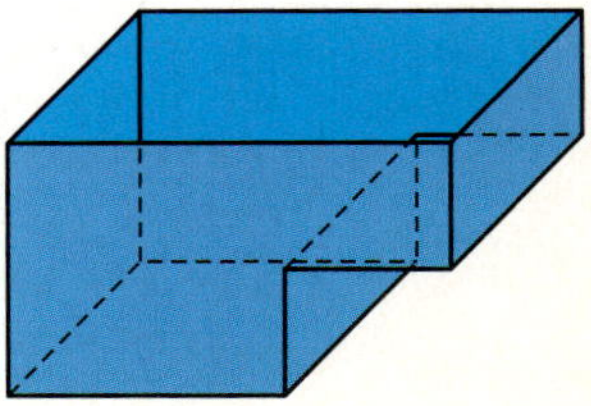

1.1.2 Folgen und ihre Darstellung

Einführung **Die Folge der Guthabenwerte beim Zinseszins und ihre Berechnung**

Frau Bensch schließt für ihre Tochter bei ihrer Bank einen Vertrag ab. Sie zahlt einmal am Jahresanfang 12 000 € ein. Der Zinssatz pro Jahr beträgt 3,75 %.
Die Zinsen werden dem Guthaben zugeschlagen und dann mitverzinst (Zinseszins).
Gib die Folge der Guthabenwerte zu Beginn des 1., 2., 3., 4., ..., n-ten Jahres an.

zu Beginn des Jahres Nr.

Zu Beginn des 1. Jahres sind 12 000 € auf dem Konto. Der Guthabenwert erhöht sich nach Ablauf eines Jahres um 3,75 %, d.h. mit dem Wachstumsfaktor 103,75 %, also mit dem Faktor 1,0375.
Setze dieses Verfahren fort. Die Folge der Guthabenwerte steht in der 2. Spalte.

Jahr	Guthaben (in €)	
1	12 000,00	
		$\cdot$ 1,0375
2	12 450,00	
		$\cdot$ 1,0375
3	12 916,88	
		$\cdot$ 1,0375
4		

Wie kann man den Guthabenwert G_n zu Beginn des n-ten Jahres bestimmen?
Siehe dazu die folgende Rechnung.

G_2 = Guthabenwert zu Beginn des 2. Jahres

$$G_1 = 12\,000$$
$$G_2 = G_1 \cdot 1{,}0375 = 12\,000 \cdot 1{,}0375$$
$$G_3 = G_2 \cdot 1{,}0375 = 12\,000 \cdot 1{,}0375^2$$
$$G_4 = G_3 \cdot 1{,}0375 = 12\,000 \cdot 1{,}0375^3$$
$$G_5 = G_4 \cdot 1{,}0375 = 12\,000 \cdot 1{,}0375^4$$
$$G_6 = G_5 \cdot 1{,}0375 = 12\,000 \cdot 1{,}0375^5$$
$$\vdots$$
$$G_n = G_{n-1} \cdot 1{,}0375 = 12\,000 \cdot 1{,}0375^{n-1}$$

Rechne mit dem Taschenrechner.
Man kann auch die Konstantenautomatik anwenden.

Immer wiederkehrende Tastenfolge:

[×] 1.0375 [=]

Ergebnis:
Der Guthabenwert zu Beginn des n-ten Jahres beträgt $G_n = 12\,000 \cdot 1{,}0375^{n-1}$.

Die Guthabenwerte bilden eine Aufeinanderfolge von Zahlen (genauer von Geldwerten). Wir sprechen kurz von einer *Folge* $G_1, G_2, G_3, \ldots, G_n, \ldots$.

Dabei ist G_1 das *1. Glied der Folge,*
G_2 das *2. Glied der Folge,*
G_3 das *3. Glied der Folge,*
$\vdots$
G_n ist das *n-te Glied der Folge.*

Wie kann man die Glieder der Folge berechnen?
Dazu gibt es zwei Möglichkeiten:

1. *Rekursive Berechnung* mithilfe der beiden Gleichungen:
   $G_1 = 12\,000$ (*Anfangswertvorgabe*)
   $G_n = G_{n-1} \cdot 1{,}0375$ (*Rekursionsgleichung*)
2. *Explizite Berechnung* mithilfe der Formel:
   $G_n = 12\,000 \cdot 1{,}0375^{n-1}$

Wir sprechen auch von der *rekursiven* und der *expliziten Vorgabe einer Folge* oder auch vom rekursiven bzw. expliziten Bildungsgesetz.

Aufgabe 1 *Beispiel eines dynamischen Prozesses*

Eine Patientin nimmt täglich eine Tablette mit 5 mg eines Medikamentes ein. Im Laufe eines Tages werden im Körper 40 % abgebaut und ausgeschieden.

a) Gib in einer Zahlenfolge $a_1, a_2, a_3, \ldots$ an, wie viel mg des Medikaments sich unmittelbar nach der Einnahme am 1., 2., 3., ... Tag im Körper der Patientin befindet. Stelle die Zahlenfolge auch grafisch dar.

b) Gib die Rekursionsgleichung an.

c) Begründe: Es gilt: $a_n = 12{,}5 \cdot (1 - 0{,}6)^n$

d) Wie viel mg des Medikaments befindet sich nach hinreichend vielen Tagen unmittelbar nach der Einnahme praktisch im Körper der Patientin?

Anmerkung: Der in dieser Aufgabe beschriebene Vorgang ist ein Beispiel für einen sogenannten *dynamischen Prozesses.* Dazu gehören Wachstumsprozesse, periodische Prozesse und auch chaotische Prozesse (ohne erkennbares Gesetz).

Lösung **a)** Wir rechnen im Folgenden in Milligramm (mg). Dann gilt:

Abnahme um 40 %

$a_1 = 5$
$a_2 = 5 - 0{,}4 \cdot 5 + 5 = 8$
$a_3 = 8 - 0{,}4 \cdot 8 + 5 = 9{,}80$
$a_4 = 9{,}80 - 0{,}4 \cdot 9{,}80 + 5 = 10{,}88$

neue Einnahme einer Tablette

Entsprechend erhalten wir:

$a_5 = 11{,}53$ $a_{10} = 12{,}42$
$a_6 = 11{,}92$ $a_{11} = 12{,}45$
$a_7 = 12{,}15$ $a_{12} = 12{,}47$
$a_8 = 12{,}29$ $a_{13} = 12{,}48$
$a_9 = 12{,}37$

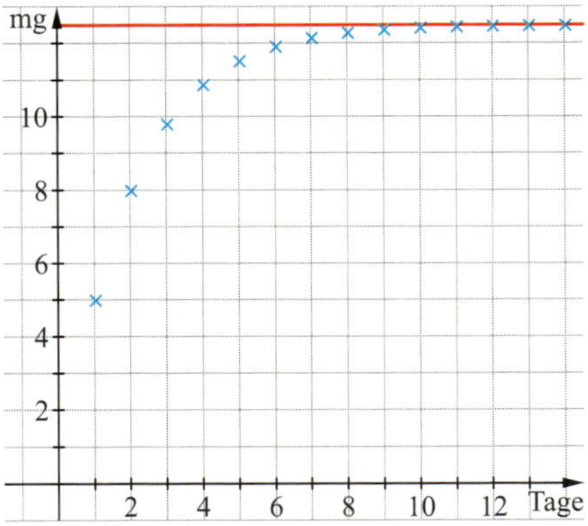

b) Aus a_n wurde jeweils a_{n+1} berechnet.
Es gilt: $a_{n+1} = a_n - 0{,}4 \cdot a_n + 5 = (1 - 0{,}4) \cdot a_n + 5$

$$a_{n+1} = 0{,}6 \cdot a_n + 5$$ Rekursionsformel

c) $a_1 = 12{,}5 \cdot (1 - 0{,}6^1) = 5$; wir berechnen a_{n+1} aus a_n:

$$\begin{aligned} a_{n+1} = 0{,}6 \cdot a_n + 5 &= 0{,}6 \cdot 12{,}5 \cdot (1 - 0{,}6^n) + 5 \\ &= 12{,}5 \cdot (0{,}6 - 0{,}6^{n+1}) + 5 \\ &= 7{,}5 - 12{,}5 \cdot 0{,}6^{n+1} + 5 \\ &= 12{,}5 - 12{,}5 \cdot 0{,}6^{n+1} \\ &= 12{,}5 \cdot (1 - 0{,}6^{n+1}) \end{aligned}$$

d) Nach hinreichend vielen Tagen sind unmittelbar nach der Einnahme der Tablette praktisch 12,5 mg des Medikaments im Körper der Patientin.

Information **(1) Definition des Begriffs Folge**

Bisher haben wir eine Zahlenfolge $a_1, a_2, a_3, \ldots, a_n, \ldots$ naiv als Aufeinanderfolge von endlich oder unendlich vielen Zahlen aufgefasst. Wir wollen versuchen, zu einer mathematischen Definition zu kommen. Dazu beachten wir, dass zu jeder natürlichen Zahl n das Folgenglied a_n gehört. Jeder Nummer n ist also die reelle Zahl a_n zugeordnet.
Eine Folge kann man also als eine Funktion mit der Menge $\mathbb{N}^*$ der natürlichen Zahlen ohne 0 als Definitionsbereich auffassen.

Definition 3

Eine Funktion mit der Menge $\mathbb{N}^*$ der natürlichen Zahlen ohne 0 als Definitionsbereich heißt **Folge.** Die Funktionswerte bei Zahlenfolgen sind reelle Zahlen.
Die einzelnen Funktionswerte heißen die **Glieder der Folge.**
Eine Folge notiert man häufig so: $a_1, a_2, a_3, a_4, \ldots$
Für jedes $n \in \mathbb{N}^*$ ist a_n das der Zahl n zugeordnete Element.
n heißt die **Platznummer** des Folgengliedes a_n. Zuordnungsvorschrift: $n \mapsto a_n$
Um eine Folge von ihrem Glied a_n zu unterscheiden, bezeichnet man sie mit $\langle a_n \rangle$.

(2) Beispiele für Folgen

(1) *Die Folge der Vielfachen von 7*

$a_1 = 7;\ a_2 = 14;\ a_3 = 21;\ a_4 = 28;\ \ldots$

Explizite Vorgabe: $a_n = 7 \cdot n$

Rekursive Vorgabe: $a_1 = 7;$
$a_{n+1} = a_n + 7$

Darstellung von Folgen auf der Zahlengeraden

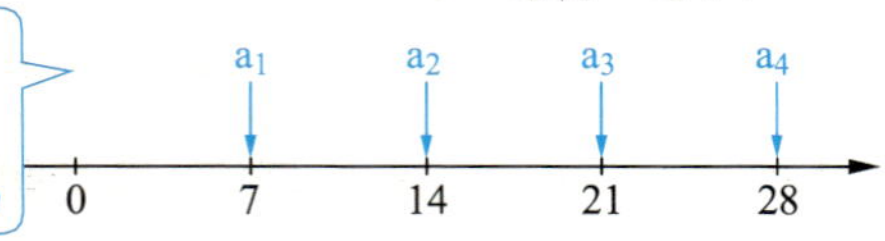

(2) *Die Folge der abwechselnd positiven und negativen Potenzen von 3*

$a_1 = 3;\ a_2 = -9;\ a_3 = 27;\ a_4 = -81;\ \ldots$

Explizite Vorgabe: $a_n = (-1)^{n+1} \cdot 3^n$

Rekursive Vorgabe: $a_1 = 3;$
$a_{n+1} = a_n \cdot (-3)$

(3) *Die Folge der negativen Stammbrüche*

$a_1 = -\frac{1}{1};\ a_2 = -\frac{1}{2};\ a_3 = -\frac{1}{3};\ a_4 = -\frac{1}{4};\ \ldots$

Explizite Vorgabe: $a_n = -\frac{1}{n}$

Rekursive Vorgabe: $a_1 = -1;$
$a_{n+1} = \frac{-a_n}{a_n - 1}$

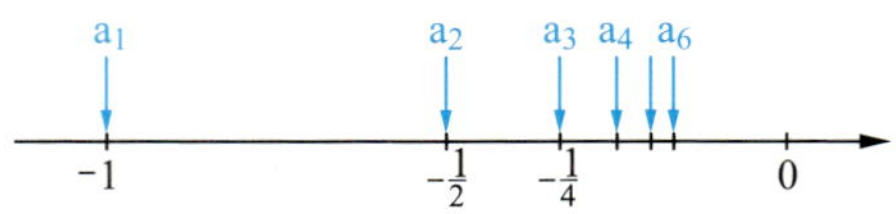

(4) *Die Folge der Quadratzahlen*

$a_1 = 1;\ a_2 = 4;\ a_3 = 9;\ a_4 = 16;\ \ldots$

Explizite Vorgabe: $a_n = n^2$

Rekursive Vorgabe: $a_1 = 1;$
$a_{n+1} = \left(\sqrt{a_n} + 1\right)^2$

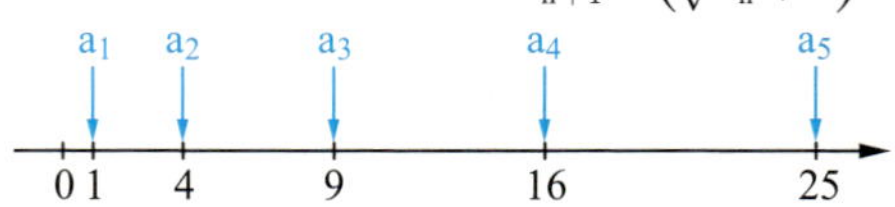

(3) Rekursive und explizite Vorgabe einer Folge

Man kann eine Folge auf zweierlei Weise vorgeben:

(a) *Explizite Vorgabe des Funktionsterms*

Beispiel: Folge der ungeraden Zahlen: 1; 3; 5; 7; 9; …
Funktionsterm: $a_n = 2n - 1\ (n \in \mathbb{N}^*)$

a_n nennt man auch in diesem Zusammenhang das *allgemeine Glied der Folge.*

(b) *Rekursive Vorgabe durch Anfangsglied und Rekursionsgleichung*

Es wird das 1. Glied (*Anfangsglied*) vorgegeben. Weiter wird durch eine Formel (*Rekursionsgleichung*) beschrieben, wie man das Glied a_{n+1} aus a_n berechnen kann.

Beispiel: Folge der ungeraden Zahlen: 1; 3; 5; 7; 9; …
Anfangsglied: $a_1 = 1;$ Rekursionsgleichung: $a_{n+1} = a_n + 2$

(4) Zur Verwendung von Folgen in der Mathematik und in den Anwendungen

Zahlenfolgen sind ein Hilfsmittel, um dynamische Prozesse zu beschreiben (siehe Aufgabe 1). Sie sind damit als spezielle Funktionen auch ein Mittel, um funktionale Zusammenhänge darzustellen. Folgen werden in der Mathematik aber auch zur Bestimmung von Näherungswerten (vgl. Seite 169, Newton-Verfahren) oder zur Präzisierung von Begriffen verwendet (siehe z. B. Seite 119).

Weiterführende Aufgaben

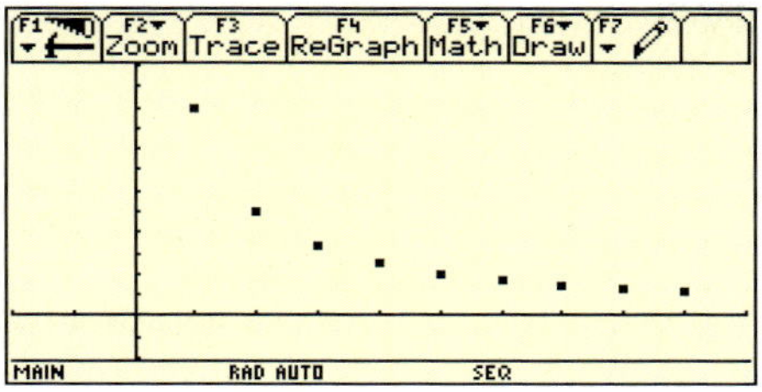

GTR **2.** *Der Graph einer Folge*

Die Abbildung links zeigt den Graphen der Folge $\langle a_n \rangle$ der Stammbrüche mit $a_n = \frac{1}{n}$. Er besteht nur aus einzelnen Punkten, weil der Definitionsbereich einer Folge die Menge der natürlichen Zahlen (ohne 0) ist.

Zeichne den Graphen der Folge.

a) $a_n = 7 \cdot n$

b) $a_n = (-1)^{n+1} \cdot 3^n$

Zeichne mit einem GTR.

Darstellung der konstanten Folge auf der Zahlengeraden

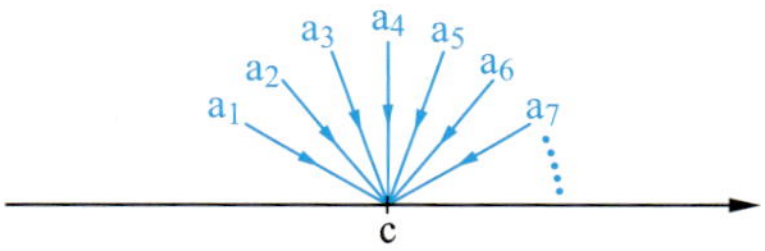

GTR **3.** *Konstante Folgen*

Eine Folge, bei der alle Glieder gleich sind, heißt *konstante Folge.*

a) Gib eine konstante Folge
(1) rekursiv vor; (2) explizit vor.

b) Lasse den GTR den Graphen einer konstanten Folge zeichnen. Sage voraus, wie dieser aussehen wird.

4. *Verwenden der rekursiven Vorgabe einer Folge in der EDV am Beispiel: Tilgung eines Darlehens*

Frau Arma will ihr Haus renovieren. Sie nimmt ein Darlehen von 40000 € bei einer Sparkasse auf. Der Zinssatz beträgt 6,25 %. Sie zahlt jährlich 5500 € zurück.

Jahr Nr.	Restschuld (in €)
0	40000
1	☐
2	☐

$\cdot 1{,}0625 - 5500$

$\cdot 1{,}065 - 5500$

a) Erkläre und begründe, wie in der Tabelle gerechnet werden soll.
Beachte: Die Restschuld erhöht sich pro Jahr um 6,25 %.
Wie heißt die Rekursionsgleichung der Folge der Restschuldbeträge?

GTR **b)** Fülle die Tabelle aus. Man kann dabei verwenden:
(1) einen Taschenrechner
(2) einen GTR
(3) ein Tabellenkalkulationsprogramm.

Rekursionsgleichung verwenden.

c) Nach wie vielen Jahren ist das Darlehen abbezahlt? Wie hoch ist die letzte Rate?

Übungsaufgaben

5.

Die Folge $\langle a_n \rangle$ sei explizit gegeben. Lege für die ersten 10 Glieder eine Wertetabelle an und zeichne den Graphen. Stelle die Folge auch auf der Zahlengeraden dar.
Wie heißt das 20. [100.] Glied?

a) $a_n = \frac{1}{n}$ **e)** $a_n = (-1)^n$ **i)** $a_n = 1 + \frac{1}{n}$ **m)** $a_n = \sqrt[n]{5}$

b) $a_n = 2n^2$ **f)** $a_n = (-1)^n \cdot \frac{1}{n}$ **j)** $a_n = 1 - \frac{2}{n}$ **n)** $a_n = \operatorname{sgn}(3 - n)$

c) $a_n = \frac{1}{3}n^2$ **g)** $a_n = (-1)^n \cdot n$ **k)** $a_n = (-1)^n \cdot \frac{1}{n+2}$ **o)** $a_n = \sin\left(n \cdot \frac{\pi}{4}\right)$

d) $a_n = 2^n$ **h)** $a_n = 1 + (-1)^n$ **l)** $a_n = 2 - (-1)^{n-1}$ **p)** $a_n = \frac{n}{2}(1 + (-1)^n)$

6.
Verfahre wie in Aufgabe 5.

a) $a_n = -\frac{3}{4}n$ **c)** $a_n = n \cdot (-1)^{n+1}$ **e)** $a_n = \begin{cases} -n & \text{falls n gerade} \\ 1 - \frac{1}{n} & \text{falls n ungerade} \end{cases}$

b) $a_n = -\frac{n}{2}$ **d)** $a_n = (-2)^n \cdot \frac{1}{n}$ **f)** $a_n = (1 + (-1)^n) \cdot (\frac{1}{2} - \frac{1}{2n}) + (1 - (-1)^n) \cdot (-\frac{n}{2})$

7.
Berechne die Glieder a_2 bis a_{10} für die rekursiv gegebene Folge.

a) $a_1 = 0;\quad a_{n+1} = a_n + 1$ **d)** $a_1 = 10;\quad a_{n+1} = -a_n$ **g)** $a_1 = 10;\quad a_{n+1} = \frac{1}{a_n + 2}$

b) $a_1 = 100;\quad a_{n+1} = a_n - 5$ **e)** $a_1 = 1;\quad a_{n+1} = 3a_n + 1$ **h)** $a_1 = 2;\quad a_{n+1} = \frac{1}{\sqrt{a_n}}$

c) $a_1 = 0{,}5;\quad a_{n+1} = (-2) \cdot a_n$ **f)** $a_1 = 2{,}4;\quad a_{n+1} = a_n^2 - 4a_n + 6$ **i)** $a_1 = 1;\quad a_{n+1} = \sin a_n$

▲ **8.**
Gegeben sei die Folge $\langle a_n \rangle$. Lege für die ersten sieben Glieder Wertetabelle und Graph an und stelle die Folge auf der Zahlengeraden dar.

a) a_n = Anzahl der Teiler von n

b) b_n = Summe der Teiler von n

c) c_n = Produkt der Teiler von n

d) d_n = Anzahl aller natürlichen Zahlen, die kleiner als n und zu n teilerfremd sind.

9. *Heron-Verfahren*

a) Gib eine Folge von Näherungswerten für die Zahl $\sqrt{2}$ an. Gehe dabei folgendermaßen vor: $a_1 = 1{,}4$ ist ein erster Näherungswert. Da $1{,}4^2 = 1{,}96 < 2$, ist 1,4 etwas kleiner als $\sqrt{2}$. Die Zahl x in der Gleichung $1{,}4 \cdot x = 2$ muss dann notwendigerweise größer als $\sqrt{2}$ sein. $x = \frac{2}{1{,}4} = 1{,}4285714\ldots$

Der genaue Wert von $\sqrt{2}$ muss also zwischen 1,4 und $\frac{2}{1{,}4}$ liegen. Es liegt nahe, als besseren Näherungswert das arithmetische Mittel zu wählen: $a_2 = \frac{1}{2}\left(a_1 + \frac{2}{a_1}\right)$.

Berechne a_2. Führe das Verfahren fort und bestimme weitere Näherungswerte. Gib die Rekursionsgleichung an. Das Verfahren heißt *Heron-Verfahren.*

b) Gib mit dem Heron-Verfahren eine Folge von Näherungswerten für die angegebenen Wurzeln an. Wie lautet die Rekursionsgleichung?

(1) $\sqrt{3};\ a_1 = 2$ (2) $\sqrt{5};\ a_1 = 4$ (3) $\sqrt{4};\ a_1 = 3$ (4) $\sqrt{7};\ a_1 = 7$ (5) $\sqrt{2};\ a_1 = \sqrt{2}$

10.
Gib für die Folge das allgemeine Glied a_n sowie eine Rekursionsgleichung an.

a) $-\frac{1}{2}, -\frac{1}{3}, -\frac{1}{4}, -\frac{1}{5}, -\frac{1}{6}, \ldots$ **d)** $1, -2, +3, -4, +5, -6, \ldots$

b) $1, 8, 27, 64, \ldots$ **e)** $16, -8, +4, -2, +1, \ldots$

c) $1, 3, 7, 15, 31, 63, \ldots$ **f)** $-3, -11, -19, \ldots$

GTR **11.**
Frau Jesse schließt mit ihrer Bank einen Ratensparvertrag ab. Dieser sieht vor:
Frau Jesse zahlt 6 Jahre lang zu Beginn eines jeden Jahres 4200 € als Sparrate ein.
Der Zinssatz beträgt gleich bleibend 3,8 %. Die Verzinsung erfolgt jährlich.
Stelle mithilfe eines GTR oder eines Tabellenkalkulationsprogramms die Folge der Guthabenwerte auf. Verwende dabei die Rekursionsgleichung.

1.2 Lineare Funktionen – Geraden

1.2.1 Begriff der linearen Funktion

Aufgabe 1 Bei Quecksilberthermometern verlängert sich der Quecksilberfaden gleichmäßig mit der Temperatur. Um ein solches Thermometer zu eichen, wurde zunächst die Länge s des Quecksilberfadens bei der Temperatur $t = 0\,°C$ und dann bei der Temperatur $t = 100\,°C$ gemessen.

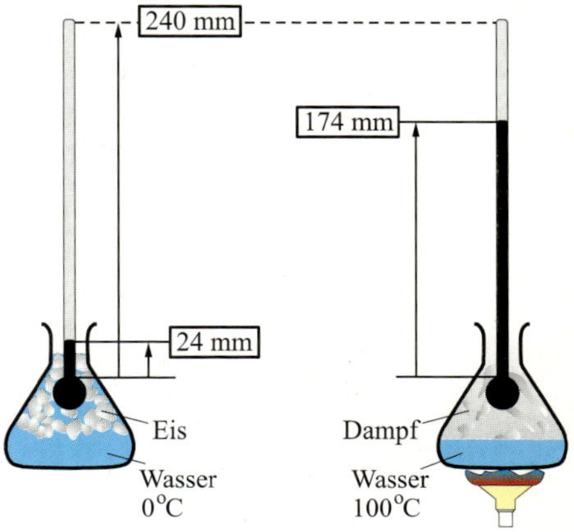

a) Kann mit diesem Thermometer eine Temperatur von 136 °C gemessen werden, wenn das Röhrchen 240 mm lang ist?

b) Aus einem Kartonstreifen soll für dieses Thermometer eine Temperaturskala hergestellt werden. Fülle dazu die Tabelle aus.

Temperatur (in °C)	– 10	0	10	20	30	40	50	60	70	80	90	100	110
Länge des Quecksilberfadens (in mm)		24										174	

c) Bis zu welcher Temperatur lässt sich die Skala nach unten fortsetzen?

Lösung **a)** Die Länge s des Quecksilberfadens ändert sich gleichmäßig mit der Temperatur t. Daher ist der Graph der Funktion *Temperatur t (in °C) → Länge s (in mm)* geradlinig. Die Gerade g durch P_1 und P_2 hat also eine Gleichung der Form $s = m \cdot t + b$.
b und m sollen bestimmt werden.

Weil die Punkte P_1 und P_2 auf g liegen, erfüllen die Koordinaten von P_1 und P_2 die Gleichung von g. Das liefert das Gleichungssystem:

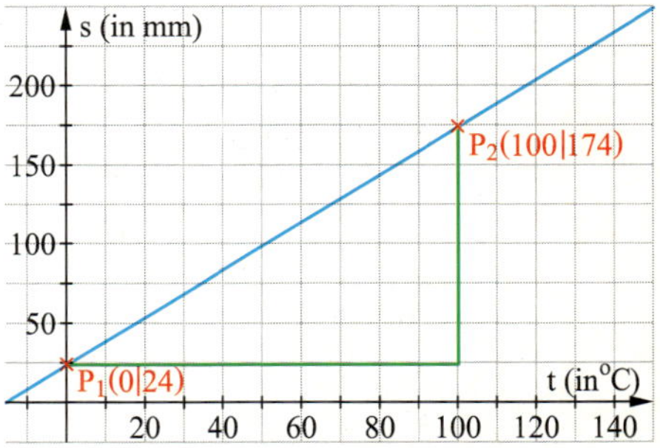

1. Gleichung nach b auflösen und den Wert für b in die 2. Gleichung einsetzen

$$\left| \begin{array}{l} 24 = m \cdot 0 + b \\ 174 = m \cdot 100 + b \end{array} \right|$$

$$\left| \begin{array}{l} b = 24 \\ 174 = 100\,m + 24 \end{array} \right|$$

nach m auflösen

$$\left| \begin{array}{l} b = 24 \\ m = 1{,}5 \end{array} \right|$$

Die Funktionsgleichung lautet: $s = 1{,}5 \cdot t + 24$
Für $t = 136$ erhält man: $s = 1{,}5 \cdot 136 + 24 = 204 + 24 = 228$
Da $228 < 240$, kann man mit diesem Thermometer eine Temperatur von 136 °C messen.

b) Mithilfe der Funktionsgleichung $s = 1{,}5 \cdot t + 24$ lässt sich die Tabelle ausfüllen.

t (in °C)	– 10	0	10	20	30	40	50	60	70	80	90	100	110
s (in mm)	9	24	39	54	69	84	99	114	129	144	159	174	189

c) Man kann die Skala nach unten fortsetzen, bis die Länge des Quecksilberfadens 0 mm ist. Aus $1{,}5 \cdot t + 24 = 0$ erhält man $t = -16$.
Die Skala lässt sich also bis -16 °C nach unten fortsetzen.

Information **(1) Lineare Funktion**

Definition 4

Eine Funktion, deren Zuordnungsvorschrift in der Form $x \mapsto m \cdot x + b$ geschrieben werden kann, heißt **lineare Funktion.**

$y = m \cdot x + b$ ist die zugehörige Funktionsgleichung.

Als Definitionsbereich einer linearen Funktion wird meist $\mathbb{R}$ gewählt.

Beispiel: $x \mapsto 2x + 3$ ist die Zuordnungsvorschrift einer linearen Funktion.

(2) Änderungsrate

Der Graph einer Funktion sei geradlinig. Wir wandern auf dem Graphen vom Punkt $P_1(x_1 | y_1)$ zum Punkt $P_2(x_2 | y_2)$. Dabei kommen wir von der Stelle x_1 zur Stelle x_2 und vom Funktionswert y_1 zum Funktionswert y_2.

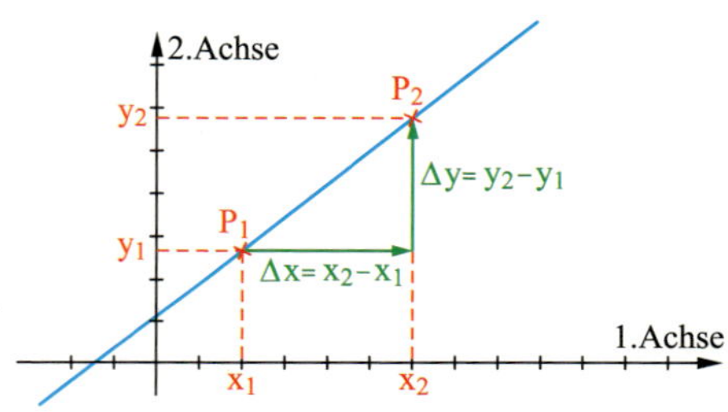

Δ entspricht D, erinnert an Differenz.

Änderung bei den Funktionswerten: $\Delta y = y_2 - y_1$
Änderung bei den Stellen: $\Delta x = x_2 - x_1$

Der Quotient $\frac{\Delta y}{\Delta x} = \frac{y_2 - y_1}{x_2 - x_1}$ ist die Steigung des Graphen der linearen Funktion. Da er die Änderung der Funktionswerte ins Verhältnis zu der Änderung der Stellen (Argumente) setzt, nennt man diese relative Änderung *Änderungsrate.*

Satz 2

Der Graph einer linearen Funktion f mit $f(x) = mx + b$ ist eine *Gerade.*
m gibt die Steigung, b den Achsenabschnitt (auf der 2. Koordinatenachse) an. Die Steigung m stimmt mit der Änderungsrate $\frac{\Delta y}{\Delta x}$ überein:

$$m = \frac{\Delta y}{\Delta x} = \frac{y_2 - y_1}{x_2 - x_1} \quad \text{für } x_2 \neq x_1$$

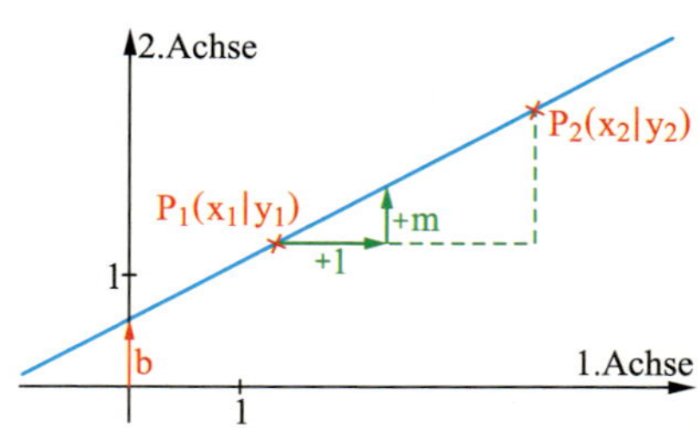

Weiterführende Aufgabe

2. *Besondere Lage von Geraden im Koordinatensystem*
Der Graph einer jeden linearen Funktion ist eine Gerade. Ist auch jede Gerade im Koordinatensystem Graph einer linearen Funktion?
Vereinfache die gegebene Gleichung. Welche besondere Lage hat die Gerade g?
Ist die Gerade g Graph einer Funktion? Gib, falls möglich, die Steigung von g an.

a) $0 \cdot x + 2 \cdot y = 6$ **b)** $0 \cdot x - 4 \cdot y = 0$ **c)** $-2 \cdot x + 0 \cdot y = 4$ **d)** $-4 \cdot x + 0 \cdot y = 0$

Übungsaufgaben

3.
Zeichne den Graphen der linearen Funktion f mit $f(x) = m \cdot x + b$.

a) $f(x) = 2 \cdot x - 3$ **c)** $f(x) = \frac{1}{3} \cdot x - 4$ **e)** $f(x) = -\frac{5}{3} \cdot x + 2$

b) $f(x) = -1 \cdot x + 4$ **d)** $f(x) = 0{,}25 \cdot x + 1$ **f)** $f(x) = 0 \cdot x + 1{,}5$

4.
Welche der Punkte $P_1(-8\,|\,3)$, $P_2(2\,|-2)$, $P_3(-1\,|-4)$, $P_4(-4\,|-7)$, $P_5(-4\,|\,4)$, $P_6(1\,|\,5)$, $P_7(0{,}8\,|-2{,}2)$ gehören zum Graphen der linearen Funktion?

a) $y = x - 3$, **b)** $y = 2{,}4x + 2{,}6$, **c)** $y = \frac{x}{4} + 5$, **d)** $y = -\frac{x}{2} - 1$, **e)** $y = 2 - 3x$

Zeichne den Graphen. Bestimme die Koordinaten der Schnittpunkte mit der 1. Achse und mit der 2. Achse. $Q_1(2\,|\,\square)$ und $Q_2(\square\,|\,2{,}5)$ liegen auf dem Graphen der Funktion. Bestimme die fehlenden Koordinaten.

5.
Der Punkt P liegt auf dem Graphen der linearen Funktion mit der Steigung m. Bestimme den Funktionsterm.

a) $P(0\,|\,1)$; $m = 0{,}2$ **b)** $P(0\,|\,2{,}4)$; $m = \frac{1}{10}$ **c)** $P(0\,|\,4)$; $m = -\frac{2}{3}$ **d)** $P(0\,|-1)$; $m = \frac{1}{4}$

6.
Bestimme zu den Geraden Gleichungen der Form $y = m \cdot x + b$.

a)
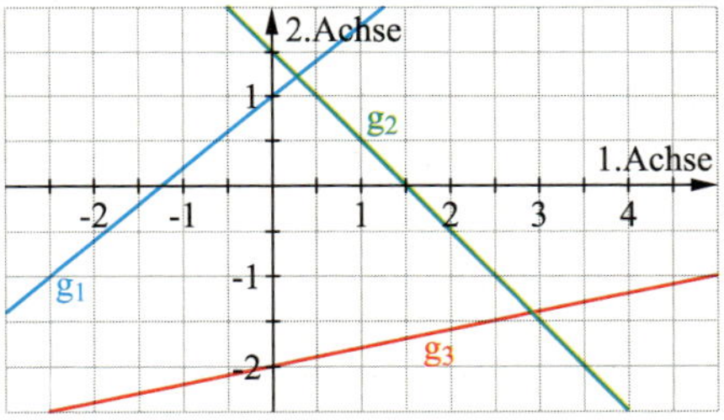

b)
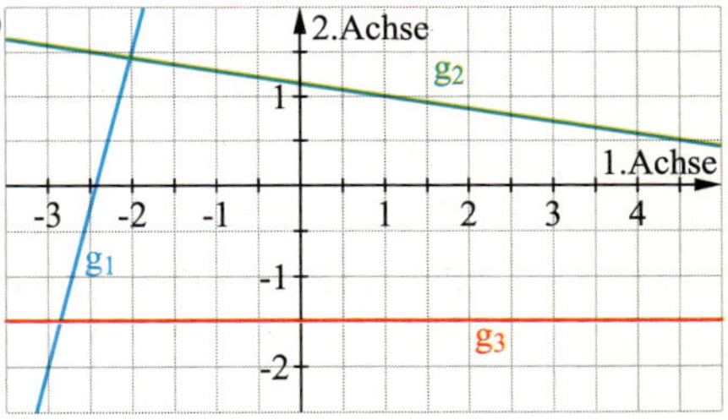

7.
Ein Segelflugzeug verliert pro Minute 50 m Höhe, bei einer Geschwindigkeit von $70\,\frac{km}{h}$ ohne störende Auf- und Abwinde. Der Pilot setzt in einer Höhe von 2000 m über dem Erdboden zum Gleitflug an.

a) Zeichne den Graphen der Funktion *Zeit t (in min) → Höhe h (in m)*.

b) Mit welcher Höhe kann der Pilot nach 15 Minuten [18 Minuten] noch rechnen?

c) Nach welcher Flugzeit erreicht das Segelflugzeug voraussichtlich den Erdboden?

d) Ist die Umkehrzuordnung *Höhe h → Zeit t* eindeutig?

8.
Die Gerade geht durch die Punkte P_1 und P_2. Berechne ihre Steigung m. Gib zwei weitere Punkte der Geraden an.

a) $P_1(1\,|\,2)$, $P_2(5\,|\,4)$ **c)** $P_1(-3{,}5\,|-1)$; $P_2(0{,}5\,|-1)$ **e)** $P_1\left(\frac{1}{4}\,\middle|\,\frac{2}{5}\right)$, $P_2\left(\frac{5}{4}\,\middle|\,\frac{8}{3}\right)$

b) $P_1(-1\,|-6)$; $P_2(2\,|\,0)$ **d)** $P_1(0\,|\,8)$; $P_2(-2\,|\,0)$ **f)** $P_1\left(\sqrt{8}\,\middle|\,\sqrt{2}\right)$, $P_2\left(\sqrt{2}\,\middle|\,\sqrt{18}\right)$

9.
Löse Aufgabe 1 (Seite 21) auf einem anderen Weg. Überlege dazu, wie viel sich die Länge des Quecksilberfadens bei Erhöhung der Temperatur um 1 °C ändert.

10.
In einem Laborkatalog sind über drei Thermometer folgende Angaben gemacht:

Art des Thermometers	Messbereich	Länge der Skala
A Projektionsthermometer	− 50 °C … + 100 °C	130 mm
B Demonstrationsthermometer	− 60 °C … + 160 °C	370 mm
C Fieberthermometer	+ 35 °C … + 42 °C	63 mm

Berechne für jedes Thermometer die relative Änderung der Fadenlänge bezüglich der Änderung der Temperatur, also die Änderungsrate.

1.2.2 Koordinatengeometrie mit Geraden

Aufgabe 1 Gegeben sind die Punkte A (9 | 2), B (12 | 8) und C (1 | 6). Stelle eine Gleichung auf für

a) die Gerade g durch die Punkte A und B;

b) die Parallele p zu der Geraden g durch den Punkt C;

c) die Orthogonale k zur Geraden g durch den Punkt A.

Lösung

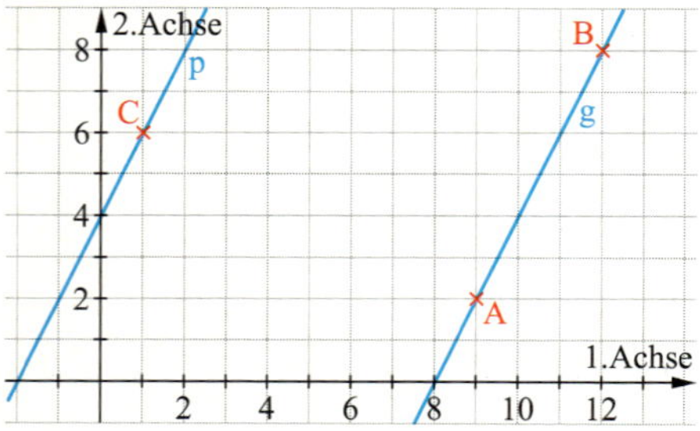

a) Wir setzen für die Gerade g die Gleichung $y = m \cdot x + b$ mit den unbestimmten Koeffizienten m und b an.
Weil A und B auf der Geraden g liegen, erfüllen die Koordinaten von A und B die Gleichung $y = m \cdot x + b$.
Das liefert das Gleichungssystem:

$$\left| \begin{array}{r} 12m + b = 8 \\ 9m + b = 2 \end{array} \right|$$

Wir lösen das Gleichungssystem mithilfe des Subtraktionsverfahrens.

$$\left| \begin{array}{r} 3m = 6 \\ 9m + b = 2 \end{array} \right|$$

Wir lösen die 1. Gleichung nach m auf. Wir setzen den Wert für m in die 2. Gleichung ein.

$$\left| \begin{array}{l} m = 2 \\ b = -16 \end{array} \right|$$

Ergebnis: $y = 2 \cdot x - 16$ ist eine Gleichung für die Gerade g.

b) Da p parallel ist zu g, haben p und g dieselbe Steigung.
Wir setzen 2 für m: $y = 2 \cdot x + b$.
Die Punktprobe mit C (1 | 6) liefert eine Gleichung für b: $6 = 2 \cdot 1 + b$; $b = 4$
Ergebnis: $y = 2 \cdot x + 4$ ist eine Gleichung für die Parallele p.

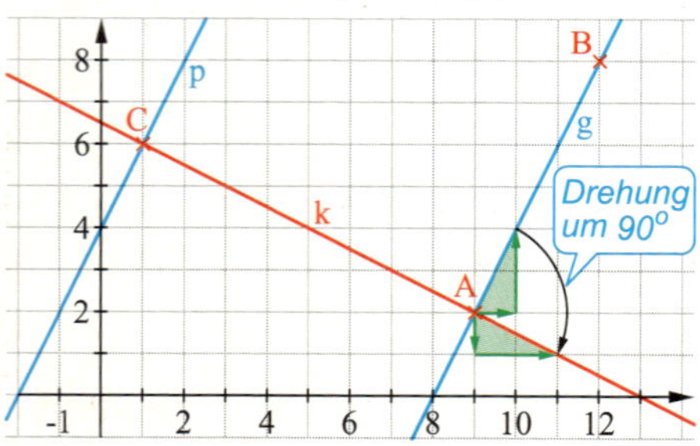

c) Wir legen ein geeignetes Steigungsdreieck für die Gerade g an. Wenn wir dieses Steigungsdreieck um 90° rechtsherum drehen mit A als Drehpunkt, erhalten wir ein Dreieck, an dem wir die Steigung für die Gerade k ablesen können: $m = \frac{-1}{2} = -\frac{1}{2}$
In der Gleichung $y = -\frac{1}{2} \cdot x + b$ für die Orthogonale ist jetzt noch der Wert für b zu bestimmen. Die Punktprobe mit A (9 | 2) liefert eine Gleichung für b:
$2 = -\frac{1}{2} \cdot 9 + b$; $b = 2 + 4{,}5 = 6{,}5$

Ergebnis: $y = -\frac{1}{2} \cdot x + 6{,}5$ ist eine Gleichung für die Orthogonale k.

Information **(1) Normalform, Zwei-Punkte-Form, Punkt-Steigungs-Form**

Die Gerade g sei festgelegt durch die Punkte $P_1(x_1 | y_1)$ und $P_2(x_2 | y_2)$ mit $x_1 \neq x_2$.
Gesucht ist eine Gleichung der Geraden.

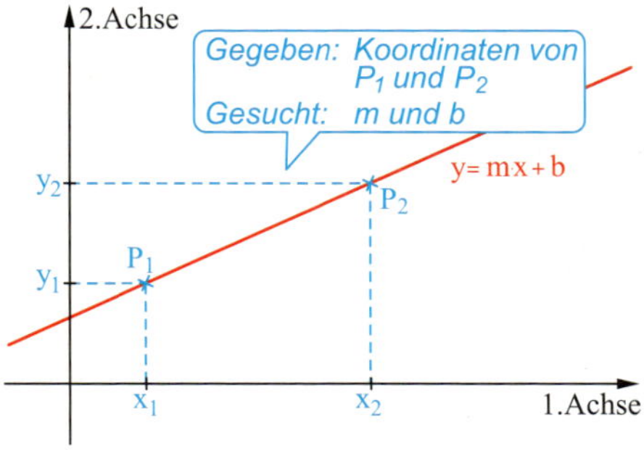

m und b sollen bestimmt werden.
Weil P_1 und P_2 auf g liegen, erfüllen die Koordinaten von P_1 und P_2 die Gleichung $y = m \cdot x + b$.
Das liefert das Gleichungssystem:

$$\left| \begin{array}{l} m \cdot x_2 + b = y_2 \\ m \cdot x_1 + b = y_1 \end{array} \right|$$

2. Gleichung von der 1. Gleichung subtrahieren; 2. Gleichung nach b auflösen.

$$\left| \begin{array}{r} m \cdot x_2 - m \cdot x_1 = y_2 - y_1 \\ b = -m \cdot x_1 + y_1 \end{array} \right|$$

1. Gleichung nach m auflösen und danach in die 2. Gleichung einsetzen.

$$\left| \begin{array}{l} m = \frac{y_2 - y_1}{x_2 - x_1} \\ b = -\frac{y_2 - y_1}{x_2 - x_1} \cdot x_1 + y_1 \end{array} \right|$$

$$y = \frac{y_2 - y_1}{x_2 - x_1} \cdot x - \frac{y_2 - y_1}{x_2 - x_1} \cdot x_1 + y_1$$

$$\boxed{y - y_1 = \frac{y_2 - y_1}{x_2 - x_1} \cdot (x - x_1)}$$

Die Gerade g sei festgelegt durch den Punkt $P_1(x_1 | y_1)$ und die Steigung m.

Gesucht ist eine Gleichung der Geraden.

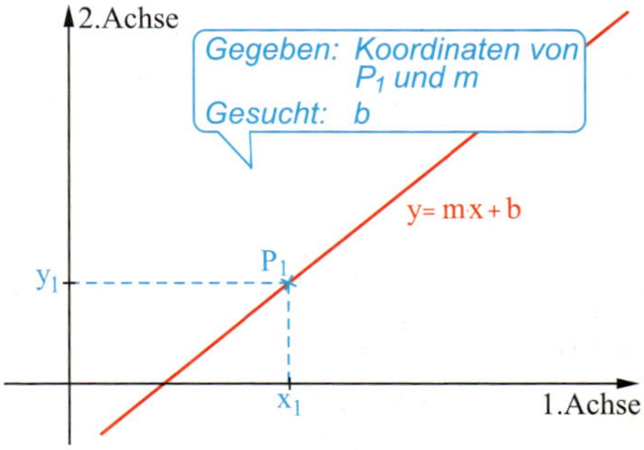

b soll bestimmt werden.

Punktprobe mit P_1:

$$m \cdot x_1 + b = y_1$$

$$b = -m \cdot x_1 + y_1$$

Wir setzen ein:

$$y = m \cdot x - m \cdot x_1 + y_1$$

$$\boxed{y - y_1 = m \cdot (x - x_1)}$$

Normalform

Ist eine Gerade festgelegt durch die Steigung m und den Achsenabschnitt b, so hat sie die Gleichung $y = m \cdot x + b$ *(Normalform)*.

Zwei-Punkte-Form

Ist eine Gerade festgelegt durch die Punkte $P_1(x_1 | y_1)$ und $P_2(x_2 | y_2)$ mit $x_1 \neq x_2$, so hat sie die Gleichung $y - y_1 = \frac{y_2 - y_1}{x_2 - x_1} \cdot (x - x_1)$ *(Zwei-Punkte-Form)*.

Punkt-Steigungs-Form

Ist eine Gerade festgelegt durch den Punkt $P_1(x_1 | y_1)$ und die Steigung m, so hat sie die Gleichung $y - y_1 = m \cdot (x - x_1)$ *(Punkt-Steigungs-Form)*.

(2) Allgemeine Form der Geradengleichung

Eine Gleichung der Form $A \cdot x + B \cdot y = C$ stellt eine Gerade dar (*allgemeine Form der Geradengleichung*), falls nicht zugleich $A = 0$ und $B = 0$.

Es sei $B \neq 0$. Dann kann man nach y auflösen: $y = -\frac{A}{B} \cdot x + \frac{C}{B}$

Es handelt sich um eine Gerade mit der Steigung $m = -\frac{A}{B}$ und dem Achsenabschnitt $b = \frac{C}{B}$.

Es sei $B = 0$. Nach Voraussetzung ist $A \neq 0$. Dann kann man nach x auflösen: $x = \frac{C}{A}$

Es handelt sich um eine Parallele zur 2. Achse durch den Punkt $P\left(\frac{C}{A} \mid 0\right)$.

(3) Parallelität und Orthogonalität von Geraden

Wir wissen schon:

> Zwei Geraden mit den Steigungen m_1 und m_2 sind genau dann **parallel** zueinander, wenn $m_1 = m_2$ gilt.

Die Lösung von c) in der Aufgabe 1 lässt folgenden Satz vermuten:

> Wenn zwei Geraden mit den Steigungen m_1 und m_2 orthogonal zueinander sind, dann gilt für die Steigungen die Beziehung $m_2 = -\frac{1}{m_1}$ bzw. $m_1 \cdot m_2 = -1$.

Beweis:

Aus dem Steigungsdreieck für die Gerade s lesen wir ihre Steigung m_2 ab: $m_2 = \frac{-1}{m_1} = -\frac{1}{m_1}$

Dann gilt auch $m_1 \cdot m_2 = -1$.

Bisher haben wir gezeigt: Wenn zwei Geraden mit den Steigungen m_1 und m_2 orthogonal zueinander sind, dann gilt die Beziehung $m_1 \cdot m_2 = -1$. ■

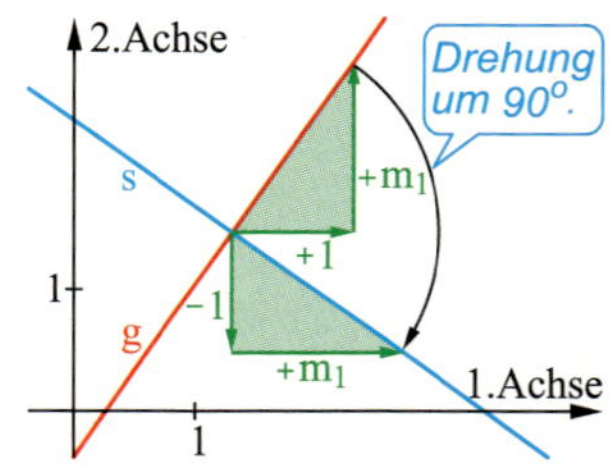

Jetzt wollen wir die *Umkehrung* dieses Satzes beweisen:

> Wenn für die Steigungen m_1 und m_2 zweier Geraden die Beziehung $m_2 = -\frac{1}{m_1}$ bzw. $m_1 \cdot m_2 = -1$ gilt, dann sind die Geraden orthogonal zueinander.

Beweis:

Wir gehen davon aus, dass $m_1 \cdot m_2 = -1$ (also $m_1 \neq 0$).

g_3 sei eine zu g_1 orthogonale Gerade mit der Steigung m_3.

Nach dem Satz oben gilt also: $m_1 \cdot m_3 = -1$.

Dann gilt auch: $m_1 \cdot m_2 = m_1 \cdot m_3$.

Da $m_1 \neq 0$, darf man durch m_1 dividieren.

Also: $m_2 = m_3$.

Daraus folgt: g_2 und g_3 sind parallel zueinander.

Damit ist g_1 auch orthogonal zu g_2. ■

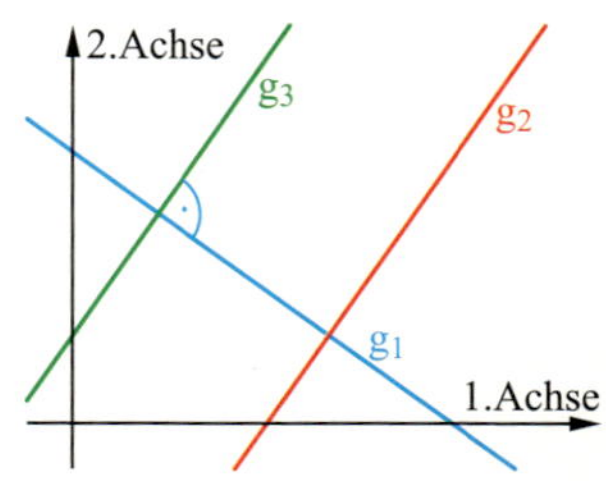

> **Satz 3**
>
> Zwei Geraden mit den Steigungen m_1 und m_2 sind genau dann **orthogonal** zueinander, wenn $m_1 \cdot m_2 = -1$ ist.

Aufgabe 2 Durch die Punkte A (9 | 2), B (12 | 8) und C (1 | 6) ist ein Dreieck gegeben.

a) Weise rechnerisch nach, dass sich die Seitenhalbierenden des Dreiecks ABC in einem Punkt S schneiden.

b) Der Punkt S teilt jede Seitenhalbierende in zwei Teilstrecken, Zeige, dass die am Eckpunkt liegende Teilstrecke doppelt so lang ist wie die andere.

Lösung

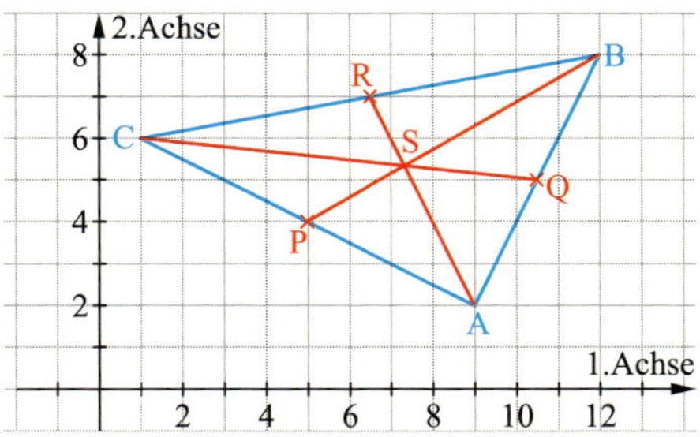

a) Die Seitenhalbierenden sind die Verbindungsstrecken der drei Eckpunkte mit den gegenüberliegenden Seitenmitten.
Kennt man die Koordinaten der Eckpunkte des Dreiecks und die Koordinaten der Mittelpunkte der Dreiecksseiten, so kann man für jede Seitenhalbierende eine Gleichung aufstellen. Die Koordinaten von S müssen dann jede dieser Gleichungen erfüllen.
Wir beginnen mit der Seitenhalbierenden von $\overline{CA}$ durch B (12 | 8).

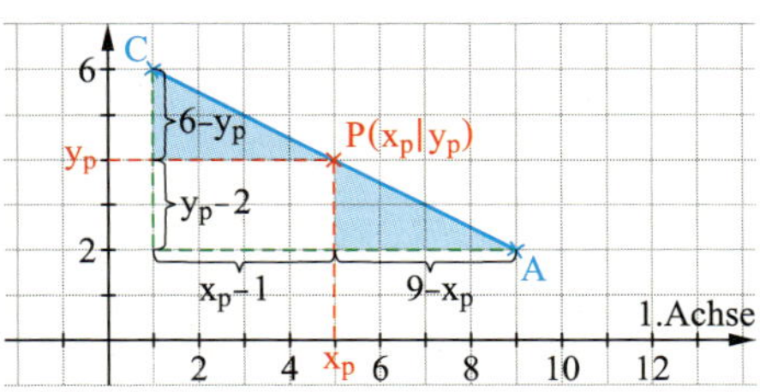

$P(x_p \mid y_p)$ sei der Mittelpunkt der Seite $\overline{CA}$. Die beiden blauen Dreiecke sind zueinander kongruent. (Warum?) Es gilt:

$$x_p - 1 = 9 - x_p \quad \text{und} \quad y_p - 2 = 6 - y_p$$
$$2x_p = 10 \qquad\qquad 2y_p = 8$$
$$x_p = 5 \qquad\qquad y_p = 4$$

P (5 | 4) ist der Mittelpunkt der Seite $\overline{CA}$.

Zwei-Punkte-Form: $y - 4 = \frac{8-4}{12-5} \cdot (x - 5)$ Normalform: $y = \frac{4}{7} \cdot x + \frac{8}{7}$

Entsprechend geht man bei den anderen Seitenhalbierenden vor.
Die Seitenhalbierende durch A (9 | 2) verläuft durch den Mittelpunkt R (6,5 | 7) der Seite $\overline{BC}$.

Zwei-Punkte-Form: $y - 7 = \frac{2-7}{9-6{,}5} \cdot (x - 6{,}5)$ Normalform: $y = -2 \cdot x + 20$

Die Seitenhalbierende durch C (1 | 6) verläuft durch den Mittelpunkt Q (10,5 | 5) der Seite $\overline{AB}$.

Zwei-Punkte-Form: $y - 5 = \frac{6-5}{1-10{,}5} \cdot (x - 10{,}5)$ Normalform: $y = -\frac{2}{19} \cdot x + 6\frac{2}{19}$

Der Punkt $S(x_s \mid y_s)$ liegt auf der Seitenhalbierenden durch B und P und auf der Seitenhalbierenden durch A und R. Seine Koordinaten erfüllen also die Gleichungen $y = \frac{4}{7} \cdot x + \frac{8}{7}$ und $y = -2 \cdot x + 20$. Das liefert das Gleichungssystem:

Subtraktionsverfahren verwenden.

$$\left| \begin{array}{l} \frac{4}{7} \cdot x_s + \frac{8}{7} = y_s \\ -2 \cdot x_s + 20 = y_s \end{array} \right|, \text{ umgeformt: } \left| \begin{array}{l} \frac{18}{7} x_s = \frac{132}{7} \\ y_s = -2x_s + 20 \end{array} \right|, \text{ also: } \left| \begin{array}{l} x_s = \frac{22}{3} \\ y_s = \frac{16}{3} \end{array} \right|$$

Die beiden Seitenhalbierenden schneiden sich im Punkt $S\left(7\frac{1}{3} \mid 5\frac{1}{3}\right)$.

Wir zeigen, dass $S\left(7\frac{1}{3} \mid 5\frac{1}{3}\right)$ auch auf der Seitenhalbierenden durch C und Q mit der Gleichung $y = -\frac{2}{19} \cdot x + 6\frac{2}{19}$ liegt.

Punktprobe:
$$\frac{16}{3} = -\frac{2}{19} \cdot \frac{22}{3} + \frac{116}{19}$$
$$\frac{16}{3} = -\frac{44}{57} + \frac{348}{57}$$
$$\frac{16}{3} = \frac{16}{3} \quad \text{wahr}$$

Ergebnis: Alle Seitenhalbierenden schneiden sich im Punkt $S\left(7\frac{1}{3} \mid 5\frac{1}{3}\right)$.

b) Nach dem Satz von Pythagoras gilt für $|SP|$ und $|BS|$:

$$|SP|^2 = (7\tfrac{1}{3} - 5)^2 + (5\tfrac{1}{3} - 4)^2 = (\tfrac{7}{3})^2 + (\tfrac{4}{3})^2 = \tfrac{65}{9}$$

$$|SP| = \tfrac{1}{3} \cdot \sqrt{65}$$

$$|BS|^2 = (12 - 7\tfrac{1}{3})^2 + (8 - 5\tfrac{1}{3})^2 = (\tfrac{14}{3})^2 + (\tfrac{8}{3})^2 = \tfrac{260}{9}$$

$$|BS| = \tfrac{2}{3} \cdot \sqrt{65}$$

$$|BS| = 2 \cdot |SP|$$

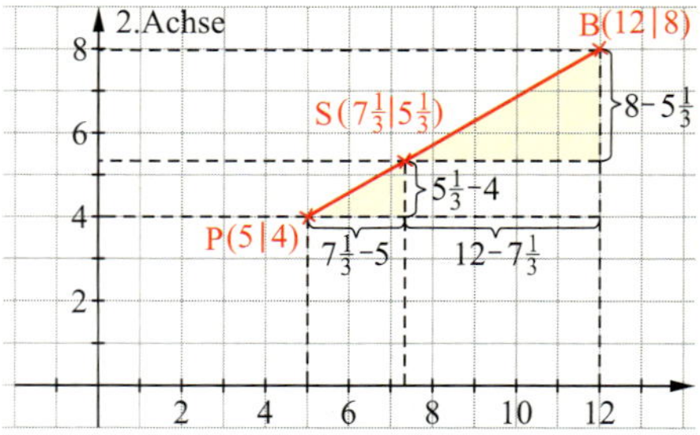

Also: $|BS| = 2 \cdot |SP|$

Entsprechend zeigt man: $|CS| = 2 \cdot |SQ|$; $|AS| = 2 \cdot |SR|$.

Ergebnis: Die am Eckpunkt liegende Teilstrecke ist doppelt so lang wie die andere.

Information **(1) Mittelpunkt und Länge einer Strecke**

Satz 4

Für eine Strecke mit den Endpunkten $P_1(x_1 | y_1)$ und $P_2(x_2 | y_2)$ gilt:

(1) Der **Mittelpunkt M** der Strecke $\overline{P_1P_2}$ hat die Koordinaten $x_M = \frac{x_1 + x_2}{2}$; $y_M = \frac{y_1 + y_2}{2}$.

(2) Die **Länge d** der Strecke $\overline{P_1P_2}$ ist $d = \sqrt{(x_2 - x_1)^2 + (y_2 - y_1)^2}$.

Beweis:

(1) M sei Mittelpunkt der Strecke $\overline{P_1P_2}$. Die beiden blauen Dreiecke sind zueinander kongruent, denn sie stimmen in allen Winkeln überein und es gilt $|P_1M| = |MP_2|$. Also gilt:

$$x_M - x_1 = x_2 - x_M \qquad y_M - y_1 = y_2 - y_M$$
$$2x_M = x_1 + x_2 \qquad 2y_M = y_1 + y_2$$
$$x_M = \frac{x_1 + x_2}{2} \qquad y_M = \frac{y_1 + y_2}{2}$$

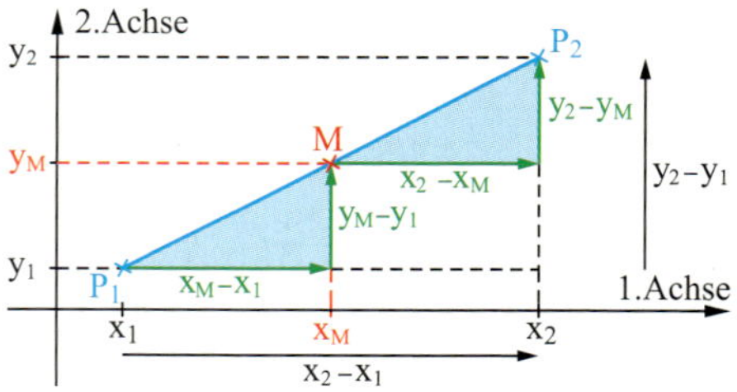

Der Mittelpunkt ist $M\left(\frac{x_1 + x_2}{2} \middle| \frac{y_1 + y_2}{2}\right)$. ∎

(2) Nach dem Satz des Pythagoras gilt: $d^2 = (x_2 - x_1)^2 + (y_2 - y_1)^2$, also:

$$d = \sqrt{(x_2 - x_1)^2 + (y_2 - y_1)^2} \quad ∎$$

(2) Grundidee der analytischen Geometrie

Pierre Fermat

René Descartes

Gegeben sind die Geraden g und h.
Gesucht ist der Schnittpunkt S. Früher lösten wir eine solche Aufgabe durch Konstruktion.
Jetzt haben wir gelernt, wie man eine geometrische Fragestellung mithilfe der Algebra, also auf rechnerischem Wege, lösen kann. Die wesentlichen Gedanken dieser **analytischen Geometrie** gehen auf Pierre Fermat (1601 – 1665) und René Descartes (1596 – 1650) zurück.

Übungsaufgaben

Von der Zwei-Punkte-Form zur Normalform

3.

Die Gerade g geht durch die Punkte P_1 und P_2. Stelle mithilfe der Zwei-Punkte-Form eine Gleichung für g auf und führe diese in die Normalform über.
Liegt der Punkt P_3 auf g?

$P_1(2\,|\,1)$, $P_2(6\,|-2)$, $P_3(4\,|-0{,}5)$

$y-1=\frac{-2-1}{6-2}\cdot(x-2)$

$y-1=-\frac{3}{4}(x-2)$

$y=-\frac{3}{4}x+\frac{5}{2}$

$P_3(4\,|-0{,}5)$ liegt auf g, denn

$-0{,}5=-\frac{3}{4}\cdot 4+2{,}5$ ist wahr.

a) $P_1(3\,|\,1)$, $P_2(5\,|\,5)$, $P_3(-2\,|-9)$

b) $P_1(2\,|\,7)$, $P_2(5\,|\,1)$, $P_3(1\,|\,10)$

c) $P_1(-6{,}6\,|-4{,}3)$, $P_2(2\,|\,0)$, $P_3(7\,|\,2{,}5)$

d) $P_1(3\,|\,3)$, $P_2(-\frac{1}{3}\,|-\frac{1}{3})$, $P_3(1\,|-1)$

e) $P_1(0\,|\,3)$, $P_2(5\,|\,0)$, $P_3(\frac{1}{3}\,|\,2{,}8)$

f) $P_1(-\frac{26}{5}\,|-\frac{3}{5})$, $P_2(-\frac{6}{5}\,|\,\frac{2}{5})$, $P_3(-2{,}8\,|\,0)$

4.

Gegeben ist die Gerade g durch die Punkte

a) $P_1(1\,|\,2{,}6)$ und $P_2(12\,|-1{,}8)$; **b)** $P_1(-1\,|-2)$ und $P_2(4{,}5\,|\,1{,}3)$.

$P_3(10\,|\,\square)$, $P_4(\square\,|\,4)$, $P_5(0\,|\,\square)$, $P_6(\square\,|\,0)$ liegen auf g.
Bestimme die fehlenden Koordinaten.

5.

Bestimme den Schnittpunkt S der Diagonalen des Vierecks mit den Eckpunkten

a) $A(2\,|\,1)$, $B(7\,|\,2)$, $C(7\,|\,6)$, $D(4\,|\,5)$; **b)** $A(-3\,|-2)$, $B(3\,|-1)$, $C(6\,|\,3{,}4)$, $D(-1\,|\,7)$.

6.

Eine Gerade g hat die Abschnitte a und b auf den Koordinatenachsen. Stelle mithilfe der Zwei-Punkte-Form eine Gleichung für g auf und führe diese in die Normalform über.

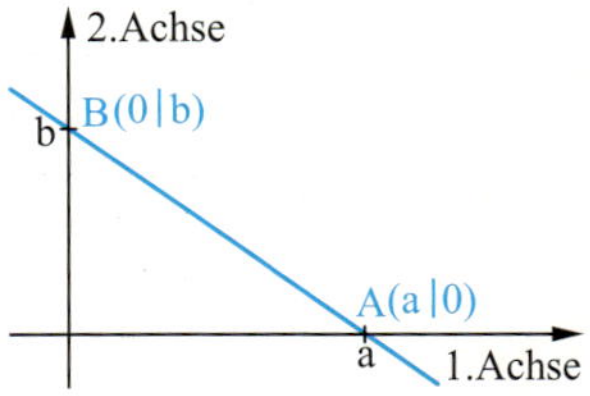

a) $a=4,\quad b=3$

b) $a=-3{,}5,\quad b=2$

c) $a=-5,\quad b=-2$

d) $a=3{,}5,\quad b=-4{,}9$

7.

Bestimme die Achsenabschnitte.

a) $y=-\frac{1}{3}x+4$ **b)** $y=-\frac{8}{5}x-8$ **c)** $y=1{,}8x+4{,}5$ **d)** $y=\frac{1}{3}\cdot x-2{,}5$

8.

a) Ein Dreieck hat den Flächeninhalt 15 und wird begrenzt durch die positiven Teile der 1. und 2. Achse sowie durch eine Gerade, die durch den Punkt $P(2\,|\,3{,}6)$ geht. Bestimme die Eckpunkte des Dreiecks. Es gibt zwei Möglichkeiten.

b) Gegeben sind zwei Punkte $A(2\,|\,1)$ und $B(5\,|\,3)$. Die Strecke AB soll Basis eines gleichschenkligen Dreiecks ABC sein. Gib die Normalform für die Gerade g an, auf welcher der Punkt C liegen kann.
Die erste Koordinate von C sei 2, bestimme dazu die zweite Koordinate.

Von der Punkt-Steigungs-Form zur Normalform

9.

Die Gerade g geht durch den Punkt P_1 und hat die Steigung m. Stelle mithilfe der Punkt-Steigungs-Form eine Gleichung für g auf und führe diese in die Normalform über. P_2 soll auch auf g liegen. Bestimme die fehlende Koordinate.

$m = -2;\quad P_1(4\,|\,-3),\ P_2(-2\,|\,\square)$
$y - (-3) = -2 \cdot (x - 4)$
$y + 3 = -2x + 8$
$y = -2x + 5$
$P_2(-2\,|\,9)$

a) $m = \frac{3}{4}$; $P_1(4\,|\,1),\ P_2(2\,|\,\square)$

b) $m = -\frac{1}{2}$; $P_1(6\,|\,-1{,}5),\ P_2(-4\,|\,\square)$

c) $m = \frac{4}{5}$; $P_1(-10\,|\,0),\ P_2(\square\,|\,8)$

d) $m = -0{,}8$; $P_1(-1\,|\,-6),\ P_2(\square\,|\,5)$

e) $m = \frac{1}{3}$; $P_1(-6\,|\,0),\ P_2(6\,|\,\square)$

f) $m = 1$; $P_1(0\,|\,7{,}5),\ P_2(2{,}5\,|\,\square)$

g) $m = -\frac{3}{2}$; $P_1\left(\frac{16}{5}\,|\,-\frac{24}{5}\right),\ P_2\left(\square\,|\,\frac{3}{2}\right)$

h) $m = \sqrt{2}$; $P_1\left(\sqrt{2}\,|\,1\right),\ P_2\left(-\sqrt{2}\,|\,\square\right)$

10.

Die Gerade g hat die Steigung m und geht durch den Punkt P_1. Die Gerade h geht durch die Punkte P_2 und P_3. Bestimme den Schnittpunkt beider Geraden.

a) $m = 0{,}5$; $P_1(6\,|\,0),\ P_2(5\,|\,-2),\ P_3(-1\,|\,4)$

b) $m = \frac{5}{8}$; $P_1(-4\,|\,-1{,}5),\ P_2(6\,|\,2),\ P_3(8\,|\,0{,}5)$

c) $m = \frac{1}{3}$; $P_1(-4\,|\,3),\ P_2(7\,|\,1{,}5),\ P_3(8\,|\,-0{,}75)$

d) $m = -\frac{1}{3}$; $P_1(3\,|\,-2),\ P_2(1\,|\,2{,}4),\ P_3\left(\sqrt{5}\,|\,\frac{12}{5}\right)$

11.

Gegeben ist ein Dreieck mit den Eckpunkten A, B und C. Durch jeden Eckpunkt geht eine Gerade, die dieselbe Steigung hat wie die gegenüberliegende Dreiecksseite.
Gib für jede dieser Geraden eine Gleichung an.
In welchen Punkten S_1, S_2 und S_3 schneiden sich diese Geraden?

a) $A(1\,|\,-2),\ B(3\,|\,1),\ C(-1\,|\,3)$ **b)** $A(-2{,}6\,|\,0{,}4),\ B(1\,|\,-2{,}7),\ C(0{,}6\,|\,-0{,}4)$

12.

Von einem Parallelogramm ABCD kennt man die angegebenen Eckpunkte.
Bestimme den fehlenden Eckpunkt.

a) $A(4\,|\,1),\ B(9\,|\,3),\ D(5\,|\,7)$ **b)** $A(-2\,|\,-1),\ B(1\,|\,-7),\ C(9\,|\,-7)$

Allgemeine Form der Geradengleichung

13.

Zeichne mithilfe einer Wertetabelle den Graphen der Gleichung.
Löse dazu nach x oder nach y auf.

a) $3x - 5y = 20$ **b)** $4x + 0y = 6$ **c)** $0x - 2y = 4{,}8$ **d)** $-5x + 0y = -4{,}5$

14.

Notiere die Geradengleichung ausführlicher als Gleichung mit *beiden* Variablen x und y.

a) $x = 3$ **b)** $x = -2$ **c)** $x = 0$ **d)** $y = 3$ **e)** $y + 2 = 0$ **f)** $y = 0$

Zeichne die Gerade.
Welche der Punkte $P_0(-4\,|\,3),\ P_1(0\,|\,-2),\ P_2(0\,|\,2),\ P_3(3\,|\,-2{,}5),\ P_4(-2\,|\,0),\ P_5(0\,|\,0)$ liegen auf dieser Geraden?

15.
Notiere in Kurzform die Gleichungen der Parallelen zu den Koordinatenachsen durch den Punkt:

a) $P(3\,|\,4)$ **b)** $P\left(0\,|\,-\frac{5}{7}\right)$ **c)** $P\left(-\frac{4}{9}\,|\,0\right)$ **d)** $P(0\,|\,0)$ **e)** $P(-2\,|\,-3)$

16.
Bestimme den Schnittpunkt beider Geraden.

a) $g_1\colon\ y = 1{,}5 \cdot x + 4$
$g_2\colon\ x = 3$

b) $g_1\colon\ 2 \cdot x + 0{,}5 \cdot y = 8$
$g_2\colon\ y = -4$

c) $g_1\colon\ 5x - 3y = 1$
$g_2\colon\ x = 0$

d) $g_1\colon\ 0{,}8 \cdot x - 1{,}2y = 6$
$g_2\colon\ y = 0$

e) $g_1\colon\ x = 4{,}5$
$g_2\colon\ y = -3$

f) $g_1\colon\ x = 4$
$g_2\colon\ y = 0$

17.
Gib die Lage der Geraden im Koordinatensystem an.

$g_1\colon\ 0 \cdot x + 10 \cdot y = -18$
$g_2\colon\ 6 \cdot x + 0 \cdot y = 36$
$g_3\colon\ 10 \cdot x = -16$
$g_4\colon\ 2 \cdot y = 15$
$g_5\colon\ 5 \cdot y = -12$
$g_6\colon\ \frac{5 \cdot x}{24} = 1$

18.
Bestimme die Abschnitte a und b auf der 1. und 2. Achse und die Steigung bei der Geraden mit der Gleichung

a) $3x + 2y = 12$; **b)** $22x - 14y = -77$; **c)** $18x + 10y = -45$; **d)** $5x - 12y = 30$.

19.
Damit der Graph einer Gleichung der Form $A \cdot x + B \cdot y = C$ eine Gerade ist, verlangt man, dass $A \neq 0$ oder $B \neq 0$ ist.
Bestimme zur Erläuterung dieser Bedingung die Lösungsmenge der Gleichung

a) $0 \cdot x + 0 \cdot y = 1$, **b)** $0 \cdot x + 0 \cdot y = 0$.

Für x und y werden Zahlen aus $\mathbb{R}$ eingesetzt.

Parallelität und Orthogonalität

20.
Welche der Geraden sind zueinander parallel, welche zueinander orthogonal?

a) $g_1\colon\ y = \frac{4}{3}x - 5$; $g_2\colon\ y = -0{,}75x - 5$; $g_3\colon\ y = \frac{8x+1}{6}$; $g_4\colon\ y = 5 - x$

b) $g_1\colon\ y = 8x - 1$; $g_2\colon\ y = \frac{x}{3} + 7$; $g_3\colon\ y = -3x + 1$; $g_4\colon\ y = -0{,}125x + 7$

21.
Die Gerade g hat die Steigung m_1. Bestimme die Steigung m_2 einer Orthogonalen zu g.

a) $m_1 = \frac{3}{5}$ **b)** $m_1 = \frac{1}{4}$ **c)** $m_1 = 2$ **d)** $m_1 = -3$ **e)** $m_1 = -0{,}75$ **f)** $m_1 = -0{,}1$

22.
Bestimme die Gleichung in der Normalform für diejenige Gerade, die durch den Punkt P geht und zu der Geraden mit der angegebenen Gleichung parallel [orthogonal] ist.

a) $P(-2\,|\,1)$, $y = 2x$
b) $P(0\,|\,6)$, $y = 4x + 2$
c) $P(0\,|\,5)$, $y = -5x + 1$
d) $P(2\,|\,-4)$, $y = -\frac{x}{3} - 2$
e) $P(-1{,}5\,|\,0{,}4)$, $y = 1{,}2x + 0{,}8$
f) $P(-3\,|\,0)$, $y = -x$

23.
Bestimme eine Gleichung für diejenige Gerade, die durch den Punkt P geht und zu der Geraden mit der angegebenen Gleichung parallel [orthogonal] ist.

a) $P(-4|2)$, $y=-\frac{1}{3}x-5$
b) $P(0|0)$, $y=-x-2$
c) $P(\sqrt{2}|3)$, $y=4$
d) $P(-2|5)$, $x=3$
e) $P(0|0)$, $x=-1$
f) $P(-1|-2)$, $y=-1{,}5$

24.
A, B und C sind die Eckpunkte eines Dreiecks. Zeige rechnerisch, dass sich die Höhengeraden in einem Punkt H schneiden. Bestimme dessen Koordinaten.

a) $A(12|-21)$, $B(27|-18)$, $C(0|9)$
b) $A(2|3)$, $B(7|1)$, $C(8|6)$

25.
Von einem Dreieck ABC kennt man die Eckpunkte $A(3|1)$ und $B(12{,}6|8{,}2)$ und den Schnittpunkt $H(4|8)$ der Höhengeraden.
Bestimme rechnerisch den dritten Eckpunkt C des Dreiecks.

Mittelpunkt und Länge einer Strecke

26.
M ist der Mittelpunkt der Strecke $\overline{AB}$. Bestimme die fehlenden Koordinaten.

a) $A(8|-5)$, $B(-2|7)$ $M(\square|\square)$
b) $A(0{,}5|-1)$, $B(4{,}3|-6{,}6)$, $M(\square|\square)$
c) $A(2|4)$, $B(\square|\square)$, $M(3|6)$
d) $A(\square|\square)$, $B(-1|-2)$, $M(2|-4)$
e) $A(-3|4)$, $B(\square|\square)$, $M(-4|-2)$
f) $A(7|\square)$, $B(\square|-1)$, $M(0|0)$

27.
Bestimme den Mittelpunkt und den fehlenden Eckpunkt des Parallelogramms ABCD.

a) $A(-2|-2)$, $B(4|1)$, $C(2|6)$
b) $A(1|0)$, $B(7|3)$, $C(6|5)$

28.
Berechne die Längen der Seiten und die Längen der Diagonalen des Vierecks ABCD.

a) $A(-4|1)$, $B(-1|-3)$, $C(11|2)$, $D(3|6)$
b) $A(1|-3)$, $B(9|-3)$, $C(13|0)$, $D(1|9)$

29.
Welchen Abstand hat der Punkt P von der Geraden g?

a) $P(8|2)$, g: $y=\frac{4}{3}x-\frac{1}{3}$
b) $P(-6|6)$, g: $y=2{,}4x-13{,}4$
c) $P(7|-1)$, g: $y=-\frac{5}{4}x-2{,}5$
d) $P(3|5)$, g: $y=-0{,}8x+7{,}4$

30.
Zeige rechnerisch, dass sich bei einem Dreieck ABC die Mittelsenkrechten der Dreiecksseiten in einem Punkt M schneiden. Bestimme dessen Koordinaten.

a) $A(1|4)$, $B(9|0)$, $C(10|7)$
b) $A(-2|2)$, $B(6|-4)$, $C(8|7)$

Weise nach, dass die Strecken $\overline{AM}$, $\overline{BM}$ und $\overline{CM}$ gleich lang sind, dass M also der Umkreismittelpunkt des Dreiecks ABC ist.

31.
Zeige bei Aufgabe 11 (Seite 30), dass die Punkte A, B und C die Mittelpunkte der Seiten des Dreiecks $S_1S_2S_3$ sind.

1.2.3 Vermischte Übungen

1.
Bei einer Autovermietung werden die Mietkosten für einen Personenwagen pro Tag so berechnet: 0,40 € für jeden gefahrenen Kilometer, mindestens aber 50 €. Werden an einem Tag mehr als 200 km gefahren, so ermäßigen sich die Kosten für jeden darüber hinaus gefahrenen Kilometer um 0,25 €. Stelle die Funktion *Fahrstrecke (in km) → Mietkosten (in €)* durch einen Graphen dar. Zerlege dazu den Definitionsbereich so in Teilabschnitte (Intervalle), dass man für jeden dieser Teilabschnitte einen linearen Term zur Berechnung der Mietkosten angeben kann. Gib auch für die einzelnen Teilabschnitte die Änderungsraten an. Ist die Umkehrzuordnung *Mietkosten → Fahrstrecke* eindeutig?

2.
Die Bodenfläche eines Schwimmbeckens besteht aus zwei Teilen. Der untere Teil liegt 3 m unter dem Beckenrand und ist 120 m² groß, der obere Teil liegt nur 1,50 m unter dem Beckenrand und ist 60 m² groß. Das Becken wird neu gefüllt. Die Pumpen liefern stündlich 36 m³ Wasser.

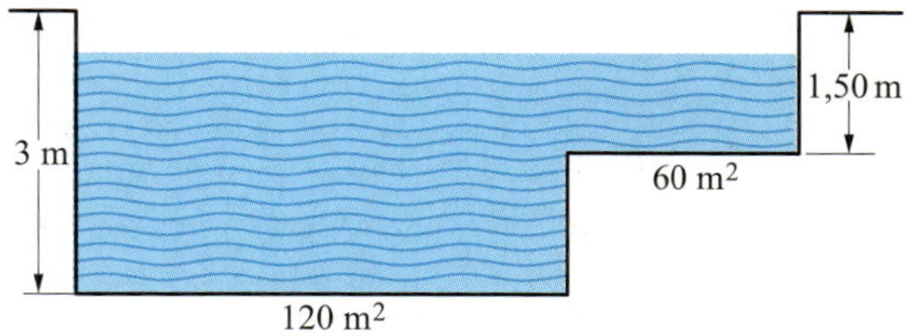

a) Zeichne den Graphen der Funktion
Einfüllzeit (in h) → Wasserhöhe (in m über der unteren Bodenfläche).

b) Die Wasserhöhe soll aus der Einfüllzeit berechnet werden. Warum ist es sinnvoll, zwei Zeitabschnitte zu unterscheiden?
Notiere die Terme, mit denen man die Wasserhöhe aus der Einfüllzeit berechnen kann.

c) Nach welcher Zeit beträgt die Wasserhöhe
(1) 0,60 m, (2) 1,30 m, (3) 1,90 m, (4) 2,90 m?

d) Ist die Umkehrzuordnung *Wasserhöhe → Einfüllzeit* eindeutig?

3.
Zeige, dass für eine beliebige lineare Funktion f gilt: Ist x_M das arithmetische Mittel von x_1 und x_2, so ist $f(x_M)$ das arithmetische Mittel von $f(x_1)$ und $f(x_2)$. *Hinweis:* Man berechnet das arithmetische Mittel aus zwei Zahlen, indem man ihre Summe durch 2 dividiert.

4.
Prüfe, ob alle drei Punkte auf derselben Geraden liegen.

a) $A(4{,}3\,|\,5{,}2)$, $B(5{,}9\,|\,7{,}6)$, $C(6{,}7\,|\,8{,}8)$ **b)** $A(-4{,}5\,|\,-1{,}9)$, $B(-2{,}1\,|\,-0{,}3)$, $C(-0{,}1\,|\,0{,}9)$

5.
Die Gerade g_1 geht durch die Punkte P_1 und P_2, die Gerade g_2 geht durch den Punkt P_3 und hat die Steigung m. Bestimme den Schnittpunkt beider Geraden und seinen Abstand vom Ursprung.

a) $P_1(-1\,|\,-5)$, $P_2(6\,|\,2)$, $P_3(-2\,|\,-4)$, $m=2$ **b)** $P_1(2\,|\,4)$, $P_2(-6\,|\,0)$, $P_3(9\,|\,2)$, $m=\frac{1}{3}$

6.
Die Gerade g geht durch die Punkte A und B. Zeichne die Gerade, stelle eine Gleichung auf. Ist die Gleichung eine Funktionsgleichung?

a) $A(0\,|\,4)$, $B(5\,|\,4)$ **b)** $A\left(-\frac{4}{5}\,|\,-\frac{7}{2}\right)$, $B\left(\frac{3}{4}\,|\,-\frac{7}{2}\right)$ **c)** $A(-1{,}5\,|\,4{,}7)$, $B(-1{,}5\,|\,-0{,}9)$

Notiere eine Gleichung der Parallelen [Orthogonalen] zu g durch den Koordinatenursprung.

7.
Welchen Wert muss man für r setzen, damit die Gerade g durch den Punkt $P(2\,|\,1)$ geht?

a) g: $y=rx+2$ **b)** g: $y=1{,}2x+r$

8.
Die Gerade g hat die Gleichung:

a) $y=\frac{3}{4}x+2$ **b)** $y=x-7$ **c)** $x=-2{,}5$ **d)** $y=-\frac{x}{2}+2$

Stelle die Gleichung in Normalform derjenigen Geraden h auf, die g auf der 1. Koordinatenachse orthogonal schneidet. Berechne die Abstände des Punktes $P(7\,|\,1)$ von den Geraden g und h.

9.
$A(-2\,|\,-1)$, $B(6\,|\,-3)$ und $C(-2\,|\,5)$ sind Eckpunkte eines Dreiecks.

a) Bestimme für dieses Dreieck Gleichungen
(1) der Seitenhalbierenden; (2) der Mittelsenkrechten; (3) der Höhengeraden.
Zeige, dass sich die drei Geraden jeweils in einem Punkt schneiden.

b) Berechne den Umfang und den Flächeninhalt des Dreiecks.

▲ **10.**
Von einem Dreieck ABC kennt man zwei Eckpunkte und den Schnittpunkt S der Seitenhalbierenden. Berechne den fehlenden Eckpunkt des Dreiecks.

a) $A(-2\,|\,3)$, $B(8\,|\,-2)$, $S(5\,|\,3)$
b) $B(-1\,|\,-4)$, $C(2\,|\,4)$, $S\left(-2\,|\,-\frac{2}{3}\right)$
c) $A(1\,|\,-10)$, $C(5\,|\,-1)$, $S\left(4\frac{2}{3}\,|\,-5\frac{2}{3}\right)$
d) $A(-6\,|\,0)$, $B(0\,|\,-8)$, $S\left(-2\,|\,-2\frac{2}{3}\right)$

11.
Die Gerade g geht durch den Punkt $P_1(0\,|\,3)$ und hat die Steigung m. Die Gerade h geht durch den Punkt $P_2(0\,|\,-3)$ und ist orthogonal zu g. Der Punkt S ist der Schnittpunkt von g und h.

a) Setze $m=-\frac{1}{2}$ und berechne den Abstand des Punktes S vom Koordinatenursprung.

b) Zeige, dass für jede beliebige Steigung m der Punkt S stets den gleichen Abstand vom Koordinatenursprung hat. Welcher geometrische Lehrsatz beschreibt diesen Sachverhalt?

12.
Die ICE-Strecke Hannover – Würzburg der Deutschen Bahn AG fällt von Kilometer 113 bis zum Kilometer 120 gleichmäßig ab. Bei Kilometer 114,5 (Einfahrt Rauheberg-Tunnel) beträgt die Höhe 264,5 m über NN, bei Kilometer 119,5 (Ausfahrt Rauheberg-Tunnel) 199,5 m über NN.

a) Welche Höhe über NN hat die Bahnstrecke
(1) in der Mitte des Rauheberg-Tunnels (bei Kilometer 117);
(2) an der Einfahrt des Mackenrodt-Tunnels (bei Kilometer 113);
(3) kurz vor der Werrabrücke (bei Kilometer 120)?

b) An welcher Stelle beträgt die Höhe 245 m [271 m] über NN?

c) Berechne die Steigung in Promille in diesem Streckenabschnitt.

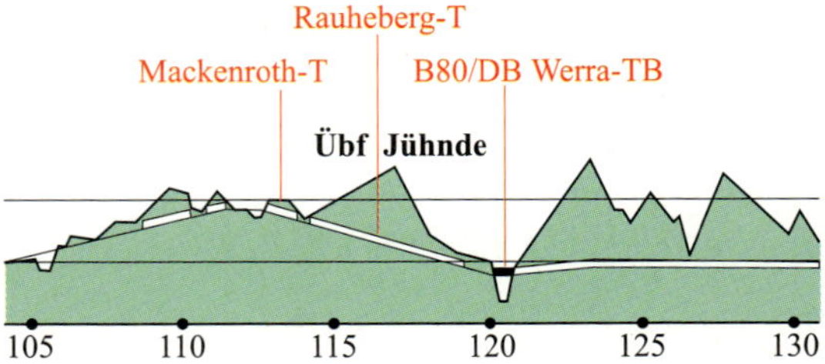

13.
Beweise durch Koordinatenrechnungen: In jedem Dreieck liegen der Schnittpunkt H seiner Höhengeraden, der Schnittpunkt M der Mittelsenkrechten seiner Seiten und der Schnittpunkt S seiner Seitenhalbierenden stets auf einer Geraden (*Euler'sche Gerade*). Wähle dazu irgendein Dreieck ABC und überlege, dass man das Koordinatensystem stets so legen kann, dass $A(2a\,|\,0)$, $B(2b\,|\,0)$, $C(0\,|\,2c)$ gilt.

1.3 Quadratische Funktionen

1.3.1 Begriff der quadratischen Funktion

Die Eisenbahnlinie zwischen den Städten Solingen und Remscheid im Bergischen Land führt über eine Stahlbrücke, die das tief eingeschnittene Tal der Wupper überspannt.
Diese Brücke wurde in den Jahren 1894 bis 1897 gebaut.
Das Bild unten zeigt, dass der parabelförmige Brückenbogen von einer Behelfsbrücke aus zusammengesetzt wurde. Zur Kontrolle wurden während der Montage die Abstände zur Behelfsbrücke laufend gemessen und mit zuvor berechneten Werten im Bauplan verglichen.

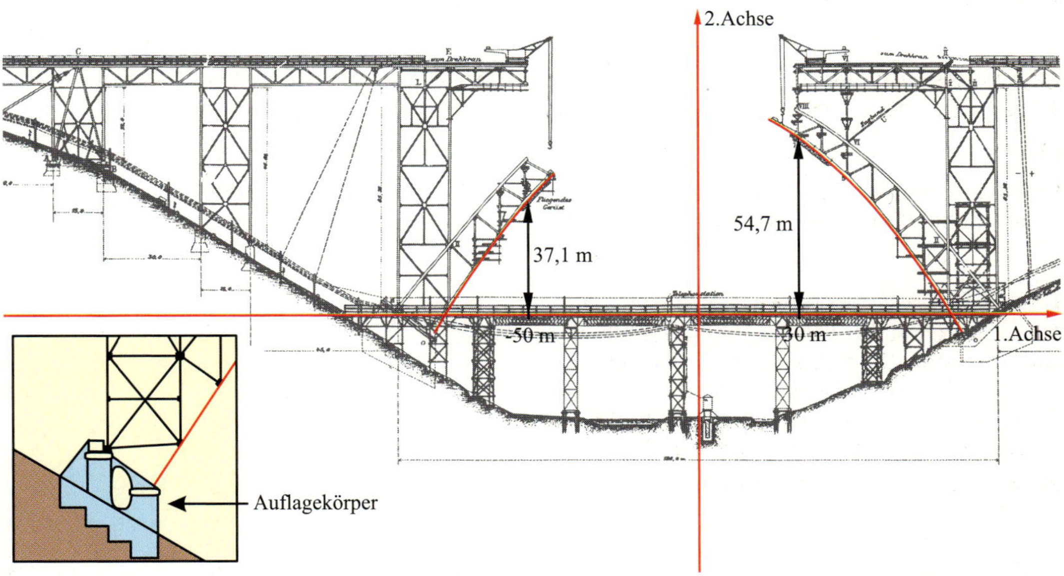

Wir suchen für den Parabelbogen eine passende Gleichung. Legt man das Koordinatensystem so, dass die 1. Achse von der Behelfsbrücke gebildet wird und die 2. Achse durch den Scheitelpunkt der Parabel geht, dann kann man für die Parabel eine Gleichung der Form $y = a \cdot x^2 + c$ ansetzen.

Aufgabe 1

a) Bestimme für den unteren Parabelbogen der Brücke die Parameter a und c in der Gleichung $y = a \cdot x^2 + c$ mithilfe der in der Zeichnung angegebenen Maße.
Gib auch die Gleichung an.

b) Berechne die Höhe unter dem Parabelbogen bei 10 m, – 20 m, 0 m.
Bei – 80 m und bei 80 m ruht der Bogen auf großen Auflagekörpern. Wie viel m unterhalb der Behelfsbrücke ist das der Fall?

Lösung

a) Es sind die Koordinaten von zwei Parabelpunkten gegeben, nämlich $P_1(-50 \mid 37{,}1)$ und $P_2(30 \mid 54{,}7)$.
Die zweimalige Punktprobe liefert das Gleichungssystem:

$$\left| \begin{array}{r} a \cdot 30^2 + c = 54{,}7 \\ a \cdot (-50)^2 + c = 37{,}1 \end{array} \right|, \quad \text{also} \quad \left| \begin{array}{r} 900\,a + c = 54{,}7 \\ 2\,500\,a + c = 37{,}1 \end{array} \right|$$

Subtraktionsverfahren anwenden

Wir lösen das Gleichungssystem mithilfe des Subtraktionsverfahrens.

$$\left| \begin{array}{r} -1\,600\,a = 17{,}6 \\ c = -2\,500\,a + 37{,}1 \end{array} \right|, \quad \text{also} \quad \left| \begin{array}{l} a = -0{,}011 \\ c = 64{,}6 \end{array} \right|$$

Ergebnis: Die Parabelgleichung lautet: $y = -0{,}011 \cdot x^2 + 64{,}6$

b) Wir berechnen mithilfe der Parabelgleichung die Höhen unter dem Parabelbogen an den Stellen 10; -20; 0; 80; -80 und erhalten nacheinander:
63,5; 60,2; 64,6; $-5{,}8$; $-5{,}8$.

Ergebnis: Die Höhen sind 63,5 m, 60,2 m und 64,6 m.
5,8 m unterhalb der Behelfsbrücke ruht der Bogen auf den Auflagekörpern.

Information **Quadratische Funktion**

$f(x) = -0{,}011 \cdot x^2 + 64{,}6$ ist der Term einer speziellen *quadratischen Funktion.*
Er hat die Form $f(x) = a \cdot x^2 + c$.
Im Funktionsterm nennt man $a \cdot x^2$ das quadratische Glied, c das absolute Glied. Nehmen wir noch ein lineares Glied $b \cdot x$ hinzu, können wir allgemein definieren:

Definition 5

Eine Funktion f mit einem Term der Form $f(x) = a \cdot x^2 + b \cdot x + c$ mit $a \neq 0$ heißt **quadratische Funktion.**
Den Graphen einer quadratischen Funktion nennt man **Parabel.**
Der Punkt mit dem größten bzw. kleinsten Funktionswert der Funktion f heißt *Scheitelpunkt* der Parabel.
Der maximale Definitionsbereich einer quadratischen Funktion ist die Menge $\mathbb{R}$ aller reellen Zahlen.

Weiterführende Aufgabe

2. *Nullstellen einer quadratischen Funktion*
Die Funktion f ist über $\mathbb{R}$ definiert und hat den Term

a) $f(x) = \frac{x^2}{2} - x - 4$ **b)** $f(x) = \frac{(x-3)^2}{5}$ **c)** $f(x) = 4(x^2 + 0{,}2)$ **d)** $f(x) = (1 + x)(3 - x)$

An welchen Stellen x nimmt die Funktion f den Wert null an?
Für welche Stellen x sind die Funktionswerte positiv, für welche Stellen x negativ?

Definition 6

Eine Stelle x_0, an der eine Funktion f den Wert 0 annimmt, heißt **Nullstelle** der Funktion.

Für eine Nullstelle x_0 der Funktion f gilt:

$f(x_0) = 0$

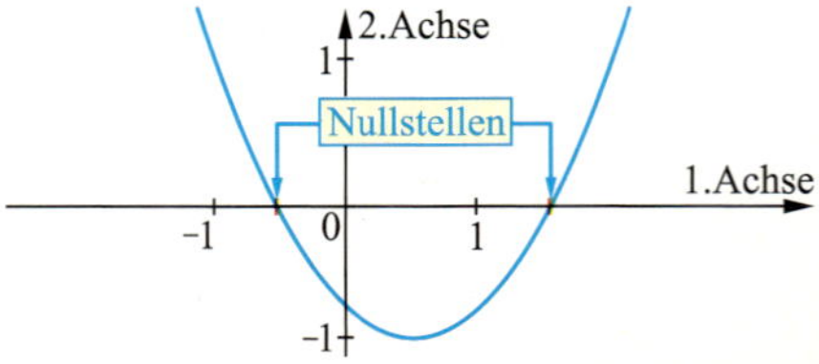

Information **TRACE-Routine zum näherungsweisen Bestimmen von Nullstellen**

GTR

Mit dem GTR lassen sich Näherungswerte für Nullstellen auf grafisch-numerischem Weg finden.

Gesucht sind die Nullstellen der Funktion $f(x) = x^2 - 2x - 1$ mit einer Genauigkeit von 2 Stellen nach dem Komma.

Der zur Funktion gehörende Graph schneidet die 1. Achse an zwei Stellen. An diesen beiden Stellen liegt ein Vorzeichenwechsel der Funktionswerte vor.

Zum Umgang mit einem GTR siehe auch Blickpunkt auf Seite 106/107.

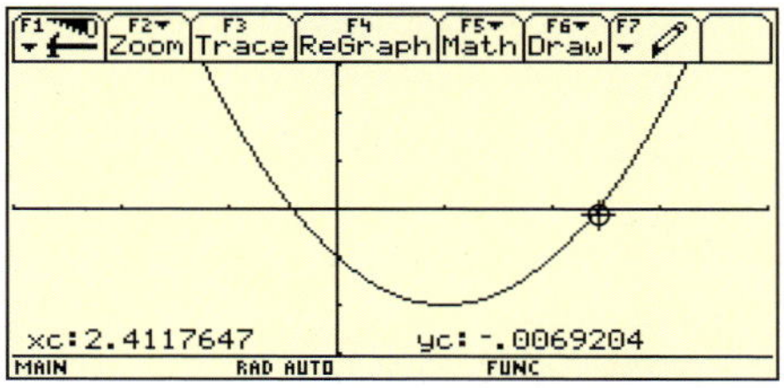

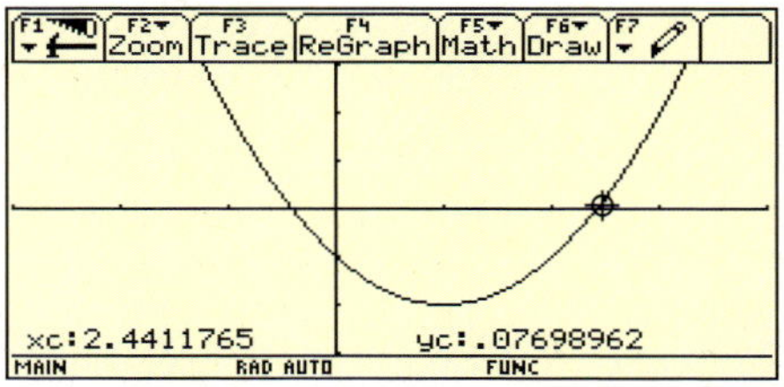

Unter Verwendung der TRACE-Routine auf dem GTR erkennen wir, dass die betrachtete Nullstelle offenbar zwischen 2,41 und 2,45 liegt. Bei der Angabe wird die untere Intervallgrenze immer abgerundet und die obere Intervallgrenze immer aufgerundet.

Wir vergrößern den Graphen in der Umgebung der Nullstelle.

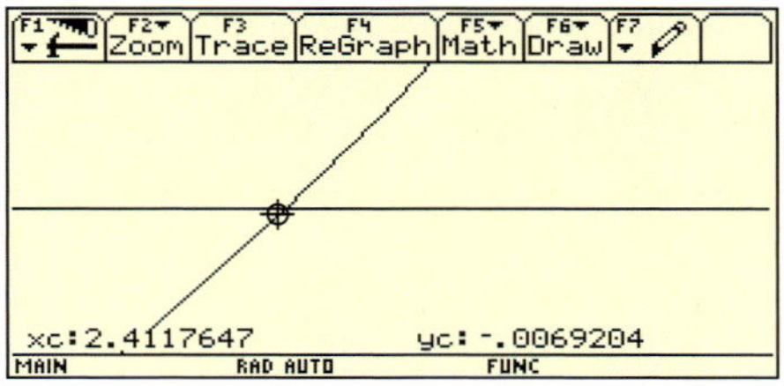

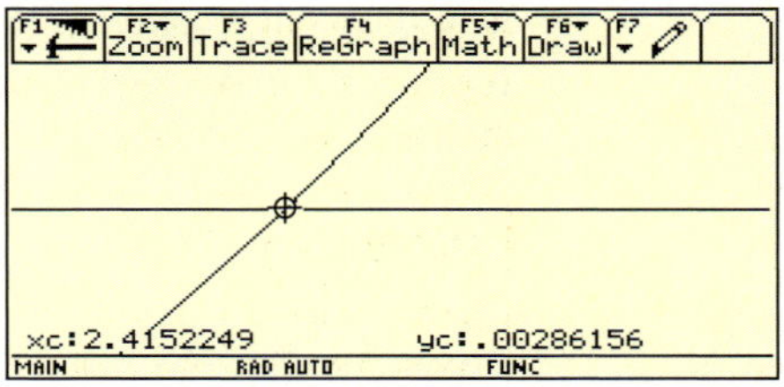

Die Nullstelle liegt also zwischen 2,411 und 2,416. Wir stellen fest: $x_1 \approx 2{,}41$.

Durch wiederholtes Anwenden des Verfahrens erhalten wir einen immer besseren Näherungswert für die Nullstelle. Entsprechend erhält man $x_2 \approx -0{,}41$.

Übungsaufgaben

3.

Die Funktionsgleichung einer quadratischen Funktion hat die Form $y = a \cdot x^2 + c$.

Der Graph geht durch die Punkte A und B.

a) Bestimme die Parameter a und c.

(1) $A(-0{,}5 \mid 5{,}5)$, $B(1 \mid 7)$ (2) $A(2 \mid 0{,}5)$, $B(4 \mid -5{,}5)$ (3) $A(10 \mid 12{,}2)$, $B(15 \mid 24{,}7)$

CAS

b) Untersuche, welche Möglichkeiten ein Rechner mit CAS hat, um mithilfe des Einsetzungsverfahrens (Substitution) ein Gleichungssystem zu lösen (SOLVE, Sodass-Operator).

4.

Die Funktion f hat den Term $f(x) = -0{,}011x^2 + 64{,}6$.

a) Berechne die Nullstellen der Funktion f.

b) Zeige, dass für $x \neq 0$ alle Funktionswerte kleiner sind als der Funktionswert $f(0)$.

c) Begründe, dass der Funktionsgraph symmetrisch zur 2. Koordinatenachse ist. Vergleiche dazu die Funktionswerte an den Stellen x und $-x$.

d) Welche Bedeutung haben die Ergebnisse von a) und b) in Aufgabe 1?

5. Die quadratische Funktion f hat den Term

a) $f(x) = \frac{3}{4}x^2 - 3$

b) $f(x) = -\frac{x^2}{9} + 1$

c) $f(x) = \frac{x^2}{5}$

d) $f(x) = x^2 - 4x$

e) $f(x) = -0{,}2x^2 - 0{,}4x + 1{,}6$

f) $f(x) = x^2 - 0{,}5x - 3$

Berechne die Nullstellen. Bestimme den Wertebereich. Untersuche, welcher Punkt des Graphen am tiefsten bzw. am höchsten liegt. Zeichne den Graphen von f.

Nullstellenberechnung mit der Lösungsformel für quadratische Gleichungen

Beispiel: $f(x) = -0{,}4x^2 - 0{,}2x + 1{,}2$

$-0{,}4x^2 - 0{,}2x + 1{,}2 = 0 \quad | : (-0{,}4)$

$x^2 + 0{,}5x - 3 = 0 \quad |$ Form $x^2 + px + q = 0$

Formel: $x_{1/2} = -\frac{p}{2} \pm \sqrt{\left(\frac{p}{2}\right)^2 - q}$

Wir erhalten

$x_{1/2} = -\frac{1}{4} \pm \sqrt{\left(\frac{1}{4}\right)^2 + 3} = -\frac{1}{4} \pm \sqrt{\frac{1+48}{16}}$

$= -\frac{1}{4} \pm \frac{7}{4}$

$x_1 = \frac{6}{4} = 1{,}5$ und $x_2 = -\frac{8}{4} = -2$

6.
Gegeben ist die quadratische Funktion f durch $f(x) = x^2 + 5x + c$. Untersuche, wie viele Nullstellen die Funktion f hat. Führe eine Fallunterscheidung für den Parameter c durch.

7.
Zeige, dass f eine quadratische Funktion ist. An welchen Stellen tritt ein Vorzeichenwechsel der Funktionswerte auf? Untersuche dazu das Verhalten der Funktionswerte in der Umgebung der Nullstellen.

Kontrolliere mit dem GTR.

a) $f(x) = (x-2)\cdot(x-5)$

b) $f(x) = -(x+3)\cdot(x+1)$

c) $f(x) = (x+4)^2$

d) $f(x) = 3\cdot(x+1)\cdot(4-x)$

e) $f(x) = x^3 - 3 + 0{,}5x^2 - x^3 + 0{,}5x$

f) $f(x) = 3x^3 + x^2\cdot(2-3x) + 3x - 2$

8.
Die quadratische Funktion f mit dem Term $f(x) = ax^2 + bx + c$ hat die Nullstellen -1 und 3. An der Stelle 0 hat f den Wert: **a)** 3 **b)** -3 **c)** $-0{,}6$ **d)** 1,5
Bestimme die Parameter a, b und c. Skizziere den Graphen.

9.
Bestimme rechnerisch die gemeinsamen Punkte von Parabel und Gerade.

a) $y = x^2 - x - 6$
$y = 2x - 2$

b) $y = -0{,}2x^2 + 0{,}2x + 2{,}4$
$y = -0{,}2x + 2{,}15$

c) $y = 0{,}8x^2 + 1{,}2x - 8$
$y = 2x - 8{,}2$

10.
Von den vier gegebenen Punkten liegen zwei auf der Parabel. Gib für die Gerade (Sekante) durch diese beiden Punkte die Gleichung in Normalform an.

a) $y = x^2 - 2x - 5$
$A(-2|3)$, $B(0{,}5|-6)$, $C(0|0)$, $D(3|-2)$

b) $y = 2x^2 + 4x - 8$
$A(-4|7)$, $B(-1|-10)$, $C(1|-2)$, $D(2|-8)$

c) $y = -0{,}5x^2 + x + 5$
$A(-4|7)$, $B(-1|3{,}5)$, $C(3|3{,}5)$, $D(4|1{,}2)$

▲ **11.**
Bestimme rechnerisch die gemeinsamen Punkte der beiden Parabeln.

a) $y = -\frac{1}{2}x^2 + 3x + \frac{1}{2}$
$y = \frac{1}{4}x^2 - \frac{3}{2}x + \frac{17}{4}$

b) $y = -\frac{1}{2}x^2 + 2$
$y = \frac{1}{2}x^2 - 2x + 2$

c) $y = x^2 + 2x + 2$
$y = -x^2 + 2x + 2$

12.
Der Kraftstoffverbrauch eines Personenkraftwagens ist eine Funktion seiner Geschwindigkeit. Angenähert handelt es sich um eine quadratische Funktion.
Ein Autohersteller gibt für zwei Varianten eines Mittelklassewagens an:
Geschwindigkeit (in $\frac{km}{h}$): x Verbrauch (in $\frac{Liter}{100\,km}$): y
Typ A (45 kW): $y = 0{,}0009x^2 - 0{,}09x + 6{,}9$; $50 \le x \le 150$
Typ B (75 kW): $y = 0{,}0007x^2 - 0{,}07x + 7{,}1$; $50 \le x \le 150$

a) Lass von einem GTR die Graphen im Intervall [50; 150] zeichnen. Vergleiche.

b) Lass den Rechner für beide Funktionen Wertetabellen anlegen (Anfangswert: 50; Schrittweite 10).

c) Welcher Typ hat bei mittleren Geschwindigkeiten den günstigeren Verbrauch, welcher bei hohen?
Bei welcher Geschwindigkeit ist der Verbrauch beider Typen gleich groß?

1.3.2 Verschieben und Strecken bei Parabeln

Wir betrachten die Gleichung $y = x^2 + e$ und geben dem Parameter e die Werte $e = 3$, $e = -2$ und $e = 0$.
Durch die Funktionsgleichungen $y = x^2 + 3$, $y = x^2 - 2$ und $y = x^2$ ist jedes Mal eine Funktion festgelegt.
Der Graph der quadratischen Funktion mit der besonders einfachen Gleichung $y = x^2$ heißt **Normalparabel.** Der Scheitelpunkt dieser Parabel ist $S(0|0)$, denn er ist der Punkt mit dem kleinsten Funktionswert dieser Funktion.

Aufgabe 1 **a)** Zeichne die Graphen der Funktionen jeweils in dasselbe Koordinatensystem und vergleiche sie.
(1) $y = x^2 + e$; $e = 0$; $e = 3$; $e = -2$
(2) $y = (x - d)^2$; $d = 0$; $d = 4$; $d = -3$
(3) $y = a \cdot x^2$; $a = 1$; $a = 2$; $a = -2$
Das kann man auch mit dem GTR machen.
Wie gehen die Graphen aus der Normalparabel hervor?

b) In der Gleichung $y = a \cdot (x - d)^2 + e$ kommen die Parameter d, a und e vor. Setze $d = 3$, $a = 0{,}5$ und $e = -4$.
Durch welche Abbildungen geht der Graph dieser Funktion f aus der Normalparabel hervor? Welchen Scheitelpunkt S hat er?

Lösung **a)** (1) $y = x^2$; $y = x^2 + 3$; $y = x^2 - 2$

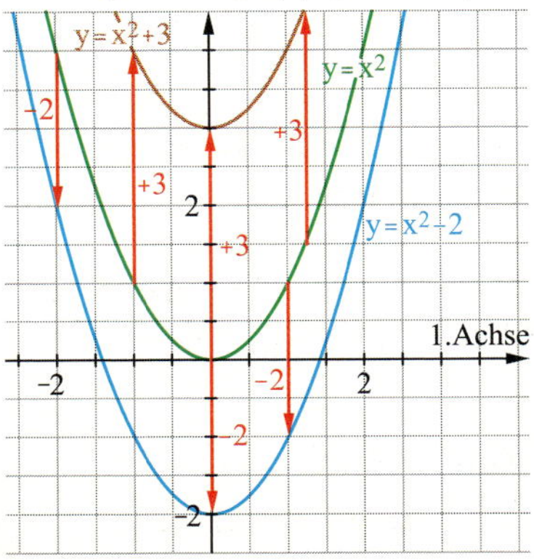

x	−3	−2	−1	0	1	2	3
x^2	9	4	1	0	1	4	9
$x^2 + 3$	12	7	4	3	4	7	12
$x^2 - 2$	7	2	−1	−2	−1	2	7

(+3, −2)

Verschiebt man die Normalparabel um 3 Einheiten nach oben, so bekommt man die Parabel zu der Gleichung $y = x^2 + 3$.
Die Parabel zu $y = x^2 - 2$ bekommt man aus der Normalparabel, indem man diese um 2 Einheiten nach unten verschiebt.

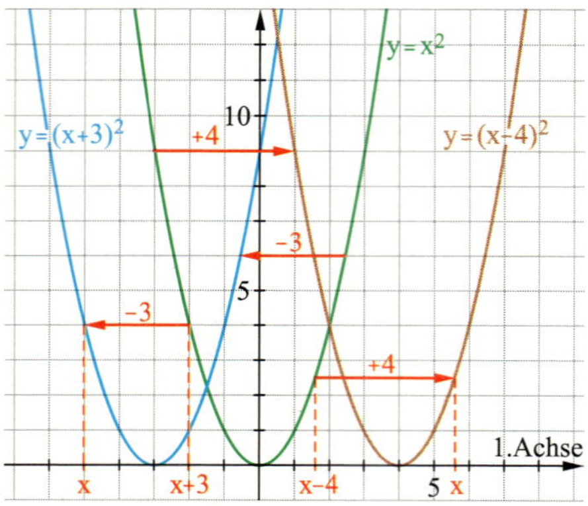

(2) $y = x^2$; $y = (x-4)^2$; $y = (x+3)^2$

−4 +3

x	−3	−2	−1	0	1	2	3	4
x^2	9	4	1	0	1	4	9	16
$(x-4)^2$	49	36	25	16	9	4	1	0
$(x+3)^2$	0	1	4	9	16	25	36	49

$(x-4)^2$ liefert bei jedem x denselben Wert wie x^2 für $x-4$. Verschiebt man die Normalparabel um 4 Einheiten nach rechts, bekommt man die Parabel zu $y = (x-4)^2$.
Die Parabel zu $y = (x+3)^2$ bekommt man aus der Normalparabel, indem man diese um 3 Einheiten nach links verschiebt.

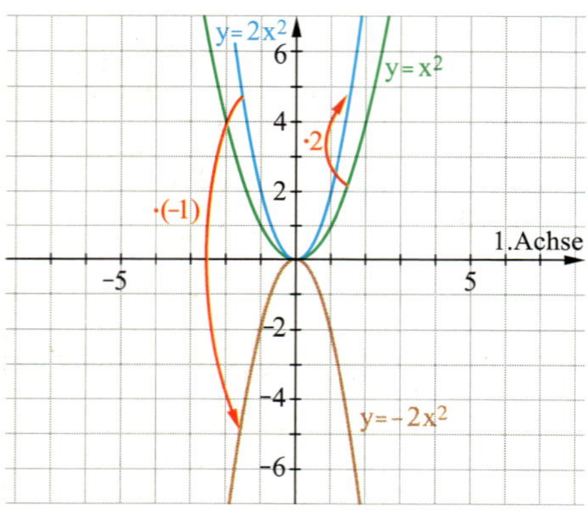

(3) $y = x^2$; $y = 2x^2$; $y = -2x^2$

Streckt man die Normalparabel von der 1. Achse aus parallel zur 2. Achse mit dem Faktor 2, so bekommt man die Parabel zu $y = 2x^2$.
Die Parabel zu $y = -2x^2$ bekommt man aus der Normalparabel, indem man diese mit dem Faktor 2 streckt und dann an der 1. Achse spiegelt.

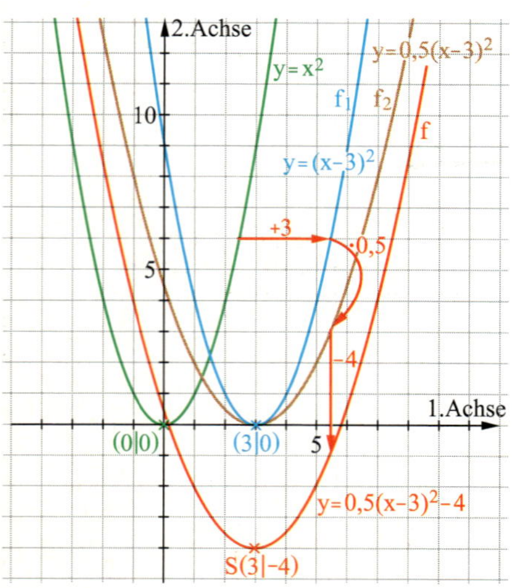

b) f hat die Gleichung $y = 0{,}5 \cdot (x-3)^2 - 4$.

Wir denken uns den Graphen von f schrittweise aus der Normalparabel entstanden.

(1) f_1 hat die Gleichung $y = (x-3)^2$.
Verschiebt man die Normalparabel um 3 Einheiten nach rechts, so bekommt man den Graphen von f_1. Scheitelpunkt ist $S_1(3\,|\,0)$.

(2) f_2 hat die Gleichung $y = 0{,}5 \cdot (x-3)^2$.
Streckt man den Graphen von f_1 mit dem Faktor 0,5 in Richtung der 2. Achse, erhält man den Graphen von f_2. Scheitelpunkt ist $S_2(3\,|\,0)$.

(3) f hat die Gleichung $y = 0{,}5 \cdot (x-3)^2 - 4$
Verschiebt man den Graphen von f_2 um 4 Einheiten nach unten, so erhält man den Graphen von f.
Scheitelpunkt ist $S(3\,|\,-4)$.
Aus der Gleichung $y = 0{,}5 \cdot (x-3)^2 - 4$ kann man die Koordinaten des Scheitelpunktes ablesen: $S(3\,|\,-4)$

Information **(1) Die Bedeutung einer Änderung am Funktionsterm für den Graphen**

Wir gehen von der Normalparabel mit $y = x^2$ aus.

Änderungen am Term	Neue Funktionsgleichungen	Abbildungen	Graphen
e addieren	$y = x^2 + e$	Verschieben um e Einheiten parallel zur 2. Achse	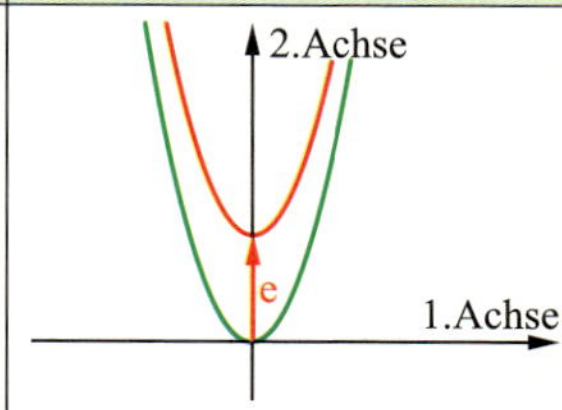
x durch x − d ersetzen	$y = (x - d)^2$	Verschieben um d Einheiten parallel zur 1. Achse	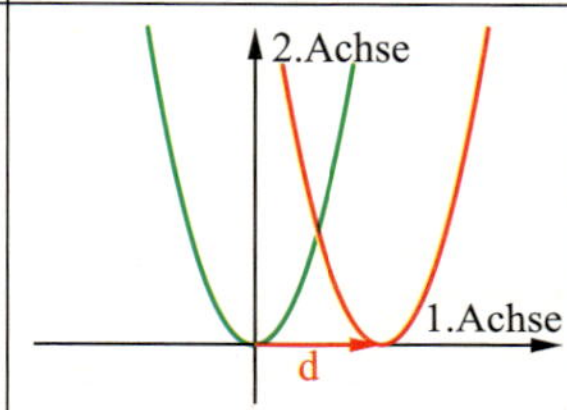
Mit a > 0 multiplizieren	$y = a \cdot x^2;\ a > 0$	Strecken von der 1. Achse aus mit dem Faktor a parallel zur 2. Achse	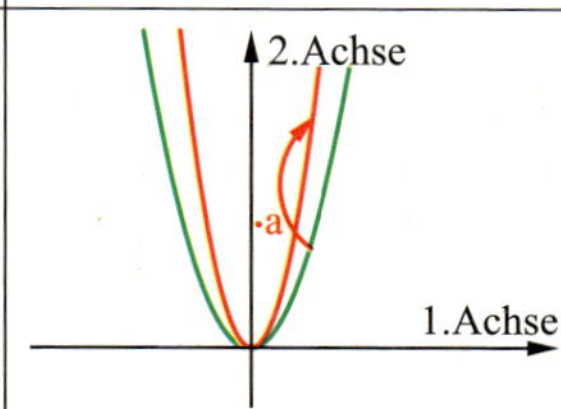
Mit (− 1) multiplizieren	$y = -x^2$	Spiegeln an der 1. Achse	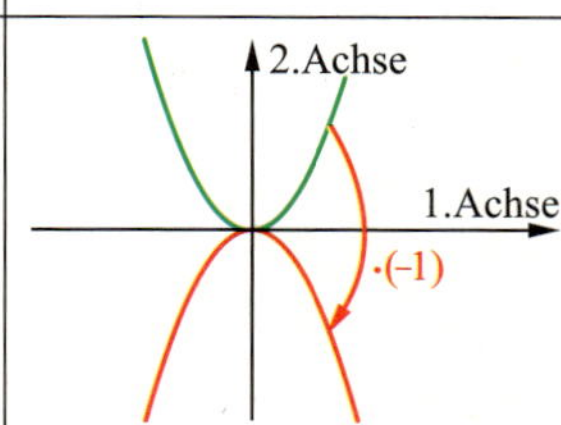
Mit a < 0 multiplizieren	$y = a \cdot x^2;\ a < 0$	Strecken mit dem Faktor |a| und Spiegeln an der 1. Achse	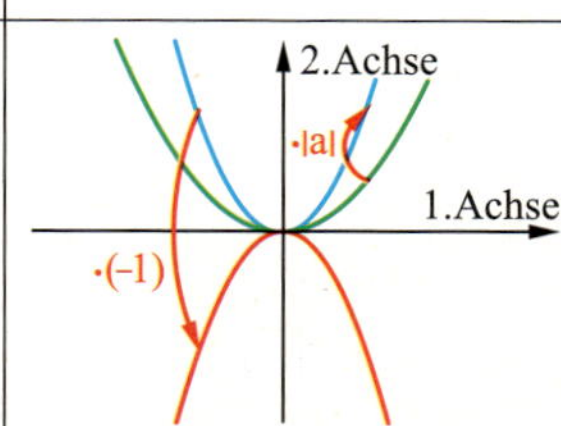
1. Schritt: x durch x − d ersetzen; davon das Quadrat bilden. *2. Schritt:* Das Quadrat von x − d mit a multiplizieren. *3. Schritt:* Zuletzt e addieren	$y = a \cdot (x - d)^2 + e$	Zuerst Verschieben um d Einheiten parallel zur 1. Achse; dann Strecken mit dem Faktor a parallel zur 2. Achse; zuletzt Verschieben um e Einheiten parallel zur 2. Achse.	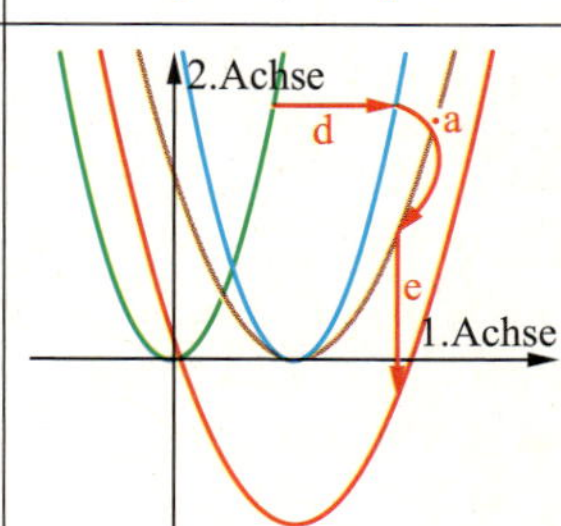

Satz 5

Man erhält den Graphen der quadratischen Funktion f mit $y = a \cdot (x-d)^2 + e$, indem man die Normalparabel nacheinander
- um d Einheiten parallel zur 1. Achse verschiebt (1. Abbildung);
- in Richtung der 2. Achse mit dem Faktor a streckt (2. Abbildung);
- um e Einheiten parallel zur 2. Achse verschiebt (3. Abbildung).

Die Scheitelpunkte werden dabei so abgebildet:

$$S(0|0) \xrightarrow{\text{1. Abbildung}} S(d|0) \xrightarrow{\text{2. Abbildung}} S(d|0) \xrightarrow{\text{3. Abbildung}} S(d|e)$$

(2) Scheitelpunktform der Parabelgleichung

Aus der Gleichung $y = a \cdot (x-d)^2 + e$ kann man die Koordinaten des Scheitelpunktes ablesen: $S(d|e)$

$y = a \cdot (x-d)^2 + e$ nennt man daher **Scheitelpunktform** der Parabelgleichung.
Die Symmetriegerade mit der Gleichung $x = d$ nennt man auch **Parabelachse.**

Weiterführende Aufgaben

2. *Von $y = ax^2 + bx + c$ zur Scheitelpunktform $y = a \cdot (x-d)^2 + e$*
Eine Parabel ist gegeben durch:

a) $y = 3x^2 - 12x + 8$

b) $y = -0{,}8x^2 - 2{,}4x + 0{,}7$

c) $y = ax^2 + bx + c$ mit $a \neq 0$

Forme die Funktionsgleichung in die Scheitelpunktform um.
Welche Eigenschaften der Parabel kann man aus der Scheitelpunktform direkt ablesen?

$y = -0{,}5x^2 - 3x - 6{,}5$
$y = -0{,}5 \cdot [x^2 + 6x] - 6{,}5$
$y = -0{,}5 \cdot [x^2 + 6x + 3^2] + 0{,}5 \cdot 3^2 - 6{,}5$
$y = -0{,}5 \cdot (x+3)^2 - 2$
Die Parabel ist nach unten geöffnet.
Scheitelpunkt: $S(-3|-2)$
Parabelachse: $x = -3$

3. *Größter Wert – kleinster Wert einer quadratischen Funktion*
Begründe: Der Graph einer jeden quadratischen Funktion f mit $y = ax^2 + bx + c$ $(a \neq 0)$ hat einen Scheitelpunkt, also einen Punkt mit dem größten bzw. kleinsten Funktionswert von f, je nachdem, ob $a < 0$ bzw. $a > 0$ gilt. Gehe von der Normalparabel aus.

4. *Extremstelle und Extremwert einer quadratischen Funktion*

An der Südseite einer Garagenwand soll ein rechteckiges Kräuterbeet abgegrenzt werden. Es stehen 16 m Beetumrandung zur Verfügung.
Wie groß muss man x wählen, damit der Flächeninhalt y des Beets möglichst groß wird?
Welches ist der größte Flächeninhalt?

Hinweis: Stelle zunächst eine Funktionsgleichung für y auf. Man kann sie dann in die Scheitelpunktform bringen.

Übungsaufgaben

5.
Durch welche Abbildung geht der Graph der quadratischen Funktion f aus der Normalparabel hervor?

a) $f(x) = x^2 + 5$ **c)** $f(x) = (x + 1{,}5)^2$ **e)** $f(x) = \frac{3}{4}x^2$

b) $f(x) = x^2 - 0{,}3$ **d)** $f(x) = (x - 0{,}7)^2$ **f)** $f(x) = -\frac{x^2}{0{,}1}$

6.
Der Graph der Funktion g entsteht aus der Normalparabel durch

a) Verschieben um 1 Einheit nach oben [um 3 Einheiten nach unten]

b) Verschieben um 6 Einheiten nach rechts [um 5 Einheiten nach links]

c) Strecken von der 1. Achse aus in Richtung der 2. Achse mit dem Streckfaktor 1,5 [0,2]

d) Strecken von der 1. Achse aus in Richtung der 2. Achse mit dem Streckfaktor 3 und durch anschließendes Spiegeln an der 1. Achse.

Skizziere den Graphen von g und notiere den Funktionsterm g(x).

7. *Scheitelpunktform der Parabelgleichung*
Wie erhält man den Graphen der quadratischen Funktion f aus der Normalparabel? Welche Eigenschaften der Parabel kann man aus der Scheitelpunktform direkt ablesen?

a) $f(x) = (x + 1)^2 - 7$ **c)** $f(x) = -0{,}5 \cdot (x - 3)^2 + 4$ **e)** $f(x) = -2 \cdot (x + 6)^2$

b) $f(x) = \frac{1}{5} \cdot (x + 3)^2 + 1$ **d)** $f(x) = 1{,}5 \cdot (x - 4)^2 - 3$ **f)** $f(x) = 0{,}5x^2 - 2$

Skizziere schrittweise die einzelnen Graphen oder verwende den GTR.

GTR **8.**
Forme die Funktionsgleichung in die Scheitelpunktform um. Lies dann Eigenschaften der Parabel aus der Scheitelpunktform ab. Verwende zur Kontrolle den GTR.

a) $y = 0{,}5x^2 - 5x + 8{,}5$ **c)** $y = 1{,}5x^2 + 18x + 52{,}5$ **e)** $y = -0{,}75x^2 - 3x - 2{,}5$

b) $y = -2x^2 + 10x - 9{,}5$ **d)** $y = -0{,}5x^2 - 5x - 16$ **f)** $y = x^2 + \frac{2}{3}x - \frac{5}{9}$

Extremstelle und Extremwert einer quadratischen Funktion

__Extremwert__ bedeutet: größter oder kleinster Funktionswert; __Extremstelle__ ist eine Stelle, an der ein Extremwert vorliegt.

9.
An welcher Stelle hat die Funktion den kleinsten bzw. größten Funktionswert? Welches ist der Extremwert?

a) $y = 2x^2 - 14x + 27$ **c)** $y = 0{,}5x^2 - 4x + 5{,}5$ **e)** $y = -x^2 - x + 4{,}75$

b) $y = -0{,}5x^2 - x + 5{,}5$ **d)** $y = 4x^2 + 16x + 8$ **f)** $y = -x^2 - 12x - 36$

10.
Eine Gerade geht durch die Punkte $S_1(4\,|\,0)$ und $S_2\left(0\,|\,2\frac{1}{3}\right)$. Für welchen Punkt P der Geraden g hat das Rechteck OAPB den größten Flächeninhalt?
Gib auch diesen Extremwert an.

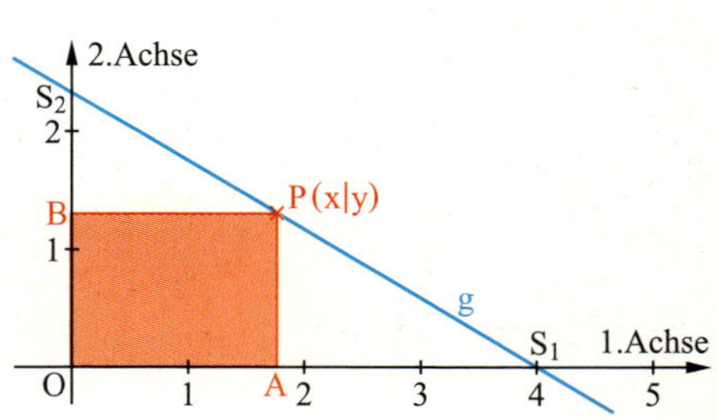

1.3.3 Lineare Gleichungssysteme zur Bestimmung quadratischer Funktionen

Einführung Eine Fußgängerbrücke wird von einem parabelförmigen Brückenbogen getragen. Wir suchen für den Parabelbogen eine passende Gleichung in dem angegebenen Koordinatensystem.
Eine Möglichkeit unter anderen ist es, einen Ansatz mit einer Gleichung der Form $y = a \cdot x^2 + b \cdot x + c$ zu machen.

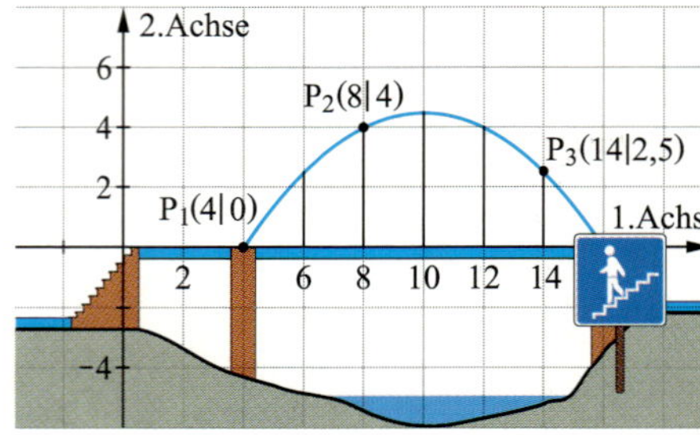

Aufgabe 1

a) Bestimme für den Parabelbogen die Parameter a, b und c in der Gleichung $y = a \cdot x^2 + b \cdot x + c$ mithilfe der in der Zeichnung angegebenen Maße.

b) Berechne dann die Schnittpunkte mit der 1. Achse und den Scheitelpunkt.

Lösung

a) Weil P_1, P_2 und P_3 auf der Parabel liegen, erfüllen die Koordinaten von $P_1(4\,|\,0)$, $P_2(8\,|\,4)$ und $P_3(14\,|\,2{,}5)$ die Gleichung $y = a \cdot x^2 + b \cdot x + c$.
Die dreimalige Punktprobe liefert das lineare Gleichungssystem:

$$\left|\begin{array}{l} 16a + 4b + c = 0 \\ 64a + 8b + c = 4 \\ 196a + 14b + c = 2{,}5 \end{array}\right|$$

Unser Ziel ist es, die Parameter (Variablen) c, b und a freizustellen. Wir wollen das gegebene System umformen in ein Gleichungssystem mit derselben Lösungsmenge und der Gestalt:

$$\left|\begin{array}{llll} & & c & = r_1 \\ & b & & = r_2 \\ a & & & = r_3 \end{array}\right|$$

Wir verwenden eine besondere Form des *Additionsverfahrens*:
Man hält *eine* Gleichung fest. Durch Addition geeigneter Vielfacher dieser Gleichung zu allen anderen Gleichungen wird aus diesen anderen Gleichungen eine bestimmte Variable eliminiert.

$$\left|\begin{array}{l} 16a + 4b + c = 0 \\ 64a + 8b + c = 4 \\ 196a + 14b + c = 2{,}5 \end{array}\right| \begin{array}{l} \cdot(-1) \oplus \quad \cdot(-1) \oplus \\ \leftarrow \\ \leftarrow \end{array}$$

Elimination von c:
Wir halten die erste Gleichung fest. Durch Addition des (-1)-fachen dieser Gleichung zur zweiten und dritten erhält man Gleichungen ohne c.

$$\left|\begin{array}{l} 16a + 4b + c = 0 \\ 48a + 4b \quad\;\; = 4 \\ 180a + 10b \quad = 2{,}5 \end{array}\right| \begin{array}{l} \\ \cdot\frac{1}{4} \\ \cdot\frac{2}{5} \end{array}$$

Wir vereinfachen die zweite und dritte Gleichung.

$$\left|\begin{array}{l} 16a + 4b + c = 0 \\ 12a + b \quad\;\; = 1 \\ 72a + 4b \quad\; = 1 \end{array}\right| \begin{array}{l} \leftarrow \\ \cdot(-4) \oplus \quad \cdot(-4) \oplus \\ \leftarrow \end{array}$$

Elimination von b:
Wir halten die zweite Gleichung fest und addieren ihr (-4)-faches zu den anderen Gleichungen.

Dreiecksform

$$\left|\begin{array}{rcl} -32a & +c & =-4 \\ 12a+b & & = 1 \\ 24a & & =-3 \end{array}\right| \cdot \tfrac{1}{3}$$

Wir vereinfachen die dritte Gleichung.

$$\left|\begin{array}{rcl} -32a & +c & =-4 \\ 12a+b & & = 1 \\ 8a & & =-1 \end{array}\right| \cdot\left(-\tfrac{12}{8}\right) \oplus \quad \cdot 4 \oplus$$

Elimination von a:
Wir halten die dritte Gleichung fest und eliminieren a aus den anderen Gleichungen.

$$\left|\begin{array}{rcl} & c & =-8 \\ b & & = 2\tfrac{1}{2} \\ 8a & & =-1 \end{array}\right| \cdot \tfrac{1}{8}$$

Wir vereinfachen noch einmal die dritte Gleichung.

Diagonalform

$$\left|\begin{array}{rcl} & c & =-8 \\ b & & = 2\tfrac{1}{2} \\ a & & =-\tfrac{1}{8} \end{array}\right|$$

Überprüfe die Ergebnisse durch eine Probe.

Das Gleichungssystem hat also genau eine Lösung.
Lösungsmenge $L=\{(-\tfrac{1}{8}\,|\,\tfrac{5}{2}\,|-8)\}$
Ergebnis: Die Parabelgleichung lautet: $y=-0{,}125\cdot x^2+2{,}5\cdot x-8$.

b) *Schnittpunkte mit der 1. Achse:*
Wir bekommen die Gleichung:

$$-0{,}125\cdot x^2+2{,}5\cdot x-8=0$$
$$x^2-20x+64=0$$

$x=4$ *oder* $x=16$
$S_1(4\,|\,0)$; $S_2(16\,|\,0)$

Beachte:
Für einen Schnittpunkt mit der 1. Achse gilt: $y=0$

Scheitelpunkt der Parabel:
Wegen der Symmetrie der Parabel lässt sich aus den ersten Koordinaten der Schnittpunkte mit der 1. Achse die erste Koordinate von S bestimmen. Sie ist die Mitte von 4 und 16, also 10. Setzt man 10 für x in der Parabelgleichung, so bekommt man die zweite Koordinate von S: $-0{,}125\cdot 10^2+2{,}5\cdot 10-8=4{,}5$.
$S(10\,|\,4{,}5)$

Ergebnis:
Die Schnittpunkte mit der 1. Achse sind: $S_1(4\,|\,0)$; $S_2(16\,|\,0)$
Der Scheitelpunkt der Parabel ist: $S(10\,|\,4{,}5)$

Information **Gauß'scher Algorithmus zum Lösen eines linearen Gleichungssystems**

Das in Aufgabe 1 angewandte Verfahren, die Lösungsmenge eines linearen Gleichungssystems zu bestimmen, wird **Gauß'scher Algorithmus** genannt, benannt nach dem deutschen Mathematiker Karl Friedrich Gauss (1777–1855).
Beim Umformen wendet man das Additionsverfahren wiederholt an.

- Beide Seiten einer Gleichung werden mit einer Zahl ungleich null multipliziert. Die anderen Gleichungen bleiben unverändert.
- Eine Gleichung wird zu einer anderen addiert, sodass eine Variable wegfällt. Die anderen nicht veränderten Gleichungen werden weiter mitgeführt.

Dabei wird die Lösungsmenge des Gleichungssystems *nicht* verändert.
Das Ziel ist, zunächst das Gleichungssystem in eine Dreiecksform zu überführen und dann die Variablen freizustellen.

Weiterführende Aufgaben

2. *Sonderfälle bei Gleichungssystemen*
Verwende zum Umformen des Gleichungssystems den Gauß'schen Algorithmus und zeige, dass das Gleichungssystem (1) keine Lösung und das Gleichungssystem (2) unendlich viele Lösungen hat.

(1) $\left|\begin{array}{l} 3x + y + 2z = 0 \\ -x + 3y + z = 5 \\ x + y + z = 2 \end{array}\right|$ (2) $\left|\begin{array}{l} -7x + 4y + 3z = 10 \\ -4x + 3y + 2z = 7 \\ -x + 2y + z = 4 \end{array}\right|$

3. *Weitere Möglichkeiten eine Parabelgleichung aufzustellen*
In der Aufgabe 1 wurde ein Ansatz in der Form $y = a \cdot x^2 + b \cdot x + c$ für die Parabel gemacht. Prüfe, ob man auch zum Ziel kommt, wenn man einen Ansatz in der Form $y = a \cdot (x - 4) \cdot (x - n)$ macht. Begründe den Ansatz.

Information **Keine Lösung, unendlich viele Lösungen**

Wenn man beim Umformen auf eine Gleichung mit der linken Seite $0 \cdot x + 0 \cdot y + 0 \cdot z$ und einer rechten Seiten ungleich null stößt, dann hat das Gleichungssystem *keine* Lösung. Wenn man im letzten System für eine oder mehrere Variablen beliebige Zahlen einsetzen darf, gibt es *unendlich viele* Lösungen.

Übungsaufgaben

4.

a) $\left|\begin{array}{l} 3x - 2y + 5z = 13 \\ -x + 3y + 4z = -1 \\ 5x + 6y - z = 3 \end{array}\right|$ **c)** $\left|\begin{array}{l} 4x + 9y + 5z = 13 \\ -5x + 6y + 3z = 17 \\ 6x + 3y - 10z = 23 \end{array}\right|$ **e)** $\left|\begin{array}{l} 4x + 5y + 6z = 32 \\ 2x - 3y + 5z = 11 \\ 4x + y - 6z = -12 \end{array}\right|$

b) $\left|\begin{array}{l} 6x + 4y - z = 0 \\ -7x - 8y - 3z = 5 \\ 4x - 2y + z = 22 \end{array}\right|$ **d)** $\left|\begin{array}{l} 4x - 3y + 2z = 16 \\ 8x - 6y + 5z = 37 \\ 2x + 5y - 8z = -24 \end{array}\right|$ **f)** $\left|\begin{array}{l} -3x + 4y - z = -4 \\ 6x + 5z = 2 \\ 4y - 3z = 6 \end{array}\right|$

5.

a) $\left|\begin{array}{l} x + y = 1 \\ x + z = 6 \\ z - y = 5 \end{array}\right|$ **c)** $\left|\begin{array}{l} x - 2y + 3z = 9 \\ 3x + 8y + 9z = 5 \\ 2x + 3y + 6z = 7 \end{array}\right|$ **e)** $\left|\begin{array}{l} 3x + 2y + 4z = 6 \\ 4x + 3y + 5z = 7 \\ 5x + 4y + 6z = 4 \end{array}\right|$

b) $\left|\begin{array}{l} x + y - 3z = 2 \\ 2x + 2y - 6z = 5 \\ -3x - 3y + 9z = -6 \end{array}\right|$ **d)** $\left|\begin{array}{l} 6x + 4y + 5z = 8 \\ 4x + 2y + 3z = 7 \\ 5x + 3y + 4z = 9 \end{array}\right|$ **f)** $\left|\begin{array}{l} x - 2y - 3z = 1 \\ 2x + 3y - z = 4 \\ 7x + 14y - z = 15 \end{array}\right|$

CAS **6.**

a) $\left|\begin{array}{l} 3u + 4x - 5y + 6z = 39 \\ 6u + 5x - 6y + 5z = 43 \\ 9u - 4x + 2y + 3z = 6 \\ 2x - 3y + z = 13 \end{array}\right|$ **b)** $\left|\begin{array}{l} u + y = 5 \\ x - z = -3 \\ y + z = 4 \\ u + z = 7 \end{array}\right|$ **c)** $\left|\begin{array}{l} u + x + y + z = 10 \\ -x + 2y = 3 \\ -2y + 3z = 5 \\ 4u - 3z = 7 \end{array}\right|$ **d)** $\left|\begin{array}{l} x + 4y = 5 \\ 2y - 3z = 2 \\ 6z + 5u = 8 \\ 3x + u = 11 \end{array}\right|$

CAS **7.**
Gegeben ist eine Funktion f mit $f(x) = ax^2 + bx + c$. Ihr Graph geht durch die angegebenen Punkte A, B und C. Welche Zahlen muss man für a, b und c einsetzen?

a) $A(2|8)$, $B(1|2)$, $C(-1|-4)$ **c)** $A(-3|12{,}5)$, $B(-2|8)$, $C(2|2)$

b) $A(0{,}5|1)$, $B(-1|4)$, $C(2|7)$ **d)** $A(-4|5)$, $B\left(3|6\frac{3}{4}\right)$, $C(2|2)$

8.
Die Parabel hat S als Scheitelpunkt, eine zur 2. Achse parallele Symmetrieachse und geht durch den Punkt P.
Bestimme für die Parabel eine Gleichung. Wähle einen geschickten Ansatz.
Gib für die Parabel auch die Gleichung in der Form $y = a x^2 + b x + c$ an.

a) $S(3 \mid -0{,}5)$, $P(5 \mid 5{,}5)$ **b)** $S(-1 \mid -0{,}5)$, $P\left(2 \mid -11\frac{3}{4}\right)$ **c)** $S(-4 \mid -8)$, $P(0 \mid 4{,}8)$

9.
Von einer quadratischen Funktion f ist bekannt:

a) Gemeinsame Punkte des Graphen mit den Koordinatenachsen sind $P_1(-5 \mid 0)$, $P(-1 \mid 0)$ und $P_3(0 \mid 2{,}5)$.

b) Der Graph hat mit den Koordinatenachsen nur die Punkte $P_1(2 \mid 0)$ und $P_2(0 \mid -8)$ gemeinsam.

c) Zwischen den Stellen 4 und 6 (und nur dort) verläuft der Graph unterhalb der 1. Achse. Die Gerade mit der Gleichung $y = -2$ berührt den Graphen.

d) Die Funktion f nimmt an der Stelle -1 den Extremwert 2 an. An der Stelle 0 hat sie den Wert 5.

Gib den Funktionsterm in der Form $f(x) = a x^2 + b x + c$ an.

10.
Gegeben sind die Punkte A und B. Gib für die Gerade durch A und B die Gleichung in Normalform an. Verwende für den Ansatz die Form $y = m \cdot x + b$ und auch die Zwei-Punkte-Form der Geradengleichung.

a) $A(6 \mid 2)$, $B(4 \mid 1)$
b) $A(3 \mid 5)$, $B(1 \mid -2)$
c) $A(0 \mid 0)$, $B(-3 \mid -5)$
d) $A(-1 \mid 5)$, $B(4 \mid 6)$

11.
Gegeben ist die Parabel mit der Gleichung $y = x^2 + 2x - 8$. Gesucht sind die Schnittpunkte der Parabel mit der 1. Achse. Erläutere, wie man einen Ansatz bekommt

a) mithilfe des Begriffs Nullstelle;
b) mithilfe einer Punktprobe;
c) mithilfe eines Gleichungssystems (Gleichsetzungsverfahren).

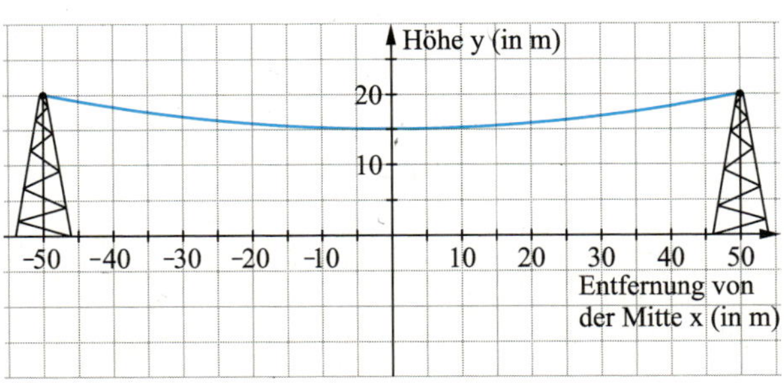

12.
Die Masten einer Freileitung stehen 100 m voneinander entfernt. Das Leiterseil ist an den Masten jedes Mal in einer Höhe von 20 m befestigt. Es hängt 5 m durch. Die Kurve sieht wie eine Parabel aus.

a) Bestimme eine Parabelgleichung.
b) Ergänze die Tabelle und vergleiche die Werte (Angaben in m).

Entfernung x	0	10	20	30	40	50
Höhe y (gemessen)	15,00	15,19	15,77	16,74	18,14	20,00
Höhe y (berechnet)						
Abweichung						

1.3.4 Quadratwurzelfunktion als Umkehrung einer Quadratfunktion

Aufgabe 1 Die Quadratfunktion $x \mapsto x^2$ mit $x \in \mathbb{R}$ ordnet jeder reellen Zahl x (auch negativen) ihre Quadratzahl x^2 zu.

a) Zeichne den Graphen dieser Quadratfunktion (Normalparabel). Zeige, dass die Umkehrzuordnung dieser Funktion nicht eindeutig ist. Das bedeutet, dass die Quadratfunktion $x \mapsto x^2$ mit $\mathbb{R}$ als Definitionsbereich keine Umkehrfunktion hat.

b) Schränke jetzt den Definitionsbereich auf die Menge aller nichtnegativen reellen Zahlen $\mathbb{R}_0^+$ ein. Zeige, dass die Umkehrzuordnung der dann entstehenden Funktion eindeutig ist, also eine Funktion ist. Bezeichne diese Umkehrfunktion mit g. Gib auch ihre Zuordnungsvorschrift an. Zeichne mithilfe von Wertetabellen die Graphen beider Funktionen in dasselbe Koordinatensystem. Die Einheiten auf den Koordinatenachsen sollen gleich groß sein. Wie liegen beide Graphen zueinander?

Lösung **a)** Die Quadratfunktion $x \mapsto x^2$ mit $x \in \mathbb{R}$ ordnet z. B. sowohl der Zahl 2 als auch der Zahl -2 als Quadrat die Zahl 4 zu. Die Umkehrfrage (von welcher reellen Zahl ist 4 das Quadrat?) ist nicht eindeutig zu beantworten. Die Umkehrzuordnung ist nicht eindeutig. Diese Quadratfunktion mit $\mathbb{R}$ als Definitionsbereich hat also keine Umkehrfunktion.

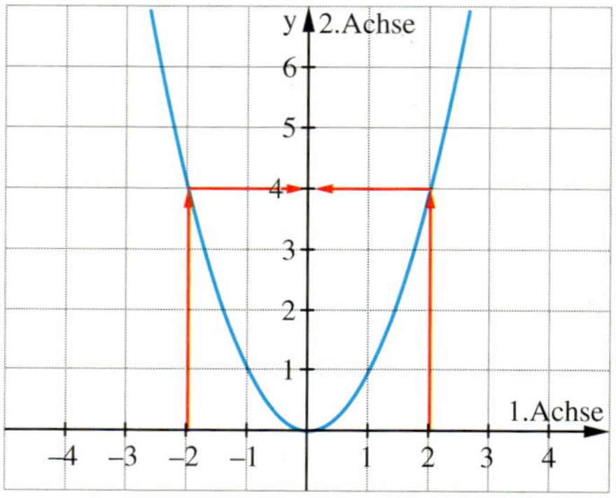

b) *Wertetabelle*

x	x^2
0	0
0,5	0,25
1	1
1,5	2,25
2	4
2,5	6,25
3	9

Wertetabelle

x	$\sqrt{x}$
0	0
0,25	0,5
1	1
2,25	1,5
4	2
6,25	2,5
9	3

Graphen im Koordinatensystem

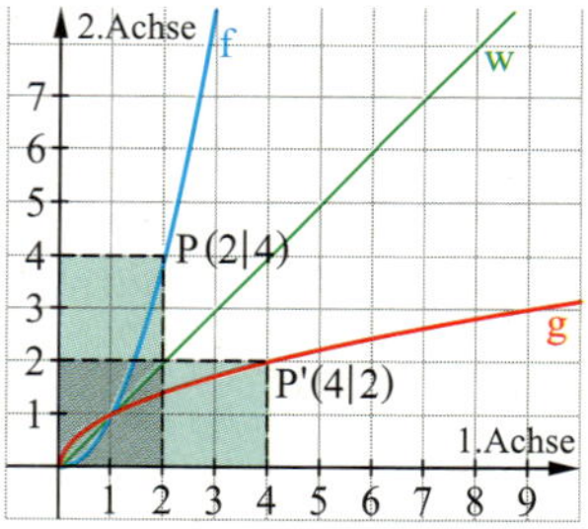

Für nichtnegative reelle Zahlen gilt:
Das Quadrieren wird durch das Wurzelziehen rückgängig gemacht. Die Umkehrzuordnung zu f ist also eindeutig, ist also wieder eine Funktion. g ist die Umkehrfunktion zu f:

g: $x \mapsto \sqrt{x}$; $x \in \mathbb{R}_0^+$ (Quadratwurzelfunktion)

Die Graphen von f und g liegen symmetrisch zur Hauptwinkelhalbierenden w.

Information **(1) Umkehrfunktion**

Definition 7

Ist die Umkehrzuordnung einer Funktion f eindeutig, so ist sie wieder eine Funktion. Die durch Umkehrung erhaltene neue Funktion heißt **Umkehrfunktion von f.**

(2) Der Graph der Umkehrfunktion

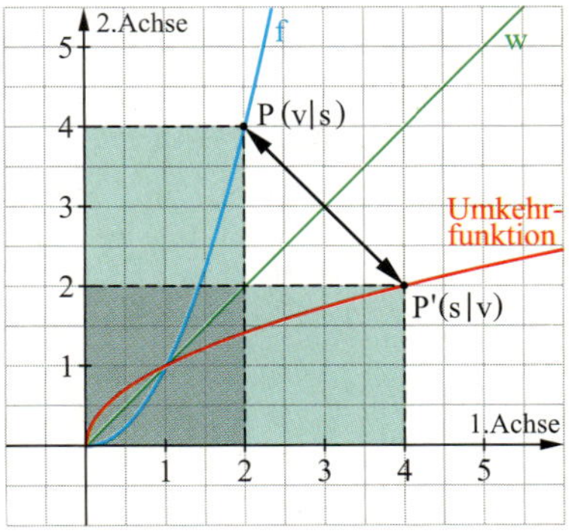

Man erhält die Wertetabelle der Umkehrfunktion, indem man in der Wertetabelle für f die Spalten vertauscht.
Aus P(v | s) wird P′(s | v). P(v | s) gehört zum Graphen der Funktion f; P′(s | v) gehört zum Graphen der Umkehrfunktion. Dem Vertauschen der Spalten der Wertetabellen entspricht das Vertauschen der Koordinaten der Punkte.
Wenn die Einheiten auf den Koordinatenachsen gleich groß sind, ist die Winkelhalbierende w Symmetrieachse für beide Koordinatenachsen mit ihren Skalen.
Der Punkt P′(s | v) entsteht also aus dem Punkt P(v | s) durch Spiegeln an der Winkelhalbierenden.

Satz 6
Man erhält den Graphen der Umkehrfunktion einer Funktion f, indem man den Graphen von f an der Hauptwinkelhalbierenden der Koordinatenachsen spiegelt.

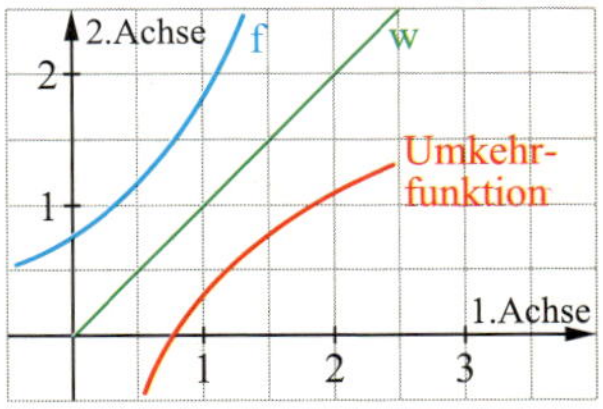

Weiterführende Aufgaben

GTR **2.** *Umkehrfunktionen auf dem Taschenrechner*
Erläutere, wie man bei dem abgebildeten Rechner Quadrate und Quadratwurzeln bestimmen kann.
Erläutere den Zusammenhang zwischen Funktion und Umkehrfunktion auch an den Funktionen f und g mit $f(x) = 10^x$ und $g(x) = \log x$.

3. *Umkehren von linearen Funktionen*
Die lineare Funktion f ist gegeben durch

a) $f(x) = 0{,}5x + 2$

b) $f(x) = x - 3$

c) $f(x) = -2x + 3$

Zeichne den Graphen von f und begründe, dass die Umkehrzuordnung wieder eine Funktion ist. Zeichne den Graphen der Umkehrfunktion in dasselbe Koordinatensystem (gleich große Einheiten auf den Achsen). Gib auch den Term der Umkehrfunktion an. Handelt es sich wieder um eine lineare Funktion?

Übungsaufgaben

4.
Gib an, ob die Funktion, die zum Graphen gehört, umkehrbar ist. Erläutere.

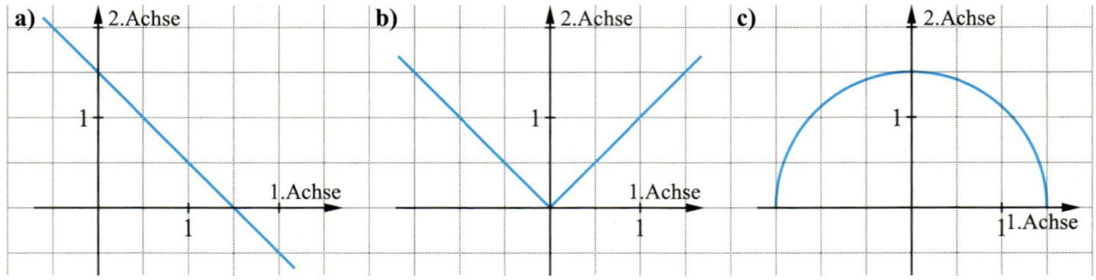

5.
Wie geht der Graph von f aus dem Graphen der Quadratwurzelfunktion hervor? Gib auch den Definitionsbereich und den Wertebereich von f an.

a) $f(x) = \sqrt{x} + 1{,}5$ **c)** $f(x) = \sqrt{x+3}$ **e)** $f(x) = -0{,}5 \cdot \sqrt{x-1}$

b) $f(x) = \sqrt{x-4}$ **d)** $f(x) = 1{,}5 \cdot \sqrt{x}$ **f)** $f(x) = -2 \cdot \sqrt{x-3} + 4$

Skizziere schrittweise die einzelnen Graphen oder verwende den GTR.
Gib auch die Nullstellen an.

6.
Der Graph der Funktion f entsteht aus dem Graphen der Quadratwurzelfunktion durch

a) Verschieben um 1 Einheit nach unten [um 3 Einheiten nach oben];

b) Verschieben um 2 Einheiten nach rechts [um 5 Einheiten nach links];

c) Strecken in Richtung der 2. Achse mit dem Streckfaktor 2,5 [0,8];

d) Strecken von der 1. Achse aus in Richtung der 2. Achse mit dem Streckfaktor 2 und durch anschließendes Spiegeln an der 1. Achse;

e) Spiegeln an der 2. Koordinatenachse;

f) Spiegeln am Koordinatenursprung.

Skizziere den Graphen von f und notiere den Funktionsterm.

7.
Bestimme den Wert für a so, dass der Graph der Funktion f durch $P(9 \mid 1)$ geht.

a) $f(x) = \sqrt{a \cdot x}$ **b)** $f(x) = \sqrt{x - a}$ **c)** $f(x) = a \cdot \sqrt{x}$ **d)** $f(x) = a - \sqrt{x}$

8.
Der angegebene Term gehört zur Umkehrfunktion von f.

a) $\sqrt{4x}$ **b)** $\frac{1}{2} \cdot \sqrt{x}$ **c)** $2x + 1$

Bestimme den Term f (x) der ursprünglichen Funktion f. Zeichne auch beide Graphen in ein Koordinatensystem. Wähle gleich große Einheiten auf den Achsen.

9.
Welche linearen Funktionen mit $f(x) = m \cdot x + b$ haben eine Umkehrfunktion?

10.
Erläutere: Wenn g die Umkehrfunktion zu einer Funktion f ist, dann ist f die Umkehrfunktion zu g.

1.3.5 Vermischte Übungen

1.
Die quadratische Funktion f hat den Term:

a) $f(x) = x^2 - 4x + 3$ **b)** $f(x) = -3x^2 - 6x$ **c)** $f(x) = \frac{3}{4}x^2 - 6x + 12$

Berechne: $f(0), f(1), f(-1), f(0{,}6), f(-4{,}8), f(1+h), f(1-h)$.
Bestimme die Nullstellen von f. An welchen Stellen nimmt die Funktion den Wert 3 an?
Zeichne den Graphen.

2.
Bestimme die Nullstellen der quadratischen Funktion f mit $f(x) = a \cdot (x+r)(x-r)$ und $a \neq 0$. Zeige, dass der Graph symmetrisch zur 2. Achse ist.
Bestimme auch den Scheitelpunkt.

3.
Der Querschnitt eines Grabens hat das nebenstehende Profil. Von P_2 über P_3 nach P_4 ist das Profil durch einen Parabelbogen festgelegt. Sonst ist das Profil geradlinig. Beschreibe abschnittsweise eine Funktion, deren Graph das angegebene Profil darstellt.

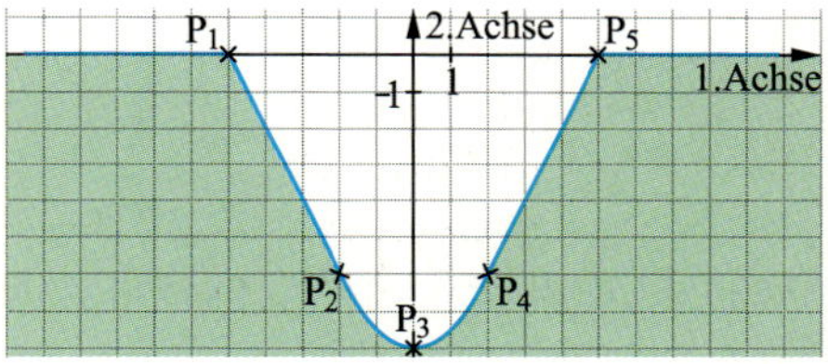

4.
Der Graph der quadratischen Funktion f geht durch die Punkte:

a) $P_1(-4 \mid -6)$, $P_2(0 \mid 2)$, $P_3(4 \mid -6)$ **b)** $P_1\left(-1 \mid -\frac{16}{3}\right)$, $P_2\left(1 \mid -\frac{16}{3}\right)$, $P_3(6 \mid 18)$

Stelle die Funktionsgleichung auf. Bestimme die Nullstellen der Funktion. Gib an, in welchem Intervall der Graph ansteigt und in welchem er fällt.

5.
In welchem Intervall steigt der Graph der Funktion f und in welchem fällt er?

a) $f(x) = \begin{cases} 2x & \text{für } x \leq 0 \\ -x^2 & \text{für } x > 0 \end{cases}$ **c)** $f(x) = \begin{cases} -x^2 & \text{für } x < 0 \\ x^2 & \text{für } x \geq 0 \end{cases}$

b) $f(x) = \begin{cases} 1 & \text{für } x < 0 \\ x^2 + 1 & \text{für } x \geq 0 \end{cases}$ **d)** $f(x) = \begin{cases} 2x + 1 & \text{für } x < -1 \\ -x^2 & \text{für } x \geq -1 \end{cases}$

6.
Mit V1, V2, Str, Sp bezeichnen wir folgende Abbildungen:
V1: Verschieben um 4 Einheiten nach oben;
V2: Verschieben um 0,5 Einheiten nach links;
Str: Strecken von der 1. Achse aus mit dem Faktor 0,8 in Richtung der 2. Achse;
Sp: Spiegeln an der 1. Achse.
Gehe aus von der Normalparabel [vom Graphen der Betragsfunktion] und führe die folgenden Abbildungen hintereinander durch:

a) V1, V2, Sp **b)** V2, Sp, V1 **c)** Sp, Str, V1 **d)** Str, V2, V1 **e)** V2, Str, V1, Sp

Notiere den Funktionsterm zu dem entstehenden Graphen.

7.
Zeichne den Graphen der Funktion g, ohne eine Wertetabelle anzulegen.
Durch welche Abbildung erhält man den Graphen von g aus dem der Betragsfunktion?

a) $g(x) = |x| + 3$ **b)** $g(x) = |x+3|$ **c)** $g(x) = |x-3|$ **d)** $g(x) = 3 \cdot |x|$

8.
Nach Wahl von r beschreibt der Term $f_r(x) = x \cdot (2r - x)$ eine Parabel.

a) Skizziere die Graphen von f_0, f_1, f_2, f_{-1}, f_{-2}.

b) Welchen Punkt haben alle Parabeln gemeinsam (für beliebiges r)?

GTR **c)** Die Scheitelpunkte dieser Parabeln liegen alle auf dem Graphen einer Funktion g. Bestimme g(x). Benutze den GTR zur Kontrolle deiner Ergebnisse.

9.
Eine Parabel ist der Graph der Funktion mit $f(x) = \frac{x^2}{2} - 1$. Die Gerade g geht durch den Punkt $P_1(1 \mid -1)$ und durch den Punkt:

a) $P_2\left(0 \mid -\frac{1}{3}\right)$ **b)** $P_2(-1 \mid -3)$ **c)** $P_2(-4 \mid -1)$ **d)** $P_2(4 \mid 5)$ **e)** $P_2(1 \mid 2)$

Bestimme die gemeinsamen Punkte von Parabel und Gerade.

10.
An welcher Stelle unterscheiden sich die Funktionswerte von $f_1(x)$ und $f_2(x)$ am wenigsten voneinander?

a) $f_1(x) = 2x - 3$; $f_2(x) = x^2 - 4x + 7$ **b)** $f_1(x) = x^2 + 2x + 8$; $f_2(x) = -x^2 - 6x - 1$

GTR **11.**
Das Sinken eines Segelflugzeugs wird durch den Luftwiderstand verursacht. Dieser wächst im Quadrat zur Geschwindigkeit des Flugzeugs.
Die Funktion *Fluggeschwindigkeit v (in $\frac{km}{h}$) → Sinkgeschwindigkeit w_s (in $\frac{m}{s}$)* ist angenähert eine quadratische Funktion.
Der Hersteller gibt für ein bestimmtes Modell an:

Funktionsgleichung: $w_s = -0{,}00041 \cdot v^2 + 0{,}054 \cdot v - 2{,}3$
Mindestgeschwindigkeit: $50\,\frac{km}{h}$
Höchstgeschwindigkeit: $150\,\frac{km}{h}$

Wir suchen die Flugzeuggeschwindigkeit mit dem geringsten Sinken, bei der sich also das Flugzeug am längsten in der Luft hält (keine Auf- und Abwinde). Wie groß ist das geringste Sinken?

a) Lass von einem GTR den Graphen im Intervall [50; 150] zeichnen. Verwende den Spurmodus, um Näherungswerte für die Extremstelle und den Extremwert zu finden.

b) Untersuche weitere Möglichkeiten eines GTR zum Bestimmen von Extremstellen und Extremwerten, z. B. Wertetabellen.

Eine Extremstelle ist eine Stelle, bei welcher der Funktionswert am größten oder am kleinsten ist.

12.
Der Graph der Funktion g entsteht aus dem Graphen der Quadratwurzelfunktion durch

a) Verschieben um 1,2 Einheiten nach oben [um 3 Einheiten nach unten].

b) Verschieben um 2 Einheiten nach rechts [um 9 Einheiten nach links].

c) Strecken von der 1. Achse aus in Richtung der 2. Achse mit dem Streckfaktor $\frac{3}{4}$ [0,2].

d) Strecken in Richtung der 2. Achse mit dem Streckfaktor 3 und durch anschließendes Spiegeln an der 1. Achse.

Skizziere den Graphen von g und notiere den Funktionsterm g(x).
Gib auch den Definitionsbereich und den Wertebereich an. Kontrolliere mit dem GTR.

1.4 Potenzfunktionen – Ganzrationale Funktionen

1.4.1 Begriff der Potenzfunktion

Als **Potenzfunktionen** bezeichnet man alle Funktionen mit einem Term der Form x^n. Setzt man für den Parameter n natürliche Zahlen ein, so bekommt man die *Potenzfunktionen mit natürlichen Exponenten.* Zu ihnen gehören z. B. die Funktionen mit $f_2(x) = x^2$ und $f_5(x) = x^5$. Der maximale Definitionsbereich einer solchen Funktion ist die Menge $\mathbb{R}$ aller reellen Zahlen. Den Exponenten n nennt man auch den Grad der Potenzfunktion. Der Term x^{-n} liefert *Potenzfunktionen mit negativen ganzzahligen Exponenten.*

Zu Ihnen gehören z. B. die Funktionen mit $f_{-1}(x) = x^{-1} = \frac{1}{x}$ und $f_{-7}(x) = x^{-7} = \frac{1}{x^7}$.

Zum Definitionsbereich einer solchen Funktion gehören alle reellen Zahlen außer der Zahl 0. Für $x = 0$ sind nämlich die Terme $x^{-n} = \frac{1}{x^n}$ nicht definiert.

Aufgabe 1 *Symmetrie bei Potenzfunktionen*

Untersuche die Graphen der Potenzfunktionen mit natürlichen Exponenten im Funktionsterm und auch die Graphen der Potenzfunktionen mit negativen ganzzahligen Exponenten im Funktionsterm. Welche Symmetrieeigenschaften haben sie? Begründe auch mithilfe der Funktionsterme. Unterscheide die Fälle:

a) Der Exponent ist gerade. **b)** Der Exponent ist ungerade.

Lösung Wir vergleichen jeweils den Funktionswert an einer beliebigen Stelle x mit dem Funktionswert an der Stelle $-x$.

a) Der Exponent ist eine *gerade* natürliche Zahl.

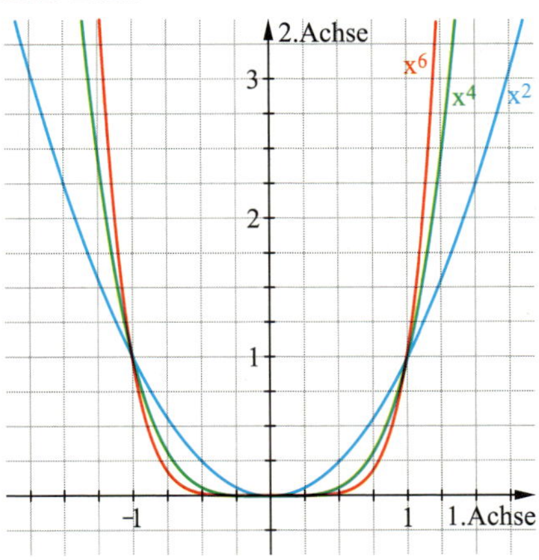

Der Exponent ist eine *gerade* negative ganze Zahl.

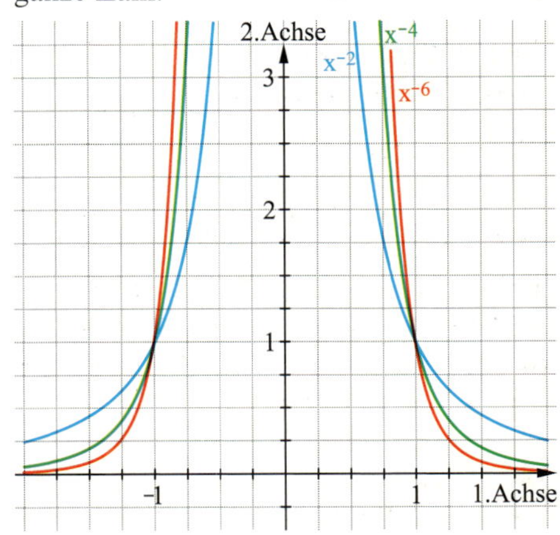

Die Graphen sind achsensymmetrisch zur zweiten Koordinatenachse, denn es gilt: $f(-x) = f(x)$

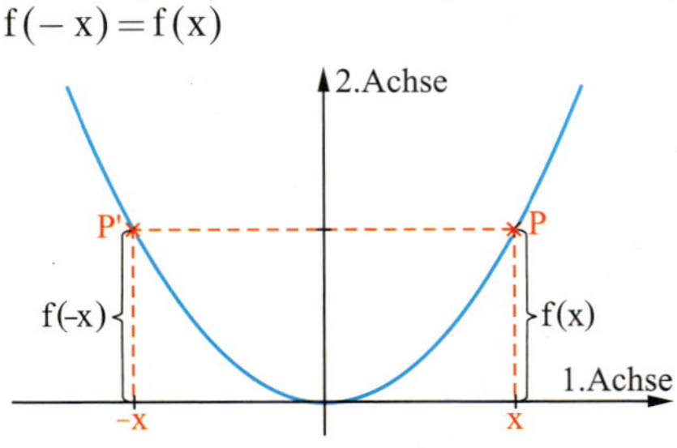

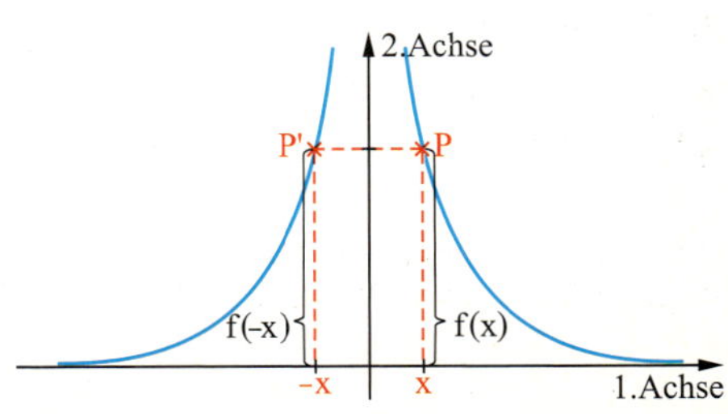

Begründung mithilfe des Funktionsterms:

Für *gerade* natürliche Exponenten gilt:

$$f(-x) = (-x)^n = x^n = f(x)$$

Für *gerade* negative ganzzahlige Exponenten $-n$ gilt:

$$f(-x) = (-x)^{-n} = \frac{1}{(-x)^n} = \frac{1}{x^n} = x^{-n} = f(x)$$

b) Der Exponent ist eine *ungerade* natürliche Zahl.

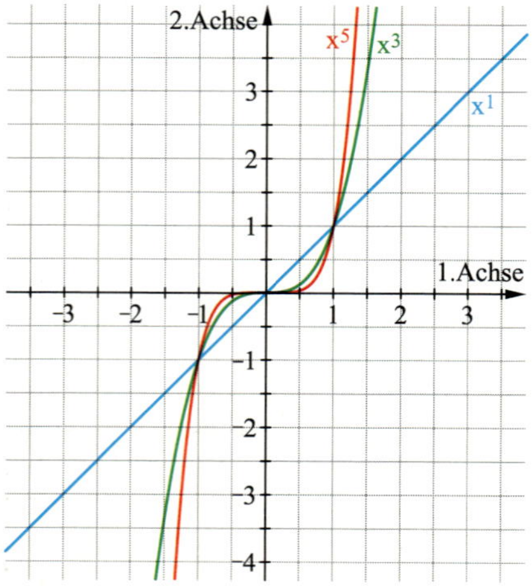

Der Exponent ist eine *ungerade* negative ganze Zahl.

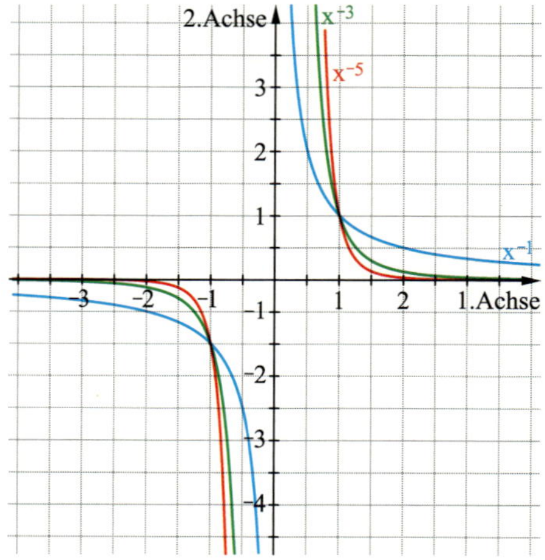

Die Graphen sind punktsymmetrisch zum Koordinatenursprung, denn es gilt:
$f(-x) = -f(x)$

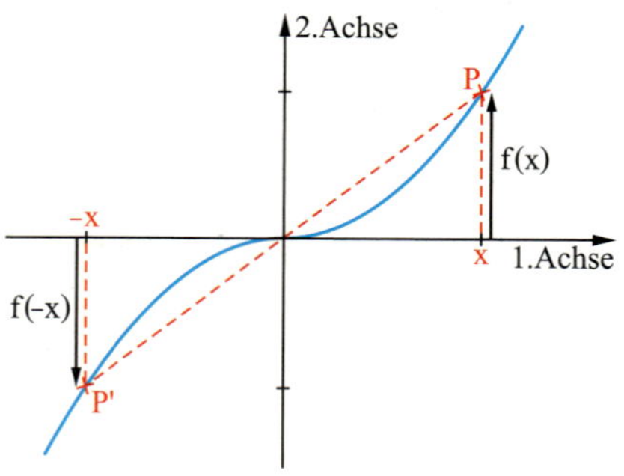

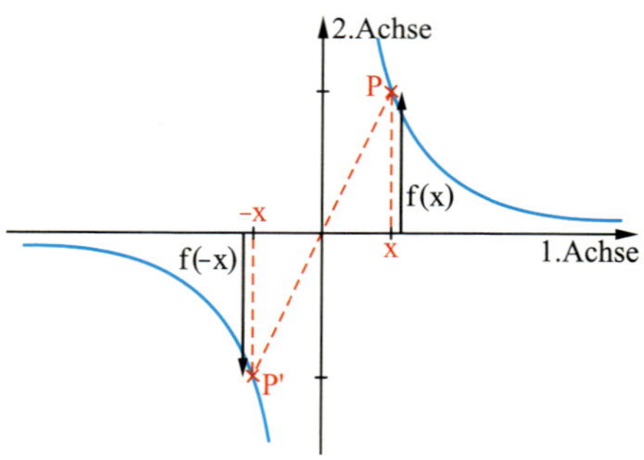

Begründung mithilfe des Funktionsterms:

Für *ungerade* natürliche Exponenten n gilt:

$(-x)^n = -x^n$, also

$f(-x) = -f(x)$

Für *ungerade* negative ganzzahlige Exponenten $-n$ gilt:

$(-x)^{-n} = \frac{1}{(-x)^n} = \frac{1}{-x^n} = -x^{-n}$, also

$f(-x) = -f(x)$

Die Graphen der Potenzfunktionen mit *geradem* Exponenten im Term sind *symmetrisch zur 2. Achse.*
Die Graphen der Potenzfunktionen mit *ungeradem* Exponenten im Term sind *punktsymmetrisch zum Koordinatenursprung.*

Aufgabe 2 *Monotonie bei Potenzfunktionen*

GTR

In welchem Bereich steigt der Graph, in welchem Bereich fällt der Graph einer Potenzfunktion? Verfolge dazu „von links nach rechts“ den Verlauf der Graphen bei einem Funktionsterm

a) (1) mit einem geraden natürlichen Exponenten;

(2) mit einem ungeraden natürlichen Exponenten;

b) (1) mit einem geraden negativen ganzzahligen Exponenten;

(2) mit einem ungeraden negativen ganzzahligen Exponenten.

Lösung

a) (1) Der Exponent ist eine *gerade* natürliche Zahl.

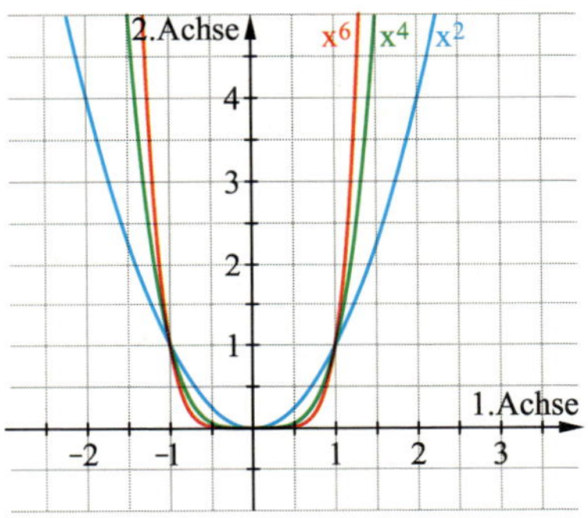

Die Graphen fallen ständig für $x \leq 0$ (die Funktionen sind für $x \leq 0$ streng monoton fallend) und steigen ständig für $x \geq 0$ (die Funktionen sind für $x \geq 0$ streng monoton wachsend).

(2) Der Exponent ist eine *ungerade* natürliche Zahl.

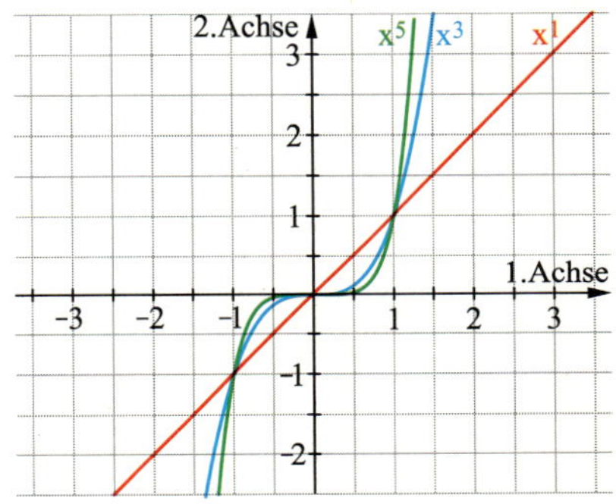

Die Graphen steigen ständig (die Funktionen sind überall streng monoton wachsend).

b) (1) Der Exponent ist eine *gerade* negative ganze Zahl.

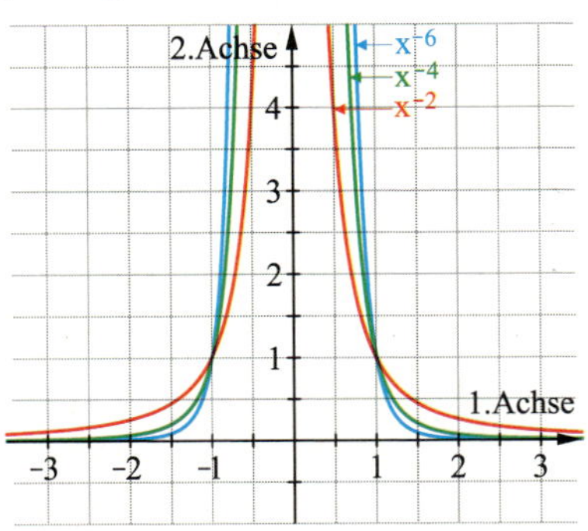

Die Graphen steigen ständig für $x < 0$ (die Funktionen sind für $x < 0$ streng monoton wachsend) und fallen ständig für $x > 0$ (die Funktionen sind für $x > 0$ streng monoton fallend).

(2) Der Exponent ist eine *ungerade* negative ganze Zahl.

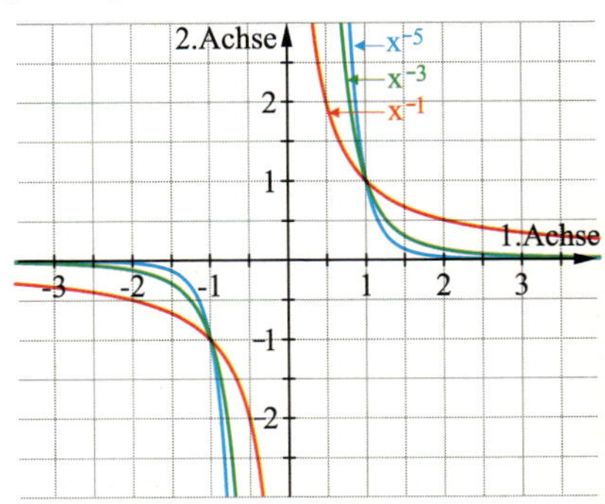

Für $x < 0$ und für $x > 0$ fallen jeweils die Graphen ständig (für $x < 0$ und für $x > 0$ sind die Funktionen jeweils streng monoton fallend).

Weiterführende Aufgabe

3. *Monotonie im weiteren Sinne*

Der Graph stellt die Mietkosten eines Personenwagens für einen Tag in Abhängigkeit von der Fahrstrecke dar. Der Graph steigt *nicht ständig*. Die Funktion *Fahrstrecke (in km) → Mietkosten (in €)* ist *nicht* streng monoton steigend.
In der Mathematik ist es üblich, auch hier von Monotonie zu sprechen.
Beschreibe diese Art von Monotonie.

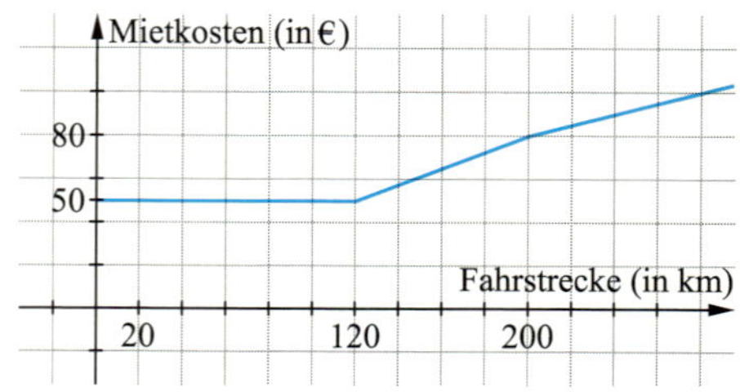

Information (1) Monotonie

Definition 8

Eine Funktion f heißt in einem Intervall

streng monoton wachsend,

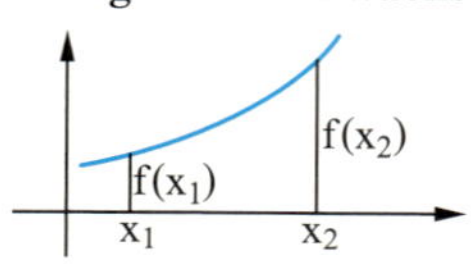

wenn für beliebige Stellen x_1, x_2 aus dem Intervall gilt:

Wenn $x_1 < x_2$ ist, dann ist $f(x_1) < f(x_2)$.

streng monoton fallend,

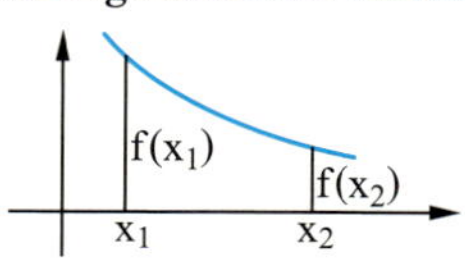

Wenn $x_1 < x_2$ ist, dann ist $f(x_1) > f(x_2)$.

Gilt lediglich:

Wenn $x_1 < x_2$ ist, dann ist $f(x_1) \leq f(x_2)$,

Wenn $x_1 < x_2$ ist, dann ist $f(x_1) \geq f(x_2)$,

so heißt f

monoton wachsend. — **monoton fallend.**

(2) Begründung der Monotonieeigenschaft mithilfe des Funktionsterms

(1) $x \mapsto x^2$

a) Streng monotones Wachsen von $x \mapsto x^2$ für $x \geq 0$

Es sei $0 \leq x_1 < x_2$, d.h. $x_2 = x_1 + h$ mit $h > 0$.
Dann gilt:

$f(x_2) = x_2^2 = (x_1 + h)^2 = x_1^2 + 2x_1 h + h^2$

Da $x_1 \geq 0$ und $h > 0$, ist

$2x_1 \cdot h + h^2 > 0$.

Also gilt: $f(x_1) < f(x_2)$.

b) Streng monotones Fallen von $x \mapsto x^2$ für $x \leq 0$

Dies ist unmittelbar klar, da der Graph symmetrisch zur 2. Achse ist.

(2) $x \mapsto x^3$

a) Streng monotones Wachsen von $x \mapsto x^3$ für $x \geq 0$

Es sei $0 \leq x_1 < x_2$, d.h. $x_2 = x_1 + h$ mit $h > 0$.
Dann gilt:

$f(x_2) = x_2^3 = (x_1 + h)^3$
$= x_1^3 + 3x_1^2 h + 3x_1 h^2 + h^3$

Da $x_1 \geq 0$ und $h > 0$, ist

$3x_1^2 h + 3x_1 h^2 + h^3 > 0$.

Also gilt: $f(x_1) < f(x_2)$.

b) Streng monotones Wachsen von $x \mapsto x^3$ für $x \leq 0$

Dies ist unmittelbar klar, da der Graph punktsymmetrisch zum Koordinatenursprung ist.

(3) $x \mapsto x^{-2}$

a) *Streng monotones Fallen von $x \mapsto x^{-2}$ für $x > 0$*

Es sei $0 < x_1 < x_2$, d.h. $x_2 = x_1 + h$ mit $h > 0$.

Dann gilt:

$f(x_2) = \frac{1}{x_2^2} = \frac{1}{(x_1+h)^2} = \frac{1}{x_1^2 + 2x_1 h + h^2}$.

Da $2x_1 \cdot h + h^2 > 0$, gilt:

$f(x_1) > f(x_2)$.

b) *Streng monotones Wachsen von $x \mapsto x^{-2}$ für $x < 0$*

Dies folgt aus der Symmetrieeigenschaft, da der Graph symmetrisch zur 2. Achse ist.

(4) $x \mapsto x^{-3}$

a) *Streng monotones Fallen von $x \mapsto x^{-3}$ für $x > 0$*

Es sei $0 < x_1 < x_2$, d.h. $x_2 = x_1 + h$ mit $h > 0$.

Dann gilt:

$f(x_2) = \frac{1}{(x_1+h)^3} = \frac{1}{x_1^3 + 3x_1^2 h + 3x_1 h^2 + h^3}$.

Da $3x_1^2 h + 3x_1 h^2 + h^3 > 0$, gilt:

$f(x_1) > f(x_2)$.

b) *Streng monotones Fallen von $x \mapsto x^{-3}$ für $x < 0$*

Dies folgt aus der Symmetrieeigenschaft, da der Graph punktsymmetrisch zum Koordinatenursprung ist.

Entsprechend lassen sich auch die Monotonieeigenschaften der anderen Potenzfunktionen begründen.

Übungsaufgaben

4.

Welche gemeinsamen Punkte haben die Graphen der Potenzfunktionen? Der Exponent im Funktionsterm ist

a) eine gerade natürliche Zahl;

b) eine ungerade natürliche Zahl;

c) eine gerade negative ganze Zahl;

d) eine ungerade negative ganze Zahl.

5.

Welchen Wertebereich hat eine Potenzfunktion?
Unterscheide die in Aufgabe 4 angegebenen Fälle.

6.

Betrachte

a) die Schar der Potenzfunktionen mit natürlichen Exponenten;

b) die Schar der Potenzfunktionen mit negativen ganzzahligen Exponenten.

Vergleiche die Graphen der Schar im 1. Quadranten ($x > 0$).
In welchem Bereich für x liegt der Graph einer Scharfunktion mit einem größeren Exponenten oberhalb [unterhalb] des Graphen einer Scharfunktion mit einem kleineren Exponenten? Begründe.

7.

Welche Monotonieeigenschaften hat die Funkton f ?

a) $f(x) = -x^3$ **b)** $f(x) = -x^4$ **c)** $f(x) = (-x)^4$ **d)** $f(x) = -x^{-3}$ **e)** $f(x) = -x^{-2}$

GTR **8.**

Wie erhält man den Graphen der Funktion g aus dem Graphen einer Potenzfunktion? Skizziere die Graphen oder verwende zur Veranschaulichung einen GTR.

a) $g(x) = x^4 - 3$ **c)** $g(x) = \frac{1}{5}x^3$ **e)** $g(x) = (x-1)^3 + \frac{1}{2}$ **g)** $g(x) = -\frac{1}{2}x^3$

b) $g(x) = (x+2{,}5)^3$ **d)** $g(x) = -x^5$ **f)** $g(x) = 3 - x^4$ ▲ **h)** $g(x) = \frac{3}{4}x^2 + 6x + 12$

1.4.2 Begriff der ganzrationalen Funktion – Globalverlauf

Einführung

(1) Begriff der ganzrationalen Funktion

Eine trichterförmige Wanne für Altöl hat eine quadratische Bodenfläche. Das Volumen V des eingefüllten Altöls hängt von der Einfüllhöhe x ab und lässt sich mit folgender Formel[1] berechnen: $V = 3x^3 + 1{,}5x^2 + 0{,}25x$

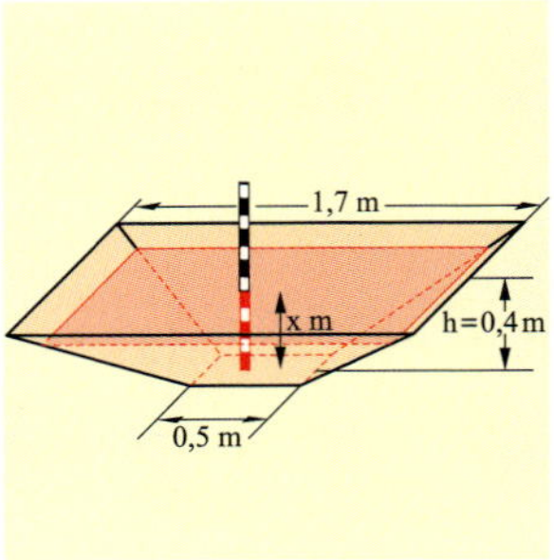

Beispiel:
Für $x = 0{,}2$ ist $V = 3 \cdot 0{,}2^3 + 1{,}5 \cdot 0{,}2^2 + 0{,}25 \cdot 0{,}2 = 0{,}134$.
Der Term $3x^3 + 1{,}5x^2 + 0{,}25x$ ist ein Beispiel für ein *Polynom.* Solche Terme werden in vielen Bereichen der Technik und auch der Wirtschaft zur Berechnung von Größen verwendet.

Definition 9

(1) Ein Term f(x) der Form

$a_n x^n + a_{n-1} x^{n-1} + a_{n-2} x^{n-2} + \ldots + a_2 x^2 + a_1 x + a_0$

mit $n \in \mathbb{N}$; $a_0, a_1, a_2, \ldots, a_n \in \mathbb{R}$ und $a_n \neq 0$ heißt **Polynom** in x.
Der Exponent n heißt der **Grad** des Polynoms.
Die Zahlen $a_0, a_1, \ldots, a_n$ nennt man die *Koeffizienten* **des Polynoms.**

(2) Eine Funktion f, deren Funktionsterm f(x) als Polynom geschrieben werden kann, heißt **ganzrationale Funktion.**
Als Definitionsbereich wählt man üblicherweise die Menge $\mathbb{R}$ der reellen Zahlen. Der Grad des Polynoms heißt auch **Grad der ganzrationalen Funktion.**

Ergänzung:
Hat der Funktionsterm die einfache Form $f(x) = a_0$ mit $a_0 \neq 0$, so ist f(x) wegen $f(x) = a_0 \cdot x^0$ ein *Polynom nullten Grades.*
Auch wenn alle Koeffizienten gleich 0 sind, d.h. $f(x) = 0$ für alle $x \in \mathbb{R}$, spricht man von einem Polynom, dem *Nullpolynom.* Ihm wird kein Grad zugewiesen.

(2) Verhalten für $x \to +\infty$ bzw. $x \to -\infty$

Gegeben sei die Funktion f mit $f(x) = 2x^5 - 7x^4 - 5$.
Untersuche das Verhalten der Funktion für $x \to +\infty$, d.h. falls x unbeschränkt immer größere Werte annimmt.
Wir legen dazu eine Wertetabelle an.

x	1000	1000000	1000000000
f(x)	$1{,}993 \cdot 10^{15}$	$1{,}999993 \cdot 10^{30}$	$1{,}999999993 \cdot 10^{45}$

An der Tabelle erkennt man: Für $x \to +\infty$ gilt $f(x) \to +\infty$, d.h. f(x) wächst unbeschränkt.
Das kann man auch folgendermaßen einsehen:
Wir klammern das Glied mit der höchsten Potenz aus:
$f(x) = 2x^5 \cdot \left(1 - \frac{7}{2} \cdot \frac{1}{x} - \frac{5}{2} \cdot \frac{1}{x^5}\right)$.
Den Ausdruck in der Klammer kann man abschätzen.
Zunächst gilt: Für $x \to +\infty$ gehen $\frac{7}{2} \cdot \frac{1}{x}$ und $\frac{5}{2} \cdot \frac{1}{x^5}$ gegen 0.

[1] Die Formel lässt sich mithilfe der Volumenformel für den Pyramidenstumpf herleiten.

Für $x \to +\infty$ werden nämlich die Nenner immer größer, die Brüche daher immer kleiner. Ihr Grenzwert ist 0.
Der Ausdruck in der Klammer strebt daher gegen 1 und für hinreichend große x gilt:
$1-\delta < 1-\frac{7}{2}\cdot\frac{1}{x}-\frac{5}{2}\cdot\frac{1}{x^5} < 1+\delta$ (mit einer Zahl δ zwischen 0 und 1)
Dann folgt aus

$$1-\delta < 1-\frac{7}{2}\cdot\frac{1}{x}-\frac{5}{2}\cdot\frac{1}{x^5} \quad |\cdot 2x^5$$

$$2x^5\cdot(1-\delta) < 2x^5\cdot\left(1-\frac{7}{2}\cdot\frac{1}{x}-\frac{5}{2}\cdot\frac{1}{x^5}\right)=f(x).$$

Für $x \to +\infty$ geht $2x^5\cdot(1-\delta)$ ebenfalls gegen $+\infty$.
Dann muss aber auch gelten $f(x) \to +\infty$.
Der Summand mit der höchsten Potenz bestimmt das Verhalten für $x \to +\infty$.
Das gilt auch für $x \to -\infty$, weil der Term in der Klammer nach oben und unten abgeschätzt werden kann durch:
$1-\delta < \left(1-\frac{7}{2}\cdot\frac{1}{x}-\frac{5}{2}\cdot\frac{1}{x^5}\right) < 1+\delta$ (mit $1>\delta>0$)

Satz 7
Der Summand mit der höchsten Potenz entscheidet über das Verhalten einer ganzrationalen Funktion für $x \to +\infty$ bzw. $x \to -\infty$.

(3) Symmetrie des Graphen einer ganzrationalen Funktion

Gegeben seien die Funktionen f_1 und f_2 mit
$f_1(x)=\frac{1}{2}x^4-2x^2+1$ sowie
$f_2(x)=\frac{1}{5}x^5-\frac{4}{5}x^3+x.$
Kann man am Funktionsterm erkennen, ob der Graph der Funktion Symmetrien aufweist?
Auf den Bildern unten erkennt man:

Satz 8

Der Graph einer Funktion f ist symmetrisch zur 2. Achse, falls gilt:
$f(-x)=f(x)$, für alle $x \in \mathbb{R}$.

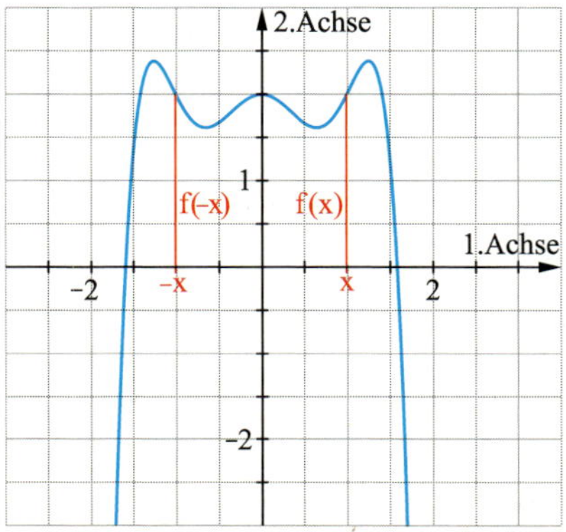

Der Graph einer Funktion f ist punktsymmetrisch zum Ursprung O, falls gilt:
$f(-x)=-f(x)$, für alle $x \in \mathbb{R}$.

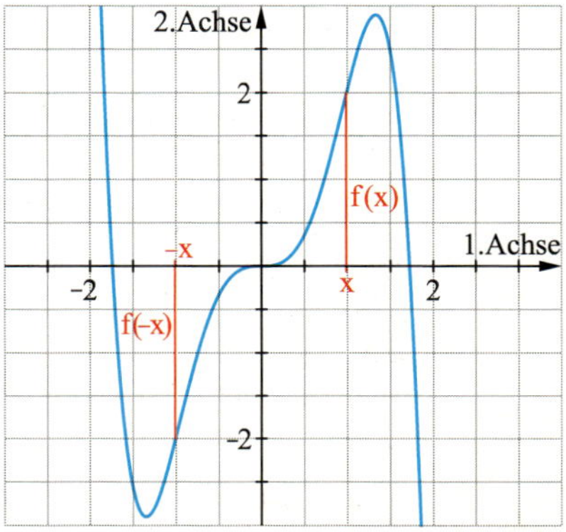

Wir wenden Satz 8 auf die vorgegebenen Funktionen f_1 und f_2 an.

$$f_1(-x) = \tfrac{1}{2}(-x)^4 - 2(-x)^2 + 1 = \tfrac{1}{2}x^4 - 2x^2 + 1 = f_1(x)$$

$$f_2(-x) = \tfrac{1}{5}(-x)^5 - \tfrac{4}{5}(-x)^3 + (-x) = \tfrac{1}{5}(-x^5) - \tfrac{4}{5}(-x^3) + (-x) = -\left(\tfrac{1}{5}x^5 - \tfrac{4}{5}x^3 + x\right) = -f_2(x)$$

Ergebnis: Der Graph der Funktion f_1 ist symmetrisch zur 2. Achse, der Graph der Funktion f_2 ist punktsymmetrisch zum Ursprung.

Wir erkennen auch, warum dieses Ergebnis zustande gekommen ist:
Die Summanden von f_1 haben nur gerade Exponenten, die von f_2 haben nur ungerade Exponenten.
Dieses Resultat lässt sich offensichtlich verallgemeinern:

Satz 9

Haben die Summanden einer ganzrationalen Funktion f

nur gerade | *nur ungerade*

Exponenten, so ist der Graph der Funktion f

symmetrisch zur 2. Achse. | *punktsymmetrisch zum Ursprung.*

Beispiele:
- $f(x) = 7x^8 - 3x^4 + 5x^2 - 8$ hat *nur* gerade Exponenten ($8 = 8 \cdot x^0$, 0 ist gerade).
- $f(x) = 4x^9 + 8x^5 - 3x^3 + 2x$ hat *nur* ungerade Exponenten.

Weiterführende Aufgabe

1. *Mögliches Verhalten für $x \to +\infty$ bzw. $x \to -\infty$*
Nach Satz 7 hängt das Verhalten einer ganzrationalen Funktion f für $x \to +\infty$ bzw. $x \to -\infty$ allein vom Summanden mit der höchsten Potenz ab.
Dieses Verhalten kann unterschiedlich sein. Wir können vier Arten des Verhaltens einer ganzrationalen Funktion für $x \to +\infty$ und $x \to -\infty$ unterscheiden. Skizziere diese vier Arten grob und ordne sie den folgenden ganzrationalen Funktionen zu.

$f_1(x) = -3x^6 + 2x^3 - 4$ $\quad$ $f_3(x) = 5x^8 - 3x^4 + 3$

$f_2(x) = -5x^5 - 7x^2 + 2x$ $\quad$ $f_4(x) = 8x^3 + 2x^2 + 4x - 1$

Übungsaufgaben

2.
Forme den Funktionsterm in ein Polynom um. Gib auch den Grad des Polynoms an.

a) $f(x) = (x^2 - 5)(x^3 + x + 0{,}7)$ $\quad$ **d)** $f(x) = (2x - 1)^3 - 4x(2x^2 + 1)$

b) $f(x) = -\frac{3}{4}(x - 8)(x + 3)^2$ $\quad$ **e)** $f(x) = (x + 1)(x - 1) + 3(x - 4)^2$

c) $f(x) = \frac{x-7}{5}(x + 1) - 2x$ $\quad$ **f)** $f(x) = -2x(1 - x)^3 - \frac{x+4}{2}$

3.
Ist f eine ganzrationale Funktion? Falls dies zutrifft, schreibe f(x) als Polynom.

a) $f(x) = \frac{x^4+2}{8}$ $\quad$ **b)** $f(x) = \frac{1}{x}$ $\quad$ **c)** $f(x) = \sqrt{x}$ $\quad$ **d)** $f(x) = (x + \sqrt{2})^2$ $\quad$ **e)** $f(x) = 2^x$

4.

Wähle einen Wert für den Parameter a so, dass der Graph der Funktion f entweder achsensymmetrisch zur 2. Koordinatenachse oder punktsymmetrisch zum Koordinatenursprung ist. Gib auch die Art der Symmetrie an. Welche Nullstellen hat dann f ?

a) $f(x) = \frac{1}{4}x^3 + a$ **d)** $f(x) = (x + a)(x - 9)$ **g)** $f(x) = |x + a|$

b) $f(x) = (x - a)^2$ **e)** $f(x) = x^2(x^3 - ax)$ **h)** $f(x) = a - |x|$

c) $f(x) = a + x^4$ **f)** $f(x) = x^a + x$ **i)** $f(x) = |x + a| \cdot |x - a|$

5.

Untersuche das Verhalten der Funktion für $x \to +\infty$ und für $x \to -\infty$ sowie die Symmetrie des Graphen.

a) $f(x) = 8 - x^4$ **c)** $f(x) = \frac{x^4}{3} + 5x^2 - \frac{1}{2}$ **e)** $f(x) = 9x^3 - \frac{x}{5}$

b) $f(x) = x^3 + 7x$ **d)** $f(x) = 6x^5 + \frac{x^3}{2} - 0{,}8x$ **f)** $f(x) = x(x^2 + 2)$

1.4.3 Nullstellen einer ganzrationalen Funktion – Polynomdivision

Um den Graphen einer gegebenen Funktion möglichst schnell skizzieren zu können, ist es hilfreich, einige seiner auffälligen Punkte zu kennen. Dazu gehören neben Extrem- und Wendepunkten auch die gemeinsamen Punkte mit der 1. Achse.
Die Bestimmung der gemeinsamen Punkte sowie der Extrem- und Wendestellen führt stets auf ein Nullstellenproblem.
Die Nullstellen der Funktion f mit $f(x) = x^2 - x - 12$ können wir schnell bestimmen.
Es sind dies die Lösungen der quadratischen Gleichung $x^2 - x - 12 = 0$.
Für diese gilt $x = -3$ oder $x = 4$, die Nullstellen sind also -3 und 4.

Satz von Vieta:
x_1 und x_2 sind genau dann Lösungen der Gleichung $x^2 + px + q = 0$, wenn $x_1 + x_2 = -p$ und $x_1 \cdot x_2 = q$.

Aus dem Satz von Vieta können wir folgern:
$x^2 - x - 12 = (x + 3)(x - 4)$
Wir können also den quadratischen Term in ein Produkt aus linearen Termen zerlegen. Diese linearen Terme nennt man auch **Linearfaktoren.** Wir können auch schreiben:
$(x^2 - x - 12) : (x + 3) = x - 4$ (für $x \neq -3$),
d. h. man kann $(x^2 - x - 12)$ durch $(x + 3)$ ohne Rest teilen.

Folgerung aus dem Satz von Vieta:
$$\begin{aligned} x^2 + px + q &= x^2 - (x_1 + x_2)x + x_1 \cdot x_2 \\ &= x^2 - x_1x - x_2x + x_1 \cdot x_2 \\ &= x(x - x_1) - x_2(x - x_1) \\ &= (x - x_1) \cdot (x - x_2) \end{aligned}$$

Einführung Bestimme die Nullstellen der Funktion f mit $f(x) = x^3 - 0{,}5x^2 - 11x - 12$.
Diese Aufgabe führt auf die Gleichung 3. Grades: $x^3 - 0{,}5x^2 - 11x - 12 = 0$
Wir kennen aber keine Formel, mit der man die Lösungen dieser Gleichung bestimmen kann.
Unser Ziel muss also sein, Hilfen für die Bestimmung aller dieser Lösungen bereit zu stellen.

(1) Bestimmung einer Nullstelle durch Probieren

Eine Nullstelle wird erraten.

x	0	−1	−2
f(x)	−12	−2,5	0

Wir legen eine Wertetabelle für die gegebene Funktion an.

Vielleicht gibt uns diese Aufschluss über die Lage möglicher Nullstellen.
Wir haben also schon eine ganzzahlige Nullstelle gefunden, nämlich -2. Nun erinnern wir uns, dass man bei einem quadratischen Term diesen in Linearfaktoren zerlegen und ohne Rest durch einen Linearfaktor teilen kann.
Vielleicht ist das auch bei Gleichungen 3. Grades möglich. Wir wollen es ausprobieren.

(2) Polynomdivision

Zu der Nullstelle -2 gehört der Linearfaktor $(x+2)$.
Wir versuchen den Term $x^3 - 0{,}5x^2 - 11x - 12$ als Produkt zu schreiben, bei dem $(x+2)$ als Linearfaktor auftritt:

$$x^3 - 0{,}5x^2 - 11x - 12 = (x+2) \cdot g(x)$$

Wie bestimmt man nun $g(x)$?
Den Term $g(x)$ berechnen wir, indem wir den Term $(x^3 - 0{,}5x^2 - 11x - 12)$ durch $(x+2)$ dividieren. Dieses Vorgehen nennt man *Polynomdivision* und wir versuchen analog zu dem Divisionsverfahren bei ganzen Zahlen vorzugehen.

Division ganzer Zahlen einmal anders

$$6552 : 21 = 312$$

$$\begin{array}{ll}
(6 \cdot 10^3 + 5 \cdot 10^2 + 5 \cdot 10^1 + 2) : (2 \cdot 10^1 + 1) = 3 \cdot 10^2 + 1 \cdot 10^1 + 2 & \\
-(6 \cdot 10^3 + 3 \cdot 10^2) & \leftarrow \cdot (2 \cdot 10^1 + 1) \\
\quad 2 \cdot 10^2 + 5 \cdot 10^1 + 2 & \\
\quad -(2 \cdot 10^2 + 1 \cdot 10^1) & \leftarrow \cdot (2 \cdot 10^1 + 1) \\
\qquad 4 \cdot 10^1 + 2 & \\
\qquad -(4 \cdot 10^1 + 2) & \leftarrow \cdot (2 \cdot 10^1 + 1) \\
\qquad\quad 0 &
\end{array}$$

Bei der Division durch eine natürliche Zahl erhält man die einzelnen Ziffern des Ergebnisses schrittweise durch Subtraktion geeigneter Vielfacher.

1. Schritt: $6000 : 20 = 300$
2. Schritt: $200 : 20 = 10$
3. Schritt: $40 : 20 = 2$

Division von Polynomen

$$\begin{array}{ll}
(x^3 - 0{,}5x^2 - 11x - 12) : (x+2) = x^2 - 2{,}5x - 6 & \\
-(x^3 + 2x^2) & \leftarrow \cdot (x+2) \\
\quad -2{,}5x^2 - 11x - 12 & \\
\quad -(-2{,}5x^2 - 5x) & \leftarrow \cdot (x+2) \\
\qquad -6x - 12 & \\
\qquad -(-6x - 12) & \leftarrow \cdot (x+2) \\
\qquad\quad 0 &
\end{array}$$

Analog erhält man bei der Polynomdivision die einzelnen Summanden des Ergebnisses durch Subtraktion geeigneter Vielfacher.

1. Schritt: $x^3 : x = x^2$
2. Schritt: $-2{,}5x^2 : x = -2{,}5x$
3. Schritt: $-6x : x = -6$

Die Division von Polynomen führt zu einem Polynom kleineren Grades:

$(x^3 - 0{,}5x^2 - 11x - 12) : (x+2) = x^2 - 2{,}5x - 6$, also
$x^3 - 0{,}5x^2 - 11x - 12 = (x^2 - 2{,}5x - 6) \cdot (x+2)$

Diese Umformung kann man verwenden, um auch die restlichen Nullstellen von f zu bestimmen, denn der zweite Faktor $x^2 - 2{,}5x - 6$ ist jetzt ein quadratischer Term.

Ein Produkt ist genau dann gleich 0, wenn mindestens ein Faktor gleich 0 ist.

(3) Bestimmung der restlichen Nullstellen

Wegen $(x^2 - 2{,}5x - 6) \cdot (x+2) = 0$ liefert $x^2 - 2{,}5x - 6 = 0$ die restlichen Nullstellen.
$x^2 - 2{,}5x - 6 = 0$ hat die Lösungen $x_1 = 4$ und $x_2 = -1{,}5$.

(4) Ergebnis

Die ganzrationale Funktion 3. Grades mit $f(x) = x^3 - 0{,}5x^2 - 11x - 12$ hat die Nullstellen -2; $-1{,}5$ und 4.

Information **(1) Zur Begründung der Polynomdivision**

Die Richtigkeit des Verfahrens zeigt die folgende Rechnung. Die Begründung liefern die Gleichungen rechts. Man liest sie aus dem oben dargestellten Verfahren ab.

$$\begin{array}{l}
x^3 - 0{,}5x^2 - 11x - 12 \\
= (x+2) \cdot x^2 - 2{,}5x^2 - 11x - 12 \\
= (x+2) \cdot x^2 + (x+2) \cdot (-2{,}5)x - 6x - 12 \\
= (x+2) \cdot x^2 + (x+2)\,(-2{,}5)x + (x+2) \cdot (-6) \\
= (x+2)\,(x^2 - 2{,}5x - 6)
\end{array}$$

$$\begin{array}{r}
x^3 - 0{,}5x^2 = (x+2) \cdot x^2 - 2{,}5x^2 \\
-2{,}5x^2 - 11x = (x+2) \cdot (-2{,}5)x - 6x \\
-6x - 12 = (x+2) \cdot (-6)
\end{array}$$

Ausklammern von $(x+2)$

Die Rechnung lässt sich im Prinzip genauso bei anderen Beispielen durchführen.

(2) Abspalten eines linearen Terms

Das in der Einführung betrachtete Beispiel lässt folgenden Satz vermuten.

Satz 10

Ist x_0 eine Nullstelle der ganzrationalen Funktion f mit
$f(x) = a_n x^n + a_{n-1} x^{n-1} + a_{n-2} x^{n-2} + \ldots + a_2 x^2 + a_1 x + a_0$,
so lässt sich der Funktionsterm als Produkt schreiben:
$f(x) = g(x)\,(x - x_0)$
$g(x)$ hat den Grad $n - 1$.

Beweis:
Sei x_0 Nullstelle von f. Wir führen die Polynomdivision durch:

Polynom vom Grade n → $f(x)$; Polynom vom Grade n – 1 → $g(x)$

$$f(x) : (x - x_0) = g(x) + \frac{c}{x - x_0}$$

Der Rest c hat einen kleineren Grad als $x - x_0$, ist also eine Zahl.

Dann gilt: $f(x) = g(x)\,(x - x_0) + c$.
Einsetzen von x_0 ergibt: $f(x_0) = g(x_0)\,(x_0 - x_0) + c = 0$. Also ist $c = 0$.
Die Polynomdivision „geht auf“. Es gilt: $f(x) = g(x)\,(x - x_0)$. ■

(3) Mindestens eine Nullstelle bei ganzrationalen Funktionen 3. Grades

Gesucht sind die Nullstellen der Funktion f mit $f(x) = x^2 + 2x + 100$.
Die quadratische Gleichung $x^2 + 2x + 100 = 0$ hat keine Lösung.
Wir stellen fest: Es gibt also ganzrationale Funktionen, die keine Nullstellen haben.
Eine ganzrationale Funktion 3. Grades hat aber immer eine Nullstelle. Es gilt der Satz:

Satz 11

Eine ganzrationale Funktion f mit $f(x) = a_3 x^3 + a_2 x^2 + a_1 x + a_0$ mit $a_0, a_1, a_2, a_3 \in \mathbb{R}$ und $a_3 \neq 0$ besitzt mindestens eine Nullstelle.

Begründung: Die Funktionswerte besitzen für $x \to \infty$ ein anderes Vorzeichen als für $x \to -\infty$. Also muss der Graph die 1. Achse schneiden. (Beachte Satz 7.)

(4) Weitere Hilfen bei der Bestimmung der Nullstellen

Das probierende Bestimmen von Nullstellen wie in der Einführung ist sehr mühsam. Glücklicherweise liefert uns der nächste Satz eine Hilfe:

Satz 12

Die ganzrationale Funktion f habe nur ganzzahlige Koeffizienten. Jede ganzzahlige Nullstelle ist dann Teiler des absoluten Gliedes a_0.

Beweis:
Gegeben: $f(x) = a_n x^n + a_{n-1} x^{n-1} + \ldots + a_1 x + a_0$.
x_0 sei eine ganzzahlige Nullstelle. Dann gilt: $f(x_0) = a_n x_0^n + a_{n-1} x_0^{n-1} + \ldots + a_1 x_0 + a_0 = 0$
Ausklammern von x_0 liefert: $f(x_0) = x_0 (a_n x_0^{n-1} + a_{n-1} x_0^{n-2} + \ldots + a_1) + a_0 = 0$
Also: $a_0 = x_0 \cdot (-1)\,(a_n x_0^{n-1} + a_{n-1} x_0^{n-2} + \ldots + a_1)$
Da x_0 und alle Koeffizienten ganzzahlig sind, ist $a_n x_0^{n-1} + a_{n-1} x_0^{n-2} + a_1$ ganzzahlig, also ist x_0 Teiler von a_0. ■

(5) Anzahl der Nullstellen einer ganzrationalen Funktion

Satz 13
Eine ganzrationale Funktion n-ten Grades hat höchstens n Nullstellen.

Ohne Beschränkung der Allgemeinheit darf man $a_n = 1$ annehmen.

Beweis:
Wir haben gesehen, dass jede Nullstelle einen Linearfaktor liefert. Angenommen, die Funktion f mit $f(x) = x^n + a_{n-1}x^{n-1} + \ldots + a_1 x + a_0$ habe $n+1$ Nullstellen. Dann gibt es auch $n+1$ Linearfaktoren, d.h. es gilt:
$f(x) = (x - x_1)(x - x_2)(x - x_3) \ldots (x - x_n)(x - x_{n+1})$
Das Ausmultiplizieren liefert als höchste Potenz x^{n+1}. Dies ist aber ein Widerspruch. ■

(6) Für ganzrationale Gleichungen höheren als 4. Grades gibt es keine Lösungsformel

Um Nullstellen von ganzrationalen Funktionen zu bestimmen, muss man Gleichungen lösen. Für jede Gleichung 2. Grades $x^2 + px + q = 0$ kann man die Lösungen exakt durch die Formel $x_{1,2} = -\frac{p}{2} \pm \sqrt{\frac{p^2}{4} - q}$ angeben.

Évariste Galois

Für Gleichungen 3. Grades wurde eine solche Formel von Tartaglia (1500–1557), Professor in Venedig, und für Gleichungen 4. Grades von L. Ferrari (1522–1565), Professor in Bologna, gefunden. Sie sind jedoch nach G. Cardano (1501–1576), Professor in Venedig, benannt, der sie als Erster veröffentlichte.
Drei Jahrhunderte später konnte der norwegische Mathematiker N. H. Abel (1802–1829) beweisen, dass es für Gleichungen 5. und höheren Grades im allgemeinen Fall prinzipiell keine solche Formel geben kann. Das war eine große mathematische Entdeckung. Da es andererseits Gleichungen wie $x^6 + px^3 + q = 0$ gibt, deren Lösungen durch eine Formel angegeben werden können, suchte man nach einer Theorie, welche das Ergebnis von Abel in einen größeren Zusammenhang einordnete. Diese Theorie schrieb der zwanzigjährige Franzose Galois (1811–1832) in der Nacht vor einem Duell nieder, in welchem er tödlich verletzt wurde. Sie heißt heute Galois-Theorie und wird in den mathematischen Vorlesungen gelehrt.

Aufgabe 1 Stelle $f(x) = x^3 - \frac{8}{5}x^2 - \frac{27}{5}x + \frac{18}{5}$ als Produkt von Linearfaktoren dar und bestimme so die Nullstellen.

Lösung Die Funktion f_1 mit $f_1(x) = 5 \cdot f(x) = 5x^3 - 8x^2 - 27x + 18$ besitzt dieselben Nullstellen wie f, denn $f(x) = 0$ ist äquivalent zu $5 \cdot f(x) = 0$.
Geometrisch bedeutet dies eine Streckung des Graphen von der 1. Achse aus in Richtung der 2. Achse. Die Lage der Nullstellen bleibt dadurch unverändert. Nullstellenkandidaten sind nach Satz 12: +1; −1; +2; −2; +3; −3; +6; −6; +9; −9; +18; −18.
Man stellt fest, dass $f_1(-2) = 0$ ist. Also kann man den Linearfaktor $(x+2)$ durch Polynomdivision abspalten:

$$
\begin{array}{l}
(5x^3 - 8x^2 - 27x + 18) : (x+2) = 5x^2 - 18x + 9 \\
\underline{-(5x^3 + 10x^2)} \\
\quad -18x^2 - 27x + 18 \\
\quad \underline{-(-18x^2 - 36x)} \\
\qquad\quad 9x + 18 \\
\qquad\quad \underline{-(9x + 18)} \\
\qquad\qquad 0
\end{array}
$$

Die Lösungen der quadratischen Gleichung $5x^2 - 18x + 9 = 0$ sind 3 und $\frac{3}{5}$. Die Faktorisierung lautet
$f_1(x) = 5 \cdot (x+2) \cdot (x-3) \cdot \left(x - \frac{3}{5}\right)$
und $f(x) = (x+2) \cdot (x-3) \cdot \left(x - \frac{3}{5}\right)$. Nullstellen sind −2, 3 sowie $\frac{3}{5}$.

Weiterführende Aufgaben

2. *Wiederholtes Abspalten eines linearen Terms – mehrfache Nullstellen*

a) Die ganzrationale Funktion f habe den Term $f(x) = x^4 - 8x^3 + 17x^2 - 8x + 16$.
Zeige mithilfe der Polynomdivision, dass sich der Linearfaktor $(x - 4)$ genau zweimal abspalten lässt: $f(x) = (x-4) \cdot (x-4) \cdot g(x)$, wobei $g(4) \neq 0$ ist. Man nennt die zugehörige Nullstelle 4 eine *doppelte Nullstelle* oder auch *Nullstelle der Vielfachheit 2.*

b) Zeige, dass die ganzrationale Funktion f mit $f(x) = x^4 - 6x^2 - 8x - 3$ eine *mehrfache Nullstelle* hat. Gib an, wie oft sich der zugehörige Linearfaktor abspalten lässt.

3. *Die Vielfachheit von Nullstellen und ihre Bedeutung*

a) Zeige, dass die ganzrationale Funktion f_1 mit $f_1(x) = x^2 - 4x + 4$ eine doppelte und die Funktion f_2 mit $f_2(x) = x^3 - 6x^2 + 12x - 8$ eine *dreifache Nullstelle* hat.

b) Wie kann man bei einer mehrfachen Nullstelle erkennen, ob die Funktionswerte an der Nullstelle das Vorzeichen wechseln oder nicht? Überlege dazu, welche Vorzeichen die Funktionswerte unmittelbar links und rechts von der Nullstelle haben. Prüfe an geeigneten Beispielen. Formuliere einen Satz.

Übungsaufgaben

4.
Führe die Polynomdivision aus.

a) $(x^3 - 4x^2 - 16x + 15) : (x + 3)$
b) $(3x^3 - 11x^2 - 13x + 36) : (x - 4)$
c) $(2x^3 - 3x^2 - 12x - 5) : \left(x + \frac{1}{2}\right)$
d) $(x^3 - x + 120) : (x + 5)$
e) $(x^4 - 81) : (x - 3)$
f) $(x^4 + 0{,}008x) : (x + 0{,}2)$
g) $(x^4 - 1) : (x - 1)$
h) $(x^{10} - 1) : (x - 1)$
i) $(x^n - 1) : (x - 1)$

5.
Prüfe, welche der Zahlen -2; 2; -3; 3; 5; -5; 7; 10 Nullstellen der ganzrationalen Funktion f sind. Bestimme dann durch Polynomdivision die weiteren Nullstellen.

a) $f(x) = 4x^3 + 2x^2 + 5x - 1505$
b) $f(x) = x^4 - 17x^3 + 53x^2 - 7x - 78$
c) $f(x) = \frac{1}{10}x^4 - \frac{1}{5}x^3 - \frac{78}{5}x^2 + \frac{121}{5}x + 423{,}5$
d) $f(x) = \frac{x^3}{2} + 3x^2 - 2x - 12$

6.
Bestimme die Nullstellen der Funktion f mit:

a) $f(x) = (x - 7)(x - 4)(x + 9)$
b) $f(x) = 3\left(x + \frac{1}{2}\right)(x - 2)^2$
c) $f(x) = \frac{1}{5}(x + 1{,}2)(x^2 - 25)$
d) $f(x) = (x^2 - 6x + 9)x^2$
e) $f(x) = x^5 + 3x^4$
f) $f(x) = x^3 + 12x^2 + 36x$
g) $f(x) = x^6 - x^4$
h) $f(x) = x^5 - 1$
i) $f(x) = x^n - 1$

7.
Ermittle eine Nullstelle, bestimme dann durch Polynomdivision alle übrigen Nullstellen.

a) $f(x) = x^3 - x^2 - 22x + 40$
b) $f(x) = 6x^3 + 19x^2 + 2x - 3$
c) $f(x) = 4x^3 - 2x^2 + x - 0{,}5$
d) $f(x) = \frac{1}{3}x^3 - 2x^2 + 4x - \frac{8}{3}$
e) $f(x) = -2x^4 - \frac{4}{3}x^3 + \frac{7}{6}x^2 + \frac{1}{3}x - \frac{1}{6}$
f) $f(x) = \frac{2}{3}x^3 + 3x^2 - 11x + \frac{14}{3}$

8.
Bestimme die Nullstellen der Funktion f mit

a) $f(x) = x^6 - x^4$, **c)** $f(x) = x^4 - 1$, **e)** $f(x) = x^5 - 1$,
b) $f(x) = x^8 - x^4$, **d)** $f(x) = x^8 - 1$, **f)** $f(x) = x^n - 1$.

GTR **9.**
Bestimme die Nullstellen der Funktion f. Gib auch das Verhalten für $x \to +\infty$ und $x \to -\infty$ an. Bestimme die Intervalle, in denen die Funktionswerte positiv bzw. negativ sind.

a) $f(x) = x^3 - 3x^2 - 2x + 6$ **c)** $f(x) = \frac{1}{5}x^5 - \frac{1}{3}x^4 - 8x + \frac{16}{3}$
b) $f(x) = x^3 - \frac{7}{4}x - \frac{3}{4}$ **d)** $f(x) = x^5 + 2x^4 + 2x^3 + 3x + 6$

10. *Biquadratische Gleichungen*
Forme den Funktionsterm in ein Produkt aus Linearfaktoren um und bestimme die Nullstellen.

a) $f(x) = x^4 - 5x^2 + 4$
b) $f(x) = x^6 - 2x^4 - 8x^2$
c) $f(x) = x^7 + x^5 - 2x^3$
d) $f(x) = x^4 + x^2 - 6$

$x^4 - 7x^2 + 12 = 0$
Setze $z = x^2$
$z^2 - 7z + 12 = 0$
$z = 3$ oder $z = 4$
$x = \sqrt{3}$ oder $x = -\sqrt{3}$ oder $x = 2$
oder $x = -2$

11.
Gib alle Nullstellen der ganzrationalen Funktion f an und notiere jeweils, ob es sich um eine einfache, eine doppelte oder eine dreifache Nullstelle handelt. Gib auch jeweils an, ob ein Vorzeichenwechsel der Funktion auftritt.

a) $f(x) = x(x-2)^2(x+0{,}75)$ **c)** $f(x) = x^3(x^2 - 10x + 25)$ **e)** $f(x) = x^4 + x^2$
b) $f(x) = (x^2 - 16)(x+4)$ **d)** $f(x) = (x+1)^2(x^3+1)$ **f)** $f(x) = x^4 - 6x^3 - 54x^2 - 81x$

12. *Polynomdivision mit Rest*
Begründe, dass es keine ganzrationale Funktion g gibt, sodass gilt:

a) $x^4 - 10x^2 + 36 = (x^2 - 4)\,g(x)$ **b)** $x^4 - 12x^2 - 8x - 20 = (x-1)(x+2)\,g(x)$

Hinweis: Löse dazu durch Polynomdivision nach g (x) auf.

CAS **13.** *Vielfachheit von Nullstellen*

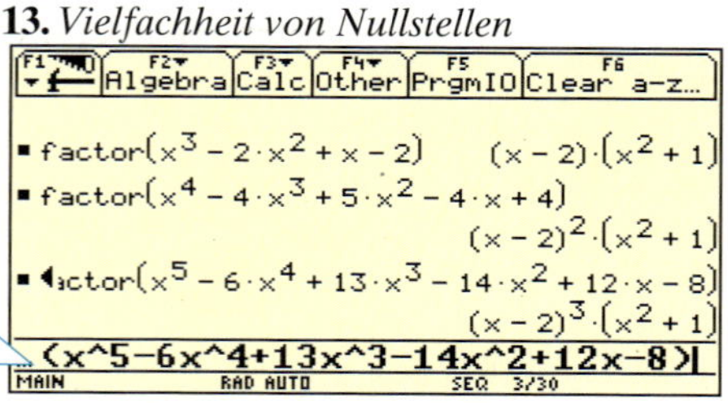

Eingabefenster mit dem Funktionsterm von f_3

Im Fenster des CAS-Rechners ist zu sehen, wie mithilfe des Befehls factor( ) die folgenden ganzrationalen Funktionsterme in Produkte umgewandelt wurden.

$f_1(x) = x^3 - 2x^2 + x - 2$
$f_2(x) = x^4 - 4x^3 + 5x^2 - 4x + 4$
$f_3(x) = x^5 - 6x^4 + 13x^3 - 14x^2 + 12x - 8$

a) Erkläre und überprüfe die Ergebnisse mit einem CAS-Rechner. Zerlege ebenso den Term $f_4(x) = x^6 - 8x^5 + 25x^4 - 40x^3 + 40x^2 - 32x + 16$ in ein Produkt.

b) Begründe, dass Folgendes gilt:
(1) 2 ist einfache Nullstelle von f_1 (3) 2 ist dreifache Nullstelle von f_3
(2) 2 ist zweifache Nullstelle von f_2 (4) 2 ist vierfache Nullstelle von f_4

c) Zeichne auch die Graphen von f_1, f_2, f_3 und f_4 im Intervall $[-3; 3]$.

1.5 Trigonometrische Funktionen

Einführung In vielen Bereichen des täglichen Lebens beobachten wir periodische Vorgänge. Beispiele hierfür sind der Pulsschlag, der Helligkeitswechsel bei Tag und Nacht, die Veränderungen der Niederschlagsmengen oder der mittleren Tagestemperaturen im Laufe eines Jahres (siehe Bild rechts), die Bewegung eines Uhrpendels, der Spannungsverlauf beim Wechselstrom und der Biorhythmus, welcher z. B. Einfluss auf die Konzentrationsfähigkeit hat.

Die trigonometrischen Funktionen, z. B. die Sinusfunktion oder die Kosinusfunktion, dienen als mathematische Modelle zur Beschreibung von periodischen Vorgängen in der Natur. Mithilfe dieses mathematischen Modells machen wir Vorhersagen, die wir durch den realen Vorgang überprüfen können. Auf diese Weise erfolgt die empirische Bestätigung der Tragweite des gewählten Modells.

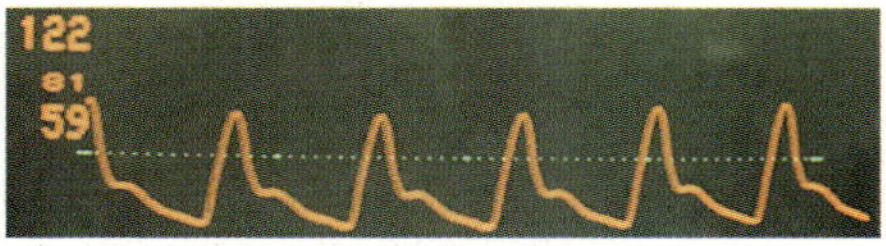

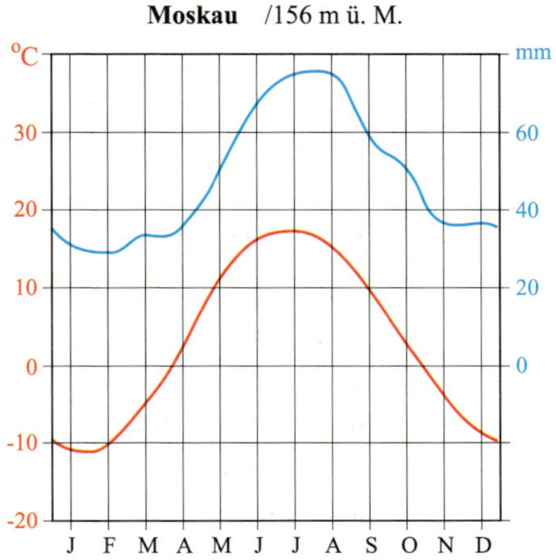

1.5.1 Sinus, Kosinus und Tangens am Einheitskreis

Information **(1) Definition des Sinus, des Kosinus und des Tangens am Einheitskreis**

Schon in der Mittelstufe haben wir die folgende Definition des Sinus, des Kosinus und des Tangens kennen gelernt:

Definition 10

In einem Koordinatensystem betrachten wir den *Einheitskreis*, d. h. einen Kreis mit Radius 1 um den Ursprung O als Mittelpunkt.
P (u | v) sei ein Punkt auf dem Einheitskreis.

α sei die Größe des Winkels, den die Halbgerade $\overline{OP}$ mit der (positiven) 1. Achse bildet. Dann werde *für beliebige Winkel* definiert:

$\sin\alpha = v =$ zweite Koordinate des Punktes P
$\cos\alpha = u =$ erste Koordinate des Punktes P
$\tan\alpha = \frac{\sin\alpha}{\cos\alpha} = \frac{v}{u}$ (für $u \neq 0$; also für $\cos\alpha \neq 0$)

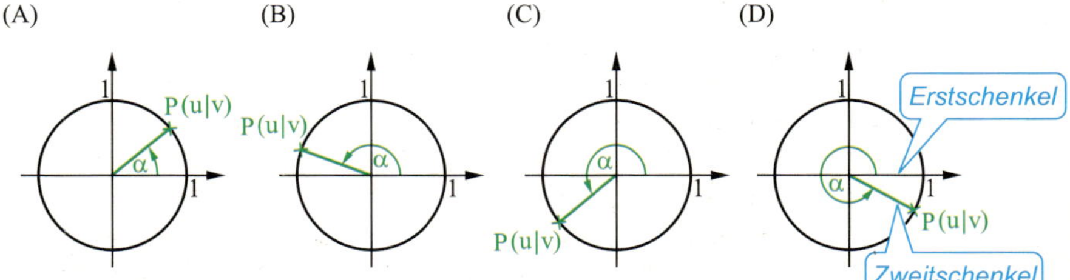

(2) Orientierung des Winkels

Ein Winkel α heißt *positiv orientiert* (d.h. $\alpha > 0^\circ$), wenn man den Erstschenkel des Winkels (das ist hier die 1. Achse) durch *Drehung gegen den Uhrzeigersinn* um die Winkelgröße α in den Zweitschenkel überführt.
Man kann den Erstschenkel auch *im Uhrzeigersinn drehen*, dann ist der Winkel *negativ orientiert*; die Definition in (1) gilt also sowohl für Winkelgrößen über 360° als auch unter 0°. Der *Definitionsbereich* der Sinusfunktion wie auch der Kosinusfunktion umfasst also die Menge aller (positiven wie negativen) Winkelgrößen.
Der Definitionsbereich der Tangensfunktion ist nur durch die (unendlich vielen) Nullstellen der Kosinusfunktion eingeschränkt.

(3) Trigonometrische Funktionen

Wir betrachten für beliebige Winkelmaße die Zuordnungen $\alpha \mapsto \sin\alpha$, $\alpha \mapsto \cos\alpha$ und $\alpha \mapsto \tan\alpha$. Die zugehörigen Funktionen heißen **Sinusfunktion, Kosinusfunktion** und **Tangensfunktion.** Allgemeiner bezeichnet man Funktionen, die sich aus Sinus-, Kosinus- und Tangensfunktionen zusammensetzen, als **trigonometrische Funktionen.**

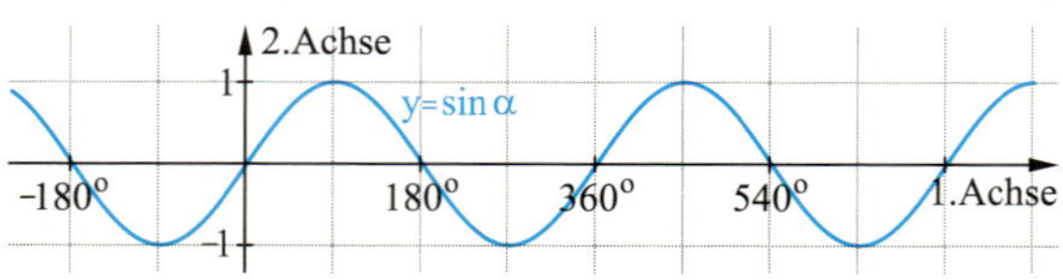

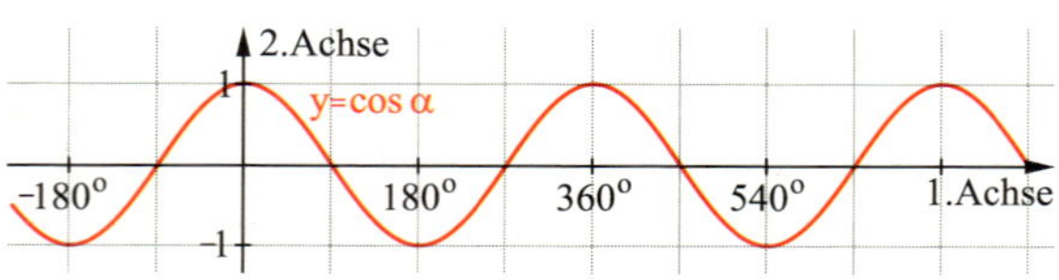

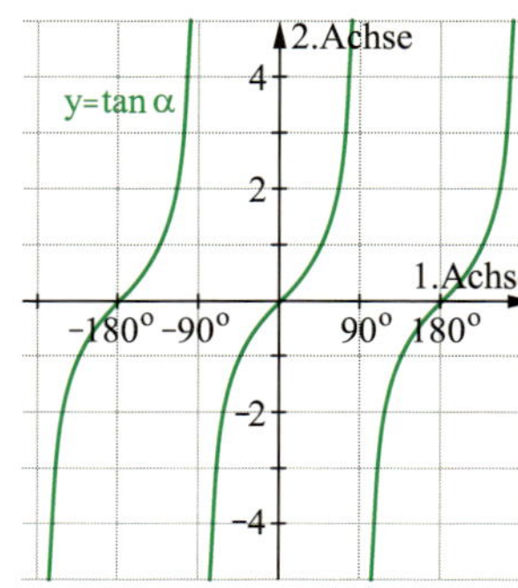

CAS *Hinweis:* Die Schreibweise $\sin\alpha$, $\cos\alpha$ und $\tan\alpha$ ist eine *verkürzte* Schreibweise. In den meisten Computeralgebrasystemen muss man wie bei Funktionen üblich sin(...), cos(...) und tan(...) schreiben, d.h. Klammern verwenden.

(4) Periodizität der trigonometrischen Funktionen

Wegen der Definition der Sinus-, Kosinus- und Tangensfunktionen am Einheitskreis wiederholen sich die Funktionswerte der Funktionen in regelmäßigen Abständen.

Es gilt z.B.:
$$\sin\alpha = \sin(360^\circ + \alpha) = \sin(720^\circ + \alpha) = \ldots$$
$$\cos\alpha = \cos(360^\circ + \alpha) = \cos(720^\circ + \alpha) = \ldots$$
$$\tan\alpha = \tan(180^\circ + \alpha) = \tan(360^\circ + \alpha) = \ldots$$

Bei der Sinus- und der Kosinusfunktion wiederholen sich die Werte im Abstand von 360°, bei der Tangensfunktion im Abstand von 180°. Diese Eigenschaft wird als **Periodizität** bezeichnet, der kleinste Abstand zwischen Stellen der Wiederholung als **Periodenlänge.**

> Die Sinus- und die Kosinusfunktion sind 360°-periodisch;
> die Tangensfunktion ist 180°-periodisch.

Anmerkung: Auch bei der Tangensfunktion wiederholen sich die Funktionswerte alle 360°. Als Periodenlänge wird jedoch immer die kleinstmögliche Zahl (hier das kleinstmögliche Winkelmaß) genannt.

Aufgabe 1 *Eigenschaften der trigonometrischen Funktionen*

a) Bestimme für die trigonometrischen Funktionen $\alpha \mapsto \sin\alpha$, $\alpha \mapsto \cos\alpha$ und $\alpha \mapsto \tan\alpha$
(1) die Nullstellen; (2) den Wertebereich.
(3) Gib den Definitionsbereich der Tangensfunktion an.

b) Bestimme alle Lösungen der Gleichungen (1) $\sin\alpha = 0{,}8$, (2) $\cos\alpha = -0{,}2$ mithilfe des Taschenrechners, der Definition von $\sin\alpha$ bzw. $\cos\alpha$ am Einheitskreis bzw. anhand der Graphen von Sinus- und Kosinusfunktion.

Lösung

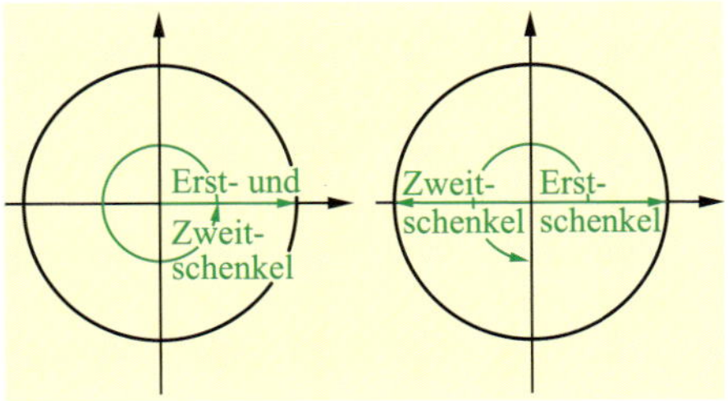

a) (1) Offenbar gilt $\sin\alpha = 0$ immer dann, wenn Zweitschenkel und Erstschenkel aufeinander fallen oder einen gestreckten Winkel bilden, d.h. die Nullstellen von $\alpha \mapsto \sin\alpha$ sind: $\alpha = 0° + k \cdot 180°$ mit $k \in \mathbb{Z}$.
Analog ergeben sich die Nullstellen von $\alpha \mapsto \cos\alpha$, $\alpha = 90° + k \cdot 180°$ mit $k \in \mathbb{Z}$.
Die Nullstellen des Tangens stimmen mit den Nullstellen des Zählerterms von $\tan\alpha = \frac{\sin\alpha}{\cos\alpha}$, also von $\alpha \mapsto \sin\alpha$ überein.

(2) Beim Durchlaufen des Einheitskreises können die beiden Koordinaten des Punktes auf dem Einheitskreis nur Werte zwischen -1 bzw. $+1$ annehmen. Der Wertebereich der Sinus- wie auch der Kosinusfunktion ist also das Intervall $[-1; +1] = \{y \in \mathbb{R} \mid -1 \leq y \leq +1\}$.
Aus dem Graphen von Seite 68 entnehmen wir, dass der Wertebereich der Tangensfunktion ganz $\mathbb{R}$ umfasst. In der Nähe der Nullstelle der Kosinusfunktion (d.h. bei 90°, 270° usw.) ergeben sich beliebig große bzw. kleine Funktionswerte der Tangensfunktion. Der Quotient $\frac{\sin\alpha}{\cos\alpha}$ übersteigt bzw. unterbietet in der Nähe von $90° + k \cdot 180°$ $(k \in \mathbb{Z})$ alle Schranken.

(3) Da die Tangensfunktion über den Quotienten $\frac{\sin\alpha}{\cos\alpha}$ definiert ist, fallen alle diejenigen Winkel für die Definitionsmenge aus, für die $\cos\alpha = 0$ gilt, d.h. die Nullstellen der Kosinusfunktion $\alpha = 90° + k \cdot 180°$ mit $k \in \mathbb{Z}$.

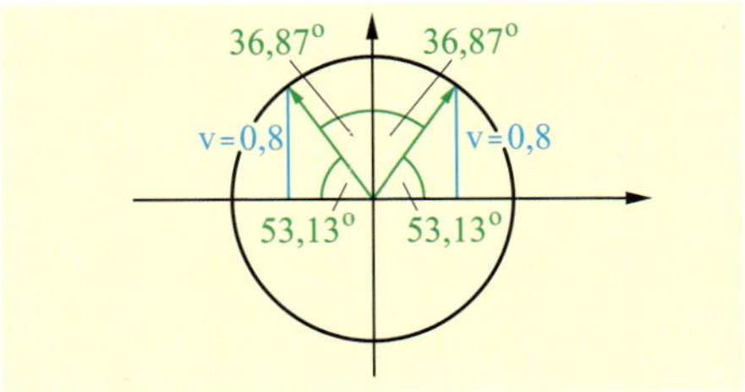

b) (1) Für die Gleichung $\sin\alpha = 0{,}8$ liefert der Taschenrechner nur die Lösung $\alpha \approx 53{,}13°$. Am Einheitskreis und am Graphen erkennen wir noch eine weitere, zu $\alpha = 90°$ symmetrische Lösung:
$\sin(90° + 36{,}87°) = \sin 126{,}87° \approx 0{,}8$
Einfacher lässt sich der Zusammenhang durch den Ergänzungswinkel zu 180° beschreiben:
$\sin(180° - 53{,}13°) = \sin 53{,}13° \approx 0{,}8$
Weitere Lösungen finden wir im Abstand 360°.

Zusammengefasst gilt: $\sin\alpha = 0{,}8$ für $\begin{cases} \alpha \approx 53{,}13° + k \cdot 360° \\ \alpha \approx 126{,}87° + k \cdot 360° \end{cases}$ für $k \in \mathbb{Z}$

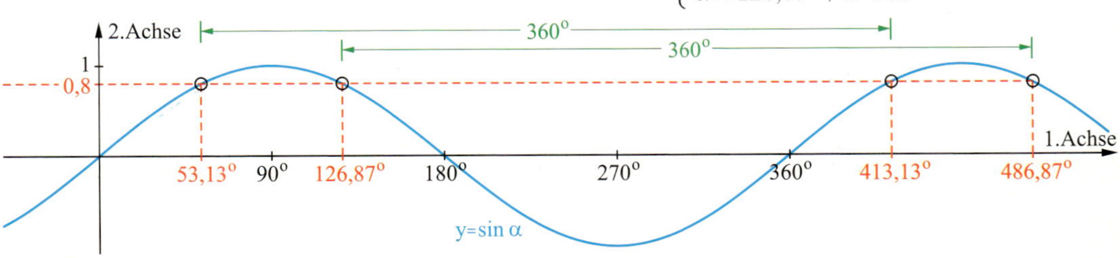

(2) Analog finden wir für $\cos\alpha = -0{,}2$
- mithilfe des Taschenrechners $\alpha = 101{,}54°$ $(= 180° - 78{,}46°)$;
- am Einheitskreis außerdem $\alpha = 180° + 78{,}46° = 258{,}46°$ (weitere im Abstand der Periode 360°)
- Am Graphen der Kosinusfunktion:

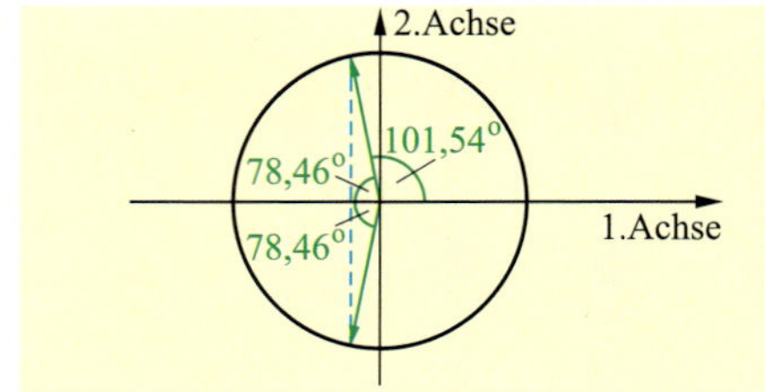

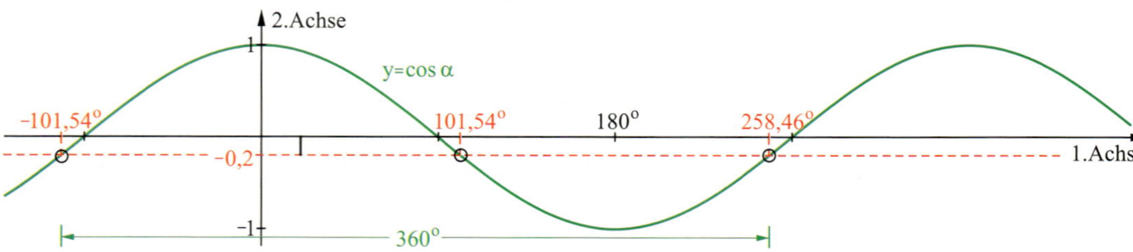

Das heißt, es gilt:

$$\cos\alpha = -0{,}2 \text{ für } \begin{cases} \alpha = 101{,}54° + k\cdot 360° \\ \alpha = 258{,}46° + k\cdot 360° \end{cases} \quad \text{für } k \in \mathbb{Z}$$

Weiterführende Aufgaben

2. *Trigonometrische Funktionen im rechtwinkligen Dreieck*
Für Winkel zwischen 0° und 90° gilt im rechtwinkligen Dreieck:

sin α, cos α, tan α im rechtwinkligen Dreieck

$$\sin\alpha = \frac{\text{Länge der Gegenkathete von } \alpha}{\text{Länge der Hypotenuse}}$$

$$\cos\alpha = \frac{\text{Länge der Ankathete von } \alpha}{\text{Länge der Hypotenuse}}$$

$$\tan\alpha = \frac{\text{Länge der Gegenkathete von } \alpha}{\text{Länge der Ankathete von } \alpha}$$

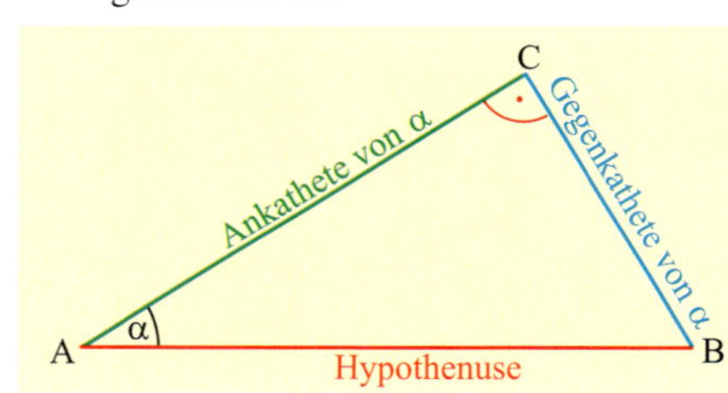

Zeige dies mithilfe der auf Seite 67 gegebenen Definition von Sinus, Kosinus und Tangens.

3. *Zusammenhang zwischen Sinus- und Kosinusfunktion*
Begründe am Einheitskreis:

(1) Die Graphen von Sinus- und Kosinusfunktion können durch Verschiebung um 90° ineinander überführt werden:
$\cos\alpha = \sin(\alpha + 90°)$
$\sin\alpha = \cos(\alpha - 90°)$

(2) Für alle Winkel α gilt:
$(\sin\alpha)^2 + (\cos\alpha)^2 = 1$
Um Klammern zu sparen, schreibt man auch:
$\sin^2\alpha + \cos^2\alpha = 1.$

$\sin^2\alpha$ statt $(\sin\alpha)^2$

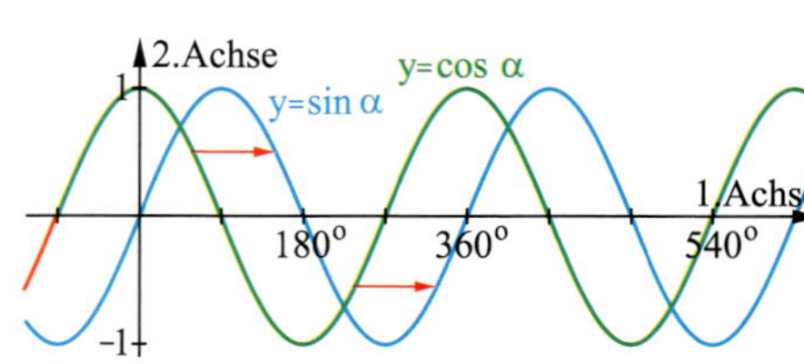

4. *Bestimmen von Argumenten zu vorgegebenen Funktionswerten der Tangensfunktion*
Bestimme alle Lösungen der Gleichung (1) $\tan\alpha = 2$; (2) $\tan\alpha = -0{,}4$.

5. *Steigung einer Geraden und Tangens des Steigungswinkels*

a) Begründe: Wählt man auf den Achsen eines Koordinatensystems die Einheiten gleich groß, so ist die Steigung m einer Geraden gleich dem Tangens des Steigungswinkels α.
Warum ist die Vorgabe gleicher Einheiten auf den Achsen wichtig?

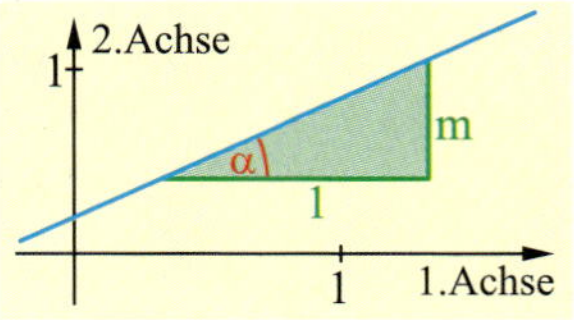

b) (1) Wie groß ist der Steigungswinkel einer Geraden mit der Steigung $m = 0{,}5$ [$m = 4$; $m = -0{,}8$; $m = 1$; $m = -1$; $m = 0$]?
(2) Welche Steigung hat eine Gerade mit dem Steigungswinkel $\alpha = 10°$ [$\alpha = 5°$; $\alpha = 30°$; $\alpha = -5°$; $\alpha = -45°$; $\alpha = 60°$]?

c) (1) Wie groß ist der Winkel zwischen zwei Geraden mit den Steigungen $m_1 = 2$ und $m_2 = 3$ [$m_1 = 0{,}5$, $m_2 = 1$; $m_1 = -1{,}5$, $m_2 = 2$; $m_1 = -3$, $m_2 = -2$]?
(2) Gib mindestens drei Beispiele für Steigungen von zwei Geraden an, die sich unter einem Schnittwinkel von 30° [45°; 70°; 135°] schneiden.

Übungsaufgaben

GTR **6.**
Bestimme alle Lösungen der Gleichungen:

a) (1) $\sin\alpha = 0{,}5$ (2) $\sin\alpha = -0{,}5$ (3) $\sin\alpha = -1$

b) (1) $\sin\alpha = 0{,}3$ (2) $\cos\alpha = -0{,}6$ (3) $\cos\alpha = 0$

c) (1) $\tan\alpha = 0{,}3$ (2) $\tan\alpha = -0{,}5$ (3) $\tan\alpha = -4$

7.
a) Für welche Winkel α im Intervall [0°; 360°] gilt:
(1) $\sin\alpha > 0$ (2) $\sin\alpha < 0$ (3) $\cos\alpha > 0$ (4) $\cos\alpha < 0$?

b) Für welche Winkel α im Intervall [0°; 360°] gilt:
(1) $\sin\alpha > 0$ und zugleich $\cos\alpha > 0$
(2) $\sin\alpha > 0$ und zugleich $\cos\alpha < 0$
(3) $\sin\alpha < 0$ und zugleich $\cos\alpha > 0$
(4) $\sin\alpha < 0$ und zugleich $\cos\alpha < 0$?

8.
Begründe am Einheitskreis:

a) $\sin(180° - \alpha) = \sin\alpha$
$\cos(180° - \alpha) = -\cos\alpha$

b) $\sin(180° + \alpha) = -\sin\alpha$
$\cos(180° + \alpha) = -\cos\alpha$

c) $\sin(360° - \alpha) = -\sin\alpha$
$\cos(360° - \alpha) = \cos\alpha$

d) $\sin(360° + \alpha) = \sin\alpha$
$\cos(360° + \alpha) = \cos\alpha$

e) $\sin(-\alpha) = -\sin\alpha$
$\cos(-\alpha) = \cos\alpha$

f) $\sin(90° - \alpha) = \cos\alpha$
$\cos(90° - \alpha) = \sin\alpha$

9.
Die Werte für $\tan\alpha$ kann man an der Tangente parallel zur 2. Achse an den Einheitskreis ablesen. Dies gilt auch für $\alpha < 0$ bzw. $\alpha > 90°$. (Daher kommt der Name Tangens.)

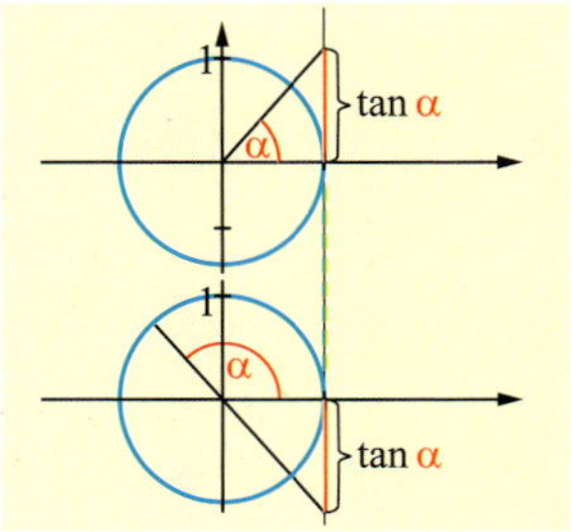

a) Zeige mithilfe der Strahlensätze, dass dies richtig ist.

b) Folgere daraus, welche Werte der Tangens überhaupt annehmen kann.

c) $\tan\alpha = \frac{\sin\alpha}{\cos\alpha}$ ist nur definiert, falls $\cos \neq 0$. Für welche Winkel α ist $\tan\alpha$ also nicht definiert? Wie drückt sich das in den Zeichnungen rechts aus?

d) Begründe mithilfe der Abbildungen, dass die Tangensfunktion 180°-periodisch ist.

10.

Begründe:

a) (1) $\tan(-\alpha) = -\tan\alpha$

(2) $\tan(90° + \alpha) = -\tan(90° - \alpha)$

b) (1) $\tan(90° + \alpha) = -\frac{1}{\tan\alpha}$ für $\alpha \neq 90° + k \cdot 180°,\ k \in \mathbb{Z}$

(2) $\tan\alpha \cdot \tan(90° - \alpha) = 1$

11.

a) Begründe *ohne* Verwendung des Taschenrechners:

α	0°	30°	45°	60°	90°
$\sin\alpha$	0	$\frac{1}{2}$	$\frac{1}{2}\sqrt{2}$	$\frac{1}{2}\sqrt{3}$	1
$\cos\alpha$	1	$\frac{1}{2}\sqrt{3}$	$\frac{1}{2}\sqrt{2}$	$\frac{1}{2}$	0
$\tan\alpha$	0	$\frac{\sqrt{3}}{3}$	1	$\sqrt{3}$	nicht definiert

b) Ergänze die Tabelle für $\alpha = 120°$; $\alpha = 135°$; $\alpha = 150°$; $\alpha = 180°$; $\alpha = -30°$; $\alpha = -45°$; $\alpha = -60°$; $\alpha = -90°$.

12.

a) Zeige an Beispielen:

(1) Für kleine positive Winkel α und β gilt: $\sin(\alpha + \beta) \approx \sin\alpha + \sin\beta$

(2) Im Allgemeinen gilt jedoch *nicht*: $\sin(\alpha + \beta) = \sin\alpha + \sin\beta$

b) Allgemein gelten für die trigonometrischen Funktionen komplizierte Regeln, die man zusammengefasst als *Additionstheoreme* bezeichnet.

Additionstheoreme für Sinus, Kosinus und Tangens

(1) $\sin(\alpha + \beta) = \sin\alpha \cdot \cos\beta + \cos\alpha \cdot \sin\beta$

(2) $\cos(\alpha + \beta) = \cos\alpha \cdot \cos\beta - \sin\alpha \cdot \sin\beta$

(3) $\tan(\alpha + \beta) = \frac{\tan\alpha + \tan\beta}{1 - \tan\alpha\ \tan\beta}$ $(\tan\alpha \cdot \tan\beta \neq -1,\ \text{also}\ \alpha + \beta \neq 90°)$

(4) $\sin(\alpha - \beta) = \sin\alpha \cdot \cos\beta - \cos\alpha \cdot \sin\beta$

(5) $\cos(\alpha - \beta) = \cos\alpha \cdot \cos\beta + \sin\alpha \cdot \sin\beta$

(6) $\tan(\alpha - \beta) = \frac{\tan\alpha - \tan\beta}{1 + \tan\alpha \cdot \tan\beta}$ $(\tan\alpha \cdot \tan\beta \neq -1,\ \text{also}\ \alpha + \beta \neq 90°)$

(7) $\sin(2\alpha) = 2\sin\alpha\ \cos\alpha$

(8) $\cos(2\alpha) = \cos^2\alpha - \sin^2\alpha$

Leite her:

(1) Additionstheorem (3) aus (1) und (2)

(2) Additionstheorem (4) und (5) aus (1) und (2)
(Benutze dabei $\sin(-\varphi) = -\sin\varphi$, $\cos(-\varphi) = \cos\varphi$, vgl. Übungsaufgabe 8.)

(3) Additionstheoreme (6) bis (8)

c) Leite einen Term her für (1) $\tan(2\alpha)$; (2) $\sin(3\alpha)$; (3) $\cos(3\alpha)$.

d) Begründe mithilfe der Additionstheoreme:

(1) $\sin\alpha = \cos(\alpha - 90°)$ (2) $\cos\alpha = \sin(\alpha + 90°)$

e) Zeige: $\cos 2\alpha = 1 - 2\sin^2\alpha = 2\cos^2\alpha - 1$

13.
Ein Punkt P im Koordinatensystem kann durch seine kartesischen Koordinaten $(x \mid y)$ beschrieben werden; seine Lage ist aber auch eindeutig durch seine Entfernung r zum Ursprung O und durch den Winkel φ (zwischen 1. Achse und der Halbgeraden $\overrightarrow{OP}$) bestimmt.
Man bezeichnet r und φ als **Polarkoordinaten** eines Punktes.

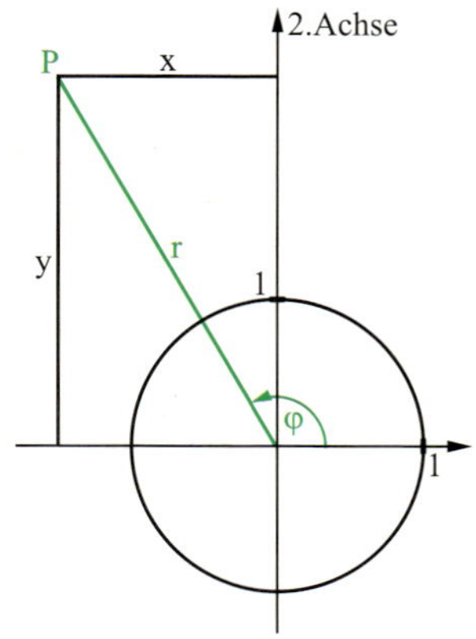

a) Welche kartesischen Koordinaten x und y hat der Punkt P mit $r = 5$ und $\varphi = 284°$ $[r = \sqrt{3};\ \varphi = 30°]$?

b) Welche Polarkoordinaten r und φ hat der Punkt P?

Verwende einen Taschenrechner.

(1) $(3{,}4 \mid 2{,}8)$ (3) $(-2{,}6 \mid -3{,}1)$
(2) $(-4{,}7 \mid 3{,}5)$ (4) $(+2{,}9 \mid -1{,}4)$

1.5.2 Das Bogenmaß eines Winkels – Sinusfunktion und Kosinusfunktion mit ℝ als Definitionsbereich

Im ersten Abschnitt dieses Unterkapitels (1.5.1) haben wir die trigonometrischen Funktionen als Winkelfunktionen kennen gelernt, d.h. einer Winkelgröße α (gegeben durch Maßzahl, z.B. 30, und Grad als Einheit) wurde die reelle Zahl sin α bzw. cos α bzw. tan α zugeordnet.
Bei anderen Funktionen, die wir bisher behandelten, war es üblich, dass reelle Zahlen als Argumente verwendet wurden. Daher führen wir jetzt auch bei den trigonometrischen Funktionen reelle Zahlen als Maße für Winkel ein.
Als Maß für die Größe α eines Winkels wählen wir die Maßzahl x der Länge des Kreisbogens des Einheitskreises, der durch den zugehörigen Winkel α bestimmt wird. Sie wird als **Bogenmaß von α** bezeichnet.
Diese Einführung einer reellen Zahl x als Maß für den Winkel α ist vernünftig. Es gilt nämlich:

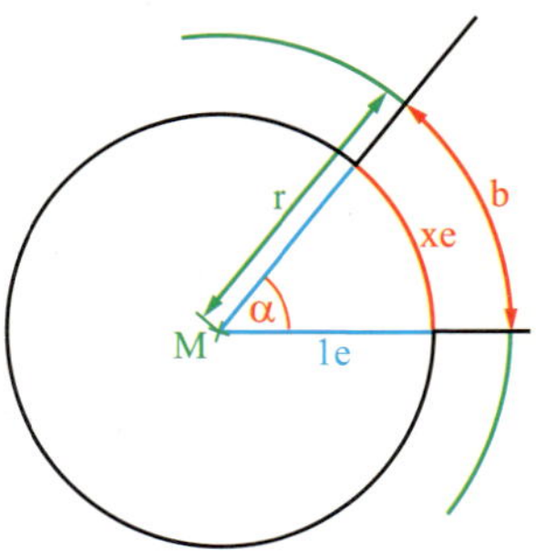

(1) Das Verhälnis $\frac{b}{r}$ hängt nur von α ab.

Es gilt: $\frac{b}{\alpha} = \frac{\text{Umfang des Kreises}}{\text{Vollwinkel}} = \frac{2\pi r}{360°}$

Also: $\frac{b}{r} = \frac{2\pi}{360°} \cdot \alpha$

(2) Ist e die Maßeinheit, in welcher der Radius des Einheitskreises gemessen wird, so gilt: $x = \frac{x\,e}{1\,e} = \frac{b}{r} = \frac{2\pi}{360°} \cdot \alpha$

Bogenmaß eines Winkels

Die Größe eines Winkels kann man im Gradmaß oder im Bogenmaß angeben.
Ist α das Gradmaß eines Winkels, so gilt für das **Bogenmaß x:**

$\frac{\text{Bogenlänge } x}{\text{Winkelgröße } \alpha} = \frac{\text{Umfang}}{\text{Vollwinkel}}$

$$\mathbf{x = \frac{2\pi}{360°} \cdot \alpha}$$

α	0°	30°	45°	60°	90°	135°	180°	270°	360°
x	0	$\frac{\pi}{6}$	$\frac{\pi}{4}$	$\frac{\pi}{3}$	$\frac{\pi}{2}$	$\frac{3}{4}\pi$	π	$\frac{3}{2}\pi$	2π

Das Bogenmaß stimmt überein mit der Maßzahl der Bogenlänge, den der Winkel aus dem Einheitskreis herausschneidet.

Damit man sofort erkennt, ob Angaben über Winkel(funktionen) im Grad- oder Bogenmaß erfolgen, verwenden wir beim Gradmaß griechische Buchstaben (α, β, φ, ...) und beim Bogenmaß lateinische Buchstaben (x, y, z, ...).
Zur Berechnung von Funktionswerten sin x, cos x, tan x von reellen Zahlen x muss man im Taschenrechner den Modus ändern, vom Gradmaß DEG auf das Bogenmaß RAD umschalten.

Aufgabe 1 *Eigenschaften der Sinus und Kosinusfunktion*

Übertrage die Eigenschaften der Sinus- und der Kosinusfunktion von Gradmaß auf das Bogenmaß (vgl. Aufgabe 1, Seite 69). Gib im Einzelnen an:

(1) Definitionsbereich,
(2) Wertebereich,
(3) Periodizität,
(4) Nullstellen,
(5) Symmetrie zum Ursprung oder zur 2. Achse,
(6) Zusammenhänge zwischen sin x und cos x.

Lösung

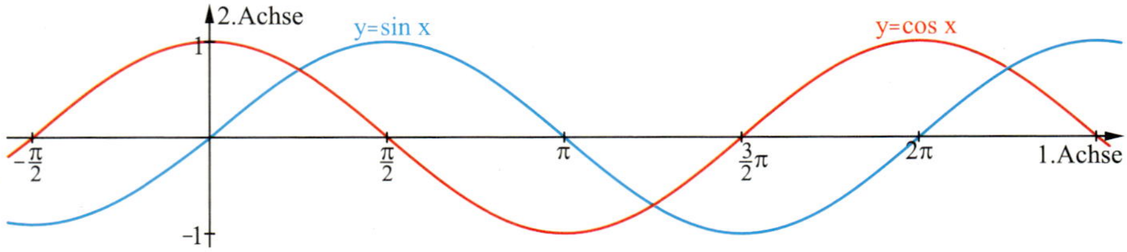

(1) Der Definitionsbereich ist gleich $\mathbb{R}$: Alle reellen Zahlen dürfen in den Funktionsterm eingesetzt werden.
(2) Beide Funktionen haben den Wertebereich $W = [-1; 1]$.
(3) Die Funktionen $x \mapsto \sin x$ und $x \mapsto \cos x$ sind 2π-periodisch, d.h. für alle $x \in \mathbb{R}$ und $k \in \mathbb{Z}$ gilt:
$\sin(x + k \cdot 2\pi) = \sin x$; $\quad \cos(x + k \cdot 2\pi) = \cos x$
(4) Die Gleichung $\sin x = 0$ ist erfüllt für $x = k \cdot \pi$ mit $k \in \mathbb{Z}$.
Die Gleichung $\cos x = 0$ ist erfüllt für
$x = \frac{\pi}{2} + k \cdot \pi$ mit $k \in \mathbb{Z}$, d.h. für $x = (2k+1) \cdot \frac{\pi}{2}$ mit $k \in \mathbb{Z}$
(5) Der Graph von $x \mapsto \sin x$ ist punktsymmetrisch zum Ursprung, da für alle $x \in \mathbb{R}$ gilt: $\sin(-x) = -\sin x$.
Der Graph von $x \mapsto \cos x$ ist achsensymmetrisch zur 2. Achse, da für alle $x \in \mathbb{R}$ gilt: $\cos(-x) = \cos x$.
(6) Für alle $x \in \mathbb{R}$ gilt: $\sin^2 x + \cos^2 x = 1$
Ferner gilt: $\sin x = \cos\left(x - \frac{\pi}{2}\right)$ bzw. $\cos x = \sin\left(x + \frac{\pi}{2}\right)$
Das heißt, man erhält den Graphen der Sinusfunktion aus dem Graphen der Kosinusfunktion durch Verschiebung um $\frac{\pi}{2}$ in positiver Richtung der 1. Achse.

Weiterführende Aufgabe

2. *Eigenschaften der Tangensfunktion*
Übertrage die Eigenschaften der Tangensfunktion vom Gradmaß auf das Bogenmaß.
Untersuche im Einzelnen die Fragen (1) bis (5) wie in Aufgabe 1.

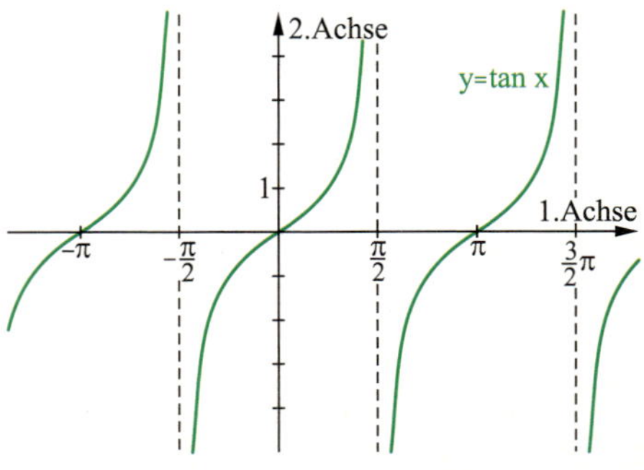

Übungsaufgaben

3.
Berechne das Bogenmaß.

a) (1) $\alpha = 15°$ (2) $\alpha = 75°$ (3) $\alpha = 120°$ (4) $\alpha = -150°$ (5) $\alpha = 210°$ (6) $\alpha = -225°$

b) (1) $\alpha = -30°$ (2) $\alpha = 240°$ (3) $\alpha = -330°$ (4) $\alpha = 390°$ (5) $\alpha = 450°$ (6) $\alpha = -367°$

c) (1) $\alpha = 10°$ (2) $\alpha = 72°$ (3) $\alpha = 128°$ (4) $\alpha = 317°$ (5) $\alpha = -37°$ (6) $\alpha = -518°$

Beispiel: $\alpha = 20°$

$x = \frac{2\pi}{360°} \cdot 20° = \frac{\pi}{9}$

4.
Rechne in das Gradmaß um:

a) (1) $x = \frac{\pi}{3}$ (2) $x = \frac{3}{4}\pi$ (3) $x = \frac{7}{2}\pi$ (4) $x = \frac{4}{3}\pi$ (5) $x = -\frac{\pi}{2}$ (6) $x = -\frac{13}{6}\pi$

b) (1) $x = \frac{\pi}{6}$ (2) $x = \frac{5}{6}\pi$ (3) $x = \frac{5}{3}\pi$ (4) $x = \frac{9}{4}\pi$ (5) $x = -5\pi$ (6) $x = -\frac{9}{2}\pi$

c) (1) $x = 0{,}8$ (2) $x = 2{,}5$ (3) $x = 6{,}59$ (4) $x = -3{,}72$ (5) $x = 1$ (6) $x = 4{,}6$

Beispiel: $x = 1{,}3$

$1{,}3 = \frac{2\pi}{360°} \cdot \alpha$

$\alpha = \frac{360°}{2\pi} \cdot 1{,}3 \approx 74{,}5°$

5.
Entscheide ohne den Taschenrechner zu benutzen:

a) Ist $\sin x > 0$ oder $\sin x < 0$? **b)** Ist $\cos x > 0$ oder $\cos x < 0$?
(1) $x = 0{,}5$; (2) $x = 1{,}6$; (3) $x = 2{,}5$; (4) $x = 3{,}8$; (5) $x = 4{,}9$; (6) $x = -1{,}2$?

GTR **6.**
Der Taschenrechner zeigt jeweils nur eine Lösung der Gleichung an. In welchem Intervall liegt diese Lösung?

a) (1) $\sin x = 0{,}3$ (2) $\sin x = -0{,}7$
b) (1) $\cos x = 0{,}8$ (2) $\cos x = -0{,}6$
c) (1) $\tan x = 7{,}5$ (2) $\tan x = -8{,}74$

GTR **7.**
Bestimme alle Lösungen x, die im Intervall $[0; 2\pi]$ liegen.

a) (1) $\sin x = 0{,}45$ (2) $\sin x = 0{,}8$ (3) $\sin x = -0{,}4$
b) (1) $\cos x = 0{,}75$ (2) $\cos x = -0{,}9$ (3) $\cos x = 0{,}5$
c) (1) $\tan x = 1$ (2) $\tan x = 3$ (3) $\tan x = -2$
d) (1) $\sin x = 0$ (2) $\cos x = 0$ (3) $\tan x = 0$

GTR **8.**
Bestimme alle Lösungen x der Gleichung.

a) $\sin x = 0{,}75$ **b)** $\sin x = -0{,}4$ **c)** $\sin x = -1$ **d)** $\sin x = -0{,}5$ **e)** $\cos x = 0{,}5$ **f)** $\cos x = -0{,}5$ **g)** $\cos x = 1$ **h)** $\cos x = -1$

9.
Lies die Funktionswerte am Graphen ab.

a) $\sin \pi$ **b)** $\sin \frac{\pi}{2}$ **c)** $\sin \frac{3}{2}\pi$ **d)** $\sin\left(-\frac{3}{2}\pi\right)$ **e)** $\cos \pi$ **f)** $\cos \frac{\pi}{2}$ **g)** $\cos \frac{3}{2}\pi$ **h)** $\cos\left(-\frac{3}{2}\pi\right)$ **i)** $\tan \pi$ **j)** $\tan \frac{\pi}{4}$ **k)** $\tan\left(-\frac{\pi}{4}\right)$ **l)** $\tan(-2\pi)$

10.

a) Formuliere die Additionstheoreme von Seite 72 für die Sinus- bzw. Kosinusfunktion im Bogenmaß.

b) Beweise die folgenden Symmetrieeigenschaften mithilfe der Additionstheoreme.

(1) $\sin\left(\frac{\pi}{2} - x\right) = \sin\left(\frac{\pi}{2} + x\right)$; $\cos(\pi + x) = \cos(\pi - x)$

(2) $\sin\left(\frac{3}{2}\pi - x\right) = \sin\left(\frac{3}{2}\pi + x\right)$; $\cos(2\pi + x) = \cos(2\pi - x)$

(3) $\sin(\pi + x) = -\sin(\pi - x)$; $\cos\left(\frac{\pi}{2} + x\right) = -\cos\left(\frac{\pi}{2} - x\right)$

1.5.3 Die allgemeine Sinusfunktion – Modellieren periodischer Vorgänge

In diesem Abschnitt untersuchen wir zunächst die Frage, welchen Einfluss Änderungen im Funktionsterm der Sinusfunktion auf die Gestalt des Graphen haben. Danach lernen wir ein Beispiel von Anwendungssituationen kennen, die sich mithilfe einer allgemeinen Sinusfunktion bearbeiten lassen (Modellierung periodischer Vorgänge).

Aufgabe 1 GTR

a) Untersuche, wie sich der Graph der Sinusfunktion verändert, wenn man das *Argument* der Funktion verdoppelt oder halbiert, d.h. vergleiche die Graphen von $x \mapsto \sin x$ mit $x \mapsto \sin(2x)$ und $x \mapsto \sin\left(\frac{1}{2}x\right)$.

b) Untersuche den Graphen der Funktion f mit $f(x) = 3 \cdot \sin\left(\frac{1}{2}\left(x - \frac{\pi}{4}\right)\right) + 1$.
Betrachte dazu nacheinander:

(1) $y = \sin\left(\frac{1}{2}x\right)$

(2) $y = \sin\left(\frac{1}{2}\left(x - \frac{\pi}{4}\right)\right)$

(3) $y = 3 \cdot \sin\left(\frac{1}{2}\left(x - \frac{\pi}{4}\right)\right)$

(4) $y = 3 \cdot \sin\left(\frac{1}{2}\left(x - \frac{\pi}{4}\right)\right) + 1$

Beschreibe jeweils die Veränderungen im Vergleich zum vorherigen Graphen.

Lösung

a) Während sich die Funktionswerte des Graphen von $x \mapsto \sin x$ nach einer Periode von 2π wiederholen, ist die Periodenlänge von $x \mapsto \sin(2x)$ nur halb so lang, von $x \mapsto \sin\left(\frac{1}{2}x\right)$ doppelt so lang, wie man an der Wertetabelle ablesen kann.

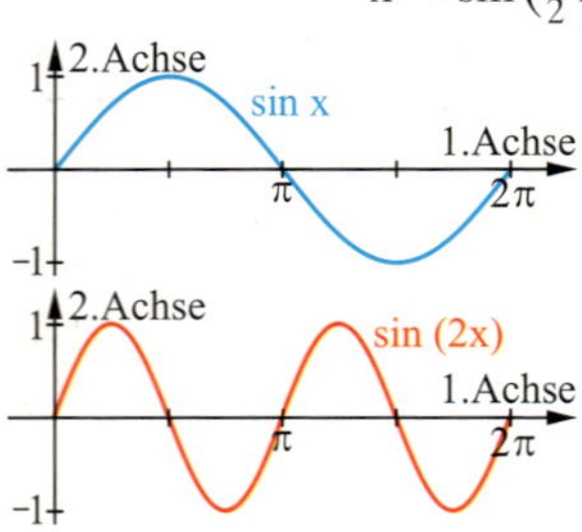

x	0	$\frac{\pi}{4}$	$\frac{\pi}{2}$	$\frac{3}{4}\pi$	π	$\frac{5}{4}\pi$	$\frac{3}{2}\pi$	$\frac{7}{4}\pi$	2π
sin x	0	$\frac{1}{2}\sqrt{2}$	1	$\frac{1}{2}\sqrt{2}$	0	$-\frac{1}{2}\sqrt{2}$	−1	$-\frac{1}{2}\sqrt{2}$	0
sin (2x)	0	1	0	−1	0	1	0	−1	0

1. Periode von sin (2x) — 2. Periode von sin (2x)

Periode von sin x

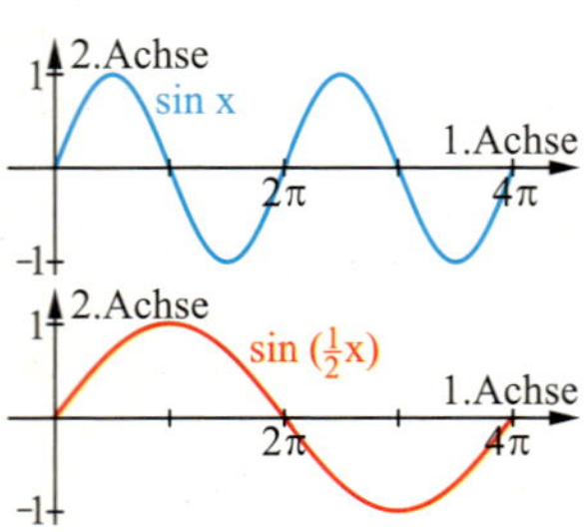

x	0	$\frac{\pi}{2}$	π	$\frac{3}{2}\pi$	2π	$\frac{5}{2}\pi$	3π	$\frac{7}{2}\pi$	4π
sin x	0	1	0	−1	0	1	0	−1	0
$\sin\left(\frac{1}{2}x\right)$	0	$\frac{1}{2}\sqrt{2}$	1	$\frac{1}{2}\sqrt{2}$	0	$-\frac{1}{2}\sqrt{2}$	−1	$-\frac{1}{2}\sqrt{2}$	0

1. Periode von sin x — 2. Periode von sin x

Periode von $\sin\left(\frac{1}{2}x\right)$

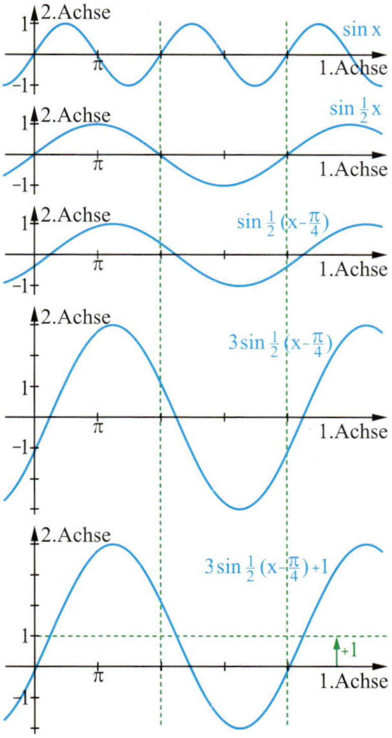

b) (1) Wie in Teilaufgabe a) erläutert, verdoppelt sich die Periode beim Übergang von sin x zu $\sin\left(\frac{1}{2}x\right)$.

(2) Der Subtrahend $\frac{\pi}{4}$ bewirkt eine Verschiebung des Graphen von $\sin\left(\frac{1}{2}x\right)$ um $\frac{\pi}{4}$ nach rechts in Richtung der 1. Achse (vgl. Seite 39), wie man sich auch an der Wertetabelle klarmachen kann.

x	0	$\frac{\pi}{4}$	$\frac{\pi}{2}$	$\frac{3}{4}\pi$	π	$\frac{5}{4}\pi$
$\sin\left(\frac{1}{2}x\right)$	0	0,383	0,707	0,924	1	0,924
$\sin\left(\frac{1}{2}\left(x-\frac{\pi}{4}\right)\right)$	−0,383	0	0,383	0,707	0,924	1

(3) Durch den Faktor 3 vor dem Sinusterm wird der Funktionswert von $\sin\left(\frac{1}{2}\left(x-\frac{\pi}{4}\right)\right)$ verdreifacht, d.h. der Graph wird mit dem Faktor 3 von der 1. Achse aus in Richtung der 2. Achse gestreckt.

(4) Durch den Summanden +1 wird der übrige Funktionsterm um +1 vergrößert, d.h. der Graph wird um 1 nach oben (parallel zur 2. Achse) verschoben.

Information **Allgemeine Sinusfunktion**

Ähnlich wie beim obigen Beispiel kann man bei jeder Funktion f, deren Funktionsterm die Gestalt $f(x) = a \cdot \sin(b(x-c)) + d$ hat, vorgehen. Der Graph einer solchen Funktion geht durch Strecken in Richtung der Achsen und Verschieben in Richtung der Achsen aus dem Graphen der Sinusfunktion hervor. Solche Funktionen werden daher auch **allgemeine Sinusfunktionen** genannt. Diese Funktionen dienen dazu, periodische Vorgänge in Natur und Technik zu beschreiben. Bei der **Modellierung** der Vorgänge geht es darum, aus Messwerten bzw. aus der Situation heraus die Koeffizienten a, b, c, $d \in \mathbb{R}$ möglichst so zu bestimmen, dass man mithilfe des Modells auch Berechnungen durchführen kann.

Aufgabe 2 *Beschreibung der Sonnenscheindauer mithilfe einer allgemeinen Sinusfunktion*

Unter der astronomischen Sonnenscheindauer versteht man die Zeitspanne zwischen Sonnenaufgang und Sonnenuntergang. Der 50. Breitengrad verläuft mitten durch die Bundesrepublik, z.B. durch Mainz. Für Orte dieser geographischen Breite beträgt die astronomische Sonnenscheindauer ungefähr:

Datum	22.6.	22.7.	22.8.	22.9.	22.10.	22.11.	22.12.	22.1.	22.2.	22.3.	22.4.	22.5.
Dauer (in h)	16,2	15,4	13,8	12,0	10,2	8,6	7,8	8,7	10,3	12,2	13,9	15,4

a) Bestimme eine allgemeine Sinusfunktion, welche die astronomische Sonnenscheindauer für Orte auf dem 50. Breitengrad gut annähert.

b) Bestimme mithilfe von a) die astronomische Sonnenscheindauer am 10. Juli.

Lösung

a) Auf der 1. Achse tragen wir die Anzahl der Kalendertage seit Jahresbeginn ab. Es sieht so aus, als ob die Punkte auf dem Graphen einer allgemeinen Sinusfunktion liegen.

Wir überlegen nun, welche physikalisch-astronomischen Gegebenheiten wir benutzen können, um die Koeffizienten a, b, c, d bestimmen zu können.

- Die Periodenlänge beträgt (ungefähr) 365 Tage.
- Am Tage des Sommeranfangs (22.6.) ist die astronomische Sonnenscheindauer maximal, am Tage des Winteranfangs (22.12.) minimal. Maximaler und minimaler Wert sind gleich weit von dem Wert entfernt, der für Frühlings- bzw. Herbstanfang angegeben ist, nämlich $16{,}2\,h - 12{,}0\,h = 12{,}0\,h - 7{,}8\,h = 4{,}2\,h$
- Den Beginn einer periodischen Bewegung können wir auf den 22.3. (81. Tag seit Jahresbeginn) festlegen (Frühlingsanfang).

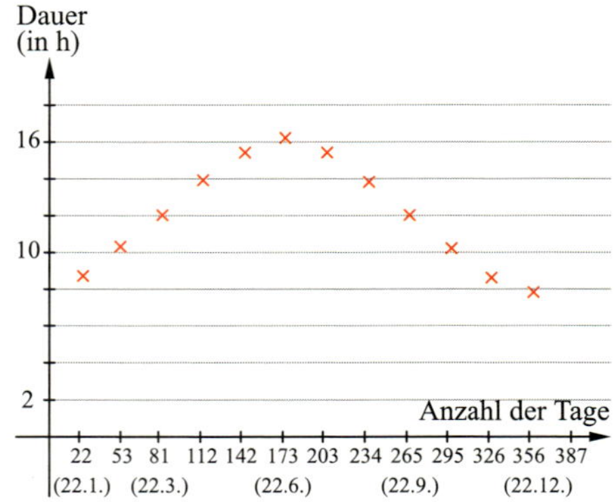

Aus diesen Überlegungen ergibt sich die gesuchte Funktion f mit:

$f(x) = 4{,}2\sin\left(\frac{2\pi}{365}\cdot(x-81)\right) + 12$

b) Der 10. Juli ist der 191. Kalendertag eines Jahres. Hierfür ergibt sich:

$f(191) = 4{,}2\sin\left(\frac{2\pi}{365}\cdot(191-81)\right) + 12 \approx 16{,}0$

Die astronomische Sonnenscheindauer beträgt also ungefähr 16 Stunden.

Übungsaufgaben

3.

Beschreibe die Sonnenscheindauer mithilfe einer allgemeinen Kosinusfunktion.

4.

Gib zu den folgenden Graphen den Funktionsterm einer allgemeinen Sinusfunktion [Kosinusfunktion] an.

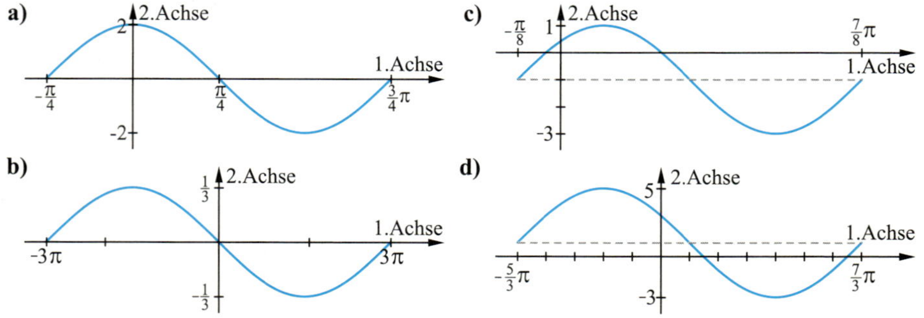

GTR **5.**

Vergleiche den Graphen der Funktion f mit dem der Funktion $x \mapsto \sin x$.

a) $f(x) = \sin(2x)$ **c)** $f(x) = 3\cdot\sin x$ **e)** $f(x) = \sin(2(x-\pi))$

b) $f(x) = \sin(x-\pi)$ **d)** $f(x) = \sin\left(\frac{1}{3}x\right) - 1$ **f)** (4) $f(x) = 3\sin\left(\frac{1}{4}x\right)$

6.
Bestimme den Funktionsterm einer allgemeinen Sinusfunktion f, die durch die angegebenen Funktionswerte hat.

a)

x	0	1	2	3	4
f(x)	0	1	0	−1	0

b)

x	0	3	6	9	12
f(x)	0	1	0	−1	0

c)

x	1	3	5	7	9
f(x)	0	1	0	−1	0

d)

x	1	2	3	4	5
f(x)	1	3	1	−1	1

GTR **7.**
Skizziere den Graphen der folgenden Funktion:

a) $f(x) = 2\sin\left(x - \frac{\pi}{2}\right)$
b) $f(x) = \frac{1}{2}\sin\left(\frac{1}{2}x\right)$
c) $f(x) = -\sin\left(x + \frac{\pi}{3}\right)$
d) $f(x) = \sin\left(2\left(x + \frac{3}{4}\pi\right)\right)$

GTR **8.**
Skizziere die Graphen der folgenden Funktion:

a) $f(x) = \frac{1}{4}\cdot\sin\left(2\left(x - \frac{\pi}{4}\right)\right) - \frac{1}{2}$
b) $f(x) = 2\cdot\sin\left(\frac{1}{2}x + \frac{\pi}{2}\right) + 1$
▲ **c)** $f(x) = \left(-\frac{1}{2}\right)\cdot\sin\left(3\left(x + \frac{\pi}{3}\right)\right) + 1$
▲ **d)** $f(x) = \frac{1}{2}\cos\left(\frac{1}{2}\left(x + \frac{\pi}{2}\right)\right) + 1$

GTR **9.**
Vergleiche die Graphen von:

a) $f_1(x) = \sin\left(2\left(x - \frac{\pi}{2}\right)\right)$
$f_2(x) = \sin\left(2x - \frac{\pi}{2}\right)$

b) $f_1(x) = \sin x + \pi$
$f_2(x) = \sin(x + \pi)$

c) $f_1(x) = 2\sin x$
$f_2(x) = \sin 2x$

▲ GTR **10.**
Untersuche den Graphen der Funktion g mit $g(x) = 2\cos\left(\frac{1}{2}\left(x - \frac{\pi}{2}\right)\right) - 1$.

11.
Im Statistischen Jahrbuch sind die mittleren Temperaturen für verschiedene Orte in Deutschland abgedruckt (Mittelwerte aus 30 Beobachtungsjahren).
Trage die angegebenen Messwerte für *einen* (selbst gewählten) Ort in ein Koordinatensystem ein. Bestimme eine allgemeine Sinusfunktion, die die mittlere Temperatur während eines Jahres möglichst gut beschreibt. Berechne dann mithilfe des gefundenen Funktionsterms die „theoretischen" Temperaturmittelwerte im Modell und vergleiche sie mit den tatsächlich gemessenen Temperaturen.

	Mittlerer Lufttemperatur in °C												
Beobachtungsstation	Nov.	Dez.	Jan.	Febr.	März	April	Mai	Juni	Juli	Aug.	Sept.	Okt.	Jahr
List auf Sylt	6,0	3,0	0,9	0,4	2,3	5,9	10,5	14,3	15,8	16,3	14,0	10,2	8,3
Greifswald	4,5	1,3	−0,7	−0,5	2,1	6,2	11,1	15,8	16,7	16,5	13,3	9,0	7,9
Travemünde	5,0	1,9	0,1	0,2	2,8	6,4	11,1	15,1	16,4	16,2	13,5	9,5	8,2
Hannover	5,0	2,0	0,5	0,7	3,7	7,7	12,3	15,8	17,0	16,6	13,5	9,4	8,7
Potsdam	4,1	0,8	−1,0	−0,3	3,3	7,9	12,9	16,7	17,9	17,4	13,9	9,1	8,6
Leipzig	4,5	1,4	−0,5	0,1	3,4	7,8	12,5	16,4	17,8	17,3	13,8	9,2	8,6
Frankfurt/M.	4,8	1,7	0,5	1,7	5,0	9,2	13,6	17,1	18,6	17,9	14,5	9,4	9,5
Trier	4,7	1,7	0,8	1,9	5,0	8,5	12,6	15,8	17,4	16,7	14,0	9,5	9,1
Regensburg	3,0	−0,6	−2,2	−0,6	3,4	8,0	12,6	16,3	17,7	16,9	13,4	8,1	8,0
Freiburg/Breisgau	5,7	2,5	1,5	2,9	6,5	10,1	14,3	17,5	19,5	18,8	15,8	10,6	10,5

12.
Aus dem Erdkundebuch kennen wir die *Tidenkurve,* die die Veränderung des Meeresniveaus unter dem Einfluss von Sonne und Mond wiedergibt (Gezeiten).
Im Mittel beträgt der Tidenhub an der Nordsee 3 m.

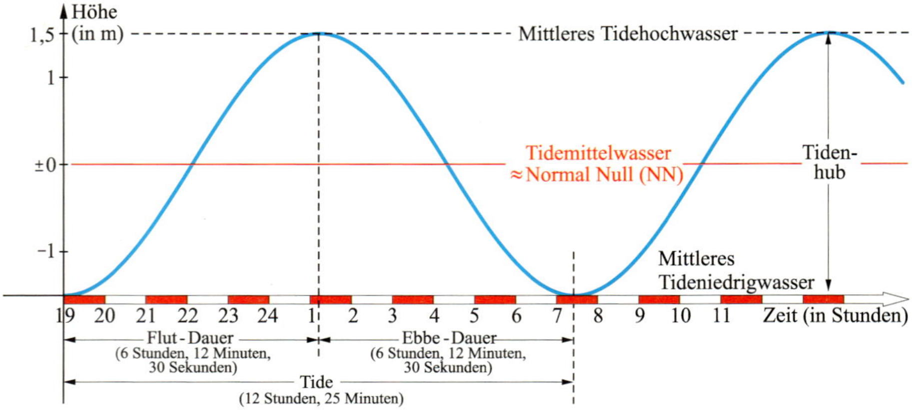

Bestimme eine allgemeine Sinusfunktion, die den Vorgang möglichst gut beschreibt.

▲ **13.**
Die Summe von Sinusfunktionen mit unterschiedlicher Periodenlänge ist im Allgemeinen keine Sinusfunktion.
Bestimme die Periodenlänge der Summenfunktionen f und gib Symmetrieeigenschaften an (Beweis mithilfe der Additionstheoreme).

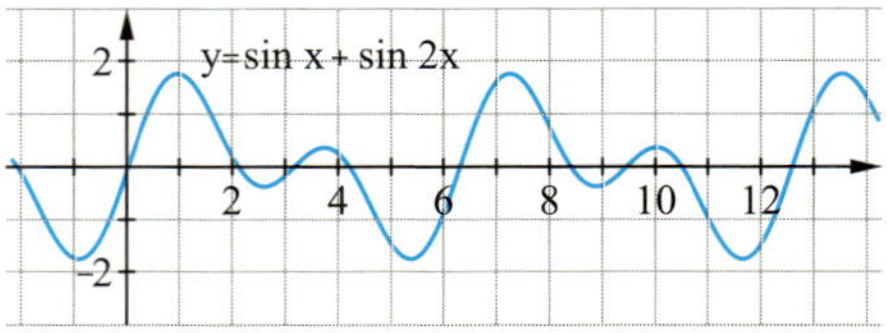

a) $f(x) = \sin x + \sin 2x$ **b)** $f(x) = \sin x - \sin \frac{1}{2}x$ **c)** $f(x) = \sin \frac{1}{2}x + \sin 2x$

14.
Zeige: Der Graph der Funktion f ist achsensymmetrisch zu $x = a$ bzw. punktsymmetrisch zu P und hat die Periodenlänge 2π.

a) $f(x) = \frac{1}{\cos x}$ $(a = 0)$ **b)** $f(x) = \frac{1 + \sin x}{\cos x}$ $\left(P\left(\frac{\pi}{2} \middle| 0\right)\right)$ **c)** $f(x) = \frac{\cos x - 1}{\sin x}$ $(P(0|0))$

15.
In Erdkundebüchern findet man die folgenden Graphen, welche die mittlere Tagestemperatur angeben.
Beschreibe die Graphen durch eine allgemeine Sinusfunktion.

(1) **Athen** / 107 m ü. M.

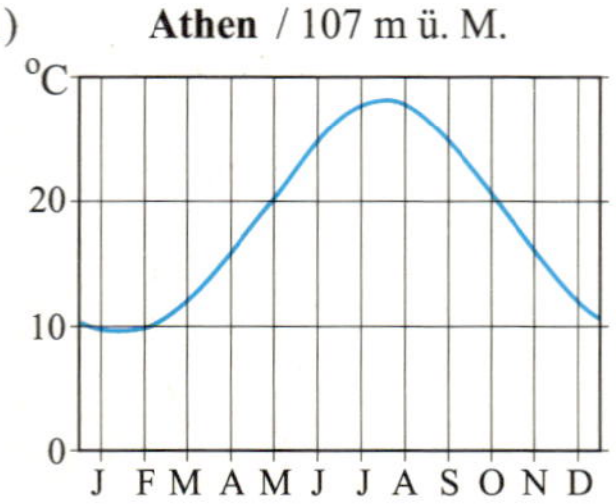

(2) **Moskau** /156 m ü. M.

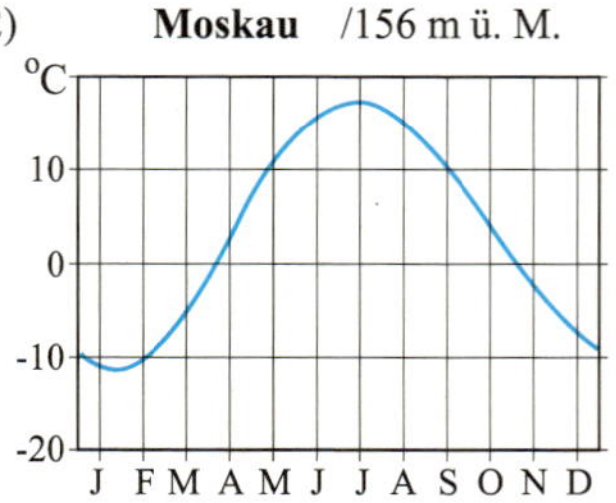

(3) **Jakutsk** /100 m ü. M.

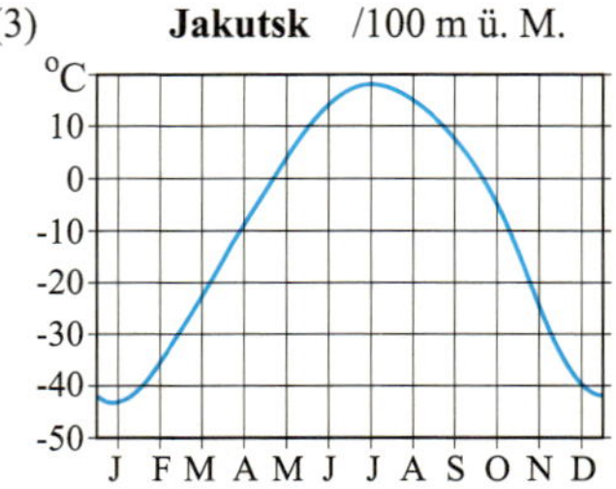

1.6 Exponentialfunktionen

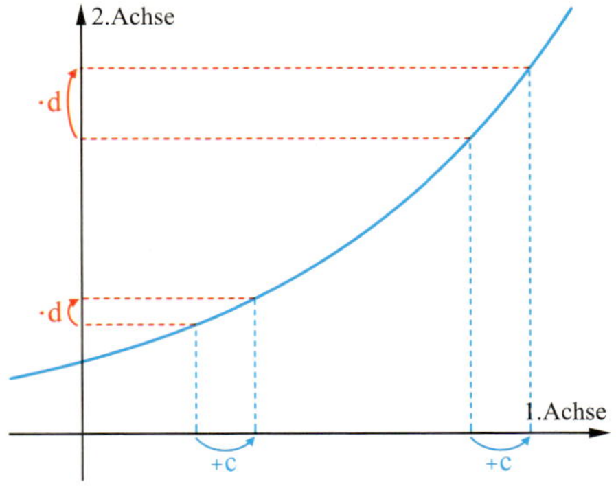

Exponentialfunktionen dienen u.a. dazu, exponentielles Wachstum und exponentiellen Zerfall mathematisch zu beschreiben. Wir stellen nochmals alle wichtigen Eigenschaften zusammen, die wir in der Mittelstufe kennen gelernt haben und behandeln auch die zugehörigen Umkehrfunktionen (Logarithmusfunktionen). Charakteristisch für exponentielle Prozesse ist die folgende Eigenschaft: Immer wenn die Werte der 1. Achse um einen konstanten Summanden erhöht werden, werden die zugehörigen Werte der 2. Achse mit einem konstanten Faktor multipliziert. Bei Wachstum ist dieser Faktor größer als 1, bei Zerfall liegt er zwischen 0 und 1.

Haupteigenschaft von Exponentialfunktionen. Siehe Aufgabe 8.

1.6.1 Der Begriff der Exponentialfunktion

Aufgabe 1

a) Die Bevölkerung in einem Land vermehrt sich so, dass pro Jahr jeweils 2,7% dazukommen. Momentan leben 1,430 Millionen Menschen dort. Wie viele sind es in 1, 2, 10, x Jahren?

b) (1) Eine Bakterienkultur bedeckt am Anfang eine Fläche von $10\,cm^2$. Sie breitet sich so aus, dass sich der Flächeninhalt alle 3 Tage ver-$1\frac{1}{2}$facht. Wie groß wird die Fläche der Kultur nach 3, 6, 1, $2\frac{1}{2}$, x Tagen?

(2) Wie groß ist die prozentuale Wachstumsrate pro Tag, d.h. um wie viel Prozent wächst die Fläche pro Tag?

c) Eine radioaktive Substanz mit der Anfangsmasse 900 g zerfällt so, dass sie in je 4 Stunden auf ein drittel abnimmt. Welche Masse ist nach 4, 12, 1, x Stunden vorhanden? Wie groß ist die prozentuale Abnahmerate pro Stunde?

Lösung

a) Für jede Zunahme um 1 Jahr kommen zu den bereits vorhandenen 100% noch 2,7% hinzu, d.h. der Wachstumsfaktor beträgt pro Jahr
$100\,\% + 2{,}7\,\% = 102{,}7\,\% = 1{,}027$.
Nach 1 Jahr leben dort also $1{,}430$ Mio. $\cdot\, 1{,}027 = 1{,}468$ Mio. Menschen, nach 2 Jahren $1{,}430$ Mio. $\cdot\, 1{,}027^2 = 1{,}508$ Mio. Menschen und nach 10 Jahren
$1{,}430$ Mio. $\cdot\, 1{,}027^{10} = 1{,}867$ Mio. Menschen.
Nach x Jahren sind es $1{,}430$ Mio. $\cdot\, 1{,}027^x$ Menschen.

b) (1) Nach 3 Tagen sind es $10\,cm^2 \cdot 1{,}5 = 15\,cm^2$ und nach 6 Tagen
$10\,cm^2 \cdot 1{,}5^2 = 22{,}5\,cm^2$.
Für die Größe nach 1 Tag muss der Wachstumsfaktor für diese Zeitspanne berechnet werden. Der Faktor 1,5 für 3 Tage muss auf 3 gleiche Faktoren verteilt werden, also gilt pro Tag der Wachstumsfaktor $\sqrt[3]{1{,}5} = 1{,}1447$. Nach 1 Tag sind es also
$10\,cm^2 \cdot 1{,}1447 = 11{,}45\,cm^2$.

Beachte: Die Rechnung 1,5 : 3 = 0,5 ist nicht angemessen. Das würde für lineares Wachstum gelten. Verteilt auf gleiche Summanden.

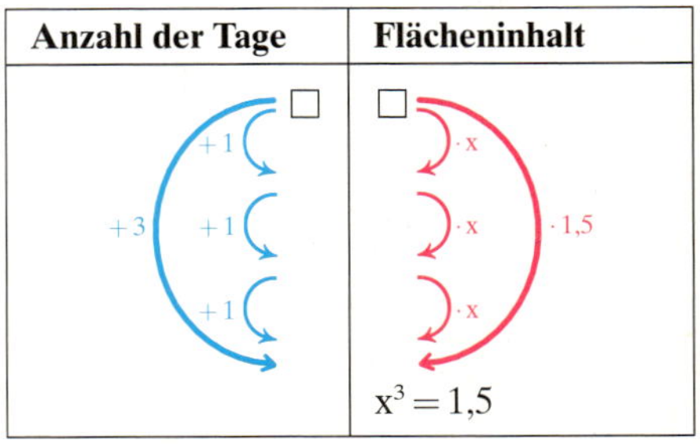

Nach $2\frac{1}{2}$ Tagen sind es $10\,cm^2 \cdot 1{,}1447^{2,5} = 14{,}02\,cm^2$, nach x Tagen $10\,cm^2 \cdot \left(\sqrt[3]{1{,}5}\right)^x$.

(2) Pro Tag werden aus 100% demnach 114,47%. Es sind 14,47% hinzugekommen, d.h. die prozentuale Wachstumsrate pro Tag beträgt 14,47%.

c) Nach 4 Stunden sind es $900\text{ g} \cdot \frac{1}{3} = 300\text{ g}$. Nach 12 Stunden hat die Drittelung dreimal stattgefunden, also sind $900\text{ g} \cdot \left(\frac{1}{3}\right)^3 = 33{,}3\text{ g}$ vorhanden. Um den Zerfallsfaktor pro Stunde zu ermitteln, muss der Faktor $\frac{1}{3}$ auf vier gleiche Faktoren verteilt werden. Er beträgt also $\sqrt[4]{\frac{1}{3}} = 0{,}7598$. Nach einer Stunde beträgt die Masse $900\text{ g} \cdot 0{,}7598 = 683{,}8\text{ g}$ und nach x Stunden $900\text{ g} \cdot 0{,}7598^x$. Pro Stunde werden aus 100% demnach 75,98%. Die prozentuale Abnahmerate beträgt ca. 24%.

$q \cdot q \cdot q \cdot q = 0{,}7598$
$q^4 = 0{,}7598$
$q = \sqrt[4]{0{,}7598}$

Information An den Beispielen der Aufgabe 1 hast du gesehen, dass die Prozesse durch Zuordnungsvorschriften der Form $x \mapsto a \cdot b^x$ beschrieben wurden, Beobachtungsbeginn war $x = 100$ und x war nicht negativ. Es ist aber auch sinnvoll zu fragen, wie der Verlauf des Prozesses vor dem Beobachtungsbeginn war. Dann ist x negativ.
Funktionen mit der Funktionsgleichung $y = a \cdot b^x$ und dem Definitionsbereich $\mathbb{R}$ nennt man Exponentialfunktionen.
Es gibt zwei verschiedene Typen:
Wenn die Basis $b > 1$ ist, ist der Graph monoton wachsend und hat im negativen Bereich für x die 1. Achse als Asymptote.
Für $0 < b < 1$ ist der Graph monoton fallend und hat im positiven Bereich für x die 1. Achse als Asymptote.
Alle Graphen verlaufen nur oberhalb der 1. Achse und durch den Punkt $P(0\,|\,a)$ auf der 2. Achse. Basen, die kleiner als null sind, sind nicht zugelassen (siehe Aufgabe 2).

Funktionen mit der Zuordnungsvorschrift $x \mapsto a \cdot b^x$, $a > 0$, $b > 0$, $b \neq 1$, $x \in \mathbb{R}$ heißen **Exponentialfunktionen.**

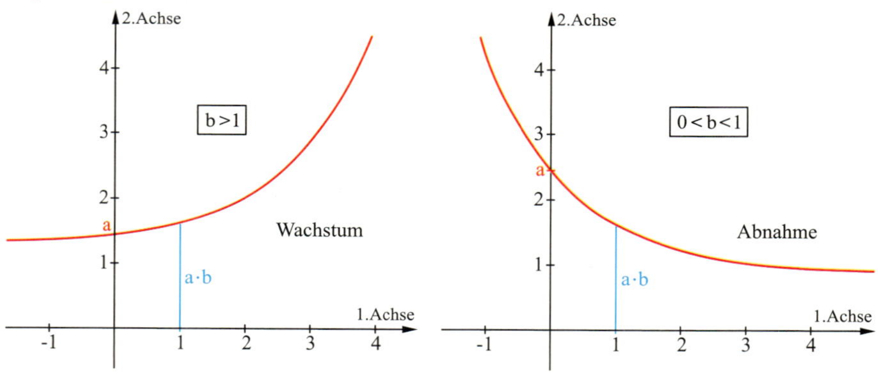

Übungsaufgaben

2.
Warum fordert man bei der Definition der Exponentialfunktion, dass die Basis positiv sein muss? Warum schließt man den Fall $b = 1$ aus?

3.
Eine Hefekultur (Masse in g) wachse so, dass sich der Bestand jede Stunde verandertHalbfacht. Am Anfang sind 3 g [10,5 g] vorhanden. Bestimme die Zuordnungsvorschrift.
Wie viel g sind nach 1 Tag, nach 10 Tagen vorhanden?

4.
Ermittle die Zuordnungsvorschrift.

a) Ein Anfangsbestand von 30 vervierfacht sich alle 3 Tage.

b) Ein Anfangsbestand von 2 drittelt sich alle 5 Stunden.

c) Ein Anfangsbestand von 400 verringert sich jeweils in einem halben Jahr um 12%.

d) Ein Anfangsbestand von 32 vermehrt sich jeweils in 3 Sekunden um 5%.

e) Ein Anfangsbestand von a vermehrt sich alle r Jahre auf das e-fache.

5.
Zeichne den Graphen von **a)** $x \mapsto \frac{1}{3} \cdot 5^x$ **b)** $x \mapsto \frac{2}{3} \cdot 2^x$ **c)** $x \mapsto 3 \cdot \left(\frac{1}{2}\right)^x$
Gib Eigenschaften der Funktion an.

6.
Ordne jedem Funktionsterm den richtigen Graphen zu.

a) $2 \cdot 1{,}3^x$

b) $3 \cdot 1{,}5^x$

c) $3 \cdot \left(\frac{2}{3}\right)^x$

d) $2 \cdot 1{,}7^x$

e) $3 \cdot 0{,}8^x$

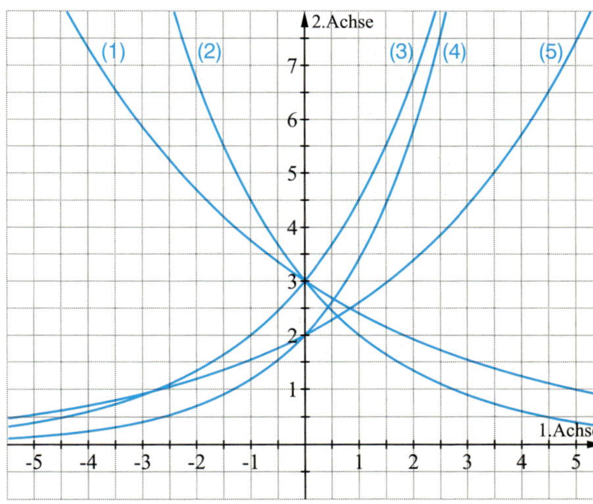

7.

a) Kristina und Svenja diskutieren, durch wie viele Punkte der Graph einer Exponentialfunktion festgelegt ist. Kristina meint: Bei linearen Funktionen reichten zwei Punkte. Für die beiden Parameter m und b in der Gleichung $y = m \cdot x + b$ erhalte ich zwei Gleichungen, indem ich die Koordinaten der beiden Punkte für x und y einsetze. Da bei $y = a \cdot b^x$ auch nur zwei Parameter a und b vorkommen, reichen auch hier zwei Punkte aus.
Erläutere die Rechnung rechts für die beiden Punkte P(1 | 0,8) und Q(4 | 12,5).

P(1 | 0,8) und Q(4 | 12,5)
$y = a \cdot b^x$

$$\left.\begin{array}{r} 0{,}8 = a \cdot b^1 \\ 12{,}5 = a \cdot b^4 \end{array}\right\} :$$

$$15{,}625 = b^3$$
$$2{,}5 = b$$

$$0{,}8 = a \cdot 2{,}5^1$$
$$0{,}32 = a$$

$$y = 0{,}32 \cdot 2{,}5^x$$

b) Svenja sagt: Ich kann die formale Rechnung auch mithilfe der Grundeigenschaft der Exponentialfunktionen nachweisen:
x wächst um 3, y multipliziert sich mit 12,5 : 0,8 = 15,625. Also muss pro Einheit für x der Wachstumsfaktor ... Führe die Rechnung zu Ende aus.

c) Luise meint: „Eure Rechnung kann man aber nicht immer ausführen." Erläutere.

Potenzgesetz verwenden

8.
Beweise die Haupteigenschaft von Exponentialfunktionen (vgl. S. 81 oben).

9.

Der Graph der Exponentialfunktion mit $x \mapsto a \cdot b^x$ geht durch die Punkte P und Q. Bestimme die Funktionsgleichung.

a) $P(1 | 6)$, $Q(2 | 18)$
b) $P(-1 | 0{,}3)$, $Q(2 | 37{,}5)$
c) $P(4 | 12{,}5)$, $Q(1 | 0{,}8)$
d) $P\left(\frac{1}{3} | 3\right)$, $Q(2 | 18)$
e) $P(0 | 6)$, $Q(1 | 30)$
f) $P(1 | 0{,}5)$, $Q(3 | 3{,}13)$
g) $P(-2 | 40)$, $Q(-4 | 160)$
h) $P(-1 | 0{,}75)$, $Q(0{,}5 | 6)$
i) $P(0 | r)$, $Q(1 | t)$
j) $P(0 | r)$, $Q(t | 1)$
k) $P(0 | r)$, $Q(s | t)$
l) $P(x_1 | y_1)$, $Q(x_2 | y_2)$

10.

Die Tabelle enthält die Bevölkerungszahlen (in Tausend) von 1990 und 1995 für verschiedene Länder und eine Prognose für das Jahr 2020.

Nimm an, dass zwischen 1990 und 1995 exponentielles Wachstum zugrunde liegt.

Jahr	1990	1999	2020
Brasilien	149 042	161 191	197 950
Deutschland	79 479	81 378	73 523
Indien	846 191	931 044	1 328 565
Mexiko	84 486	91 290	1 377 717
USA	249 975	260 479	329 337

a) Welches Land hat den größten [den kleinsten] prozentualen Zuwachs pro Jahr?

b) Überprüfe, ob bei der Prognose für das Jahr 2020 in den Ländern das exponentielle Wachstum beibehalten wurde.

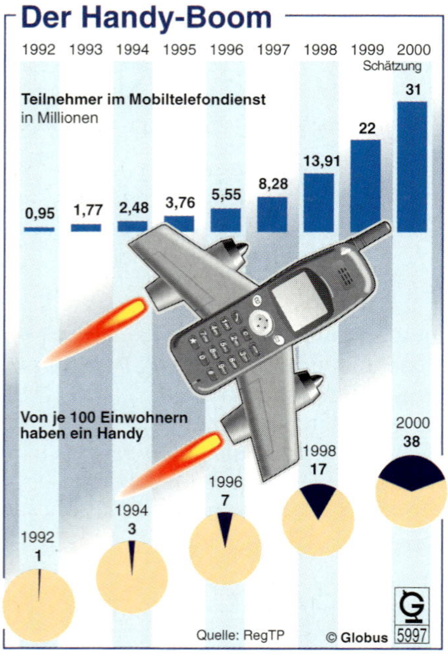

11.

a) Untersuche, ob man die Entwicklung der Anzahl der Mobilfunkteilnehmer von 1992 bis 1999 näherungsweise durch eine Exponentialfunktion beschreiben kann.

b) Passt die Schätzung zu der Lösung von a)?

c) Welche Information kann man den Kreisdiagrammen entnehmen?

12.

Gegeben sind die Graphen einer linearen Funktion und einer Exponentialfunktion. Ermittle die beiden Funktionsgleichungen.

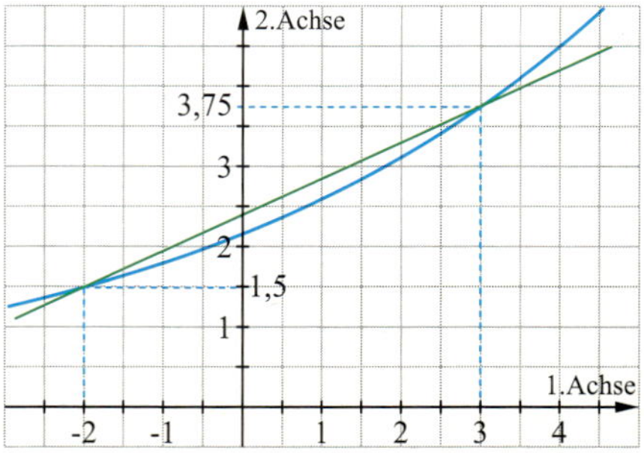

1.6.2 Logarithmusfunktion als Umkehrung der Exponentialfunktion

Aufgabe 1 *Logarithmus – Lösen von Exponentialgleichungen*

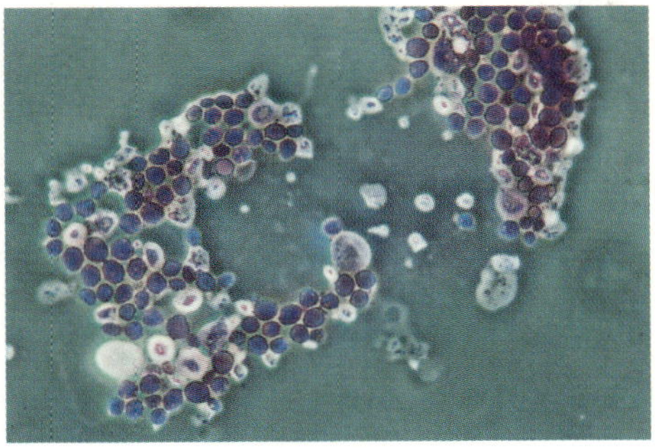

a) Das Wachstum einer Hefekultur werde durch die Exponentialfunktion mit $y = 0{,}8 \cdot 3^x$ beschrieben. Hierbei ist x = Zeitdauer des Wachstumsvorgangs (in h); y = Masse der Kultur (in g).
Wann sind
(1) 7,2 g; (2) 10,0 g erreicht?
Beachte: Die erste Frage kann man ohne Taschenrechner beantworten.

b) Bestimme die Lösung x der Gleichung
$8 \cdot 3^{2x} = 32 \cdot 5^{x-1}$

c) Bestimme r: (1) $\log_5 \frac{1}{25} = r$; (2) $\log_r 64 = 3$; (3) $\log_2 r = 5$

Lösung **a)** Zu bestimmen ist die Lösung x der Gleichung:

(1)
$$0{,}8 \cdot 3^x = 7{,}2 \quad | :0{,}8$$
$$3^x = 9$$
$$x = \log_3 9$$
$$x = 2, \quad \text{denn } 3^2 = 9$$

Gesucht ist der Exponent x. Siehe Definition 11.

(2)
$$0{,}8 \cdot 3^x = 10{,}0 \quad | :0{,}8$$
$$3^x = 12{,}5$$
$$x \cdot \lg 3 = \lg 12{,}5$$
$$x = \frac{\lg 12{,}5}{\lg 3}$$
$$x \approx 2{,}3$$

Logarithmieren auf beiden Seiten und Anwenden des Logarithmusgesetzes (3) von Seite 86.

Ergebnis: 7,2 g werden nach 2 Stunden und 10,0 g nach ca. 2,3 Stunden erreicht.

b)
$$8 \cdot 3^{2x} = 32 \cdot 5^{x-1} \quad | :8$$
$$3^{2x} = 4 \cdot 5^x \cdot 5^{-1} \quad | :5^x$$
$$\frac{(3^2)^x}{5^x} = 0{,}8$$
$$\left(\frac{9}{5}\right)^x = 0{,}8$$
$$1{,}8^x = 0{,}8$$
$$x \cdot \lg 1{,}8 = \lg 0{,}8$$
$$x = \frac{\lg 0{,}8}{\lg 1{,}8} \approx -0{,}38$$

Anwenden eines Potenzgesetzes

$\lg z = \log_{10} z$

c) Wenn man die Gleichungen in die exponentielle Schreibweise umschreibt, kann man die Lösung r leichter gewinnen.

(1) $\log_5 \frac{1}{25} = r$; d.h. $5^r = \frac{1}{25}$, also $r = -2$

(2) $\log_r 64 = 3$; d.h. $r^3 = 64$, also $r = 4$

(3) $\log_2 r = 5$; d.h. $2^5 = r$, also $r = 32$

siehe Definition 11

Information **(1) Wiederholung: Logarithmen**

Definition 11

Gegeben sind zwei Zahlen y mit $y > 0$ und b mit $b > 0$, $b \neq 1$.
Unter dem Logarithmus von y zur Basis b versteht man diejenige Zahl x, mit der man b potenzieren muss, um y zu erhalten.

$\log_b y = x$ bedeutet dasselbe wie $b^x = y$.

Logarithmieren ist eine Umkehrung des Potenzierens.

Beispiele: $\log_2 32 = 5$, denn $2^5 = 32$
$\log_3 81 = 4$, denn $3^4 = 81$
$\log_{10} 1\text{ Mio.} = 6$, denn $10^6 = 1\,000\,000 = 1\text{ Mio.}$

zum Beweis siehe Aufgabe 3a

Auf dem Taschenrechner gibt es eine LOG-Taste. Sie liefert Näherungswerte für Logarithmen zur Basis 10. Wir bezeichnen solche Logarithmen mit dem Symbol lg.
Für Logarithmen zu anderen Basen b gilt die Beziehung $\log_y = \frac{\lg y}{\lg b}$ $(y, b > 0; b \neq 1)$

(2) Logarithmengesetze

Zu jedem Potenzgesetz gibt es entsprechend auch ein Logarithmengesetz.

Satz 14:

(1) $\log_b(x \cdot y) = \log_b x + \log_b y$,

(2) $\log_b\left(\frac{x}{y}\right) = \log_b x - \log_b y$

(3) $\log_b x^r = r \cdot \log_b x$

(für $b, x, y > 0, b \neq 1; r \in \mathbb{R}$)

Beispiele: $\log_2(8 \cdot 4) = \log_x 8 + \log_2 4$; $\log_2\left(\frac{32}{16}\right) = \log_2 32 - \log_2 16$; $\log_2 8^3 = 3 \cdot \log_2 8$

Aufgabe 2 *Die Logarithmusfunktion $x \mapsto \log_2 x$*

a) Zeichne den Graphen der Logarithmusfunktion zur Basis 2: $x \mapsto \log_2 x$ mit $x > 0$.
Benutze zur Berechnung der Funktionswerte: $\log_2 x = \frac{\lg x}{\lg 2}$ (vgl. Aufgabe 3 a).

b) Gib Eigenschaften des Graphen an.

c) Zeichne in dasselbe Koordinatensystem den Graphen der Exponentialfunktion zur Basis 2: $x \mapsto 2^x$; $x \in \mathbb{R}$. Wie hängen die beiden Graphen zusammen?

Lösung

a)

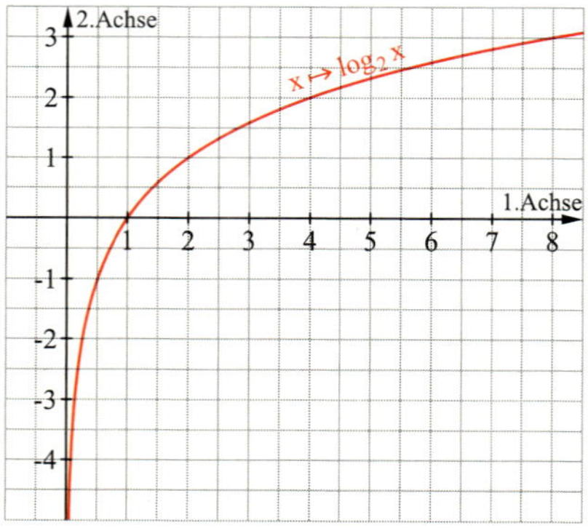

b) Der Graph geht bergauf: *die Funktion ist streng monoton wachsend.*
Der Graph verläuft im 4. und 1. Quadranten.
Jede reelle Zahl kommt als Funktionswert vor.
Der Graph schmiegt sich dem negativen Teil der 2. Achse an.
Die 2. Achse ist eine Asymptote des Graphen.

c)

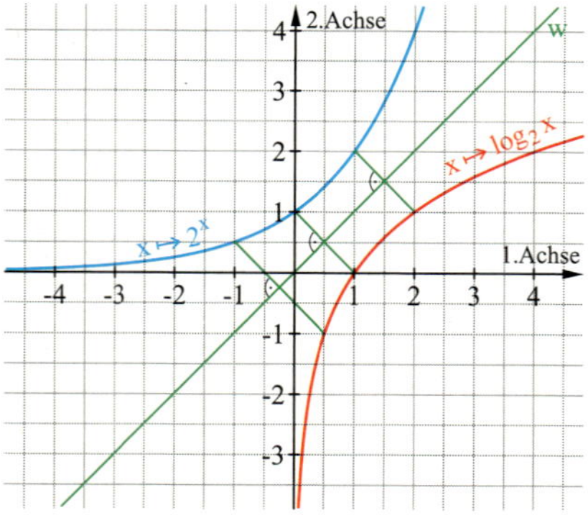

Der Graph der Logarithmusfunktion $x \mapsto \log_2 x$ geht aus dem Graphen der Exponentialfunktion $x \mapsto 2^x$ durch Spiegeln an der Hauptwinkelhalbierenden w hervor.
Die Logarithmusfunktion $x \mapsto \log_2 x$ ist die *Umkehrfunktion* der Exponentialfunktion $x \mapsto 2^x$.
Beachte: Vertauscht man die Spalten der Wertetabelle von $x \mapsto 2^x$, so erhält man eine Wertetabelle von $x \mapsto \log_2 x$.

Weiterführende Aufgaben

3.

a) Beweise die Formel $\log_b y = \frac{\lg y}{\lg b}$ (für $y, b > 0, b \neq 1$) siehe Information (1)

Anleitung: Setze $\log_b y = r$, $\lg b = s$. Schreibe als Potenz, setze ein und wende ein Potenzgesetz an.

b) Beweise entsprechend: $\log_x y \cdot \log_y z = \log_x z$ *y kürzt sich links vom Gleichheitszeichen heraus.*

c) Beweise die Logarithmengesetze. *siehe Information (2)*

4. *Die Logarithmusfunktion* $x \mapsto \log_{\frac{1}{2}} x$

Zeichne die Graphen von $x \mapsto \log_{\frac{1}{2}} x$ und $x \mapsto \log_2 x$ in ein gemeinsames Koordinatensystem. Wie hängen die beiden Graphen zusammen? Begründe.

Information **(3) Logarithmusfunktionen**

In der Aufgabe 2 hast du gesehen, wie man den Graphen der Umkehrfunktion $y = \log_2 x$ aus den Graphen der Funktion $y = 2^x$ durch Spiegeln an der Winkelhalbierenden erhalten kann. Da es zwei Typen von Exponentialfunktionen gibt, gibt es auch zwei verschiedene Typen bei den Logarithmusfunktionen.
Ist die Basis $b > 1$, so ist die Funktion von $x \mapsto \log_b x$ monoton wachsend (Der Graph geht bergauf), für $0 < b < 1$ ist die Funktion monoton fallend (Der Graph geht bergab).

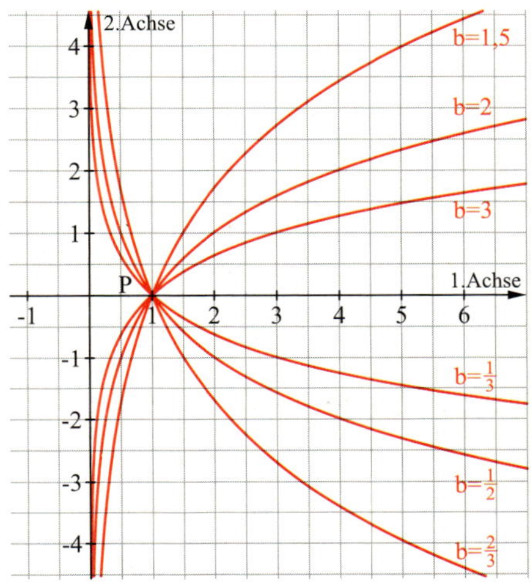

(4) Ermitteln der Funktionsgleichung bei Umkehrfunktionen

Bei Umkehrfunktionen wird die Zuordnungsvorschrift $x \mapsto y$ umgekehrt: $y \mapsto x$. Will man den Funktionsterm für die Umkehrzuordnung erhalten, muss man zwei Aufträge ausführen:

(1) In der Ausgangsfunktionsgleichung $y = f(x)$ die Variablen x und y vertauschen.
(2) Nach y auflösen.

Beispiel:

$y = 2 \cdot 3^x$ *x und y vertauschen*

$x = 2 \cdot 3^y$ *nach y auflösen*

$\frac{x}{2} = 3^y$

$y = \log_3 \frac{x}{2}$

Beachte: Vertauscht man die Spalten in der Wertetabelle einer Funktion, so erhält man eine Wertetabelle der Umkehrfunktion.

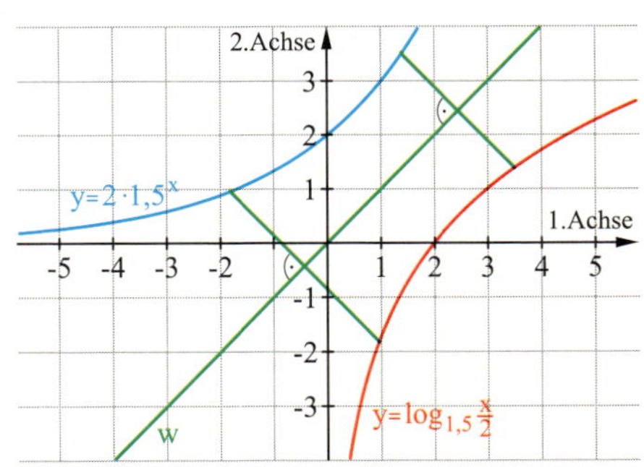

Will man den Funktionsterm der Umkehrfunktion ermitteln, muss man in der Funktionsgleichung der Ausgangsfunktion x und y vertauschen und dann nach y auflösen.

Wenn bei der 1. und bei der 2. Achse die gleichen Einheiten gewählt werden, erhält man den Graphen der Umkehrfunktion durch Spiegeln des Originalgraphen an der Winkelhalbierenden des 1. Quadranten.

Übungsaufgaben

5.
Bestimme x im Kopf.

a) $6 \cdot 3^x = 54$ **b)** $5 \cdot 0{,}2^x = 0{,}2$ **c)** $19{,}2 = 0{,}3 \cdot 4^x$ **d)** $20 \cdot 2^x - 500 = 780$

6.
Bestimme die Lösung der Gleichung auf 2 Stellen nach dem Komma genau.

a) $5^x = 12$ **c)** $2 \cdot 4^{x-2} = 20$ **e)** $3 \cdot 2{,}5^{2x-1} = 8{,}5$ **g)** $5 \cdot 6^{2x} = 6 \cdot 5^{2x}$
b) $16^x = 52$ **d)** $3 \cdot 5^y = 27$ **f)** $3 + 4 \cdot 2^{x-1} = 4{,}9$ **h)** $22 \cdot 3^{x-3} = 9 \cdot 5^{3+x}$

7.
Ermittle die fehlende Zahl:

a) $\log_2 16 = x$ **c)** $\log_4 y = \frac{1}{2}$ **e)** $\lg 0{,}001 = e$ **g)** $\log_4 y = \frac{2}{3}$
b) $\log_b 8 = 3$ **d)** $\lg x = 3$ **f)** $\log_x 1\,024 = 5$ **h)** $\log_{0{,}4} x = -1$

8.
Wende Logarithmengesetze an:

a) $\log_b \frac{x \cdot y}{z}$ **d)** $\log_b \sqrt[n]{a}$ **g)** $\log_c \frac{1}{\sqrt[3]{z^5}}$ **j)** $\lg 8 + \lg 5 + \lg 25$
b) $\log_r a^{-2}$ **e)** $\log_b \frac{1}{x \cdot y^2}$ **h)** $3 \log_b a + \frac{1}{2} \log_b c$ **k)** $\log_3 4 + \log_3 \frac{2}{3} + \log_3 \frac{1}{8}$
c) $\lg \frac{1\,000}{x}$ **f)** $\lg \sqrt[10]{100}$ **i)** $\lg(a^2 - b^2) - \lg(a + b)$ **l)** $\log_4(16 \cdot a^4)$

9.

Denke z. B. an einen radioaktiven Zerfallsprozess.

a) Bei exponentiellen Zerfallsprozessen $x \mapsto a \cdot b^x$ mit $0 < b < 1$ ist die *Halbwertzeit* h diejenige Zeitspanne, innerhalb derer ein Bestand auf die Hälfte zurückgeht.
Erläutere die Rechnung rechts.

b) Berechne die Halbwertzeit:
(1) $x \mapsto I \cdot \left(\frac{1}{8}\right)^x$
(2) $x \mapsto 10 \cdot 0{,}7^x$
(3) Basis: $\frac{3}{5}$
(4) prozentuale Abnahmerate: 6 % pro Tag
(5) Abnahmefaktor: 0,65 pro Stunde; Anfangsbestand: a

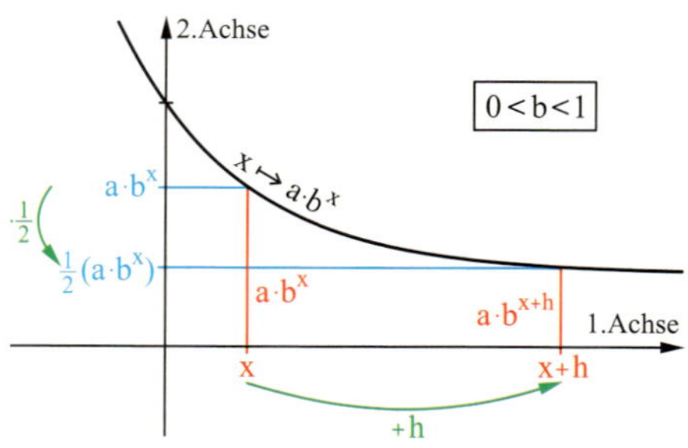

$\frac{1}{2} \cdot a \cdot b^x = a \cdot b^{x-h} \quad | : (a \cdot b^x)$
$0{,}5 = b^h$
$h = \log_b 0{,}5$
$h = \frac{\lg 0{,}5}{\lg b}$

10.

a) Ein radioaktives Präparat zerfällt so, dass die vorhandene Substanz nach jeweils 5 Tagen auf ein Drittel zurückgeht. Zu Beginn der Messung sind 12 mg vorhanden. Welche Funktion liegt dem Zerfallsprozess zugrunde? Wie groß ist die Halbwertzeit?

b) Ein radioaktives Präparat zerfällt so, dass es jeweils in 6 Stunden um 15 % abnimmt. Ermittle die Halbwertzeit.

11.
Auf einem Acker werden zur Unkrautvernichtung 270 kg eines Unkrautvertilgungsmittels aufgebracht. Der Bestand des Mittels verringert sich wöchentlich um 18%. Nach wie vielen Wochen ist davon nur noch die Hälfte [ein Viertel] auf dem Acker?

12.
In welchem Punkt schneiden sich die Graphen der Exponentialfunktionen?

a) $x \mapsto 80 \cdot 2^x$ und $x \mapsto 5 \cdot 4^x$

b) $x \mapsto \left(\frac{1}{9}\right)^x$ und $x \mapsto 81 \cdot 3^{-x}$

c) $x \mapsto 5 \cdot 2^x$ und $x \mapsto 6 \cdot 0{,}3^x$

d) $x \mapsto 3 \cdot 2^{-x}$ und $x \mapsto 6 \cdot \left(\frac{8}{5}\right)^x$

13.
Bestimme die Koordinaten des Schnittpunktes auf zwei Dezimale genau. Beides sind Graphen von Exponentialfunktionen.

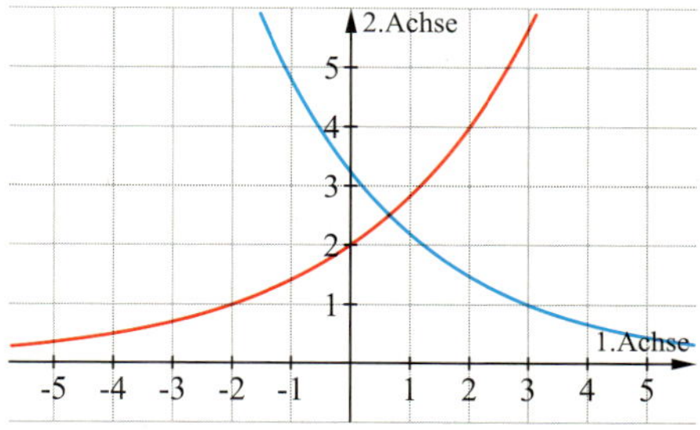

14.

a) Wann wird bei Annahme gleich bleibender Wachstumsrate die Bevölkerung von Afrika die von Asien und Ozeanien übertroffen haben?

b) Wann wird bei Annahme gleich bleibender Wachstumsraten die Bevölkerung von Lateinamerika die von Asien und Ozeanien übertroffen haben?

	Bevölkerung 1991	*Jährliche Wachstumsrate*
Afrika	631 000 000	2,9%
Asien und Ozeanien	3 073 000 000	1,9%
Lateinamerika	497 000 000	2,7%

15.
Im Jahre 1997 lebten auf der Erde ungefähr 5,85 Milliarden Menschen. Die Wachstumsrate beträgt etwa 1,4% jährlich. Die Größe der gesamten Erdoberfläche (also einschließlich der Meere, der Wüsten, der Polarregionen und der Gebirge) beträgt 150 000 Milliarden m². In welchem Jahr wird – gleiche Wachstumsrate vorausgesetzt – für jeden Menschen weniger als 1 m² zur Verfügung stehen? Ist die Annahme einer Wachstumsrate überhaupt gerechtfertigt? Wie wird sich die Wachstumsrate der Erdbevölkerung in der Zukunft ungefähr entwickeln?

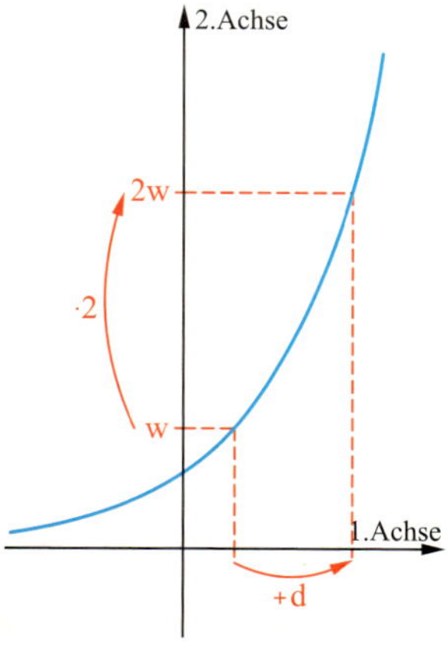

16.

a) Ermittle eine Formel für die Verdopplungszeit d (ähnlich wie in Aufgabe 9 auf Seite 88 für die Halbwertzeit h).

b) Bestimme die Verdopplungszeiten für die exponentiellen Prozesse, die durch die folgenden Vorschriften gegeben sind.
(1) $x \mapsto 4 \cdot 3^x$ (2) $x \mapsto 0{,}6 \cdot 2{,}5^x$ (3) Basis: $\frac{8}{3}$
(4) Anfangsbestand: 9;
prozentuale Wachstumsrate: 12% pro Monat
(5) Anfangsbestand: a; Wachstumsfaktor: 1,025 pro Jahr

c) Eine Bakteriensorte vermehrt sich so, dass sie sich alle 4 Tage verdreifacht. Zu Beginn seien 8 Bakterien vorhanden. Welche Funktion liegt diesem Prozess zugrunde? Wie groß ist die Verdopplungszeit?

17.
Zeichne im Intervall $0{,}5 \leq x \leq 10$ den Graphen von

a) $x \mapsto \log_{1{,}6} x$ **b)** $x \mapsto \log_{2{,}5} x$ **c)** $x \mapsto \lg x$ **d)** $x \mapsto \log_{0{,}3} x$

durch Spiegelung des Graphen der entsprechenden Exponentialfunktion.

18.
a) Begründe: Die Logarithmusfunktion $x \mapsto \log_2 x$ wächst unbegrenzt.

b) An welcher Stelle erreicht die Funktion $x \mapsto \log_2 x$ den Funktionswert 10 [50]?

19.
Ordne jedem Graphen einen (oder mehrere) korrekte Funktionsterme zu.

a) $\log_2 x$ **f)** $\log_3(x-2)$

b) $\log_{20} x$ **g)** $-\log_2 x$

c) $\log_2(x-3)$ **h)** $\log_{1{,}26} x$

d) $\log_2(x+3)$ **i)** $\log_{0{,}5} x$

e) $3 \cdot \log_2 x$

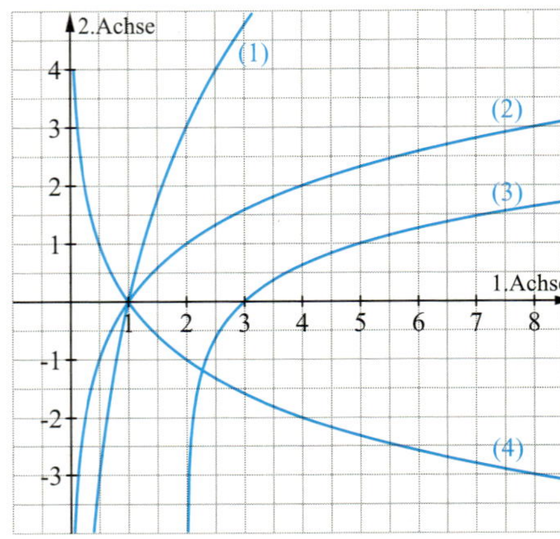

20.
Bestimme diejenige Logarithmusfunktion $x \mapsto \log_b x$ mit $b > 0$, $b \neq 1$ deren Graph durch den Punkt P verläuft:

a) $P(8\,|\,3)$ **c)** $P(0{,}5\,|\,-1)$ **e)** $P(1\,|\,0)$

b) $P(3\,|\,8)$ **d)** $P\left(\frac{1}{3}\,\middle|\,3\right)$ **f)** $P(0{,}1\,|\,-6)$

21.
Bestimme jeweils die Umkehrfunktion. Zeichne beide Graphen in ein gemeinsames Koordinatensystem mit gleichen Einheiten auf beiden Achsen.

a) $y = 3 \cdot 1{,}2^x$ **b)** $y = 2 \cdot 0{,}8^x$ **c)** $y = 0{,}4 \cdot 0{,}6^x$

22.
In der Tabelle sind ASA-Werte und DIN-Werte für die Lichtempfindlichkeit von Filmen notiert.

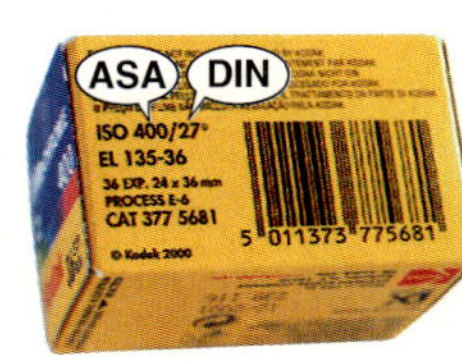

ASA	50	100	200	400	1 000
DIN	18	21	24	27	31

Was entspricht bei DIN einer Verdoppelung des ASA-Wertes?
Die Zuordnung *ASA* → *DIN* kann näherungsweise durch die Funktionsgleichung $\mathrm{DIN} = 1 + c \cdot \lg \mathrm{ASA}$ beschrieben werden. Ermittle c.
Bestimme die Funktionsgleichung der Umkehrzuordnung *DIN* → *ASA*.

23.
$\sqrt{a \cdot b}$ nennt man das geometrische Mittel, $\frac{1}{2}(a+b)$ das arithmetische Mittel der Zahlen a und b.

a) Zeige: Der Logarithmuswert des geometrischen Mittels zweier Zahlen ist das arithmetische Mittel ihrer Logarithmen.

b) Gibt es auch eine ähnliche Regel für mehr als zwei Zahlen?

1.6.3 Geometrische Folgen

vergl. auch Seite 110

Im April 1986 wurde beim Brand eines Atomreaktors in Tschernobyl (nördlich von Kiew in der Ukraine) das bei der Atomspaltung entstehende radioaktive Isotop Jod 131 in die Luft geschleudert. Es wurde vom Wind verweht und hat sich dann in ganz Europa in geringen Mengen auf der Erdoberfläche abgelagert. Wegen der Radioaktivität zerfällt es von einem auf den anderen Tag auf 90,5% der Masse, die am Vortag vorhanden war.
Wir nehmen einmal an, auf einem Areal seien 1000 mg niedergegangen.
Dann gilt: $a_1 = 1000$; $a_2 = 905$ usw.

Aufgabe 1

a) Wie lautet die Rekursionsgleichung zur Berechnung von a_{n+1} aus a_n?

b) Wie lautet die explizite Vorgabe der Folge?

Lösung

a) Jedes nachfolgende Glied ist 90,5%, also das 0,905fache des vorhergehenden:

$$a_1 \xrightarrow{\cdot 0{,}905} a_2 \xrightarrow{\cdot 0{,}905} a_3 \xrightarrow{\cdot 0{,}905} a_4 \xrightarrow{\cdot 0{,}905} \dots \xrightarrow{\cdot 0{,}905} a_n \xrightarrow{\cdot 0{,}905} a_{n+1} \dots$$

Daraus gewinnt man die Rekursionsgleichung: $a_{n+1} = 0{,}905 \cdot a_n$

b) Wir erkennen die explizite Angabe für a_n, indem wir die Werte der einzelnen Glieder unausgerechnet lassen:

$$1000 \xrightarrow{\cdot 0{,}905} 1000 \cdot 0{,}905 \xrightarrow{\cdot 0{,}905} 1000 \cdot 0{,}905^2 \xrightarrow{\cdot 0{,}905} 1000 \cdot 0{,}905^3 \dots$$

Somit gilt: $a_1 = 1000$; $a_2 = 1000 \cdot 0{,}905$; $a_3 = 1000 \cdot 0{,}905^2$; $a_4 = 1000 \cdot 0{,}905^3$; …
Daraus erkennt man: $a_n = 1000 \cdot 0{,}905^{n-1}$

Information

(1) Definition einer geometrischen Folge

Bei dem Beispiel oben galt: $a_{n+1} = a_n \cdot 0{,}905$.
Es liegt ein Spezialfall einer *geometrischen Folge* vor. Für eine geometrische Folge gilt allgemein: $a_{n+1} = a_n \cdot q$ (mit $q \neq 0$ und $a_1 \neq 0$)
Bei einer geometrischen Folge erhält man jedes Glied aus dem vorhergehenden durch Multiplikation mit einer (von null verschiedenen) konstanten Zahl q. Die Zahl q heißt auch *konstanter Quotient*, weil $\frac{a_{n+1}}{a_n} = q$.

> **Definition 12**
> Eine Folge $\langle a_n \rangle$ heißt **geometrische Folge,** falls gilt: $a_{n+1} = a_n \cdot q$ mit $a_1 \neq 0$ und $q \neq 0$.

(2) Explizite Vorgabe einer geometrischen Folge

Es ist leicht möglich, die einzelnen Glieder einer geometrischen Folge anzugeben:

$$a_1 \xrightarrow{\cdot q} \underbrace{a_1 \cdot q}_{a_2} \xrightarrow{\cdot q} \underbrace{a_1 \cdot q^2}_{a_3} \xrightarrow{\cdot q} \underbrace{a_1 \cdot q^3}_{a_4} \xrightarrow{\cdot q} \underbrace{a_1 \cdot q^4}_{a_5} \dots$$

Das allgemeine Glied einer geometrischen Folge lautet also: $a_n = a_1 \cdot q^{n-1}$
Ist umgekehrt eine Folge explizit durch $a_n = a_1 \cdot q^{n-1}$ ($a_1 \neq 0$, $q \neq 0$) vorgegeben, so ist dies eine geometrische Folge. Es gilt nämlich: $a_{n+1} = a_1 \cdot q^n = a_1 \cdot q^{n-1} \cdot q = a_n \cdot q$
Zusammenfassend erhalten wir:

> **Satz 15**
> Eine Folge ist genau dann eine geometrische Folge, wenn für das allgemeine Glied a_n gilt: $a_n = a_1 \cdot q^{n-1}$ (mit $a_1 \neq 0$, $q \neq 0$)

Weiterführende Aufgabe

2. *Zusammenhang zwischen geometrischen Folgen und Exponentialfunktionen*

Eine Funktion f mit $f(x) = a \cdot b^x$ $(a \neq 0;\ b > 0;\ b \neq 1)$ heißt *Exponentialfunktion*; a heißt Anfangswert, b Basis der Exponentialfunktion.

a) Zeige: Jede geometrische Folge $\langle a_n \rangle$ mit $a_n = a_1 \cdot q^{n-1}$ und $q > 0$, $q \neq 1$ ist eine Exponentialfunktion mit $\mathbb{N}^*$ als Definitionsbereich.
Wie groß sind Anfangswert q und Basis b?

b) Zeige auch die Umkehrung: Jede Exponentialfunktion mit $\mathbb{N}^*$ als Definitionsbereich ist eine geometrische Folge.
Wie groß sind das Anfangsglied a_1 und der konstante Quotient q?

Übungsaufgaben

3.

a) Stelle die geometrischen Folgen auf der Zahlengeraden dar.
(1) $a_1 = 1;\ q = 2{,}5$ (2) $a_1 = 100;\ q = 0{,}5$ (3) $a_1 = 10;\ q = -2$ (4) $a_1 = 100;\ q = -\frac{1}{4}$

b) Für welche Werte von q streben die Glieder der geometrischen Folge $\langle a_n \rangle$ mit $a_n = q^{n-1}$ gegen eine feste Zahl? Wie heißt die Zahl?

4.

Notiere die ersten 5 Glieder der geometrischen Folge. Gib auch das 10. [100.] Glied an.

a) $a_1 = 6;\ q = 3$ **d)** $a_1 = 1000;\ q = -\frac{1}{2}$ **g)** $a_1 = -6;\ q = 3$

b) $a_1 = 200;\ q = 0{,}1$ **e)** $a_1 = 4;\ q = \frac{3}{4}$ **h)** $a_1 = 5;\ q = -0{,}4$

c) $a_1 = 200;\ q = 1{,}5$ **f)** $a_1 = 4;\ q = -1$ **i)** $a_1 = -2;\ q = -0{,}01$

5.

Von einer geometrischen Folge sind drei der vier Werte a_1, q, n, a_n bekannt.
Bestimme den fehlenden Wert:

a) $a_1 = 125;\ n = 5;\ a_n = 0{,}2$ **b)** $q = 12{,}5;\ n = 4;\ a_n = 15{,}625$ **c)** $a_1 = -81;\ q = -\frac{1}{3};\ a_n = -1$

6.

Ein Pendel werde 20 cm [1,25 m] nach rechts aus seiner Ruhelage entfernt und dann losgelassen.
Wähle die Amplituden (maximale Ausschläge) nach links negativ und nach rechts positiv.
Der Betrag einer Amplitude sei 80% des Betrages der vorhergehenden Amplitude.
Berechne die ersten 5 Glieder, gib die Zuordnungsvorschrift an und zeichne den Graphen.

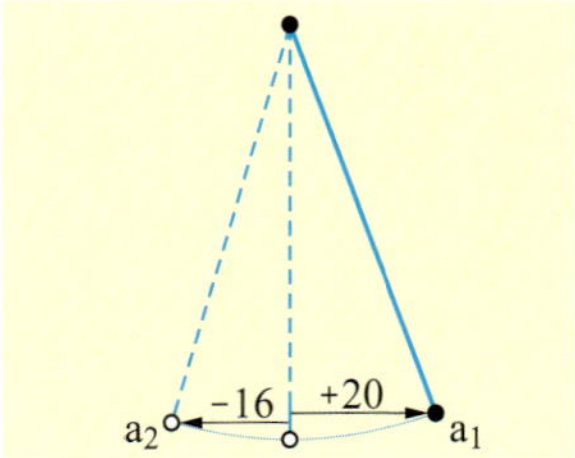

7.

Das Wasser in einem U-Rohr wird um 30 cm [45 cm] aus dem Gleichgewicht gebracht. Es führt danach Schwingungen aus, deren Amplituden eine Folge bilden.
Wähle die Amplituden unterhalb der Gleichgewichtslage negativ und oberhalb positiv. Der Betrag einer Amplitude betrage angenähert 40% der vorhergehenden Amplitude. Gib eine Zuordnungsvorschrift an.

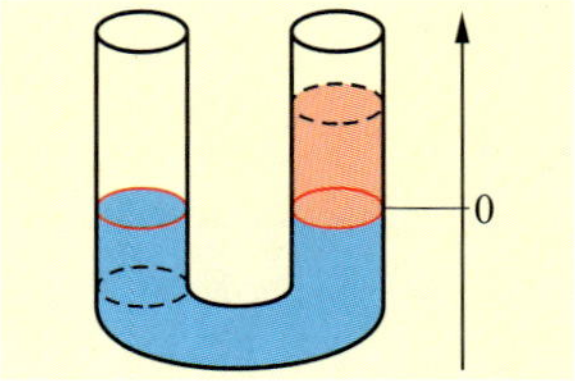

8.

Zeichne in ein gleichseitiges Dreieck mit 12 cm Seitenlänge ein zweites Dreieck durch Verbinden der Seitenmitten. Zeichne ein drittes Dreieck durch Verbinden der Seitenmitten des zweiten. Fahre so fort.
Notiere die ersten 5 Glieder der Folge

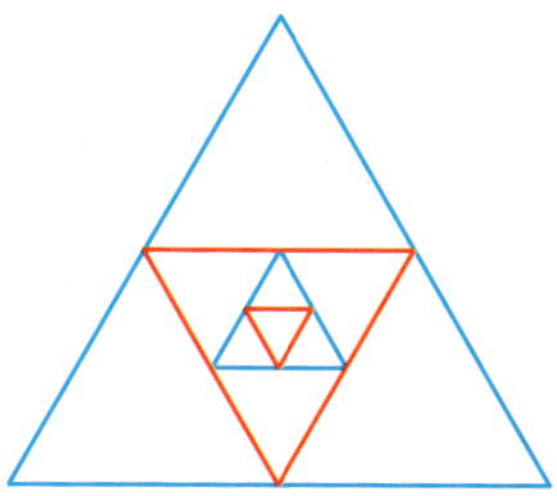

a) der Seitenlängen dieser Dreiecke;

b) der Umfänge dieser Dreiecke;

c) der Flächeninhalte dieser Dreiecke.

GTR **9.**

a) Ein Kapital von 5 000 € [2 500 €] wird zu Beginn des Jahres auf ein Sparkonto eingezahlt. Der Zinssatz beträgt 5,25 % [3,5 %]. Die Zinsen werden am Jahresende dem Kapital zugeschlagen. Zeige: Die Kontostände zu Beginn der einzelnen Jahre bilden eine geometrische Folge. Nach wie vielen Jahren hat sich das Kapital verdoppelt?

b) Ein Kapital von 1 000 € befindet sich zu einem festen Zinssatz von 4 % auf einem Sparkonto. Die Zinsen werden jährlich dem Kapital zugeschlagen.
K_n sei das Kapital zu Beginn des n-ten Jahres.
(1) Zeige, dass $\langle K_n \rangle$ eine geometrische Folge ist.
(2) Wie groß ist das Anfangsglied? (3) Wie groß ist der konstante Quotient q?
(4) Nach wie vielen Jahren hat sich das Kapital mehr als verdoppelt [verdreifacht]?

c) Ein Bestand (z. B. Geld; Bakterien; chemisches Gift im Boden usw.) wachse in einem bestimmten Zeittakt um p %. B_n sei der Bestand zu Beginn des n-ten Zeittaktes. Zeige, dass $\langle B_n \rangle$ eine geometrische Folge mit $q = 1 + \frac{p}{100}$ ist.

d) Ein Bestand (z. B. Vorrat; radioaktive Substanz; Substanz, die abgebaut wird, usw.) verringere sich in einem bestimmten Zeittakt um p %. B_n sei der Bestand zu Beginn des n-ten Zeittaktes. Zeige, dass $\langle B_n \rangle$ eine geometrische Folge mit $q = 1 - \frac{p}{100}$ ist.

10.

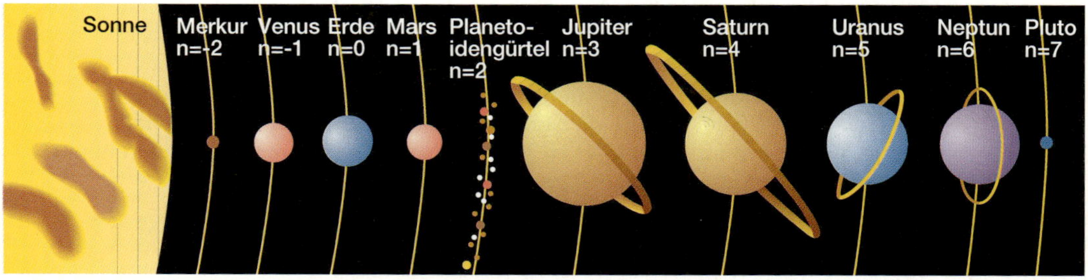

siehe auch Seite 6

Die Bahnen der Planeten um die Sonne sind nach dem 1. Kepler'schen Gesetz Ellipsen. Diese Ellipsen weichen allerdings nur sehr wenig von Kreisen ab. Man kann daher den einzelnen Planetenbahnen Bahnradien zuordnen. Diese Bahnradien der Planeten bilden eine geometrische Folge:
$a_n = a_0 \cdot k^n$ mit $a_0 = 1$ Astronomische Einheit (AE) $= 1{,}496 \cdot 10^{11}$ m und $k = 1{,}8$.
Die Werte des Exponenten n sind den einzelnen Planeten zugeordnet, sie laufen von $n = -2$ bis $n = 7$. Der Erde ist $n = 0$ zugeordnet.

a) Berechne die Bahnradien der einzelnen Planeten nach der Formel und vergleiche mit Lexikonangaben und mit den Angaben von Seite 6.

b) Es ist naheliegend, Merkur $n = 1$, Venus $n = 2$, Erde $n = 3$ usw. zuzuordnen.
Wie lautet jetzt die Formel? Liegt immer noch eine geometrische Folge vor?

1.6.4 Geometrische Reihen als Folgen

Einführung Ein Ball wird vom Boden aus bis zur Höhe 2,5 m hochgeworfen. Nach dem Auftippen erreicht er jeweils nur 70% der vorherigen Höhe.
Welchen Weg legt er bis zum 1., 2., 3., ..., n-ten Auftippen insgesamt zurück?
Bis zum 1. Auftippen beträgt die Weglänge 5 m. Wir schreiben kurz $a_1 = 5$.
Die Weglängen zwischen dem Auftippen des Balls bilden eine geometrische Folge mit $a_1 = 5$ und $q = \frac{70}{100} = 0{,}7$.

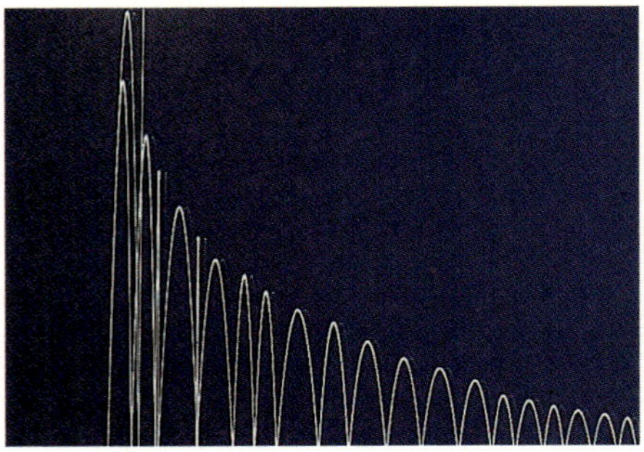

$a_1 = 5$
$a_2 = 5 \cdot 0{,}7$
$a_3 = 5 \cdot 0{,}7^2$
$a_4 = 5 \cdot 0{,}7^3$
$\vdots$

$s_1, s_2, s_3, s_4, \ldots$ sei die Länge des Weges bis zum 1., 2., 3., 4., ... Auftippen. Dann gilt:

$s_1 = a_1 = 5$

$s_2 = a_1 + a_2 = 5 + 5 \cdot 0{,}7 = 8{,}5$

$s_3 = a_1 + a_2 + a_3 = 5 + 5 \cdot 0{,}7 + 5 \cdot 0{,}7^2 = 10{,}95$

$s_4 = a_1 + a_2 + a_3 + a_4 = 5 + 5 \cdot 0{,}7 + 5 \cdot 0{,}7^2 + 5 \cdot 0{,}7^3 = 12{,}665$

$s_5 = a_1 + a_2 + a_3 + a_4 + a_5 = 5 + 5 \cdot 0{,}7 + 5 \cdot 0{,}7^2 + 5 \cdot 0{,}7^3 + 5 \cdot 0{,}7^4 = 13{,}8655$

$\vdots$

$s_n = a_1 + a_2 + a_3 + \ldots + a_n = 5 + 5 \cdot 0{,}7 + 5 \cdot 0{,}7^2 + \ldots + 5 \cdot 0{,}7^{n-1}$

Ergebnis: Bis zum 1. Auftippen legt der Ball 5 m, bis zum 2. Auftippen 8,50 m, bis zum 3. Auftippen 10,95 m, bis zum 4. Auftippen 12,67 m und bis zum 5. Auftippen 13,87 m zurück.

Information **(1) Geometrische Reihe**

Wir betrachten die einzelnen Summen $s_1, s_2, s_3, s_4, \ldots$ in der obigen Einführung.
Für jede dieser Summen gilt: Die einzelnen Summanden der Summe bilden eine geometrische Folge mit $a_1 = 5$ und $q = 0{,}7$. Die Folge $\langle s_n \rangle$ der Summen ist nennt man **Folge der Teilsummen** dieser geometrischen Folge.

Definition 13

Ist $a_1, a_2, a_3, a_4, \ldots, a_n, \ldots$ eine geometrische Folge, so entsteht die zu dieser Folge gehörende Folge $\langle s_n \rangle$ der Teilsummen durch Summenbildung:

$s_1 = a_1 \qquad = a_1$
$s_2 = a_1 + a_2 \qquad = a_1 + a_1 \cdot q^1$
$s_3 = a + a_2 + a_3 \qquad = a_1 + a_1 \cdot q^1 + a_1 \cdot q^2$
$\vdots$
$s_n = a_1 + a_2 + a_3 + \ldots + a_n = a_1 + a_1 \cdot q^1 + a_1 \cdot q^2 + \ldots + a_1 \cdot q^{n-1}$
$\vdots$

Für alle $n \in \mathbb{N}$ gilt: $s_{n+1} = s_n + a_1 \cdot q^n$ (Rekursionsgleichung)

Die Folge $\langle s_n \rangle$ heißt auch **geometrische Reihe.**

(2) Summenformel für die geometrische Reihe

Es war unbefriedigend, nicht in der Lage zu sein, für die Weglänge bis zum n-ten Auftippen des Balls eine allgemeine Formel, d. h. also, das allgemeine Glied s_n einer geometrischen Reihe explizit angeben zu können. Dieses kann man folgendermaßen für eine beliebige geometrische Reihe gewinnen:
Wir schreiben zunächst s_n als Summe und darunter die Summe für $s_n \cdot q$. Durch Subtraktion fallen dann alle Glieder bis auf a_1 und $a_1 \cdot q^n$ fort. Daraus kann man dann s_n berechnen:

$$s_n = a_1 + a_1 \cdot q + a_1 \cdot q^2 + a_1 \cdot q^3 + \ldots + a_1 \cdot q^{n-1}$$

$\cdot q$ $\cdot q$ $\cdot q$ $\cdot q$ $\cdot q$ $\cdot q$ $\cdot q$

$$s_n \cdot q = a_1 \cdot q + a_1 \cdot q^2 + a_1 \cdot q^3 + \ldots + a_1 \cdot q^{n-1} + a_1 \cdot q^n$$

$s_n - s_n \cdot q = a_1 - a_1 \cdot q^n$, also $s_n \cdot (1-q) = a_1 (1-q^n)$ und somit:

$s_n = \frac{a_1 \cdot (1-q^n)}{1-q}$ für $q \neq 1$

Satz 16

Eine geometrische Reihe sei gegeben durch das Anfangsglied a_1 und den konstanten Quotienten q. Dann gilt für das allgemeine Glied s_n:

$s_n = a_1 \cdot \frac{1-q^n}{1-q} = a_1 \cdot \frac{q^n - 1}{q-1}$ für $q \neq 1$ *wegen Division durch $1-q$*

(3) Beispiele für Anwendungen der Summenformel

Beispiel 1: Für die Weglänge des Balles bis zum n-ten Auftippen erhalten wir also:

$s_n = 5 + 5 \cdot 0{,}7 + 5 \cdot 0{,}7^2 + \ldots + 5 \cdot 0{,}7^{n-1} = 5 \cdot \frac{1-0{,}7^n}{1-0{,}7} = \frac{50}{3} \cdot (1-0{,}7^n) \approx 16{,}7 \cdot (1-0{,}7^n)$

Beispiel 2: Die Summe der Zweierpotenzen $2+4+8+\ldots+1024$ ist zu berechnen. Die Zweierpotenzen bilden eine geometrische Reihe mit $a_1 = 2$ und $q = 2$. Es ist $n = 10$.
Dann gilt für diese Summe: $s_n = 2 \cdot \frac{2^{10}-1}{2-1} = 2046$.

(4) Einschränkung der Gültigkeit der Formel

Die Formel für s_n gilt nicht für $q = 1$, weil durch $q-1$ bzw. $1-q$ dividiert wird.
Ist $q = 1$, so gilt wegen $a_1 = a_2 = a_3 = \ldots = a_n$: $s_n = a_1 + a_1 + \ldots + a_1 = n \cdot a_1$.

Weiterführende Aufgaben

1. *Nichtabbrechende Dezimalbrüche als geometrische Reihen*

a) Wir wissen $3\frac{1}{3} = 3{,}3333\ldots$ Man kann $3\frac{1}{3}$ durch eine Folge von (endlichen) Dezimalbrüchen annähern.
Zeige, dass eine geometrische Reihe vorliegt. Berechne mithilfe der Summenformel das n-te Glied s_n.

$3{,}3 = 3 + 3 \cdot \frac{1}{10}$

$3{,}33 = 3 + 3 \cdot \frac{1}{10} + 3 \cdot \frac{1}{10^2}$

$3{,}333 = 3 + 3 \cdot \frac{1}{10} + 3 \cdot \frac{1}{10^2} + 3 \cdot \frac{1}{10^3}$

$3{,}3333 = 3 + 3 \cdot \frac{1}{10} + 3 \cdot \frac{1}{10^2} + 3 \cdot \frac{1}{10^3} + 3 \cdot \frac{1}{10^4}$

b) Gegeben ist ein unendlicher Dezimalbruch. Gib eine Näherungsfolge für diesen Dezimalbruch an und bestimme mithilfe der Summenformel deren n-tes Glied s_n.
(1) 0,4444 … (2) 0,9999 … (3) 2,88888 … (4) 0,15151515 … (5) 2,7855555 …

2. *Eine weitere Rekursionsgleichung der geometrischen Reihe*

a) Frau Müller schließt mit ihrer Bank einen Ratensparvertrag ab. Zu Beginn eines jeden Jahres zahlt sie 2000 € ein. Der Zinssatz beträgt 4%. Die Zinsen werden zu Beginn eines Jahres dem Kapital hinzugefügt. s_1 sei das Kapital zu Beginn des 1. Jahres, s_2 sei das Kapital zu Beginn des 2. Jahres, s_n sei das Kapital zu Beginn des n-ten Jahres (jeweils nach Einzahlung der Sparrate und Übertragung der Zinsen).
(1) Gib s_1 an und berechne $s_2, s_3, s_4, \ldots, s_n$.
(2) Gib eine Rekursionsgleichung der Folge an.

b) Führe die Rechnung allgemein durch. Die Einzahlung sei a_1, der Zinssatz sei p%, der Zinsfaktor $q = 1 + \frac{p}{100}$.
(1) Was für eine Folge ist $s_1, s_2, s_3, \ldots, s_n$?
(2) Zeige: Es gilt $s_{n+1} = a_1 + q \cdot s_n$.

> Eine geometrische Reihe hat auch die Rekursionsgleichung $s_{n+1} = s_n \cdot q + a_1$.

Übungsaufgaben

CAS **3.**
Bestimme:

a) $3^1 + 3^2 + 3^3 + \ldots + 3^{20}$

b) $1 + \left(\frac{1}{2}\right) + \left(\frac{1}{2}\right)^2 + \ldots + \left(\frac{1}{2}\right)^{10}$

c) $1 - 5 + 25 - \ldots + \ldots - 3125$

d) $3 + 12 + 48 + \ldots + 3072$

4.
Gegeben sei eine geometrische Folge durch a_1 und q. Schreibe die Glieder der geometrischen Reihe ausführlich als Summe auf und bestimme nach der Summenformel s_n.

a) $a_1 = 4;\ q = 2$ **b)** $a_1 = 2;\ q = \frac{1}{3}$ **c)** $a_1 = 1;\ q = -\frac{1}{2}$ **d)** $a_1 = 10;\ q = -5$

5.
Frau Meyer schließt einen Ratensparvertrag mit ihrer Sparkasse ab. Zu Beginn eines jeden Jahres zahlt sie 5000 € ein. Der Zinssatz beträgt 3,5%. Die Zinsen werden ebenfalls zu Beginn eines Jahres dem Kapital zugeschlagen. s_n sei das Kapital zu Beginn des n-ten Jahres nach Einzahlung der Sparrate und Übertragung der Zinsen.

a) Gib das Anfangsglied s_1 und eine Rekursionsgleichung für die Folge $\langle s_n \rangle$ an. Um was für eine Folge handelt es sich? Berechne $s_2, s_3, s_4, s_5, \ldots, s_n$.

b) Über welche Laufzeit muss der Sparvertrag mindestens abgeschlossen werden, um ein Kapital von 50000 € anzusparen?

6.
Ein Patient nehme täglich 5 mg eines Medikamentes ein. Im Laufe eines Tages werde von dem im Körper befindlichen Medikament 40% abgebaut und ausgeschieden. s_n gebe an, wie viel mg sich am n-ten Tag unmittelbar nach der Einnahme des Medikamentes im Körper befindet.

a) Zeige, dass $\langle s_n \rangle$ eine geometrische Reihe bildet. Berechne mithilfe der Summenformel die Werte s_5, s_{10} und s_{13}.

b) Wie lautet eine Rekursionsgleichung der Folge $\langle s_n \rangle$?

c) Berechne mithilfe eines programmierbaren Rechners oder eines Tabellenkalkulationsprogramms die ersten 30 Glieder der Folge $\langle s_n \rangle$.

Rekursionsgleichung verwenden.

1.7 Scharen von Funktionen

Aufgabe 1 GTR

Der Term $f_d(x) = \sqrt{x-d}$ enthält zusätzlich zur Variablen x noch d als weitere Variable, die in diesem Zusammenhang **Parameter** genannt wird.
Gibt man dem Parameter einen Wert, z.B. $d = 3$, so entsteht der Funktionsterm $f_3(x) = \sqrt{x-3}$.
Setzt man $d = -2$, so bekommt man den Funktionsterm $f_{-2}(x) = \sqrt{x+2}$.
Zu jedem Wert des Parameters d gehört also eine Funktion.
Durch $f_d(x) = \sqrt{x-d}$ mit $d \in \mathbb{R}$ ist also eine Menge von Funktionen vorgegeben. Eine solche Menge von Funktionen nennt man auch eine **Funktionenschar**. Die Menge der Graphen nennt man auch eine **Kurvenschar**. Der Parameter heißt *Scharparameter*.

a) Gegeben ist eine Schar von Funktionen durch $f_d(x) = \sqrt{x-d}$ mit $d \in \mathbb{R}$.
Setze in dem Term $f_d(x) = \sqrt{x-d}$ nacheinander für den Parameter d die Werte 3, 2, 1, 0, − 1, − 2 ein.
Skizziere in *einem* Koordinatensystem die einzelnen Graphen der Schar oder verwende den GTR oder ein Computerprogramm. Vergleiche die Graphen.

b) Welcher Graph der Schar geht durch den Punkt $P(5\,|\,3)$? Bestimme d.

Lösung

vgl. Seite 39

a) Aus der Kurvenschar erhält man einzelne Graphen. Sie gehen durch Verschieben parallel zur 1. Achse auseinander hervor.

b) Wir kennen vom gesuchten Graphen den Punkt $P(5\,|\,3)$. Seine Koordinaten erfüllen die Gleichung $y = \sqrt{x-d}$.
Das liefert die Gleichung $3 = \sqrt{5-d}$.
Wir bestimmen d:

$3 = \sqrt{5-d}$
$9 = 5 - d$
$d = -4$ *Probe:* $3 = \sqrt{5+4}$ wahr

Ergebnis: Der Graph zu $y = \sqrt{x+4}$ geht durch den Punkt $P(5\,|\,3)$.

Übungsaufgaben

Schar von linearen Funktionen

2.

Gegeben ist eine Schar von linearen Funktionen durch
$f_m(x) = m \cdot (x-4) + 3$ mit $m \in \mathbb{R}$.

a) Setze für den Scharparameter m die Werte − 2, − 1, 0, 1, 2 ein und zeichne die Graphen in *ein* Koordinatensystem. Was fällt auf ?

b) Welcher Graph der Schar geht durch den Punkt
(1) $(9\,|\,5{,}5)$, (2) $(2\,|\,6)$, (3) $(-6\,|\,-0{,}5)$, (4) $(7\,|\,3)$?

3.

Gegeben ist eine Schar von Geraden durch $f_m(x) = m \cdot x - 2m + 4$ mit $m \in \mathbb{R}$.

a) Setze für den Scharparameter m die Werte -1; $-0{,}5$; 0; 0,5; 1 ein und zeichne die Geraden in ein Koordinatensystem.
Zeichne auch die Normalparabel ein.

b) Welche Gerade der Schar hat mit der Normalparabel genau einen Punkt gemeinsam? Welcher Punkt ist das?

Schar von quadratischen Funktionen

4.

Gegeben ist eine Schar von quadratischen Funktionen durch $y = a \cdot x^2$ mit $a \neq 0$.

GTR verwenden.

a) Setze für den Scharparameter a die Werte -2; $-\frac{1}{2}$; $\frac{1}{2}$; 2 ein.
Skizziere die Parabeln in einem Koordinatensystem.

b) Welche Parabel der Schar geht durch den Punkt $A\left(5 \,\middle|\, -\frac{5}{24}\right)$?

c) Welche Parabel der Schar hat mit der Geraden mit der Gleichung $y = 2x - 4$ genau einen Punkt gemeinsam? Welcher Punkt ist das?

5.

Gegeben ist eine Schar von Parabeln durch $y = x^2 + b$ mit $b \in \mathbb{R}$.

a) Welche Parabel der Schar geht durch den Punkt $P(3 \mid 7)$?

b) Welche Parabel der Schar hat mit der Geraden mit der Gleichung $y = 4x - 3$ genau einen Punkt gemeinsam? Welcher Punkt ist das?

6.

Gegeben ist eine Schar von quadratischen Funktionen durch
$f_d(x) = x^2 - 2dx + d^2 + \frac{d}{2}$ mit $d \in \mathbb{R}$.

a) Setze für den Scharparameter d die Werte -2; -1; 0; 1; 2 ein.
Skizziere die Graphen im Koordinatensystem.

b) Welche Funktionen der Schar haben keine [genau eine; zwei] Nullstellen?

c) Welche Funktionen der Schar haben -6 als Nullstelle?

d) Welche Funktion der Schar hat einen Graphen, der mit der Gerade mit $y = -x$ genau einen Punkt gemeinsam hat? Welcher Punkt ist das?

e) Auf welcher Geraden liegen die Scheitelpunkte? Gib ihre Gleichung an.

7.

Gegeben ist die Schar der Parabeln, die eine Symmetrieachse parallel zur 2. Achse haben und die 1. Achse in den Punkten $P(-2 \mid 0)$ und $Q(3 \mid 0)$ schneiden.

a) Auf welcher Geraden liegen die Scheitelpunkte der Parabeln?
Gib eine Gleichung an.

b) Welche Parabel der Schar hat $S\left(0{,}5 \,\middle|\, -3\frac{1}{8}\right)$ als Scheitelpunkt?
Gib die Parabelgleichung an.

c) Skizziere vier Parabeln der Schar in einem Koordinatensystem oder benutze einen GTR.

d) Gib die Gleichungen zweier Parabeln aus der Schar an, die bezüglich der 1. Achse zueinander symmetrisch sind.

Schar von Halbkreisen

8.
Gegeben ist eine Schar von Funktionen durch $f_r(x) = \sqrt{r^2 - x^2}$ mit $r > 0$.

a) Bestimme r so, dass der Graph von f_r durch den Punkt $P(2 \mid 1{,}5)$ geht.

b) Bestimme r so, dass der Graph von f_r mit der Geraden durch die Punkte $S_1\left(8\frac{1}{3} \mid 0\right)$ und $S_2\left(0 \mid 6\frac{1}{4}\right)$ genau einen gemeinsamen Punkt hat. Welcher Punkt ist das?

Schar von ganzrationalen Funktionen

9.
Gegeben ist eine Schar von ganzrationalen Funktionen f_k durch
$f_k(x) = \frac{1}{8}x^3 - \frac{3}{2}x + k$ mit $k \in \mathbb{R}$.

a) Zeige, dass der Graph von f_0 symmetrisch zum Koordinatenursprung ist.

b) Bestimme alle Nullstellen von f_2. WelcherArt sind die Nullstellen?

c) Skizziere die Graphen zu f_0, f_2, f_{-2} in einem Koordinatensystem.

d) Welche Bedingung muss k erfüllen, damit die Funktion f_k genau eine Nullstelle, genau zwei Nullstellen, genau drei Nullstellen hat?

10.
Gegeben ist eine Schar von Funktionen durch $f_k(x) = x^3 - kx^2 - 9x + 9k$ mit $k \in \mathbb{R}$.

a) Zeige, dass alle Funktionen dieser Schar die Nullstellen -3 und $+3$ haben.

b) Für welchen Wert von k hat die Funktion f_k die Nullstelle -1?

c) Gib eine ganzrationale Funktion 3. Grades an, welche dieselben Nullstellen hat wie die Funktion f_2 und die nicht zur Schar f_k gehört.

Allgemeine Sinusfunktion

11.
Gegeben ist eine Schar von Funktion f_k durch
$f_k(x) = \cos x \cdot \cos(x + k)$ mit $k \in \mathbb{R}$ $(0 \leq k \leq \pi)$.

a) Welchen Wert muss man für k setzen, damit der Graph durch den Punkt $P\left(0 \mid \frac{1}{2}\right)$ geht? Zeichne diesen Graphen für $0 \leq x \leq \pi$.

b) Zeige, dass jede Funktion der Schar eine allgemeine Sinusfunktion ist. Bringe dazu den Funktionsterm $f_k(x)$ in die Gestalt $f_k(x) = a \cdot \sin\left(b \cdot (x - c)\right) + d$.

Schar von Exponentialfunktionen

12.
Gegeben ist eine Schar von Funktionen durch $f_a(x) = a \cdot 2^x$ mit $a \in \mathbb{R}$.

a) Setze für den Scharparameter die Werte -2; $-\frac{1}{2}$; 2 ein.
Skizziere die Graphen in einem Koordinatensystem.

b) Welcher Graph der Schar geht durch den Punkt $P(3 \mid -1)$? Wie geht dieser Graph aus dem zu $f_1(x)$ hervor?

13.
Gegeben ist eine Schar von Funktionen durch $f_b(x) = b^x$ mit $b > 0$, $b \in \mathbb{R}$.

a) Setze für den Scharparameter die Werte $\frac{1}{3}$; $\frac{1}{2}$; 2; 3 ein.
Skizziere die Graphen in einem Koordinatensystem.

b) Welcher Graph der Schar geht durch den Punkt $P(-1 \mid 4)$?

1.8 Vermischte Übungen

1.
Wie viel Wasser durch einen Graben fließen kann, hängt davon ab, welche Form und welche Maße das Profil des Grabens hat.
Für das nebenstehende Profil lässt sich aus der Höhe des Wasserstandes (bis zu 1,50 m) die zugehörige Größe der Querschnittsfläche des Wassers eindeutig berechnen.

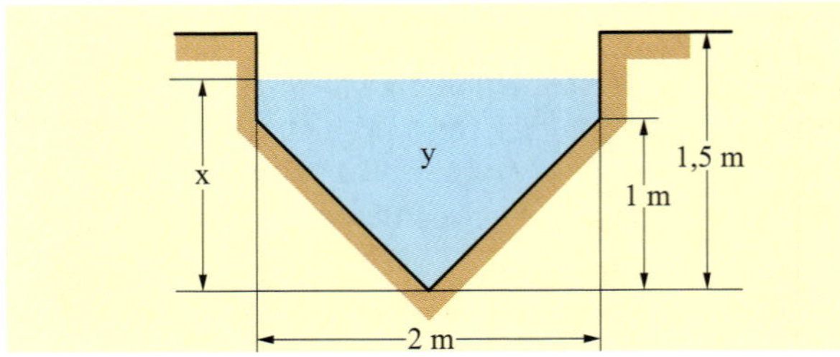

a) Welche Terme können für diese Rechnung verwendet werden? Unterscheide bei der Höhe des Wasserstandes zwei Abschnitte (Intervalle).

b) Wie groß ist die Querschnittsfläche bei einem Wasserstand von 0,50 m [1,20 m]?

c) Bei welchem Wasserstand ist die Querschnittsfläche 0,64 m² [1,8 m²] groß?

GTR **2.**
Zeichne den Graphen. Notiere Definitions- und Wertebereich.

a) $f(x)=\begin{cases}2x & \text{für } -1\le x<2\\ 6-x & \text{für } \;\;2\le x<5\end{cases}$ **b)** $f(x)=\begin{cases}\sqrt{2-x} & \text{für } x\le 2\\ 1 & \text{für } x>2\end{cases}$ **c)** $f(x)=\begin{cases}\sqrt{-x}-1 & \text{für } x<0\\ 0 & \text{für } x=0\\ \sqrt{x}+1 & \text{für } x>0\end{cases}$

GTR **3.**
Zeichne den Graphen der stückweise linearen Funktion f mit:

a) $f(x)=\begin{cases}\frac{3}{4}x+4 & \text{für } x<0\\ \frac{3}{4}x-4 & \text{für } x\ge 0\end{cases}$ **b)** $f(x)=\begin{cases}2-x & \text{für } x\in\,]-\infty\,;0[\\ 2 & \text{für } x\in[0;4]\\ 2x-6 & \text{für } x\in\,]4;+\infty[\end{cases}$

Welche Nullstellen hat f ? Bestimme auch den Wertebereich von f.

4.
Notiere für die stückweise lineare Funktion den Term f(x) abschnittsweise.

a)
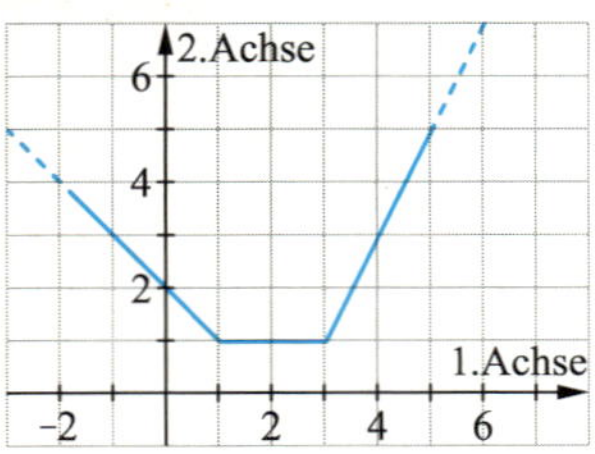

b)
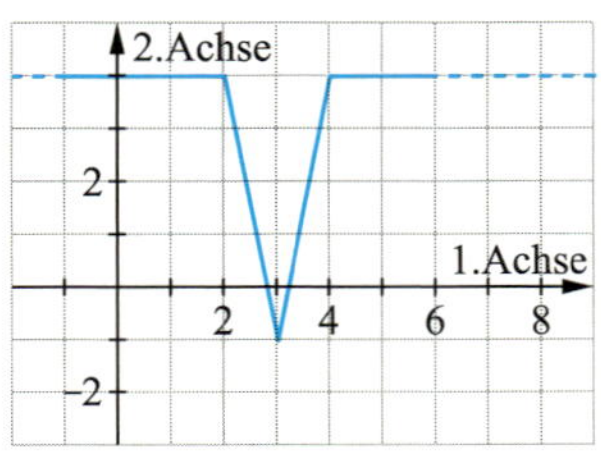

c)
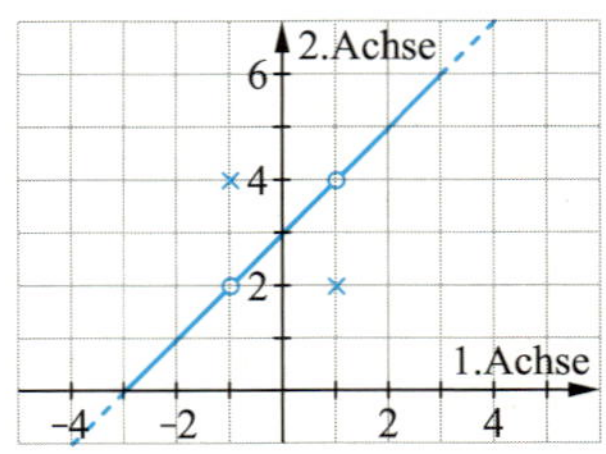

5.
Begründe: Eine Funktion mit dem Term $f(x)=m\cdot x+b$

a) hat genau eine Nullstelle, falls $m\neq 0$;

b) hat keine Nullstelle, falls $m=0$ und $b\neq 0$;

c) hat jedes $x\in\mathbb{R}$ als Nullstelle, falls $m=0$ und $b=0$;

d) ist streng monoton wachsend, falls $m>0$;

e) ist streng monoton fallend, falls $m<0$;

f) ist monoton wachsend, falls $m=0$.

6.
Erläutere: Die Quadratwurzelfunktion ist streng monoton wachsend. Zeichne dazu den Graphen der Quadratwurzelfunktion und den ihrer Umkehrfunktion in dasselbe Koordinatensystem. Wähle auf den Achsen gleich große Einheiten.

7.

Eine Parabel hat eine Gleichung der Form $y = ax^2 + bx + c$.

$P_1\left(-8 \mid \frac{35}{8}\right)$, $P_2\left(-3 \mid \frac{15}{2}\right)$ und $P_3\left(-4 \mid \frac{75}{8}\right)$ sind drei Punkte der Parabel.

a) Bestimme die Parameter a, b, und c. Gib die Parabelgleichung an.

b) Forme die Gleichung in die Scheitelpunktform um und bestimme den Scheitelpunkt. Durch welche Abbildungen erhält man die Parabel aus der Normalparabel?

c) Berechne die Schnittpunkte der Parabel mit den Koordinatenachsen.

d) In welchen Punkten schneidet die Gerade mit der Gleichung $y = -\frac{5}{4}x + \frac{15}{8}$ die Parabel?

e) Gib eine ganzrationale Funktion 3. Grades an, welche die gleichen Nullstellen wie die Parabel hat und zusätzlich noch die Nullstelle 5 hat.

8.

Bestimme rechnerisch die gemeinsamen Punkte der beiden Graphen.

a) $f(x) = \frac{1}{4}x^2 - \frac{1}{2}$
$g(x) = -\frac{1}{2}x^2 + \frac{1}{2}$

b) $f(x) = \frac{x^2}{4} - \frac{3}{2}x + \frac{9}{4}$
$g(x) = \frac{1}{2}(x-3)^2 + 3$

c) $f(x) = -x^2 + 8x - 11$
$g(x) = -\frac{x^2}{3} + \frac{10}{3}x - \frac{13}{3}$

9.

Ein Dreieck ABC ist durch die Gleichungen seiner Seiten gegeben.

AB: $y = x - 2$; BC: $y = -\frac{x}{2} + 7$; CA: $y = 3x$

a) Berechne die Koordinaten der Eckpunkte A, B und C.

b) Berechne den Schnittpunkt H der Höhengeraden, den Schnittpunkt S der Seitenhalbierenden und den Schnittpunkt M der Mittelsenkrechte seiner Seiten.

c) Zeige, dass H, S und M auf einer Geraden liegen. Gib für sie eine Gleichung an.

d) Berechne den Flächeninhalt des Dreiecks ABC.

10.

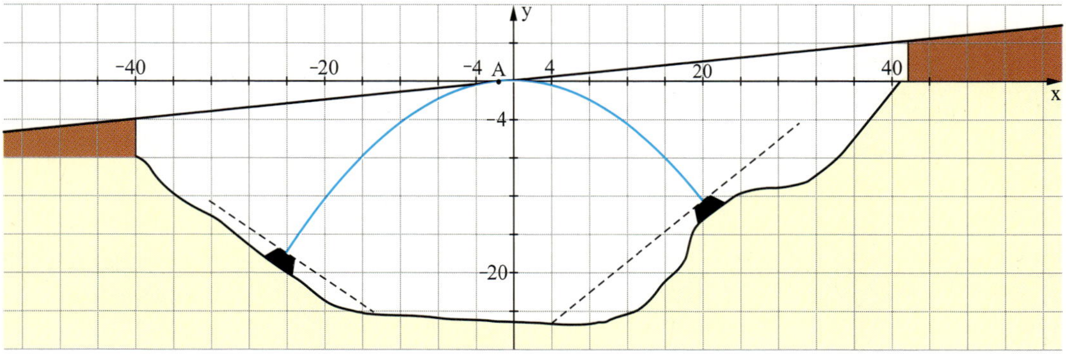

Ein Wirtschaftsweg wurde über eine Landstraße geführt. Er hat eine konstante Steigung von 10 %. Die Fahrbahnplatte liegt auf dem parabelförmigen Bogen mit der Gleichung $y = -\frac{1}{32} \cdot x^2$ auf (Angaben in m).

a) Berechne die Koordinaten des Punktes A, bei dem die Platte auf dem parabelförmigen Bogen liegt.

b) Gib eine Gleichung für die Unterkante der Fahrbahnplatte an.

GTR **11.**

Gegeben sind die Funktionen f mit $f(x) = \sqrt{25 - x^2}$ und g mit dem Term $g(x)$.
Wie geht der Graph von g aus dem Graphen von f hervor?

a) $g(x) = \sqrt{25 - x^2} - 2$ **c)** $g(x) = 2 \cdot \sqrt{25 - x^2}$ **e)** $g(x) = -\sqrt{25 - x^2}$

b) $g(x) = \frac{1}{2} \cdot \sqrt{25 - x^2}$ **d)** $g(x) = \sqrt{25 - (x+2)^2}$ **f)** $g(x) = -1{,}5 \cdot \sqrt{25 - (x-1)^2} + 3$

Skizziere schrittweise die einzelnen Graphen oder verwende zum Veranschaulichen den GTR.

12.

Bestimme rechnerisch die gemeinsamen Punkte der beiden Graphen.

a) $f(x) = \sqrt{25 - x^2}$, $g(x) = -0{,}5x + 5$

b) $f(x) = \sqrt{25 - x^2}$, $g(x) = \frac{4}{3}x + 8\frac{1}{3}$

c) $f(x) = \sqrt{9 - x^2}$, $g(x) = -x + 8$

13.

Rechts ist eine Markthalle in Vorderansicht dargestellt. Der große Saal wird von einem Tonnengewölbe überspannt. Das Satteldach liegt auf dem Gewölbe auf.
Gewölbe: $f(x) = \sqrt{16 - x^2}$
Neigung des Daches: 75%
Gib für die Unterkante des linken und rechten Dachbalkens je eine Gleichung an.
Bestimme die Punkte A und A′, bei denen die Balken aufliegen.

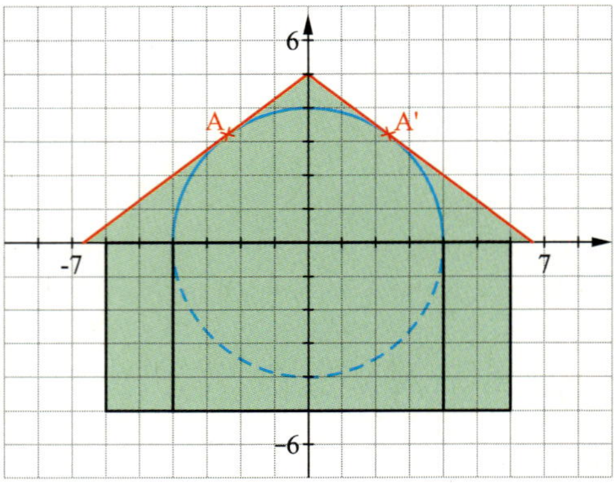

14.

Gegeben ist eine Funktion f durch $y = \frac{1}{4}(x+4)^2 + 1$ mit $x \geq -4$.

a) Zeichne die Graphen von f und der Umkehrfunktion g in dasselbe Koordinatensystem mit gleichen Einheiten auf beiden Achsen.

b) Bestimme durch Umformen der gegebenen Gleichung eine Funktionsgleichung für g.
Bestimme $g(2)$, $g(5)$, $g(9)$, $g(10)$, $g(7{,}25)$, $g(3)$.

15.

Der Graph der Exponentialfunktion mit $y = a \cdot b^x$ geht durch $A(1 \mid 1{,}25)$ und $B(2 \mid 12{,}5)$.

a) Bestimme a und b. Bestimme von den Graphenpunkten die fehlenden Koordinaten:
$C(-1 \mid \square)$, $D(0 \mid \square)$, $E(0{,}5 \mid \square)$ und $F(1{,}5 \mid \square)$

b) Zeichne die Graphen von f und der Umkehrfunktion g in dasselbe Koordinatensystem mit gleichen Einheiten auf beiden Achsen.

c) Bestimme durch Umformen der gegebenen Gleichung eine Funktionsgleichung für g.

16.

Bei welcher Potenzfunktion f geht der Graph durch den Punkt P? Notiere den Grad von f. In welchem Intervall steigt der Graph von f an, in welchem fällt er?

a) $P(2 \mid 16)$ **b)** $P(-2 \mid -8)$ **c)** $P(0{,}5 \mid 0{,}25)$ **d)** $P(-0{,}1 \mid 0{,}000001)$ **e)** $P(-1{,}2 \mid -1{,}2)$

▲ **17.**

Notiere die Gleichung der Symmetrieachse bzw. die Koordinaten des Symmetriepunktes zu dem Graphen der Funktion f. Gib auch die Monotonieeigenschaften von f an.

a) $f(x) = x^6 + 2$ **b)** $f(x) = x^3 - 5$ **c)** $f(x) = (x-3)^4$ **d)** $f(x) = (x+1)^5$

Fragen zum Basiswissen

Zum Funktionsbegriff, lineare Funktionen

- Was versteht man unter einer Funktion? Wie kann man eine Funktion darstellen? Gib Beispiele für Funktionen an. (S. 8/9)
- Inwiefern ist eine Folge eine Funktion? Wie kann man eine Folge angeben? Gib Beispiele für Folgen (auch geometrische Folgen) an. (S. 18)
- Welche Form hat der Term einer linearen Funktion und welche Bedeutung haben die Parameter m und b im Funktionsterm? (S. 22)
- Wann ist es günstig, die Normalform, die Zwei-Punkte-Form oder die Punkt-Steigungs-Form der Geradengleichung zu verwenden? Gib dazu Beispiele an. (S. 25)
- Wie kann man Parallelität und Orthogonalität von Geraden untersuchen? (S. 26)

Zu quadratischen Funktionen, lineare Gleichungssysteme, Umkehrfunktion

- Was versteht man unter einer quadratischen Funktion? Gib Beispiele für quadratische Funktionen an. Berechne auch ihre Nullstellen. (S. 36)
- Welche Möglichkeiten hat man, den Graphen einer quadratischen Funktion zu untersuchen? Erläutere das an ausgewählten Beispielen, wie sie auf Seite 43 vorkommen.
- Wie kann man mithilfe des Gauß'schen Algorithmus die Lösungsmenge eines linearen Gleichungssystems bestimmen? Erläutere das an Beispielen. Gehe auch auf die Sonderfälle ein. (S. 44 ff.)
- Wie erhält man den Graphen der Umkehrfunktion aus dem der ursprünglichen Funktion? (S. 49) Wie ermittelt man den Funktionsterm einer Umkehrfunktion? (S. 87)

Zu Potenzfunktionen und ganzrationalen Funktionen

- Welche Form hat der Term einer Potenzfunktion? Welche Eigenschaften haben Potenzfunktionen? Mache dazu Fallunterscheidungen beim Exponenten im Funktionsterm. (S. 53 – 56)
- Was versteht man unter einer ganzrationalen Funktion? Gib Beispiele an. (S. 58)
- Wie kann man den Globalverlauf einer ganzrationalen Funktion untersuchen? (S. 59/60)
- Wie verwendet man die Polynomdivision, um Nullstellen zu bestimmen? (S. 61 ff.)

Zu trigonometrischen Funktionen

- Wie kann man die trigonometrischen Funktionen am Einheitskreis erklären? (S. 67)
- Welche Eigenschaften haben die trigonometrischen Funktionen? (S. 69)
- Wie wirken sich Änderungen im Funktionsterm von trigonometrischen Funktionen aus? Erläutere das an Beispielen, wie sie auf den Seiten 77, 78 und 79 vorkommen. (S. 76 ff.)

Zu Exponentialfunktionen

- Welche Form hat der Term einer Exponentialfunktion? Welche Bedeutung haben die Parameter? Gib Beispiele für Exponentialfunktionen an und skizziere ihre Graphen. (S. 81 ff.)
- Wie ermitttelt man bei exponentiellen Prozessen die prozentuale Zuwachsrate [Abnahmerate]? Gib Beispiele an. (S. 81, 82)
- Durch wie viele Punkte eines Graphen ist eine Exponentialfunktion eindeutig bestimmt? Wie bestimmt man die zugehörige Funktionsgleichung? (S. 85)
- Wozu werden Logarithmen benötigt? Gib eine Definition von $\log_b x$ an. (S. 85)
- Wie lautet die Merkregel, wenn man eine Logarithmusbeziehung in die Exponentialschreibweise umschreiben möchte? (S. 85)

Zu Funktionenscharen

- Wie kann man mithilfe eines Parameters im Funktionsterm eine Schar von Funktionen angeben? Erläutere das zum Beispiel an einer Schar von linearen Funktionen (S. 97 ff.)

Klausurtraining A

1.
Gegeben sind die Punkte $A(-2 \mid 0)$, $B(4 \mid -2)$ und $C(5 \mid 1)$.

a) Zeige rechnerisch, dass sich die Punkte A, B und C durch Hinzunahme eines vierten Punktes D zu einem Rechteck ergänzen lassen.

b) Gib für die Diagonalen des Rechtecks ABCD jeweils Gleichungen in Normalform an.
Welche Koordinaten hat der Diagonalenschnittpunkt? Bestimme auch die Schnittwinkel.

2.
Gegeben ist eine Schar von Parabeln durch die Gleichung $y = ax^2 + 10ax + 25a - 2$ mit $a \neq 0$.

a) Setze für den Scharparameter a den Wert 2 ein und zeichne die Parabel in ein Koordinatensystem. Bestimme ihren Scheitelpunkt. Zeige, dass alle Parabeln der Schar denselben Scheitelpunkt haben.

b) Welche Parabel der Schar geht durch $P_1(-1 \mid -6)$?

c) Welche Parabel der Schar schneidet die 2. Achse im Punkt $Q(0 \mid 0{,}5)$? Gib eine Gleichung an.

d) Welche Parabeln der Schar haben keinen Schnittpunkt mit der 1. Achse?

e) Welche Parabel der Schar hat mit der Geraden mit $y = 3x + 12{,}25$ genau einen Punkt gemeinsam? Welcher Punkt ist das?

3.
Gegeben sind die Punkte $A(0 \mid -4)$, $B(6 \mid 0)$ und $C(0 \mid 4)$.

a) Leite für die Gerade g durch die Punkte C und B die Gleichung in Normalform her.

b) P liege auf der Strecke $\overline{BC}$.
Für welche Lage des Punktes P ist der Flächeninhalt des Parallelogramms PCQR möglichst groß?
Welches ist der größte Flächeninhalt?

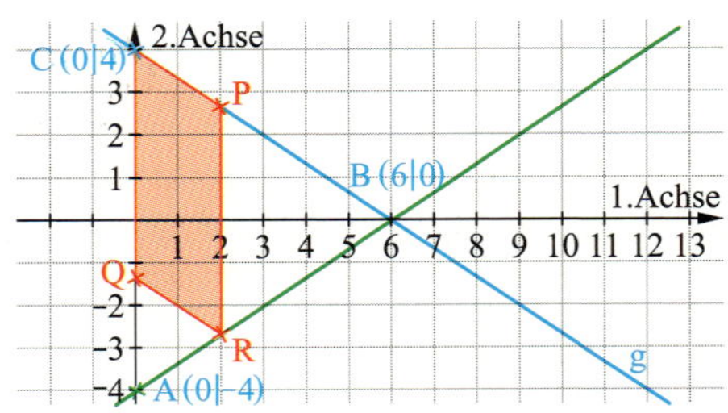

4.
Im Bild sind die Graphen zu $x \mapsto 10^x$ und $x \mapsto 2 \cdot 10^x$ mit ihren Spiegelbildern beim Spiegeln an w gezeichnet.
Wir wissen, dass der eine gespiegelte Graph die Funktionsgleichung $x \mapsto \lg x$ hat.

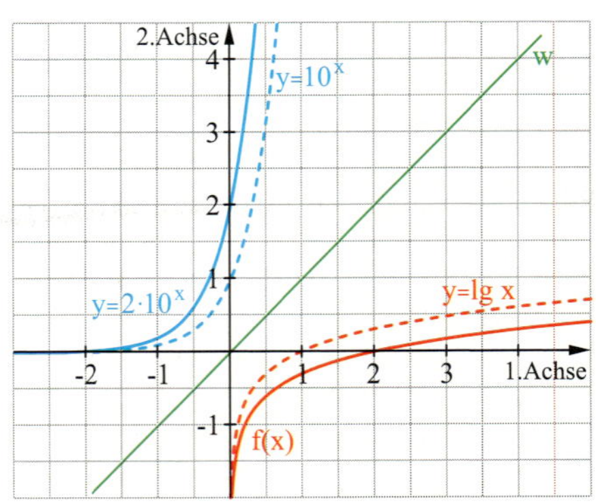

a) Wie lautet die Funktionsgleichung des anderen Graphen? Vertausche x und y bei $x \mapsto 2 \cdot 10^x$ und löse nach y auf. Mache die Probe, indem du drei Punkte auf dem Graphen von $x \mapsto 2 \cdot 10^x$ wählst und die Lösung mit den gespiegelten Punkten kontrollierst.

b) Bernd behauptet: „Der Graph zu $x \mapsto \lg \frac{x}{2}$ entsteht aus dem Graphen zu $x \mapsto \lg x$ durch Verschieben parallel zur 2. Achse."
Zeichne die beiden Graphen im Bereich $1 \leq x \leq 3$ mit einer Wertetabelle. Wähle auf der 2. Achse 10 cm für eine Einheit und überprüfe so die Behauptung.

c) Ermittle die Funktionsgleichung des an w gespiegelten Graphen zu $x \mapsto 3 \cdot 2^x$ $[x \mapsto 0{,}8 \cdot 4^x;$ $x \mapsto 6 \cdot 0{,}3^x]$.

d) Beweise die Behauptung aus b), indem du ein Logarithmengesetz anwendest.

Klausurtraining B

1.
Gegeben ist die Funktion f durch $y = \frac{1}{4}x^2 - \frac{x}{2} - \frac{15}{4}$ mit $x \geq 1$.

a) Zeichne den Graphen der Funktion f im Koordinatensystem. Wähle die Einheiten auf den Achsen gleich groß. Bestimme den Wertebereich von f. Erläutere, dass die Funktion f eine Umkehrfunktion g hat. Zeichne den Graphen von g in dasselbe Koordinatensystem.

b) Bestimme durch Umformen der gegebenen Gleichung eine Funktionsgleichung für g.

c) Wie geht der Graph von g aus dem Graphen der Quadratwurzelfunktion hervor? Gib den Definitions- und den Wertebereich von g an.

2.
Bei einem Pumpspeicherwerk ist das Ausgleichsbecken im Tal mit dem Hochspeicherbecken auf dem Berg durch eine Standseilbahn verbunden. Die Bahntrasse ist in zwei Abschnitte unterteilt, in denen sich jeweils die Steigung nicht ändert. Am Ende des ersten Abschnitts hat man nach 100 m horizontal gemessen Entfernung s von der Talstation eine Höhe h von 20 m erreicht. Die Bergstation am Ende des zweiten Abschnitts liegt 100 m höher als die Talstation. Beide sind horizontal gemessen 260 m voneinander entfernt.

a) Zeichne den Graphen der Funktion *Entfernung s (in m) → Höhe h (in m)*.

b) Warum ist es sinnvoll zwei Abschnitte bei der Entfernung s zu unterscheiden?
Notiere die Terme, mit denen man die Höhe h aus der horizontalen Länge s berechnen kann.

c) Übertrage ins Heft und fülle die Tabelle aus:

Entfernung s (in m)	20	80	200			
Höhe h (in m)				10	35	60

d) Berechne auch die durchschnittliche Steigung im Intervall [0; 260].

e) Der Seilbahnwagen hat ein keilförmiges Fahrgestell. Sein Winkel beträgt 26,6°. Auf welchem Abschnitt nimmt der Wagenkasten eine waagerechte Lage ein?

3.
Gegeben sind zwei Geraden durch die Gleichungen $k \cdot x + y = 1$ und $x + k \cdot y = 1$ (k ist ein Parameter).

a) Setze $k = 4$ und bestimme den Schnittpunkt S beider Geraden.

b) Bei welchen Zahlen für den Parameter k haben die beiden Geraden
(1) genau einen gemeinsamen Punkt,
(2) unendlich viele gemeinsame Punkte,
(3) keinen gemeinsamen Punkt?
Gib bei (1) und (2) die gemeinsamen Punkte an.

4.

a) Zeichne die Graphen zu $x \mapsto \log_2 x$ und $x \mapsto \log_{1,7} x$ in das gleiche Koordinatensystem.

b) Zeichne den Graphen zu $x \mapsto \log_2 x + \log_{1,7} x$, ohne den Taschenrechner zu benutzen.

c) Zeichne den Graphen zu $x \mapsto 7{,}66 \cdot \lg x$ und vergleiche mit b).
Begründe deine Entdeckung.

Blickpunkt

Grafikfähige Taschenrechner

Taschenrechner, die neben den üblichen numerischen Rechenverfahren auch in der Lage sind Graphen von Funktionen zu zeichnen, werden als grafikfähige Taschenrechner oder kurz **GTR** bezeichnet.
Von solchen Rechnern gibt es viele verschiedene Modelle. Wie der jeweilige Rechner zu benutzen ist und welche spezifischen Eingaberegeln zu beachten sind, sollte man in der zugehörigen Bedienungsanleitung nachlesen.
Es gibt GTR, die neben der Grafikfähigkeit auch mit einem Computer-Algebra-System (kurz CAS) arbeiten. Solche Rechner beherrschen auch wichtige algebraische Regeln (vergl. Seite 154).
Die folgenden Aufgaben beschränken sich jedoch auf Standardprobleme, die normale GTR auch ohne CAS lösen können. Bearbeite die folgenden Aufgabentypen mithilfe eines GTR und erkunde dabei die spezielle Arbeitsweise deines Modells.

1. *Graph einer Funktion und Wahl des Sichtfensters*
Die linke Abbildung zeigt, wie im GTR das Fenster für den Graphen gewählt wurde. Die rechte Abbildung zeigt den Graphen der Funktion $y = (x-4)^2 + 2$ innerhalb des gewählten Fensters.

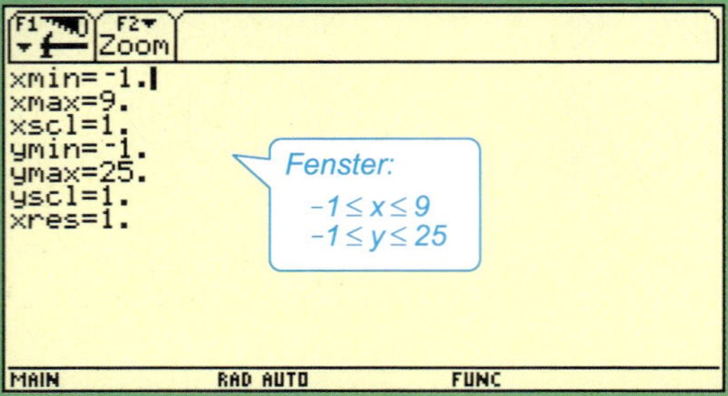

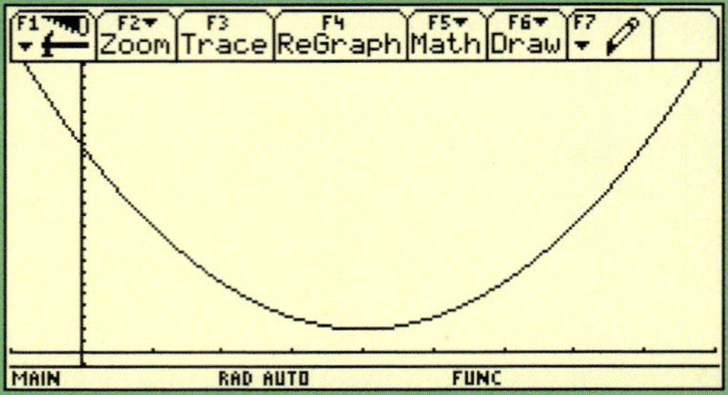

Gib die folgenden Funktionen in deinen GTR ein und zeige den Graphen der Funktion in einem geeigneten Fenster an.

(1) $y = 3x - 2$ (2) $y = -4x^2 + 3$ (3) $y = \sqrt{x+4}$ (4) $y = |x^2 - 2|$

2. *TRACE-Routine und Zoom-Box*
Mithilfe der sogenannten TRACE-Routine kann man auf dem Graphen einer Funktion „entlang fahren". Der GTR zeigt die zugehörigen Koordinaten des jeweiligen Graphenpunktes an.
Im Beispiel unten ist der Graph für die Funktion $y = x^2 - 5$ gezeigt.
Man kann mittels TRACE auch die Nullstellen einer Funktion bestimmen (Abbildung rechts). Dabei ist es häufig sinnvoll vorher mit Zoom zu arbeiten, um so die Genauigkeit zu verbessern (Abbildung links).

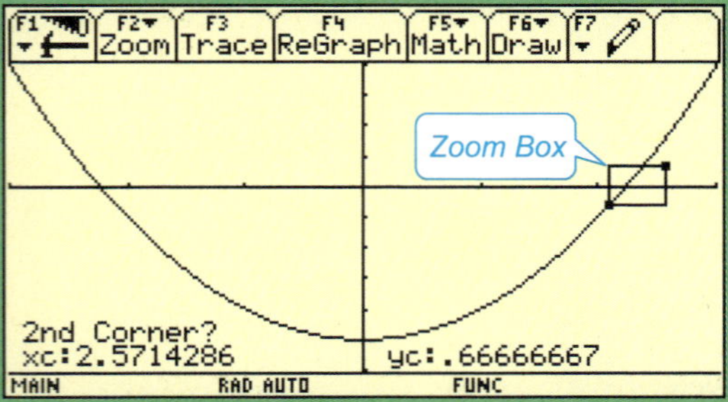

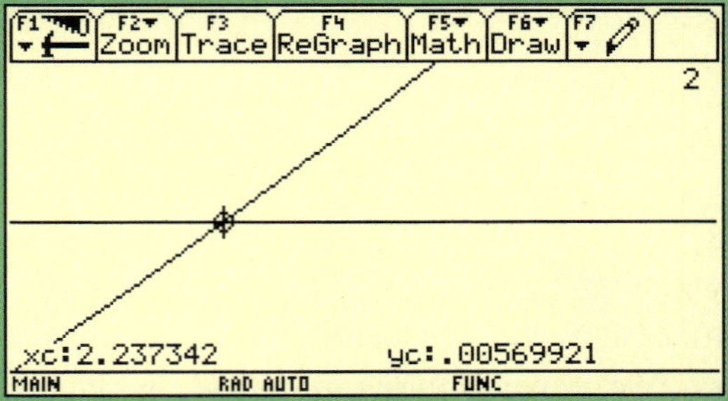

Bestimme mit dem GTR die Nullstellen für folgende Funktionen auf zwei Stellen nach dem Komma.

(1) $y = x^3 - 2{,}3x^2 - 4x + 9{,}2$ (2) $y = x^4 + 2{,}3x^3 - 3{,}1x^2 - 2{,}3x + 2{,}1$ (3) $y = x^2 - \cos x$

3. *Abschnittsweise definierte Funktionen*

Gegeben ist die Funktion $y = \begin{cases} x^2 & \text{für } x < 0 \\ x & \text{für } x \geq 0 \end{cases}$.

Die linke Abbildung zeigt, wie die abschnittsweise definierte Funktion eingegeben wurde. Rechts ist der Graph angezeigt.

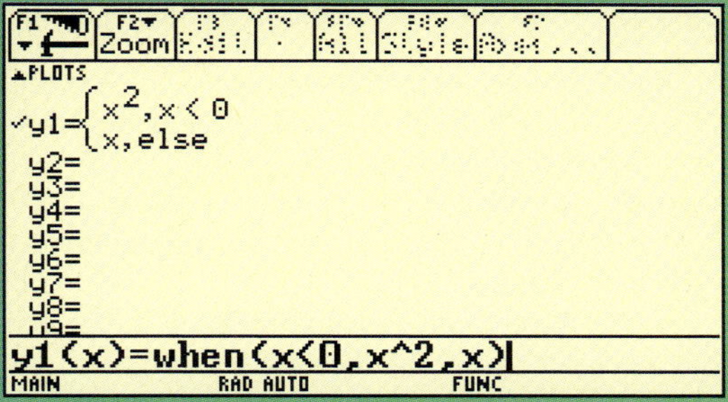

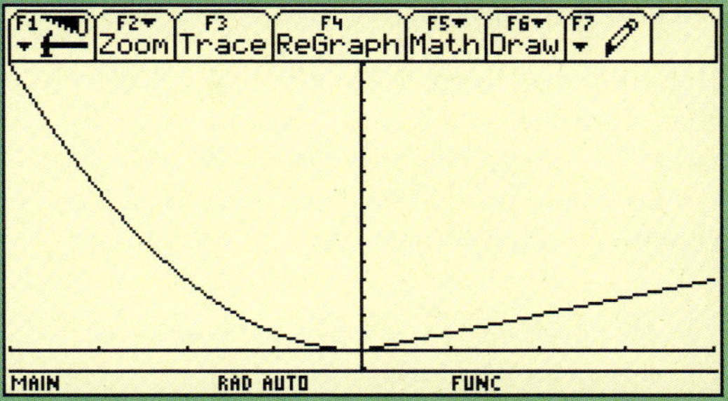

Versuche die folgenden Funktionen auf deinem GTR darzustellen.
An welcher Stelle der Funktion hat der Graph einen Knick?

(1) $y = \begin{cases} x+3 & \text{für } x < 1 \\ x-5 & \text{für } x \geq 1 \end{cases}$ (2) $y = \begin{cases} -x^2 & \text{für } x < 0 \\ x^2 & \text{für } x \geq 0 \end{cases}$ (3) $y = \begin{cases} 3x^3 & \text{für } x < 1 \\ 2x^4 - 2x + 3 & \text{für } x \geq 1 \end{cases}$

4. *Tabellen und Graphen von Folgen*

Für die rekursiv gegebene Folge $\langle u_n \rangle$ mit $u_n = \frac{1}{2} u_{n-1}$ und $u_1 = 6$ wurde mit dem GTR eine Tabelle erstellt und der Graph angezeigt.

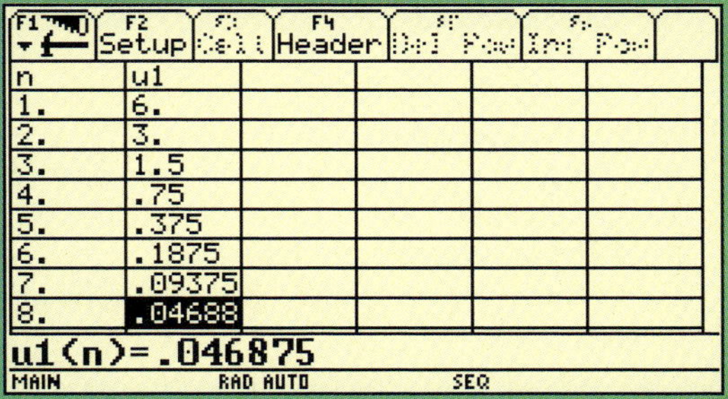

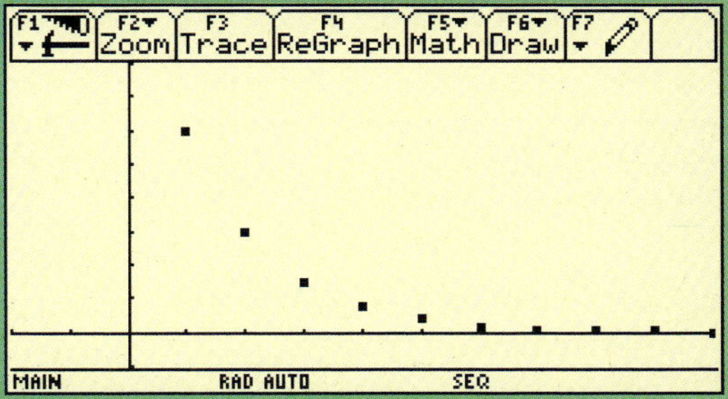

Erstelle mit deinem GTR für die Folgen jeweils eine Tabelle und zeige die Graphen an.
Welcher Zahl kommen die Folgenglieder näher?

(1) $a_n = 0{,}8\,a_{n-1} + 6$ und $a_1 = 12$ (2) $b_n = (b_{n-1})^2 + 0{,}2$ und $b_1 = 0{,}2$

Gleiche Skalierung der Achsen, z. B. durch ZoomSqr

5. *Tangente an einen Graphen*

Die Abbildung zeigt einen Halbkreis um den Ursprung mit dem Radius $r = 10$.
An der Stelle -6 wurde die Tangente an den Graphen gezeichnet. Der GTR zeigt auch die Gleichung der Tangente an. Überprüfe die Angaben des Rechners und erkläre die Abweichungen.
Zeichne mit deinem GTR einen Halbkreis um den Ursprung mit dem Radius $r = 7$.
Kann dein GTR auch die Tangente an der Stelle -5 zeichnen?
Falls ja, überprüfe das Ergebnis rechnerisch.

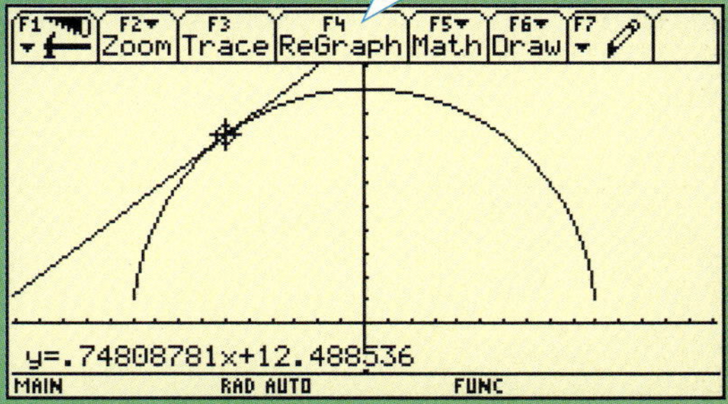

Hinweis: Die Tangente steht orthogonal auf dem Berührungsradius.

Exkurs

Der Funktionsbegriff als fundamentaler Begriff der Mathematik

Definition des Begriffs Funktion (vgl. S. 8): Eine Zuordnung, die jeder Zahl oder Größe x aus einer Menge D genau eine reelle Zahl oder Größe y zuordnet, heißt Funktion. Die Menge D heißt der Definitionsbereich der Funktion.

1. Beschreibung funktionaler Zusammenhänge durch Funktionen

Immer, wenn eine Größe von einer anderen in eindeutiger Weise abhängt, spricht man von einer *funktionalen Abhängigkeit* oder einem *funktionalen Zusammenhang.*
In den Beispielen oben rechts steht links die **abhängige Größe** und rechts die **unabhängige Größe** (beides jeweils fett gedruckt). Man kann auch umgekehrt sagen: Zu jedem Wert der unabhängigen Größe gehört bzw. *ist zugeordnet* genau ein Wert der abhängigen Größe.
Als Hilfsmittel zur Beschreibung eines funktionalen Zusammenhangs werden also wegen der eindeutigen Zuordnung der beteiligten Größen Funktionen verwendet.

2. Zur Definition der Funktion als eindeutiger Zuordnung

Die Definition einer Funktion von Seite 8 ist oben nochmals in Ausschnitten angegeben.
Als *Definitionsbereich* wird in dieser Definition eine *Menge von Zahlen* genannt. Das reicht für die Überlegungen in diesem Buch völlig aus.
Man kann allerdings den Funktionsbegriff so allgemein fassen, dass als Definitionsbereich beliebige Mengen vorkommen. Meist spricht man dann von *Abbildung* anstatt von *Funktion.*

Beispiele für funktionale Zusammenhänge in der Wirklichkeit

- Die **Länge des Bremsweges** eines Autos hängt ab von der **Geschwindigkeit** (vgl. S. 7).
- Die **Geschwindigkeit eines fallenden Körpers** hängt ab von der **Fallhöhe** (vgl. S. 13).
- Die **Höhe des Wasserstandes** in einem Schwimmbad hängt ab von der **Dauer des Wasserzuflusses** (S. 15).
- Der **Bestand eines Medikaments** im Körper hängt ab von der täglich **eingenommenen Menge** (S. 17).
- Die **Restschuld eines Darlehens** hängt ab von der **Dauer der Tilgung** (S. 19).

Der Begriff der Funktion wird in der Definition auf den der eindeutigen Zuordnung zurückgeführt. Oberbegriff von Funktion ist nach dieser Definition der Begriff *Zuordnung.* Dieser Begriff wird als bekannt und gegeben vorausgesetzt. Er wird als undefinierter Begriff verwendet.

3. Bestandteile des Begriffsinhalts Funktion

Der Aspekt der Eindeutigkeit des Zuordnens schöpft den Begriffsinhalt einer Funktion nicht aus. Auch der *geometrische* und der *algebraisch-arithmetische Aspekt* sind inhaltliche Bestandteile des Begriffs der Funktion.
Zum geometrischen Aspekt gehört der *Graph einer Funktion.*

Geometrischer Aspekt

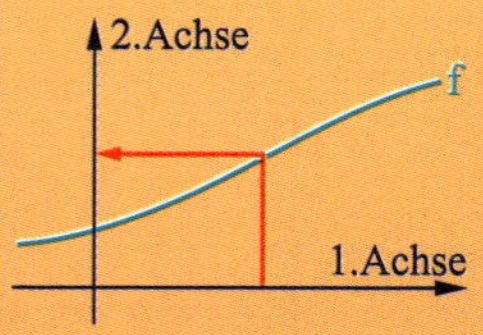

Graph einer Funktion f. Die eindeutige Zuordnung ist durch den geknickten Pfeil dargestellt.

Zum algebraisch-arithmetischen Aspekt gehört die *Funktionsgleichung. Beide* Aspekte müssen beim Begriffsinhalt der Funktion mitgedacht werden.

Algebraisch-analytischer Aspekt

allgemein: $y = f(x)$

Beispiel: $y = 7x^2 + 5x + 2$

Die eindeutige Zuordnung ergibt sich so: Setzt man für x eine Zahl ein, so erhält man die zugeordnete Zahl y.

GALILEO GALILEI (1564 – 1642)

BONAVENTURA CAVALIERI (1598 – 1647)

GOTTFRIED WILHELM LEIBNIZ (1646 – 1716)

PETER GUSTAV LEJEUNE DIRICHLET (1808 – 1859)

4. Zur historischen Entwicklung des Funktionsbegriffs

Der Funktionsbegriff als einer der wichtigsten Begriffe der Mathematik hat eine lange Geschichte. Die ersten Anfänge finden sich bei ORESME (1223 – 1282), GALILEI (1564 – 1642), CAVALIERI (1598 – 1647) und BARROW (1630 – 1677). Sie sind geometrisch, also am Graphen orientiert.

LEIBNIZ (1646 – 1716) verwendete als erster den Namen Funktion als Bezeichnung für Längen, die von einem beweglich gedachten Punkt einer Kurve abhängen.

EULER (1707 – 1783) fasste algebraische Ausdrücke als Funktionen auf. Für ihn stand der algebraisch-arithmetische Aspekt im Vordergrund.

Die von uns angegebenen Definition des Funktionsbegriffs findet sich im wesentlichen bei DIRICHLET (1805 – 1859). Sie umfasst den geometrischen und den algebraisch-arithmetischen Aspekt.

5. Zurückführen des Funktionsbegriff auf den Mengenbegriff

Manche Mathematiker empfinden es als unbefriedigend, bei der Definition des Funktionsbegriffs den Begriff der Zuordnung als undefinierten Begriff zu verwenden. Sie haben daher überlegt, ob man nicht bei der Definition des Funktionsbegriffs den Begriff der Zuordnung vermeiden kann.

Das ist in der Tat möglich. Man kann den Begriff der Funktion unmittelbar auf den der Menge zurückführen. Dazu fasst man jedes Element x aus dem Definitionsbereich und das dem x eindeutig zugeordnete Element y zu einem geordneten Paar (x; y) zusammen.

> *Mengentheoretische Definition der Funktion bzw. Abbildung:*
> *Eine **Funktion f** ist eine Menge geordneter Paare (x; y) mit der Eindeutigkeitseigenschaft:*
> *Wenn $(x; y_1) \in f$ und $(x; y_2) \in f$, dann $y_1 = y_2$.*

In dieser Definition kommt noch das geordnete Paar (x; y) vor.

Auch dieser Begriff lässt sich durch die folgende Definition auf Mengen zurückführen:

$(x; y) \underset{Df}{=} \{\{x, y\}, y\}$

6. Menge als undefinierter Begriff der Mathematik

Ähnlich wie den Funktionsbegriff und den Begriff des geordneten Paares kann man jeden mathematischen Begriff letztlich auf den der Menge zurückführen. Der Begriff der Menge ist dann der einzige undefinierte Begriff der Mathematik.

Wir gebrauchen die mengentheoretische Definition des Funktionsbegriffs allerdings nicht, weil wir die *inhaltliche Vorstellung des Zuordnens* betonen wollen. Letzteres ist insbesondere bei funktionalen Zusammenhängen von Bedeutung.

Die mengentheoretische Definition des Funktionsbegriffs wird häufig im akademischen Unterricht der Universitäten und Hochschulen verwendet.

2. GRENZWERTE BEI FOLGEN UND FUNKTIONEN

(1) Im April 1986 wurde beim Brand eines Atomreaktors in Tschernobyl (nördlich von Kiew in der damaligen UdSSR) das bei der Atomspaltung entstehende radioaktive Isotop Jod 131 in die Luft geschleudert. Es wurde vom Wind verweht und hat sich dann in ganz Europa in geringen Mengen auf der Erdoberfläche abgelagert. Wegen der Radioaktivität zerfällt es von einem auf den anderen Tag auf 90,5% der Masse, die am Vortag vorhanden war.

Wir nehmen einmal an, auf einem Areal seien 1000 mg niedergegangen, die Zahlenfolge $a_1, a_2, a_3, \ldots$ soll angeben, wie viel mg am 1., 2., 3., ... Tag von dem Jod 131 vorhanden ist. Dann gilt:

$a_1 = 1000$; $a_2 = 1000 \cdot \frac{90,5}{100}$, also $a_2 = 905$.

Entsprechend erhält man (gerundet):

$a_3 = 819,0$ $a_6 = 607,1$ $a_9 = 450,0$
$a_4 = 741,2$ $a_7 = 549,4$ $a_{10} = 407,2$
$a_5 = 670,8$ $a_8 = 497,2$ $a_{11} = 368,5$

Die Werte der Zahlenfolge nehmen ständig ab. Die Folge strebt gegen 0. Der Grenzwert der Folge ist 0.

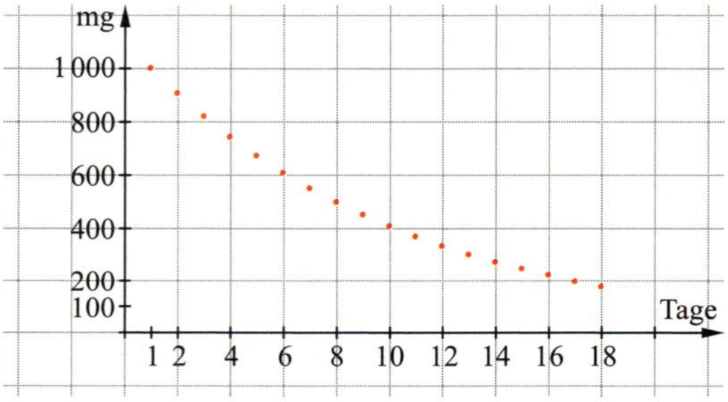

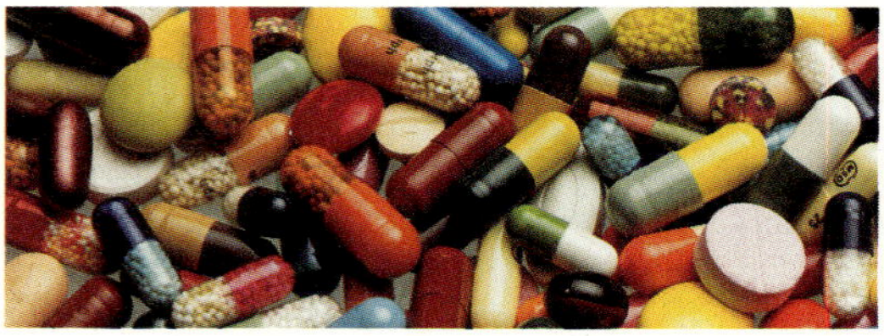

(2) Ein Patient nehme täglich 5 mg eines Medikamentes mit einer Tablette ein. Im Lauf eines Tages werde im Körper 40% abgebaut und ausgeschieden. Man kann dann in einer Zahlenfolge $a_1, a_2, a_3, \ldots$ berechnen, wie viel mg des Medikamentes sich unmittelbar nach der Einnahme am 1., 2., 3., ... Tag im Körper des Patienten befinden. Es gilt:

$a_1 = 5$; $a_2 = -0,4 \cdot 5 + 5 = 8$.

Entsprechend erhält man (gerundet):

$a_3 = 9,89$ $a_7 = 12,15$ $a_{11} = 12,45$
$a_4 = 10,88$ $a_8 = 12,29$ $a_{12} = 12,47$
$a_5 = 11,53$ $a_9 = 12,37$ $a_{13} = 12,48$
$a_6 = 11,92$ $a_{10} = 12,42$ $a_{14} = 12,49$

Die Werte der Zahlenfolge wachsen ständig. Sie streben (von unten) dem Wert 12,5 zu. Das bedeutet:

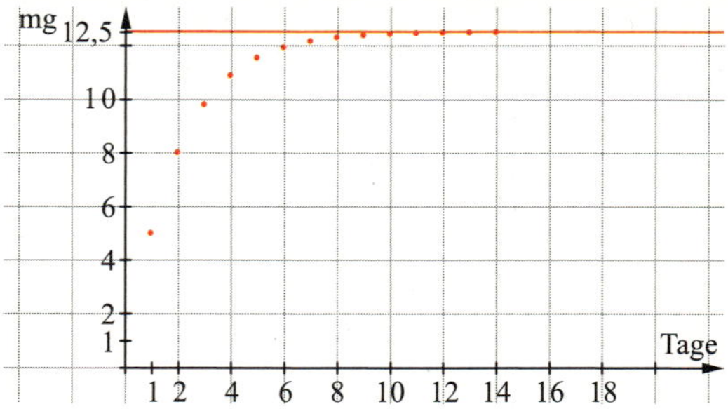

Nach hinreichend langer Einnahme des Medikamentes befinden sich unmittelbar nach der Einnahme praktisch 12,5 mg und daher unmittelbar vor der Einnahme praktisch 7,5 mg des Medikamentes im Körper des Patienten.

Die Zahl 12,5 ist der Grenzwert der Folge.

Der Grenzwert einer Folge $\langle a_n \rangle$ wird mit $\lim\limits_{n \to \infty} a_n$ bezeichnet (gelesen: Limes a_n für n gegen unendlich). Nicht alle Folgen haben einen Grenzwert.

Außer dem Grenzwert $\lim\limits_{n \to \infty} a_n$ für Folgen benötigen wir noch den Grenzwert einer Funktion f an der Stelle a; geschrieben $\lim\limits_{x \to a} f(x)$. Er wird zur Präzisierung des Ableitungsbegriffs gebraucht.

2.1 Grenzwerte bei Folgen

2.1.1 Grenzwert einer Folge

Einführung **(1) Streben der Glieder einer Folge gegen eine Zahl**

Bei einigen der bisherigen Beispiele für Folgen haben wir festgestellt, dass ihre Werte gegen eine ganz bestimmte Zahl streben.

Beispiele:

(A) Die Folge, welche das Wachstum eines Medikaments im Körper beschreibt (vergleicht auch Seite 17 Aufgabe 1)

$a_1 = 5;\quad a_{n+1} = a_n - 0{,}4\,a_n + 5 = 5 + 0{,}6\,a_n$

Berechne einige Glieder der Folge und stelle sie auf der Zahlengeraden dar.

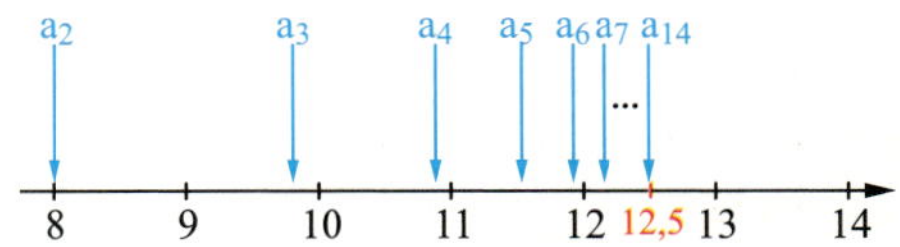

$a_1 = 5;\quad a_2 = 8;\quad a_3 = 9{,}8;$
$a_4 = 10{,}88;\quad a_5 = 11{,}528;\quad a_6 = 11{,}9168;$
$a_{10} = 12{,}4244173;\quad a_{14} = 12{,}4902045;\quad a_{20} = 12{,}499543;\quad a_{30} = 12{,}49999972$

Wir vermuten: Die Folge strebt gegen 12,5.

(B) Die Folge $\langle a_n \rangle$ mit $a_n = (-1)^n \cdot \frac{1}{n}$

Berechne einige Glieder der Folge und stelle sie auf der Zahlengeraden dar.

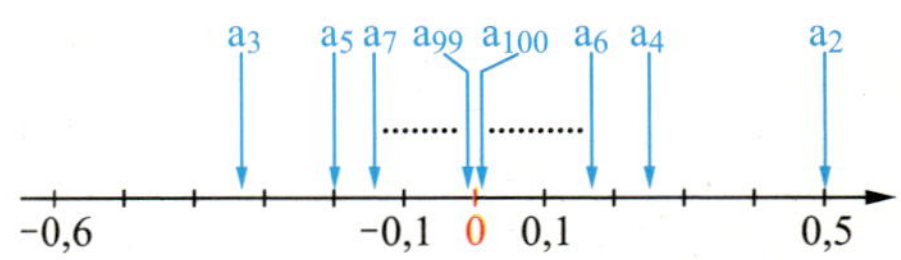

$a_1 = -\frac{1}{1};\quad a_2 = +\frac{1}{2};\quad a_3 = -\frac{1}{3}$
$a_4 = +\frac{1}{4};\quad a_5 = -\frac{1}{5};\quad a_6 = +\frac{1}{6}$

Man sieht anschaulich: Die Folge strebt gegen 0.

Bei der Darstellung auf der Zahlengeraden fällt auf, dass sich bei diesen Beispielen fast alle Glieder in der Umgebung eines einzigen, bestimmten Punktes (einer Zahl) konzentrieren. Eine solche Zahl heißt *Grenzwert der Folge.*

(2) Begriff der ε-Umgebung einer Zahl

Unser Ziel ist, den Begriff des Grenzwertes zu präziseren. Wir haben anschaulich gesehen, dass sich die Glieder einer Folge in den Umgebungen des Grenzwertes konzentrieren. Daher definieren wir zunächst den Begriff der ε-Umgebung einer Zahl.

Definition 1

Unter einer **ε-Umgebung $U_\varepsilon(a)$** einer Zahl a versteht man ein nach beiden Seiten offenes Intervall, welches a als Mittelpunkt hat und dessen Intervall-Enden von a die Entfernung ε haben.

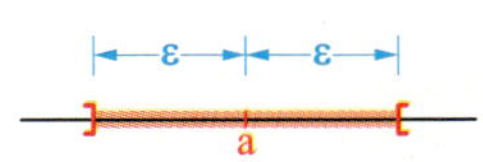

$U_\varepsilon(a) = \,]a - \varepsilon;\ a + \varepsilon[\, = \{x \in \mathbb{R} \mid a - \varepsilon < x < a + \varepsilon\}$

Beispiel: Das Intervall $U_\varepsilon(2) = \,]1{,}2;\ 2{,}8[$ ist eine Umgebung der Zahl 2.
Es ist $\varepsilon = 0{,}8$.

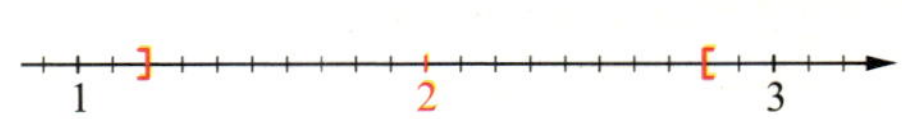

Beachte:
Die Randpunkte einer Umgebung gehören *nicht* zur Umgebung, da das Intervall offen sein soll.

Aufgabe 1 Gegeben seien die Folgen $\langle a_n \rangle$ und $\langle b_n \rangle$ mit:

(1) $a_n = 3 + \frac{(-1)^n}{n}$; (2) $b_n = 7 - \left(\frac{1}{2}\right)^n$

Stelle sie auf der Zahlengeraden dar. Um welche Zahl g konzentrieren sich fast alle Glieder der Folge $\langle a_n \rangle$ bzw. $\langle b_n \rangle$?
Lege um diese Zahl g eine Umgebung $U_\varepsilon(g)$ mit $\varepsilon = \frac{1}{10}$ $\left[\varepsilon = \frac{1}{100}\right]$.
Gib an, welche Glieder der Folge in der Umgebung liegen, welche nicht.

Lösung (1)

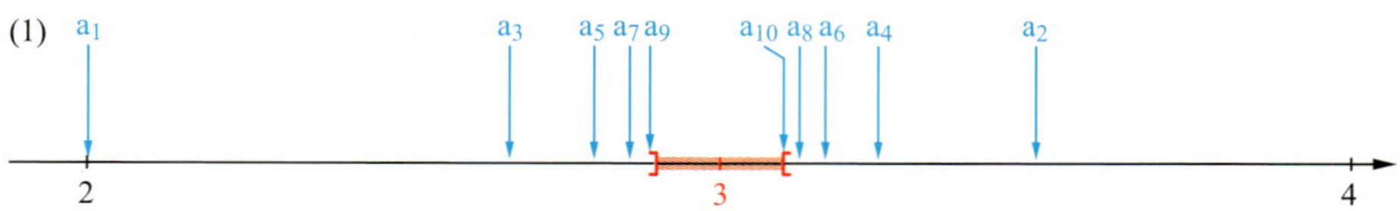

$a_1 = 2$; $a_2 = 3\frac{1}{2}$; $a_3 = 2\frac{2}{3}$; $a_4 = 3\frac{1}{4}$; ...

Fast alle Glieder der Folge konzentrieren sich um die Zahl 3.
Legt man um die Zahl 3 die Umgebung $U_{0,1}(3)$ mit $\varepsilon = \frac{1}{10}$, so liegen die Glieder $a_1 = 2$; $a_2 = 3\frac{1}{2}$ bis $a_{10} = 3\frac{1}{10}$ außerhalb der Umgebung. Alle Glieder der Folge mit höherer Platznummer als 10 liegen in der Umgebung $U_{0,1}(3)$, das Glied a_{10} liegt auf dem Rand der Umgebung und damit außerhalb.
Legt man um die Zahl 3 die Umgebung $U_{0,01}(3)$ mit $\varepsilon = \frac{1}{100}$, so liegen alle Glieder $a_1 = 2$ bis $a_{100} = 3\frac{1}{100}$ außerhalb der Umgebung. Alle Glieder mit höherer Platznummer als 100 liegen in der Umgebung; das Glied $a_{100} = 3\frac{1}{100}$ liegt auf dem Rand der Umgebung und damit außerhalb.

(2)

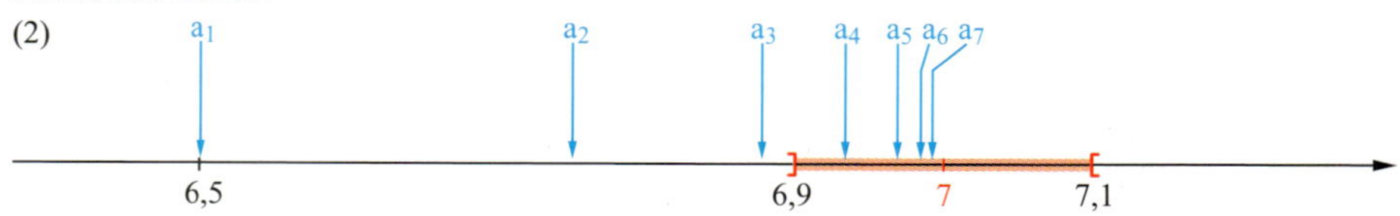

$a_1 = 6\frac{1}{2} = 6{,}5$; $a_2 = 6\frac{3}{4} = 6{,}75$; $a_3 = 6\frac{7}{8} = 6{,}875$; $a_4 = 6\frac{15}{16} = 6{,}9375$;
$a_5 = 6\frac{31}{32} = 6{,}96875$; $a_6 = 6{,}984375$; $a_7 = 6\frac{127}{128} = 6{,}99219875$

Fast alle Glieder konzentrieren sich um die Zahl 7. Legt man um die Zahl 7 die Umgebung $U_{0,1}(7) =]6{,}9; 7{,}1[$ mit $\varepsilon = \frac{1}{10}$, so liegen die Glieder a_1 bis a_3 außerhalb. Alle Glieder mit höherer Platznummer als 3 liegen in der Umgebung.
Legt man um die Zahl 7 die Umgebung $U_{0,01}(7) =]6{,}99; 7{,}01[$ mit $\varepsilon = \frac{1}{100}$, so liegen die Glieder a_1 bis a_6 außerhalb der Umgebung. Alle Glieder mit höherer Platznummer als 6 liegen in der Umgebung

Definition 2

Die Zahl g heißt **Grenzwert der Folge $\langle a_n \rangle$**, wenn in jeder (noch so kleinen) ε-Umgebung von g unendlich viele Glieder der Folge liegen, aber außerhalb nur endlich viele, d. h. wenn man eine Platznummer n_0 angeben kann, sodass alle Glieder mit einer höheren Platznummer als n_0 in der Umgebung liegen.
Wir schreiben $\lim\limits_{n \to \infty} a_n = g$ oder $a_n \to g$ für $n \to \infty$.

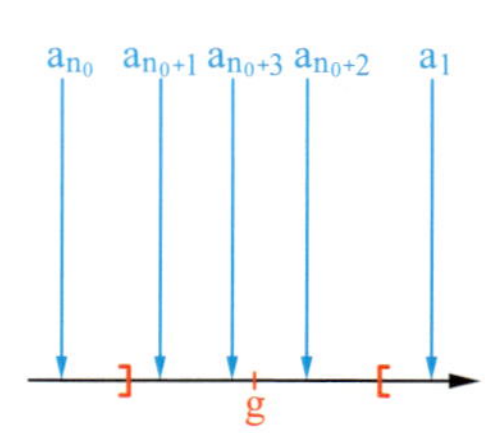

Schreibweise für den Grenzwert

Information **(1) Grenzwert selbst als Folgenglied**

Der Grenzwert einer Folge kann auch selbst Glied der Folge sein.

Beispiel: $a_n = (1 + (-1)^n) \cdot \frac{1}{n} = \begin{cases} \frac{2}{n} & \text{für n gerade} \\ 0 & \text{für n ungerade} \end{cases}$

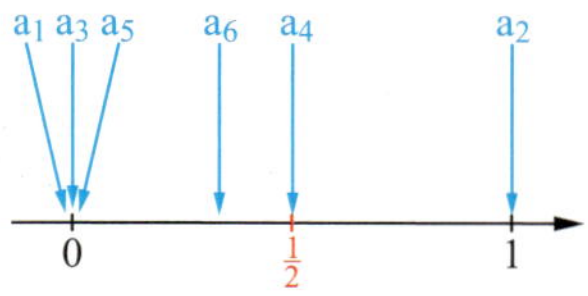

Die Zahl 0 ist Grenzwert der Folge. Der Grenzwert 0 tritt hier sogar unendlich oft als Glied auf.

(2) Divergente Folgen

Es gibt auch Folgen, die keinen Grenzwert haben.
Beispiel: Die Folge $\langle a_n \rangle$ mit $a_n = n^2$, also die Folge der Quadratzahlen, hat keinen Grenzwert. Solche Folgen heißen *divergent.* Folgen, die einen Grenzwert haben, heißen *konvergent.*

Definition 3

Eine Folge, die einen Grenzwert hat, heißt **konvergent**. Andernfalls heißt sie **divergent.** Bei einer konvergenten Folge sagt man: Die Folge konvergiert gegen ihren Grenzwert.

Wir wissen schon: Den Grenzwert einer konvergenten Folge $\langle a_n \rangle$ bezeichnet man mit $\lim\limits_{n \to \infty} a_n$ (gelesen: Limes a_n für n gegen unendlich).
Beispiele: $\lim\limits_{n \to \infty} \left(3 + \frac{(-1)^n}{n}\right) = 3;$ $\lim\limits_{n \to \infty} \left(7 - \left(\frac{1}{2}\right)^n\right) = 7.$
Die Folge konvergiert gegen 3 bzw. 7.
Bei einer konvergenten Folge sagt man auch: „$\lim\limits_{n \to \infty} a_n$ existiert“, während man bei einer divergenten Folge sagt: „$\lim\limits_{n \to \infty} a_n$ existiert nicht“.

(3) Unmittelbar einsichtige Grenzwerte einer Folge

Häufig kann man an dem allgemeinen Glied a_n einer Folge erkennen, ob die Folge einen Grenzwert hat und wie dieser heißt.

Beispiele:

$\lim\limits_{n \to \infty} \frac{1}{n} = 0;$ $\lim\limits_{n \to \infty} (-1)^n \cdot \frac{1}{n} = 0;$ $\lim\limits_{n \to \infty} \left(\frac{1}{2}\right)^n = 0;$ $\lim\limits_{n \to \infty} \left(3 + \frac{1}{n}\right) = 3;$ $\lim\limits_{n \to \infty} n^2$ existiert nicht.

Weiterführende Aufgaben

GTR **2.** *Graphen konvergenter Folgen* — Lass den GTR zeichnen.

Zeichne den Graphen der Folge.
Wie kann man am Graphen erkennen, ob die Folge (vermutlich) konvergent ist?

a) $a_n = 2 + \frac{1}{n}$ **b)** $a_n = 2 + \frac{(-1)^n}{n}$ **c)** $a_n = (-1)^n \cdot n$

Konvergiert die Folge $\langle a_n \rangle$ gegen den Grenzwert g, dann konzentrieren sich die Punkte des Graphen der Folge um die Parallele zur 1. Achse mit der Gleichung $y = g$.

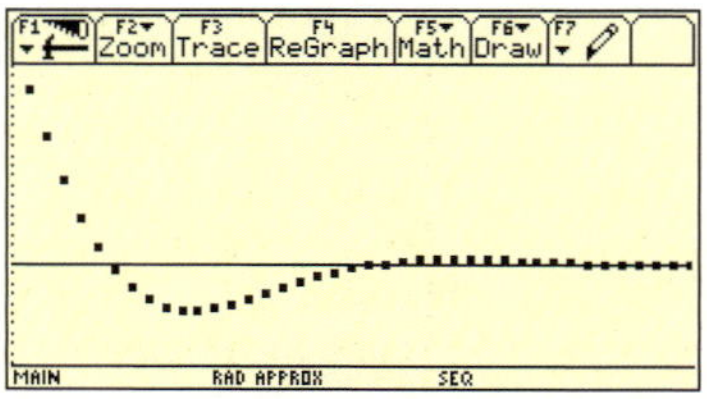

GTR **3.** *Welche geometrischen Folgen sind konvergent?*

a) Welche der folgenden geometrischen Folgen sind konvergent, welche divergent? Stelle dazu die Folgenglieder auf der Zahlengeraden dar und entscheide die Frage anschaulich. Du kannst auch den Graphen der Folge vom GTR zeichnen lassen.

(1) $a_1 = 10;\ q = \frac{1}{2}$ (3) $a_1 = 4;\ q = 2$ (5) $a_1 = 10;\ q = -\frac{1}{10}$

(2) $a_1 = -5;\ q = \frac{1}{10}$ (4) $a_1 = 6;\ q = -2$ (6) $a_1 = 5;\ q = 1$

b) Für welche Werte von q ist eine geometrische Folge $\langle a_n \rangle$ mit $a_n = a \cdot q^{n-1}$ konvergent? Wie heißt der Grenzwert?

4. *Nullfolge*
Eine Folge heißt **Nullfolge**, wenn sie gegen 0 konvergiert.

a) Welcher der bisher betrachteten Folgen sind Nullfolgen?

b) Gib selbst Nullfolgen an. **c)** Entscheide, ob der folgende Satz gilt:

Satz 1
Die Folge $\langle a_n \rangle$ hat genau dann den Grenzwert g, wenn $\langle a_n - g \rangle$ eine Nullfolge ist.

Übungsaufgaben

5.
Gib den Grenzwert der Folge $\langle a_n \rangle$ an.

a) $a_n = 1 + \frac{1}{n}$ **c)** $a_n = \frac{-7}{n^2}$ **e)** $a_n = 5 \cdot \left(\frac{1}{2}\right)^{n-1}$ **g)** $a_n = \frac{n+1}{n}$

b) $a_n = 7 - \frac{1}{n^2}$ **d)** $a_n = -8 + \left(\frac{1}{10}\right)^n$ **f)** $a_n = \frac{1}{n+1}$ **h)** $a_n = \frac{2n+1}{n^2}$

6.
Stelle die Folge $\langle a_n \rangle$ auf der Zahlengeraden dar. Welche Folge ist vermutlich konvergent? Wie heißt dann der Grenzwert?

a) $a_n = 7 - 5n^2$ **b)** $a_n = \frac{10+n}{n^2}$ **c)** $a_n = \sqrt{n}$ **d)** $a_n = \sqrt[n]{10}$ **e)** $a_n = \left(\frac{1}{2}\right)^n$ **f)** $a_n = \frac{n}{10^n}$

7.
Zeichne auf der Zahlengeraden folgende ε-Umgebung $U_\varepsilon(a)$ der Zahl a. Gib ε an.

a) $U_\varepsilon(a) =]3; 7[;\ a = 5$ **b)** $U_\varepsilon(a) =]-4; 0[;\ a = -2$ **c)** $U_\varepsilon(a) =]-0{,}5; 3{,}5[;\ a = 1{,}5$

CAS **8.**
Versuche herauszufinden, welche der Folgen konvergent ist. Wie heißt dann der Grenzwert?

Lass den Grenzwert auch durch ein CAS bestimmen. Vergleiche.

a) $a_n = \left(1 - (-1)^n\right) \cdot \frac{1}{n}$ **c)** $a_n = \left(1 + (-1)^{n+1}\right) \cdot n$ **e)** $a_n = \frac{1}{10^{n-1}} + 5$

b) $a_n = -6 + (n-1) \cdot 2$ **d)** $a_n = -4n^2 + 24n - 36$ **f)** $a_n = \frac{16}{2^{n-1}}$

9.
Gegeben ist eine konvergente Folge $\langle a_n \rangle$. Von welcher Platznummer ab liegen alle Glieder der Folge in der jeweils angegebenen Umgebung?

a) $a_n = \frac{1}{n}$, $U_\varepsilon(0) =]-\varepsilon; +\varepsilon[$ mit $\varepsilon = \frac{1}{15}$ [0,007, ε beliebig]

b) $a_n = 1 + \frac{1}{n^2}$, $U_\varepsilon(1) =]1-\varepsilon; 1+\varepsilon[$ mit $\varepsilon = \frac{1}{3}$ $\left[\frac{1}{10}, \frac{1}{100}, \varepsilon \text{ beliebig}\right]$

2.1.2 Grenzwertsätze für Folgen

Einführung

Grenzwerte merken

Wichtige Grenzwerte von einfachen Folgen

$\lim\limits_{n\to\infty} \frac{1}{n} = 0$; $\lim\limits_{n\to\infty} (-1)\frac{1}{n} = 0$; $\lim\limits_{n\to\infty} \frac{1}{n^2} = 0$; $\lim\limits_{n\to\infty} \frac{1}{\sqrt{n}} = 0$; $\lim\limits_{n\to\infty} q^n = 0$ für $|q| < 1$

$\lim\limits_{n\to\infty} \left(a + \frac{1}{n}\right) = a$; $\lim\limits_{n\to\infty} \left(a - \frac{1}{n}\right) = a$; $\lim\limits_{n\to\infty} \sqrt[n]{a} = 1$ für $a > 0$; $\lim\limits_{n\to\infty} \sqrt[n]{n} = 1$

Von mehreren Folgen kennen wir schon ihre Grenzwerte durch anschauliche Einsicht. Es erhebt sich die Frage, ob es möglich ist, die Grenzwerte anderer Folgen mithilfe dieser schon bekannten Grenzwerte zu erschließen. Das gelingt in der Tat bei den sogenannten *Summen-*, *Differenz-*, *Produkt-* und *Quotientenfolgen*.
Sind die Folgen $\langle a_n \rangle$ und $\langle b_n \rangle$ gegeben, so kann man neue Folgen bilden.

Summenfolge: $\langle a_n + b_n \rangle$: $a_1 + b_1,\ a_2 + b_2,\ a_3 + b_3, \ldots,\ a_n + b_n, \ldots$

Differenzfolge: $\langle a_n - b_n \rangle$: $a_1 - b_1,\ a_2 - b_2,\ a_3 - b_3, \ldots,\ a_n - b_n, \ldots$

Produktfolge: $\langle a_n \cdot b_n \rangle$: $a_1 \cdot b_1,\ a_2 \cdot b_2,\ a_3 \cdot b_3, \ldots,\ a_n \cdot b_n, \ldots$

Quotientenfolge: $\langle a_n : b_n \rangle$: $\frac{a_1}{b_1}, \frac{a_2}{b_2}, \frac{a_3}{b_3}, \ldots, \frac{a_n}{b_n}, \ldots$, (sofern $b_1 \neq 0, b_2 \neq 0, \ldots, b_n \neq 0$)

Beispiele: $a_1 = 2,\ a_2 = 4,\ a_3 = 6,\ \ldots,\ a_n = 2n$

$b_1 = \frac{1}{1},\ b_2 = \frac{1}{2},\ b_3 = \frac{1}{3},\ \ldots,\ b_n = \frac{1}{n}$

Summenfolge: $3, 4\frac{1}{2}, 6\frac{1}{3}, \ldots, 2n + \frac{1}{n}, \ldots$ *Differenzfolge:* $1, 3\frac{1}{2}, 5\frac{2}{3}, \ldots, 2n - \frac{1}{n}, \ldots$

Produktfolge: $2, 2, 2, \ldots, 2n \cdot \frac{1}{n}, \ldots$ *Quotientenfolge:* $2, 8, 18, \ldots, 2n : \frac{1}{n}, \ldots$

Aufgabe 1 Gegeben seien die Folgen $\langle a_n \rangle$ und $\langle b_n \rangle$ mit $a_n = 4 - \frac{1}{n^2}$ und $b_n = 2 + \frac{1}{n}$.

a) Bestimme die Grenzwerte von $\langle a_n \rangle$ und $\langle b_n \rangle$.

b) Bilde aus den beiden Folgen die Summenfolge, Differenzfolge, Produktfolge und Quotientenfolge und bestimme jeweils deren Grenzwert.

c) Versuche aus den Ergebnissen der Teilaufgaben a) und b) eine Vermutung für die Grenzwerte der neugebildeten Folgen abzuleiten.

Lösung

a) Es gilt: $\lim\limits_{n\to\infty} a_n = \lim\limits_{n\to\infty} \left(4 - \frac{1}{n^2}\right) = 4$; $\lim\limits_{n\to\infty} b_n = \lim\limits_{n\to\infty} \left(2 + \frac{1}{n}\right) = 2$

b) $a_n + b_n = \left(4 - \frac{1}{n^2}\right) + \left(2 + \frac{1}{n}\right)$

$= 6 + \frac{1}{n} - \frac{1}{n^2}$, also: $\lim\limits_{n\to\infty} (a_n + b_n) = 6$

6 ist die *Summe* aus den Grenzwerten 4 und 2 der Folgen $\langle a_n \rangle$ und $\langle b_n \rangle$.

$a_n - b_n = \left(4 - \frac{1}{n^2}\right) - \left(2 + \frac{1}{n}\right)$

$= 2 - \frac{1}{n} - \frac{1}{n^2}$, also: $\lim\limits_{n\to\infty} (a_n - b_n) = 2$

2 ist die *Differenz* aus den Grenzwerten 4 und 2 der Folgen $\langle a_n \rangle$ und $\langle b_n \rangle$.

$a_n \cdot b_n = \left(4 - \frac{1}{n^2}\right) \cdot \left(2 + \frac{1}{n}\right)$

$= 8 + \frac{4}{n} - \frac{2}{n^2} - \frac{1}{n^3}$, also: $\lim\limits_{n\to\infty} (a_n \cdot b_n) = 8$

8 ist das *Produkt* der Grenzwerte $\langle a_n \rangle$ und $\langle b_n \rangle$.

$\frac{a_n}{b_n} = \frac{4 - \frac{1}{n^2}}{2 + \frac{1}{n}} = \frac{\left(2 - \frac{1}{n}\right)\left(2 + \frac{1}{n}\right)}{2 + \frac{1}{n}} = 2 - \frac{1}{n}$, also: $\lim\limits_{n\to\infty} \frac{a_n}{b_n} = 2$

2 ist der *Quotient* der Grenzwerte von $\langle a_n \rangle$ und $\langle b_n \rangle$.

c) Als Vermutung ergeben sich die im Folgenden formulierten Grenzwertsätze.

Satz 2: *Grenzwertsätze für Folgen*
Die Folge $\langle a_n \rangle$ konvergiere gegen A $\left(\text{d.h. } \lim\limits_{n\to\infty} a_n = A\right)$.
Die Folge $\langle b_n \rangle$ konvergiere gegen B $\left(\text{d.h. } \lim\limits_{n\to\infty} b_n = B\right)$.
Dann gilt:

Kurzform merken.

1. Grenzwertsatz für Summenfolgen
Die Folge $\langle a_n + b_n \rangle$ konvergiert gegen A + B. Kurz: $\lim\limits_{n\to\infty} (a_n + b_n) = \lim\limits_{n\to\infty} a_n + \lim\limits_{n\to\infty} b_n$

2. Grenzwertsatz für Differenzfolgen
Die Folge $\langle a_n - b_n \rangle$ konvergiert gegen A − B. Kurz: $\lim\limits_{n\to\infty} (a_n - b_n) = \lim\limits_{n\to\infty} a_n - \lim\limits_{n\to\infty} b_n$

3. Grenzwertsatz für Produktfolgen
Die Folge $\langle a_n \cdot b_n \rangle$ konvergiert gegen A · B. Kurz: $\lim\limits_{n\to\infty} (a_n \cdot b_n) = \lim\limits_{n\to\infty} a_n \cdot \lim\limits_{n\to\infty} b_n$

4. Grenzwertsatz für Quotientenfolgen
Die Folge $\left\langle \frac{a_n}{b_n} \right\rangle$ konvergiert gegen $\frac{A}{B}$, Kurz: $\lim\limits_{n\to\infty} \frac{a_n}{b_n} = \frac{\lim\limits_{n\to\infty} a_n}{\lim\limits_{n\to\infty} b_n}$
sofern $b_n \neq 0$ und $B \neq 0$.

Offensichtlich gibt es vom 4. Grenzwertsatz eine erweiterte Fassung. Die b_n im Nenner müssen nur von einer bestimmten Platznummer ab ungleich 0 sein. Die Quotienten sind dann nur von dieser Platznummer ab definiert.

Beispiel: $\frac{n+1}{n-1}$ ist nur für $n \geq 2$ definiert.

Auf einen Beweis dieser Sätze verzichten wir.

Weiterführende Aufgaben

2. *Spezialfall der Grenzwertsätze – Eine Folge ist konstant*

a) Bestimme mithilfe der Grenzwertsätze den Grenzwert der Folgen.

(1) $a_n = \frac{1}{\sqrt{n}} + 3$ (2) $a_n = 7 - \frac{1}{n^2}$ (3) $a_n = 5 \cdot \sqrt[n]{n}$ (4) $a_n = \frac{8}{\sqrt[n]{5}}$

b) Formuliere einen Sonderfall der Grenzwertsätze dafür, dass eine der Folgen konstant ist und beweise diesen Spezialfall mithilfe der Grenzwertsätze.
Gib auch eine Kurzformulierung des Spezialfalls an.

Kurzform

Konstanten Faktor vor das Limeszeichen setzen.

$\langle a_n \rangle$ sei konvergent. Dann gilt:

$\lim\limits_{n\to\infty} (a_n + c) = \left(\lim\limits_{n\to\infty} a_n\right) + c$; $\lim\limits_{n\to\infty} (c \cdot a_n) = c \cdot \lim\limits_{n\to\infty} a_n$;

$\lim\limits_{n\to\infty} (c - a_n) = c - \lim\limits_{n\to\infty} a_n$; $\lim\limits_{n\to\infty} \frac{c}{a_n} = \frac{c}{\lim\limits_{n\to\infty} a_n}$ $\left(\text{sofern } a_n \neq 0 \text{ und } \lim\limits_{n\to\infty} a_n \neq 0\right)$

3. *Termumformung vor Anwendung der Grenzwertsätze*

a) Manchmal ist es sinnvoll, vor Anwendung der Grenzwertsätze eine Termumformung vorzunehmen. Erkläre die Rechnung rechts.

$$\frac{2-n}{3+n} = \frac{n \cdot \left(\frac{2}{n} - 1\right)}{n \cdot \left(\frac{3}{n} + 1\right)} = \frac{\frac{2}{n} - 1}{\frac{3}{n} + 1}, \quad \text{also:}$$

$$\lim\limits_{n\to\infty} \frac{2-n}{3+n} = \frac{\lim\limits_{n\to\infty} \frac{2}{n} - \lim\limits_{n\to\infty} 1}{\lim\limits_{n\to\infty} \frac{3}{n} + \lim\limits_{n\to\infty} 1} = \frac{0-1}{0+1} = -1$$

b) Bestimme entsprechend

(1) $\lim\limits_{n\to\infty} \frac{3n^2 + 4n + 7}{9n^2 + 7n}$; (2) $\lim\limits_{n\to\infty} \frac{(4n+1)(2n+3)}{7n^2 + 4n + 2}$

4. *Berechnen des Grenzwertes einer Folge mithilfe einer Rekursionsgleichung der Folge*
Für die „Medikamentenfolge“ $\langle a_n \rangle$ (siehe Seiten 234 und 17) gilt:
Anfangsbedingung: $a_1 = 5$; Rekursionsgleichung: $a_{n+1} = a_n - 0{,}4 \cdot a_n + 5$
Die Berechnung der Folgenglieder sowie die Darstellung auf der Zahlengeraden lassen anschaulich erkennen: Die Folge konvergiert gegen 12,5.
Wenn man voraussetzt, dass $\langle a_n \rangle$ konvergiert, dann ist $\lim\limits_{n\to\infty} a_{n+1} = \lim\limits_{n\to\infty} a_n$.
Nach den Grenzwertsätzen gilt ferner:
$\lim\limits_{n\to\infty} a_{n+1} = \lim\limits_{n\to\infty} (a_n - 0{,}4 \cdot a_n + 5) = \lim\limits_{n\to\infty} a_n - 0{,}4 \cdot \lim\limits_{n\to\infty} a_n + 5$. Berechne daraus $\lim\limits_{n\to\infty} a_n$.

CAS **5.** *Bestimmen des Grenzwertes einer Folge mithilfe eines Computeralgebrasystems*
Viele Computeralgebrasysteme besitzen einen Befehl, mit denen der Grenzwert einer Folge bestimmt werden kann. Das ist nicht einheitlich bei allen Systemen.
Die Abbildung rechts zeigt eine Möglichkeit an.
Bestimme den Grenzwert: $a_n = \frac{\sqrt[n]{n}+1}{\sqrt[n]{5}+1}$

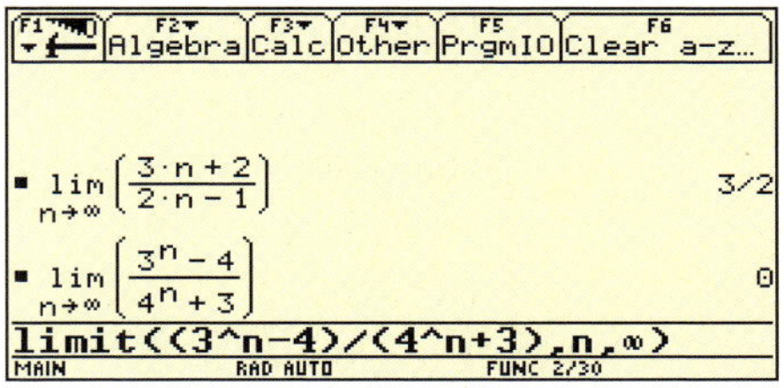

Übungsaufgaben

6.
Bestimme den Grenzwert durch Anwenden der Grenzwertsätze.

a) $a_n = \frac{n^3+n}{n^4}$ **c)** $a_n = \frac{\frac{1}{n}+n}{n}$ **e)** $a_n = \frac{5n^2+4n-2}{2n^2-2n+9}$ **g)** $a_n = \frac{15n^2-5n^2+2n}{3n^3-2n-1}$

b) $a_n = \frac{3+\frac{1}{n}}{4-\frac{(-1)^n}{n}}$ **d)** $a_n = \frac{4n^2+7n+8}{2n^2+3n+7}$ **f)** $a_n = \frac{8n^2-4n+2}{2n^3-4n^2+1}$ **h)** $a_n = \frac{12n^4-3n^2+1}{6n^4-4n^2+2n}$

7.
Untersuche auf Konvergenz und bestimme den Grenzwert.

a) $a_n = \frac{n+5}{n^2+1}$ **d)** $a_n = \frac{1-\frac{1}{n}}{3-\frac{1}{n^2}}$ **g)** $a_n = \frac{2n-1}{n^2-2}$ **j)** $a_n = \frac{4\sqrt{n}+1}{5\sqrt{n}+4}$ **m)** $a_n = \frac{2^n-1}{2^n}$

b) $a_n = \frac{n^2+1}{n+5}$ **e)** $a_n = \frac{2n^2}{n^2-10}$ **h)** $a_n = \frac{n-\frac{1}{n}}{n^2-\frac{1}{n}}$ **k)** $a_n = \frac{1+\sqrt{n}}{3+\sqrt{n}}$ **n)** $a_n = \frac{2-3^n}{2+3^n}$

c) $a_n = \frac{2n}{n^2-4{,}5}$ **f)** $a_n = \frac{4n+3}{2n-5}$ **i)** $a_n = \frac{n^2-1}{n^4+n^3}$ **l)** $a_n = \frac{\frac{1}{n^3}}{\frac{1}{n^2}}$ **o)** $a_n = \frac{n\,\sqrt[n]{n}+1}{n\,\sqrt[n]{n}-4}$

8.
Gib eine Folge an, die gegen die Zahl 4 [7; – 3; g] konvergiert.

9.
Beweise durch Zurückführen auf die Grenzwertsätze.

a) $\lim\limits_{n\to\infty} a_n^2 = \left(\lim\limits_{n\to\infty} a_n\right)^2$ **b)** $\lim\limits_{n\to\infty} a_n^k = \left(\lim\limits_{n\to\infty} a_n\right)^k$ mit $k \in \mathbb{N}^*$

10.
Warum ist der Grenzwertsatz für Quotientenfolgen in den folgenden Beispielen nicht anwendbar?

a) $a_n = \frac{4}{n}$; $b_n = \frac{2}{n}$ **b)** $a_n = 2 + \frac{1}{n}$; $b_n = \frac{1}{n}$ **c)** $a_n = 2$; $b_n = 1 + (-1)^n$

CAS **11.**
Bestimme den Grenzwert der Folgen in den Übungsaufgaben 5 und 6 mithilfe eines Computeralgebrasystems (CAS).

▲ 2.1.3 Konvergenz der geometrischen Reihe

Einführung Wann ist eine geometrische Reihe konvergent, wann divergent (vgl. Definition 3, Seite 113), d.h. wann konvergiert bzw. divergiert die Folge der Teilsummen?

1. Fall: $|q| \neq 1$

Für s_n gilt die Summenformel $s_n = a_1 \cdot \frac{1-q^n}{1-q}$.

Ist $-1 < q < 1$, so konvergiert $\langle q^n \rangle$ gegen 0.

Nach den Grenzwertsätzen ist dann auch $\langle s_n \rangle$ konvergent. Es gilt: $s = \lim\limits_{n \to \infty} s_n = a_1 \cdot \frac{1}{1-q}$.

Ist $|q| > 1$, so ist die Folge $\langle q^n \rangle$ divergent und daher ist auch die geometrische Reihe $\langle s_n \rangle$ divergent.

2. Fall: $q = 1$

Für diesen Fall kann die Summenformel nicht angewandt werden. Jetzt gilt wegen $q = 1$:

$s_n = a_1 + a_1 + \ldots + a_1 = n \cdot a_1$

Da bei jeder geometrischen Folge $a_1 \neq 0$ ist, ist $\langle s_n \rangle$ in diesem Falle divergent.

Satz 4

Eine geometrische Reihe mit dem Anfangsglied a_1 und dem konstanten Quotienten q ist konvergent, falls $-1 < q < 1$. Sie hat dann den Grenzwert $s = \frac{a_1}{1-q}$.

Andernfalls ist die geometrische Reihe divergent.

Der Grenzwert einer geometrischen Reihe wird auch **Summenwert der Reihe** genannt.

Man schreibt für ihn auch: $s = a_1 + a_1 \cdot q + a_1 \cdot q^2 + a_1 \cdot q^3 + \ldots = \frac{a_1}{1-q}$

Beispiel: $s = 3 + 3 \cdot \frac{1}{10} + 3 \cdot \frac{1}{100} + 3 \cdot \frac{1}{1000} + \ldots = \frac{3}{1-\frac{1}{10}} = \frac{3}{\frac{9}{10}} = \frac{30}{9} = \frac{10}{3} = 3\frac{1}{3}$

Also: $3{,}3333\ldots = 3\frac{1}{3}$

Weiterführende Aufgaben

1. *Zenon und die Schildkröte*

Zenon wollte so zeigen: Veränderung (Bewegung) ist Schein. Das wahre Sein ist unveränderlich.

Der griechische Philosoph ZENON (450 v. Chr.) behauptete, Achilles könne eine Schildkröte nicht einholen.

Sein Argument: Angenommen Achilles laufe 10-mal so schnell wie die Schildkröte und diese habe einen Vorsprung von 1 Stadion (ca. 185 m). Wenn Achilles diese Strecke zurückgelegt habe, sei die Schildkröte $\frac{1}{10}$ der Streckenlänge weitergekrochen. Wenn Achilles diese Strecke zurückgelegt habe, sei die Schildkröte erneut $\frac{1}{10}$ dieser Streckenlänge weitergekrochen usw. Die Schildkröte habe also immer einen Vorsprung.

a) Zeige, dass die Längen der jeweiligen Vorsprünge der Schildkröte eine geometrische Folge bilden.

b) Zeige, dass der Summenwert der zugehörigen geometrischen Reihe gleich der Länge des Weges ist, den die Schildkröte bis zum Einholen zurückgelegt hat.

c) Wie ist jetzt die Argumentation von Zenon zu beurteilen?

2. *Umwandeln eines periodischen Dezimalbruchs in einen gewöhnlichen Bruch*
Gegeben ist ein Dezimalbruch. Fasse ihn als geometrische Reihe auf und bestimme mit deren Summenwert die zugehörige Bruchzahl.

a) 0,22222 . . . **b)** 3,1111 . . . **c)** 4,77777. . . **d)** 0,454545 . . . **e)** 0,31783178 . . .

Übungsaufgaben

3.
Bestimme den Summenwert der geometrischen Reihe. Schreibe auch diese Reihe auf.

a) $a_1 = 2;\quad q = \frac{1}{2}$ **b)** $a_1 = 3;\quad q = -\frac{1}{3}$ **c)** $a_1 = 81;\quad q = -\frac{1}{3}$

CAS **4.**
Bestimme den Summenwert der geometrischen Reihe.

a) $1 + \frac{1}{3} + \left(\frac{1}{3}\right)^2 + \left(\frac{1}{3}\right)^3 + \ldots$ **e)** $1 - \frac{2}{3} + \frac{4}{9} - \ldots$ **i)** $0{,}1 - 0{,}02 + 0{,}004 - \ldots$

b) $1 + \frac{3}{4} + \left(\frac{3}{4}\right)^2 + \left(\frac{3}{4}\right)^3 + \ldots$ **f)** $1 + 0{,}7 + 0{,}49 + \ldots$ **j)** $\frac{1}{4} + \frac{1}{4^2} + \frac{1}{4^7} - \ldots$

c) $1 - \frac{1}{2} + \frac{1}{4} - \frac{1}{8} + \ldots$ **g)** $1 - 0{,}4 + 0{,}16 - \ldots$ **k)** $\frac{1}{3} - \frac{1}{3^5} + \frac{1}{3^9} - \ldots$

d) $1 + \frac{5}{6} + \frac{25}{36} + \frac{125}{216} + \ldots$ **h)** $2{,}4 + 1{,}2 + 0{,}6 + \ldots$ **l)** $10^{-1} + 10^{-2} + 10^{-3} + \ldots$

5.
Eine Folge von Würfeln werde aufeinander gelegt. Der folgende Würfel hat jeweils die halbe Kantenlänge des vorherigen. Der erste Würfel hat die Kantenlänge 10 cm.

a) Wie hoch ist der entstehende Treppenkörper? **b)** Wie groß ist sein Volumen?

6.
Bei einem Glücksspiel setzt ein Spieler zunächst 1 000 €, dann bei Verlust des Spiels jeweils 80 % seines letzten Einsatzes ein.
Wie viel hat er bei einem Spiel „beliebiger Länge“ eingesetzt, falls er ständig verliert?

7.
Man kann auf folgende Weise eine „Spirale“ bilden:
An einen Halbkreis (r = 5 cm Radius) wird ein zweiter mit halbem Radius aufgesetzt usw.

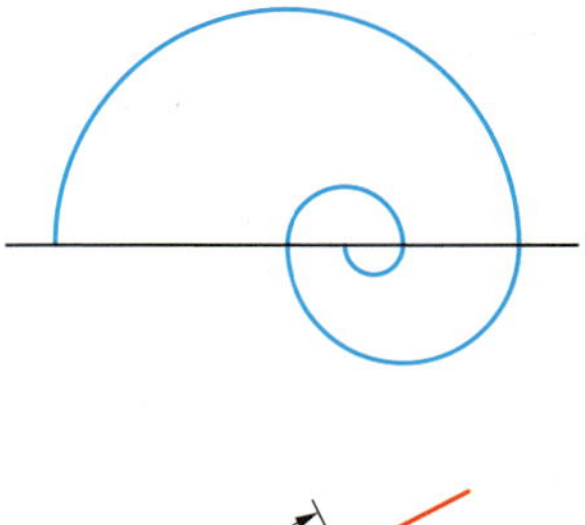

a) Wie groß ist die Gesamtlänge der Spirale?

b) Wie groß ist der Flächeninhalt aller verwendeten Halbkreisflächen?

8.
In einem Winkel α mit $\alpha < 90°$ ist von einem Punkt A des einen Schenkels das Lot auf den anderen Schenkel gefällt. Vom Fußpunkt dieses Lotes wird erneut das Lot auf den anderen Schenkel gefällt usw.
Wie lang sind alle entstehenden Lote zusammen?

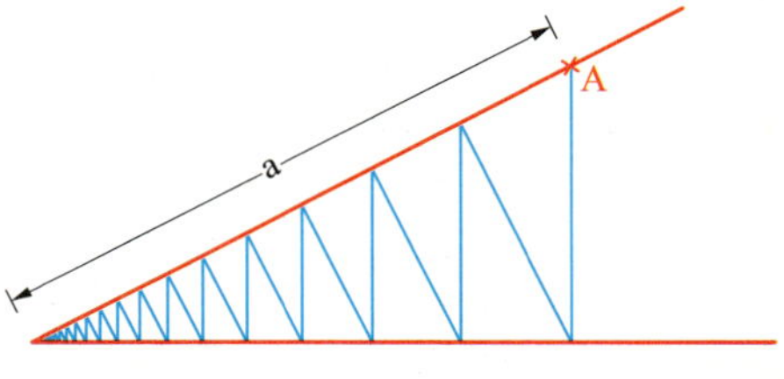

▲ **9.**
Entscheide, ob die folgende Aussage wahr oder falsch ist.
Ist a_1 fest vorgegeben, so kann man durch geeignete Wahl von q eine geometrische Reihe bestimmen, deren Summenwert s eine beliebige vorgegebene reelle Zahl ist.

2.2 Grenzwerte bei Funktionen

2.2.1 Grenzwert einer Funktion an der Stelle a

Wir betrachten das Beispiel der Funktion f mit $f(x)=\frac{\sin x}{x}$. Diese Funktion ist für alle reellen Zahlen außer für 0 definiert. Wie wird sich der Graph dieser Funktion in der Nähe der Stelle 0 verhalten?

Wir können uns z. B. auf dem Graphen dieser Funktionen einen Punkt $P(x_p \mid y_p)$ links oder rechts der 2. Achse denken, der in Pfeilrichtung wandert, sodass also x_p gegen 0 strebt. Wird dann auch y_p gegen eine Zahl, also einen Grenzwert streben?

Diese Zahl würde der Grenzwert der Funktion $x \mapsto \frac{\sin x}{x}$ an der Stelle 0 heißen.

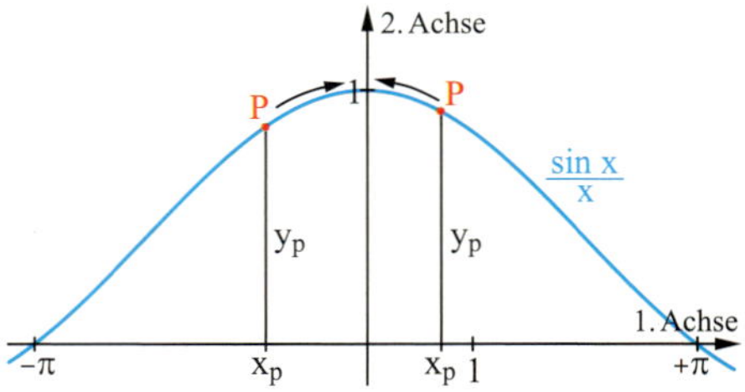

Wir gehen bei diesem Begriff zunächst von einer anschaulichen Vorstellung aus und kommen dann zu einer präzisen Definition.

Aufgabe 1 *Anschauliche Fassung des Grenzwertes* $\lim\limits_{x \to a} f(x)$

Gegeben sei die Funktion f. Wir stellen uns einen Punkt $P(x_p \mid y_p)$ auf dem Graphen der Funktion f vor. Er möge sich einmal links von 1,5 und einmal rechts von 1,5 so bewegen, dass seine Abszisse x_p auf 1,5 zustrebt. Welchem Wert strebt dann die Ordinate y_p zu?

a) *1. Fall:* Die Funktion ist an der Stelle 1,5 *nicht* definiert.

(1) $f(x)=x+1 \quad \text{für } x \neq 1{,}5$ (2) $f(x)=\begin{cases} x+1 & \text{für } x<1{,}5 \\ x+2 & \text{für } x>1{,}5 \end{cases}$

b) *2. Fall:* Die Funktion ist an der Stelle 1,5 definiert.

(3) $f(x)=\begin{cases} x+1 & \text{für } x \neq 1{,}5 \\ 3{,}5 & \text{für } x=1{,}5 \end{cases}$ (4) $f(x)=\begin{cases} x+1 & \text{für } x \leq 1{,}5 \\ x+2 & \text{für } x>1{,}5 \end{cases}$

Lösung **a)** (1) Bei Annäherung von links und von rechts strebt die Ordinate y_p in beiden Fällen gegen 1,5 + 1, also gegen 2,5. Das erkennt man auch, wenn man in den Term x + 1 Werte in der Nähe von 1,5 einsetzt.

x	1,49	1,499	1,4999	...	1,5001	1,501	1,51
f (x)	2,49	2,499	2,4999	...	2,5001	2,501	2,51

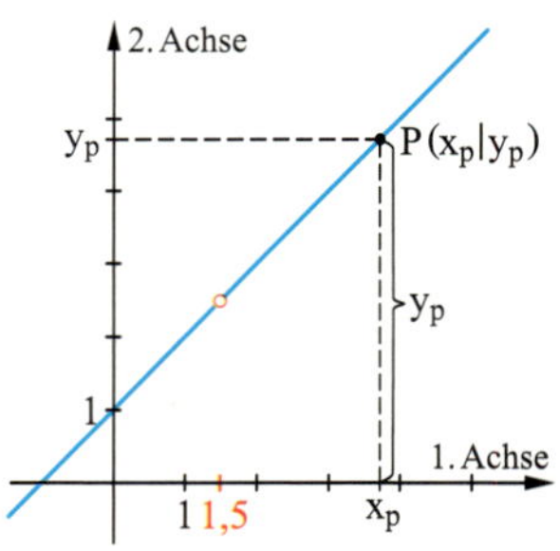

Man nennt 2,5 den Grenzwert der Funktion an der Stelle 1,5 und schreibt $\lim\limits_{x \to 1{,}5}(x+1)=2{,}5$.

(2) Bei Annäherung von links strebt y_p gegen 1,5 + 1, also gegen 2,5. Bei Annäherung von rechts strebt y_p gegen 1,5 + 2, also gegen 3,5.

x	1,49	1,499	1,4999	...	1,5001	1,501	1,51
f (x)	2,49	2,499	2,4999	...	3,5001	3,501	3,51

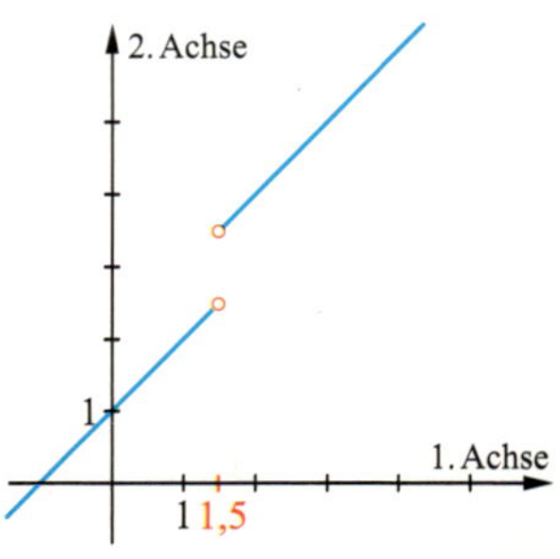

Die Funktion hat *keinen* Grenzwert an der Stelle 1,5, weil sich *verschiedene* Werte ergeben. $\lim\limits_{x \to 1{,}5} f(x)$ existiert nicht.

b) (3) Bei Annäherung von links und von rechts strebt die Ordinate y_p in beiden Fällen gegen $1{,}5 + 1$, also gegen 2,5.

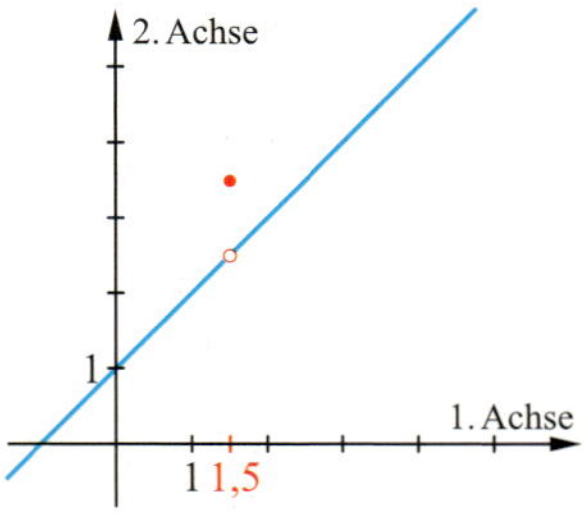

$\longrightarrow$ $\longleftarrow$

x	1,49	1,499	1,4999	...	1,5001	1,501	1,51
f (x)	2,49	2,499	2,4999	...	2,5001	2,501	2,51

Der Grenzwert der Funktion an der Stelle 1,5 ist gleich 2,5; $\lim\limits_{x \to 1{,}5} f(x) = 2{,}5$.

(4) Bei Annäherung von links strebt y_p gegen den Funktionswert an der Stelle 1,5, also gegen $1{,}5 + 1$, d.h. gegen 2,5. Bei Annäherung von rechts strebt y_p gegen $1{,}5 + 2$, also gegen 3,5.

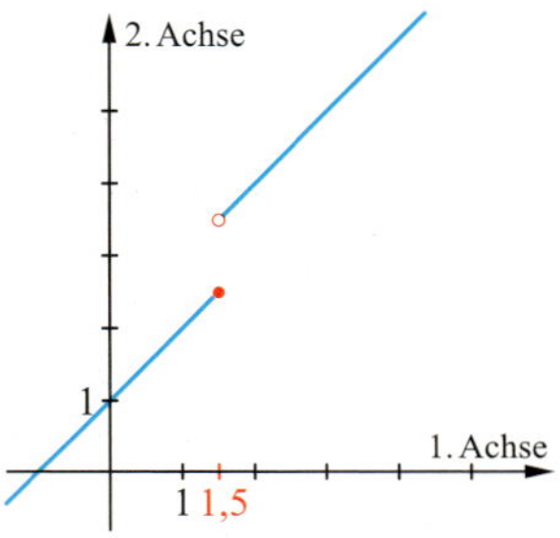

$\longrightarrow$ $\longleftarrow$

x	1,49	1,499	1,4999	...	1,5001	1,501	1,51
f (x)	2,49	2,499	2,4999	...	3,5001	3,501	3,51

Die Funktion hat an der Stelle 1,5 *keinen* Grenzwert, weil sich *verschiedene* Werte ergeben.

Information **Grundfolgen und zugehörige Folge der Funktionswerte**

Die Abszissenfolge 1,49; 1,499; 1,4999, ... sowie 1,51, 1,501, 1,5001, ... von Aufgabe 1 konvergieren gegen die Zahl 1,5. Wir nennen sie eine gegen 1,5 konvergierende *Grundfolge* oder *Abszissenfolge* $\langle x_n \rangle$. In den Tabellen der Lösungen zu Aufgabe 1 ist auch jeweils die *Folge der Funktionswerte* $\langle f(x_n) \rangle$ (Folge der Ordinaten) berechnet.

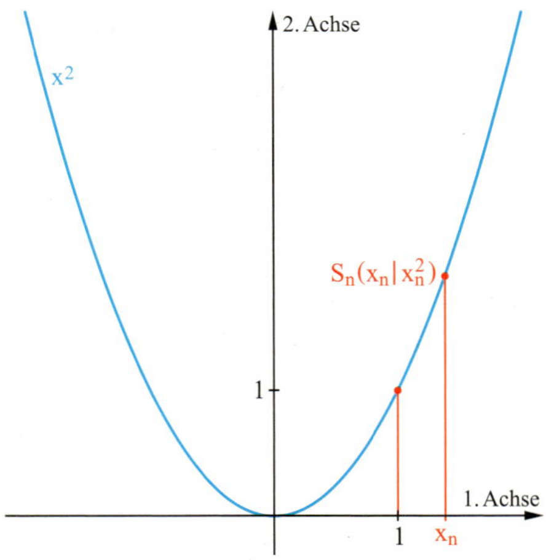

Beispiel: Wir berechnen die Funktion f mit $f(x) = x^2$ und die Stelle 1. Dann sind die Folgen $\left\langle 1 + \frac{1}{n} \right\rangle$, $\left\langle 1 - \frac{1}{n} \right\rangle$, $\left\langle 1 + (-1)^n \cdot \frac{1}{n} \right\rangle$ Grundfolgen, die gegen 1 konvergieren. Die zugehörigen Folgen der Funktionswerte $\langle x_n^2 \rangle$ konvergieren jeweils gegen $1 \cdot 1$, also gegen 1.

Aufgabe 2 *Hinführung zur präzisierten Definition des Grenzwertes* $\lim\limits_{x \to a} f(x)$

Wir greifen zurück auf die Funktionen f von Aufgabe 1 mit:

(1) $f(x) = x + 1 \quad \text{für } x \neq 1{,}5$

(3) $f(x) = \begin{cases} x + 1 & \text{für } x \neq 1{,}5 \\ 3{,}5 & \text{für } x = 1{,}5 \end{cases}$

(2) $f(x) = \begin{cases} x + 1 & \text{für } x < 1{,}5 \\ x + 2 & \text{für } x > 1{,}5 \end{cases}$

(4) $f(x) = \begin{cases} x + 1 & \text{für } x < 1{,}5 \\ x + 2 & \text{für } x \geq 1{,}5 \end{cases}$

Grundfolgen heißen auch Abszissenfolgen

Gib zu diesen Funktionen Grundfolgen an, die gegen 1,5 konvergieren und bestimme den Grenzwert der zugehörigen Folge der Funktionswerte.

Lösung

(1) Sei $\langle x_n \rangle$ eine beliebige gegen 1,5 konvergierende Grundfolge mit $x_n \neq 1{,}5$. Dann gilt für die Folge $\langle f(x_n) \rangle$ der Funktionswerte: $f(x_n) = x_n + 1$
Nach dem Grenzwertsatz für Summenfolgen konvergiert dann $\langle f(x_n) \rangle$ gegen $1{,}5 + 1$, also gegen 2,5. Da $\langle x_n \rangle$ eine beliebige Grundfolge war, gilt: Zu jeder Grundfolge $\langle x_n \rangle$ mit $x_n \neq 1{,}5$ und $\lim\limits_{x \to \infty} x_n = 1{,}5$ konvergiert die zugehörige Folge der Funktionswerte gegen $1{,}5 + 1$, also gegen 2,5.

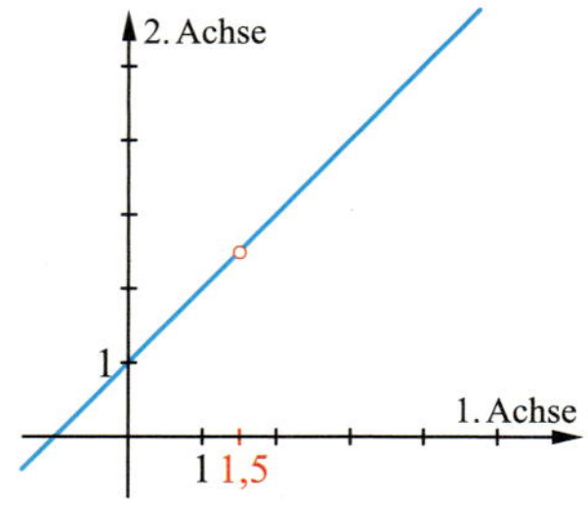

(2) Wir geben zwei Grundfolgen $\langle x_n \rangle$ und $\langle \overline{x}_n \rangle$ vor, die von links bzw. von rechts gegen 1,5 konvergieren.
Beispiel: $x_n = 1{,}5 - \frac{1}{n}$; $\overline{x}_n = 1{,}5 + \frac{1}{n}$
Dann gilt für die zugehörigen Folgen der Funktionswerte:

$$\lim_{n\to\infty} f(x_n) = \lim_{n\to\infty} (x_n + 1) = \lim_{n\to\infty} \left(1{,}5 - \tfrac{1}{2} + 1\right) = 1{,}5 + 1 = 2{,}5$$

$$\lim_{n\to\infty} f(\overline{x}_n) = \lim_{n\to\infty} (\overline{x}_n + 2) = \lim_{n\to\infty} \left(1{,}5 + \tfrac{1}{2} + 2\right) = 1{,}5 + 2 = 3{,}5$$

Die Folge der Funktionswerte konvergieren gegen *verschiedene* Grenzwerte.

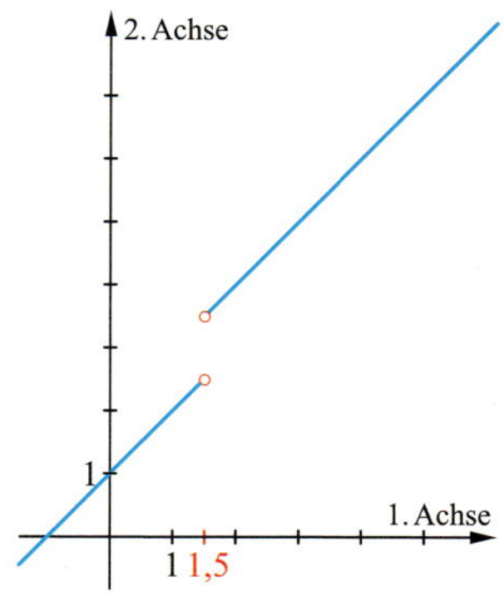

(3) Sei $\langle x_n \rangle$ eine beliebige Grundfolge mit $\lim\limits_{x\to\infty} x_n = 1{,}5$ und $x_n \neq 1{,}5$.
Dann gilt: $\lim\limits_{n\to\infty} f(x_n) = \lim\limits_{n\to\infty} (x_n + 1) = 1{,}5 + 1 = 2{,}5$
Alle Folgen von Funktionswerten, die zu verschiedenen Grundfolgen $\langle x_n \rangle$ $\left(\text{mit } \lim\limits_{n\to\infty} x_n \neq 1{,}5,\ x_n \neq 1{,}5\right)$ gehören, konvergieren gegen denselben Grenzwert $1{,}5 + 1$, also gegen 2,5.

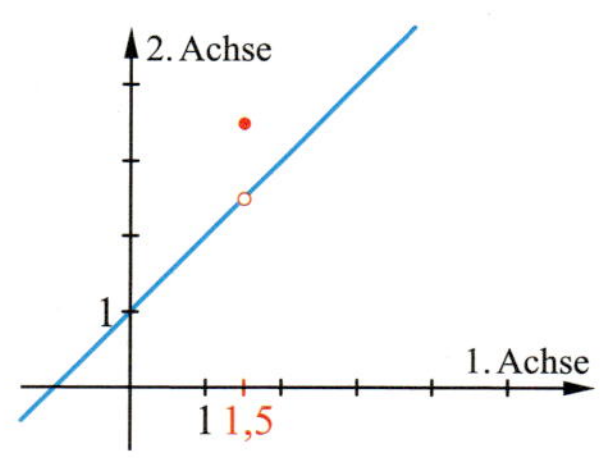

(4) Wir geben zwei Grundfolgen vor, die von links bzw. von rechts gegen 1,5 konvergieren.
Beispiele: $x_n = 1{,}5 - \left(\frac{1}{2}\right)^n$; $\overline{x}_n = 1{,}5 + \left(\frac{1}{2}\right)^n$

$$\lim_{n\to\infty} f(x_n) = \lim_{n\to\infty} (x_n + 1) = \lim_{n\to\infty} \left(1{,}5 - \left(\tfrac{1}{2}\right)^n + 1\right) = 1{,}5 + 1 = 2{,}5$$

$$\lim_{n\to\infty} f(\overline{x}_n) = \lim_{n\to\infty} (\overline{x}_n + 2) = \lim_{n\to\infty} \left(1{,}5 + \left(\tfrac{1}{2}\right)^n + 2\right) = 1{,}5 + 2 = 3{,}5$$

Die zugehörigen Folgen von Funktionswerten konvergieren nicht gegen denselben Grenzwert.

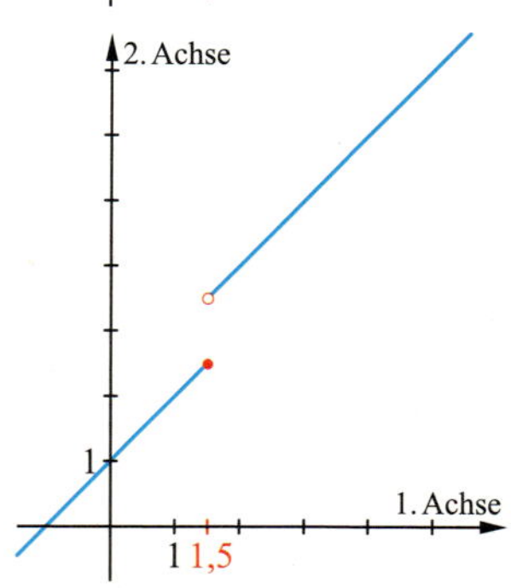

Information Die bisher betrachteten Beispiele haben gezeigt:
Wenn nach der anschaulichen Vorstellung die Funktion f an der Stelle a einen Grenzwert hat, dann konvergieren alle Folgen von Funktionswerten, die jeweils zu einer gegen a konvergierenden Grundfolge gehören, gegen denselben Grenzwert.
Wenn dagegen nach der anschaulichen Vorstellung die Funktion f an der Stelle a keinen Grenzwert hat, so gibt es gegen a konvergierende Grundfolgen, deren zugehörige Folgen der Funktionswerte nicht gegen denselben Grenzwert konvergieren.
Diese Tatsache verwenden wir zur präzisierten Definition.

Definition 4

Unter dem **Grenzwert der Funktion f an der Stelle a** versteht man eine Zahl, die man folgendermaßen erhält:

(1) Man geht aus von Grundfolgen $\langle x_n \rangle$ mit $x_n \neq a$, die gegen a konvergieren.
(2) Man bildet zu jeder Grundfolge $\langle x_n \rangle$ die zugehörige Folge der Funktionswerte $\langle f(x_n) \rangle$.
(3) Man prüft, ob jede dieser Folgen von Funktionswerten gegen denselben Grenzwert G konvergiert.

Ist dies der Fall, so heißt die Zahl G der Grenzwert der Funktion f an der Stelle a.
Man schreibt: $G = \lim\limits_{x \to a} f(x)$. Man sagt: $\lim\limits_{x \to a} f(x)$ existiert.
Ist Bedingung (3) nicht erfüllt, so hat die Funktion an der Stelle a keinen Grenzwert.
Man sagt: Der Grenzwert $\lim\limits_{x \to a} f(x)$ existiert nicht.

Weiterführende Aufgaben

3. *Bestimmen von* $\lim\limits_{x \to a} \sqrt{x}$

Am Graphen der Funktion $x \mapsto \sqrt{x}$ erkennt man anschaulich: $\lim\limits_{x \to a} \sqrt{x} = \sqrt{a}$.

a) Bestätige das empirisch mithilfe des Taschenrechners für $a = 3$. Wähle dazu die Grundfolge 3,1; 3,01; 3,001; ... bzw. die Grundfolge 2,9; 2,99; 2,999; ...

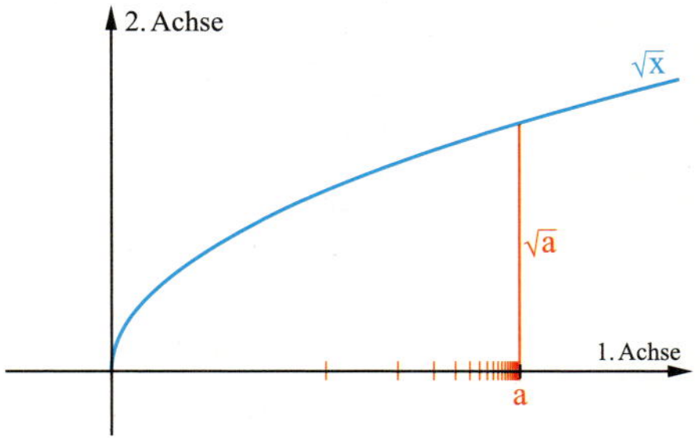

▲ **b)** Erläutere den folgenden Beweis von $\lim\limits_{x \to a} \sqrt{x} = \sqrt{a}$.

$\langle x_n \rangle$ sei eine beliebige Grundfolge, die gegen a konvergiert. Wir müssen zeigen, dass die Folge der Funktionswerte $\langle \sqrt{x_n} \rangle$ gegen $\sqrt{a}$ konvergiert.

Dazu müssen wir zeigen, dass in jeder Umgebung von $\sqrt{a}$ unendlich viele Glieder von $\langle \sqrt{x_n} \rangle$ liegen und außerhalb nur endlich viele.

Sei $U_\varepsilon(\sqrt{a})$ eine beliebige ε-Umgebung von $\sqrt{a}$. Wie in der Zeichnung angegeben, bestimmen wir dann eine Umgebung V(a). (Wir suchen dazu die Urbilder von $\sqrt{a} + \varepsilon$ bzw. $\sqrt{a} - \varepsilon$ und wählen dann ein kleineres Intervall mit a als Mittelpunkt.)

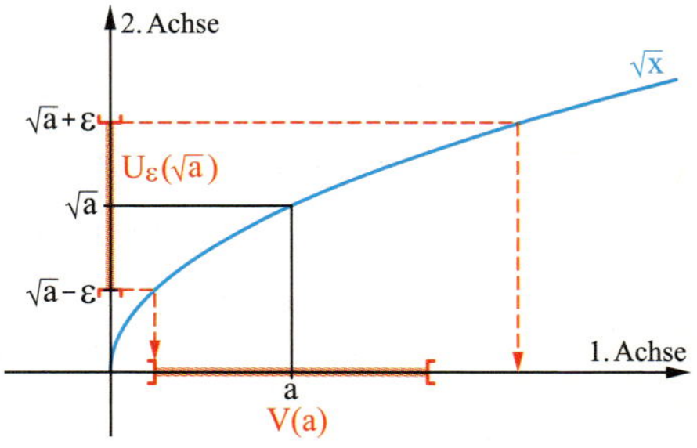

Da $\langle x_n \rangle$ gegen a konvergiert, liegen nur endlich viele Glieder von $\langle x_n \rangle$ außerhalb von V(a), alle anderen liegen innerhalb von V(a). Wie die Zeichnung zeigt, liegen höchstens diejenigen $\sqrt{x_n}$ außerhalb von $U_\varepsilon(\sqrt{a})$, für die x_n außerhalb von V(a) liegen. Also liegen nur endlich viele Glieder von $\langle \sqrt{x_n} \rangle$ außerhalb von $U_\varepsilon(\sqrt{a})$ und also unendlich viele innerhalb. Es gilt: $\lim\limits_{x \to a} \sqrt{x_n} = \sqrt{a}$. ■

▲ **c)** In Teil b) wurde formuliert: Wie die Zeichnung zeigt, liegen höchstens diejenigen $\sqrt{x_n}$ außerhalb von $U_\varepsilon(a)$, für die x_n außerhalb von $V(a)$ liegen.
Weise dies durch Rechnung nach.

Anleitung: Zeige zunächst, dass $]a-(2\sqrt{a}\,\varepsilon-\varepsilon^2);\ a+(2\sqrt{a}\,\varepsilon-\varepsilon^2)[$ eine der Zeichnung entsprechende Umgebung $V(a)$ ist. Zeige dann mithilfe von Ungleichungen:
Wenn $x_n \in V(a)$, dann $\sqrt{x_n} \in U_\varepsilon(\sqrt{a})$.

4. *Bestimmen von* $\lim\limits_{x\to a} \sin x$

Am Graphen der Funktion $x \mapsto \sin x$ erkennt man anschaulich: $\lim\limits_{x\to a} \sin x = \sin a$.

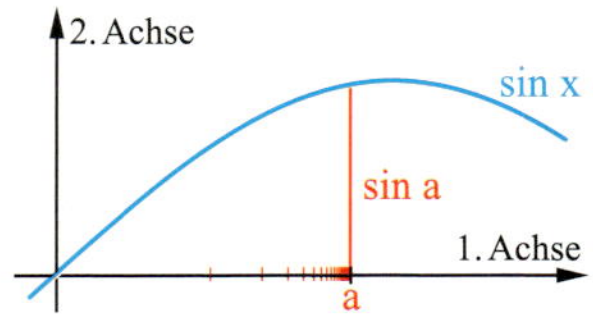

a) Bestätige das empirisch mithilfe des Taschenrechners für $a = 2$. Wähle dazu die Grundfolge 2,1; 2,01; 2,001; … bzw. die Grundfolge 1,9; 1,99; 1,999; …

▲ **b)** Führe einen Beweis von $\lim\limits_{x\to a} \sin x = \sin a$ ähnlich wie in Aufgabe 3b).

Beachte: x und a sind im Bogenmaß angegeben. Das bedeutet: x ist die Länge des Bogens von Punkt P(1 | 0) bis zur Stelle x auf dem Einheitskreis. Ferner ist a die Länge des Bogens von P(1 | 0) bis zur Stelle a auf dem Einheitskreis. Die Umgebung $U_\varepsilon(a)$ lässt sich als Bogenstück um die Stelle a deuten.

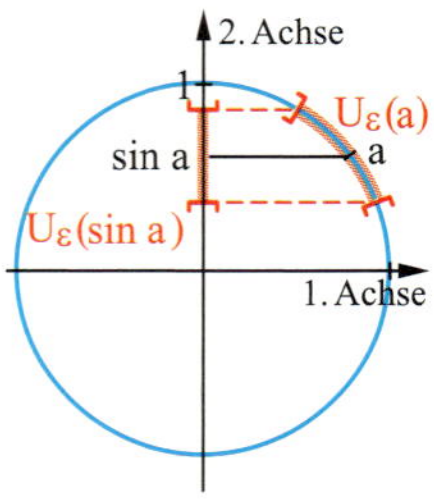

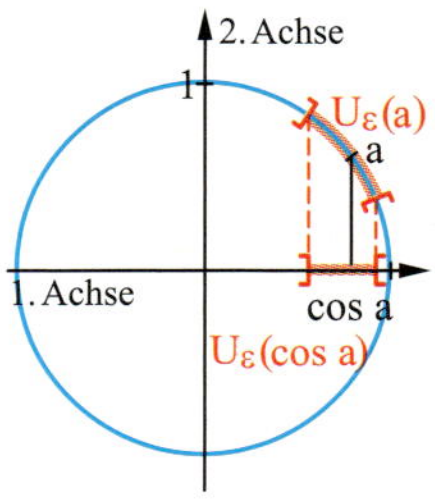

c) Zeige empirisch mit dem Taschenrechner, dass gilt: $\lim\limits_{x\to a} \cos x = \cos a$.

5. *h-Methode zur Präzisierung des Begriffs Grenzwert*

Anstelle von Grundfolgen $\langle x_n \rangle$ kann man zur Präzisierung des Begriffs Grenzwert auch Nullfolgen $\langle h_n \rangle$ verwenden. **Nullfolgen** sind *Folgen, die gegen null konvergieren.*
Zeige, dass folgende Definition logisch äquivalent zu der Definition 5 ist, d. h. dass aus Definition 4 die Definition 5 folgt und umgekehrt aus Definition 5 die Definition 4.

Definition 5

f sei eine Funktion und a liege nicht isoliert zum Definitionsbereich der Funktion f. Unter dem Grenzwert der Funktion f an der Stelle a versteht man eine Zahl, die man folgendermaßen erhält:

(1) Man geht aus von Nullfolgen $\langle h_n \rangle$ mit $h_n \neq 0$, $a + h_n$ liege im Definitionsbereich von f.

(2) Man bildet zu jeder Folge $\langle a + h_n \rangle$ die zugehörige Folge der Funktionswerte $\langle f(a + h_n) \rangle$.

(3) Man prüft, ob jede dieser Folgen von Funktionswerten gegen denselben Grenzwert G konvergiert.

Ist dies der Fall, ist der Grenzwert G also unabhängig von der Auswahl der Nullfolge $\langle h_n \rangle$, so heißt G der Grenzwert der Funktion an der Stelle a.

Übungsaufgaben

6.
Gegeben sind die Funktion f, die Stelle a sowie eine gegen a konvergierende Grundfolge $\langle x_n \rangle$. Gib die Folge $\langle P_n \rangle$ der Punkte des Graphen an, die x_n als Abszisse haben.
Gib ferner die Folge der Funktionswerte an und bestimme deren Grenzwert.

a) $f(x) = x^2$ (1) $a = 2;\ x_n = 2 + \frac{1}{n}$ (2) $a = -4 - \frac{1}{n}$ (3) $a = 0;\ x_n = (-1d)^n \cdot \frac{1}{n}$

b) $f(x) = x^3$ (1) $a = 1;\ x_n = 1 - \left(\frac{1}{2}\right)^n$ (2) $a = -2;\ x_n = -2 + \frac{1}{n}$

c) $f(x) = x^4 + x;\ a = 1;\ x_n = 1 + (-1)^n \cdot \frac{1}{n}$

d) $f(x) = \frac{1}{x};\ a = 1;\ x_n = 1 + (-1)^n \cdot \left(\frac{1}{2}\right)^n$

7.
Gegeben sind die Funktion f und die Stelle a. Wähle eine beliebige gegen a konvergierende Grundfolge. Bestimme dann die zu dieser Grundfolge gehörende Folge der Funktionswerte und deren Grenzwert.
Welche Grenzwertsätze mussten bei der Grenzwertbestimmung angewandt werden?

a) $f(x) = x^2;$ $a = -5$

b) $f(x) = x^5;$ $a = 3$

c) $f(x) = x^3 + x^2;$ a beliebig

d) $f(x) = 8x^3;$ a beliebig

e) $f(x) = mx + n;$ a beliebig

f) $f(x) = \frac{1}{x};$ $a = 4$

g) $f(x) = \frac{1}{x^2};$ $a = -2$

h) $f(x) = \frac{1}{x^4};$ a beliebig mit $a \neq 0$

i) $f(x) = \frac{1}{(x+1)^2};$ a beliebig mit $a \neq -1$

j) $f(x) = \frac{3x}{x-2};$ a beliebig mit $a \neq 2$

8.
Gegeben sind die Funktion f, die Stelle a und eine Nullfolge $\langle h_n \rangle$. Fasse x_n als Koordinatendifferenz $a - h_n$ auf.
Bestimme die zugehörige Folge der Funktionswerte und deren Grenzwert.

a) $f(x) = x^2;$ $a = 2$ (1) $h_n = \frac{1}{n}$ (2) $h_n = -\frac{1}{n}$ (3) $h_n = (-1)^n \cdot \frac{1}{n}$

b) $f(x) = x^3;$ $a = -3;$ $h_n = \frac{1}{n}$

c) $f(x) = x^4;$ $a = 1;$ $h_n = -\left(\frac{1}{2}\right)^n$

d) $f(x) = 4x^2;$ $a = 4;$ $h_n = \left(\frac{1}{2}\right)^n$

e) $f(x) = x^3 + x^2;$ $a = 1{,}5;$ $h_n = (0{,}9)^n$

9.
Bestimme den Grenzwert.

a) $\lim\limits_{x \to 5} (x^2 + 1)$

b) $\lim\limits_{x \to 3} (3x^3 + 2)$

c) $\lim\limits_{x \to 0} (2x - 1) \cdot 3$

d) $\lim\limits_{x \to 6} (3x^3 - x^2)$

e) $\lim\limits_{x \to 1} \frac{x+2}{x-4}$

f) $\lim\limits_{x \to 4} \frac{x^2 + 2x + 9}{(x-7) \cdot (x+2)}$

g) $\lim\limits_{x \to 2} \frac{x-4}{x+2}$

h) $\lim\limits_{x \to 0} \frac{x^3 + 2}{x^2 + 3}$

i) $\lim\limits_{x \to -1} \frac{x^4 + x^2 - x}{x^4 - x^2 + x}$

2.2.2 Grenzwertsätze bei Funktionen

Die folgenden Grenzwerte haben wir als anschaulich einsichtig angesehen oder exakt mithilfe von Grundfolgen nachgewiesen. Die Grenzwerte weiterer Funktionen lassen sich dann mithilfe von Grenzwertsätzen erschließen.

$$\lim_{x \to a} x = a; \quad \lim_{x \to a} x^2 = a^2; \quad \lim_{x \to a} c = c; \quad \lim_{x \to a} = \sqrt{x} = \sqrt{a}; \quad \lim_{x \to a} \sin x = \sin a; \quad \lim_{x \to a} \cos x = \cos a$$

Aufgabe 1

a) Ähnlich wie für Grenzwerte $\lim\limits_{n \to \infty} a_n$ (vgl. Seite 115) kann man auch für Grenzwerte $\lim\limits_{x \to a} f(x)$ Grenzwertsätze aufstellen.
Formuliere diese und beweise den ersten dieser Sätze.

b) Bestimme durch Anwenden der Grenzwertsätze den Grenzwert g der Funktion f an der Stelle a für $f(x) = \frac{4x^2 - 1}{2x^2 + 4}$ und $a = 6$.

Lösung

a)

Grenzwertsätze

Die Funktionen u und v seien in einem gemeinsamen Intervall definiert.
Die Grenzwertsätze $\lim\limits_{x \to a} u(x)$ und $\lim\limits_{x \to a} v(x)$ sollen existieren. Dann gilt:

1. Grenzwertsatz für Summenfunktionen
Der Grenzwert $\lim\limits_{x \to a} u((x) + v(x))$ existiert und es gilt:

$$\lim_{x \to a} u((x) + v(x)) = \lim_{x \to a} u(x) + \lim_{x \to a} v(x)$$

2. Grenzwertsatz für Differenzfunktionen
Der Grenzwert $\lim\limits_{x \to a} u((x) - v(x))$ existiert und es gilt:

$$\lim_{x \to a} u((x) - v(x)) = \lim_{x \to a} u(x) - \lim_{x \to a} v(x)$$

3. Grenzwertsätze für Produktfunktionen
Der Grenzwert $\lim\limits_{x \to a} u((x) \cdot v(x))$ existiert und es gilt:

$$\lim_{x \to a} u((x) \cdot v(x)) = \lim_{x \to a} u(x) \cdot \lim_{x \to a} v(x)$$

4. Grenzwert für Quotientenfolgen
Der Grenzwert $\lim\limits_{x \to a} \frac{u(x)}{v(x)}$ existiert, sofern $\lim\limits_{x \to a} v(x) \neq 0$ und es gilt:

$$\lim_{x \to a} \frac{u(x)}{v(x)} = \frac{\lim\limits_{x \to a} u(x)}{\lim\limits_{x \to a} v(x)}$$

Beweis der Grenzwertsätze für Summenfunktionen
$\langle x_n \rangle$ sei eine beliebige Grundfolge mit $\lim\limits_{x \to \infty} x_n = a; x_n \neq a$.
Dann gilt nach Voraussetzung: $\lim\limits_{x \to a} u(x) = \lim\limits_{n \to \infty} u(x_n)$; $\lim\limits_{x \to a} v(x) = \lim\limits_{n \to \infty} v(x_n)$.
Nach dem Grenzwertsatz für Summenfolgen existiert dann $\lim\limits_{n \to \infty} (u(x_n) + v(x_n))$, und es gilt:

$$\lim_{n \to \infty} (u(x_n) + v(x_n)) = \lim_{n \to \infty} u(x_n) + \lim_{n \to \infty} v(x_n) = \lim_{x \to a} u(x) + \lim_{x \to a} v(x). \quad \blacksquare$$

b) $$\lim_{x \to 6} \frac{\lim\limits_{x \to 6} (4x^2 - 1)}{\lim\limits_{x \to 6} (2x^2 + 4)} = \frac{\lim\limits_{x \to 6} 4 \cdot \lim\limits_{x \to 6} x^2 - \lim\limits_{x \to 6} 1}{\lim\limits_{x \to 6} 2 \cdot \lim\limits_{x \to 6} x^2 + \lim\limits_{x \to 6} 4} = \frac{4 \cdot 6^2 - 1}{2 \cdot 6^2 + 4} = \frac{143}{76} = 1\frac{67}{76}$$

Weiterführende Aufgabe

2. *Sonderfälle der Grenzwertsätze für Funktionen*

a) Beweise durch Zurückführen auf die Grenzwertsätze für Funktionen:

(1) $\lim\limits_{x\to a} \left(c \cdot u(x)\right) = c \cdot \lim\limits_{x\to a} u(x)$ (3) $\lim\limits_{x\to a} \left(u(x)\right)^2 = \left(\lim\limits_{x\to a} u(x)^2\right)$

(2) $\lim\limits_{x\to a} \left(u(x) + c\right) = c \cdot \lim\limits_{x\to a} u(x) + c$ (4) $\lim\limits_{x\to a} \frac{1}{v(x)} = \frac{1}{\lim\limits_{x\to a} v(x)}$ für $\lim\limits_{x\to a} v(x) \neq 0$

b) Stelle selbst weitere Grenzwertsätze ähnlich wie in Aufgabe 2a) auf. Beweise sie durch Zurückführen auf die Grenzwertsätze für Funktionen und gib eine ausführliche Formulierung an.

Information

(1) $\lim\limits_{x\to a} \frac{u(x)}{v(x)}$ kann existieren, obgleich $\lim\limits_{x\to a} u(x) = 0$ und $\lim\limits_{x\to a} v(x) = 0$ ist

Wir betrachten das Beispiel $\lim\limits_{x\to 5} \frac{x^2-25}{x-5}$. Hier ist $u(x) = x^2 - 25$ und $v(x) = x - 5$. Es gilt nach den Grenzwertsätzen für Funktionen: $\lim\limits_{x\to 5} u(x) = \lim\limits_{x\to 5} x^2 - 25 = 25 - 25 = 0$ und $\lim\limits_{x\to 5} v(x) = \lim\limits_{x\to 5} (x-5) = 5 - 5 = 0$. Dennoch existiert der Grenzwert. Es gilt nämlich für $x \neq 5$: $\frac{x^2}{x-5} = \frac{(x+5)\cdot(x-5)}{x-5} = x + 5$. Also folgt: $\lim\limits_{x\to 5} \frac{x^2-25}{x-5} = \lim\limits_{x\to 5} (x+5) = 5 + 5 = 10$.

Dieses Beispiel ist kein Widerspruch zu dem Grenzwertsatz für Quotientenfolgen. Dort ist nämlich $\lim\limits_{x\to a} v(x) \neq 0$ vorausgesetzt. Daher kann dieser Grenzwertsatz bei diesem Beispiel gar nicht angewandt werden.

Man kann versuchen, den Graphen der Funktion f mit $f(x) = \frac{x^2-25}{x-5}$ zu zeichnen. Diese Funktion ist für $x = 0$ nicht definiert, da man durch 0 nicht dividieren kann.

Nun gilt für $x \neq 5$:

$$f(x) = \frac{x^2-25}{x-5} = \frac{(x+5)\cdot(x-5)}{x-5} = x + 5$$

Der Graph der Funktion f mit $f(x) = x + 5$ für $x \neq 5$ ist eine Gerade, aus welcher der Punkt an der Stelle 5 herausgenommen wurde.

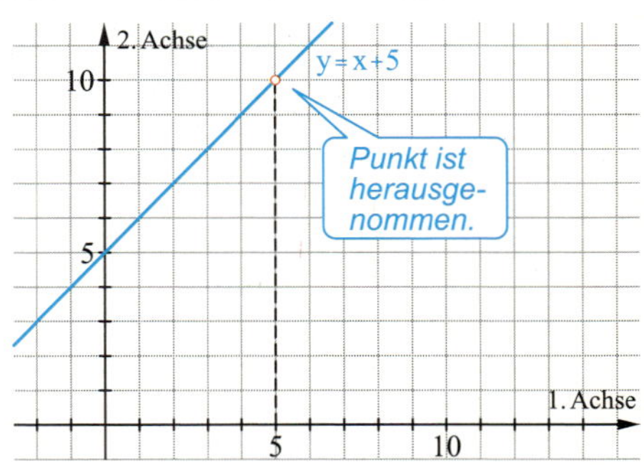

Jetzt ist auch anschaulich klar, warum $\lim\limits_{x\to 5} \frac{x^2-25}{x-5} = 5 + 5 = 10$ ist.

Beispiele, bei denen $\lim\limits_{x\to a} \frac{u(x)}{v(x)}$ existiert, obgleich $\lim\limits_{x\to a} u(x) = 0$ und $\lim\limits_{x\to a} v(x) = 0$ ist, spielen in Kapitel 3 (Differentialrechnung) eine große Rolle (siehe z. B. S. 138).

(2) Der Grenzwert $\lim\limits_{x\to 0} \frac{\sin x}{x}$

Auch bei diesem Grenzwert gilt: $\lim\limits_{x\to 0} \sin x = \sin 0 = 0$ und $\lim\limits_{x\to 0} x = 0$. Der Grenzwertsatz für Quotientenfunktionen ist nicht anwendbar. Wir fragen daher:

Existiert der Grenzwert $\lim\limits_{x\to 0} \frac{\sin x}{x}$?

Wir wählen dazu eine Grundfolge $x_1 = 0{,}1$; $x_2 = 0{,}01$; $x_3 = 0{,}001$; ... und berechnen die Glieder der Folge der Funktionswerte mit dem Taschenrechner:

$\frac{\sin x_1}{x_1} = 0{,}9983$; $\frac{\sin x_2}{x_2} = 0{,}99998$; $\frac{\sin x_3}{x_3} = 0{,}9999998$;

Beachte: $x_1, x_2, x_3, \ldots$ im Bogenmaß.

Danach kann man vermuten: $\lim\limits_{x \to 0} \frac{\sin x}{x} = 1$
Das gilt in der Tat:

> **Satz 3**
> Der Grenzwert der Funktion $x \mapsto \frac{\sin x}{x}$ an der Stelle 0 ist gleich 1, d. h. $\lim\limits_{x \to 0} \frac{\sin x}{x} = 1$.

Beweisgedanke:
Wir zeigen, dass der Graph der Funktion $x \mapsto \frac{\sin x}{x}$ genau zwischen die Graphen der Funktionen $x \mapsto \frac{1}{\cos x}$ und $x \mapsto \cos x$ passt. Daraus lässt sich der zu bestimmende Grenzwert ablesen.

Beweis:
Der Bogen AP habe die Länge x. Der Flächeninhalt des Kreisausschnitts MAP liegt zwischen den Flächeninhalten der Dreiecke MSP und MAB.

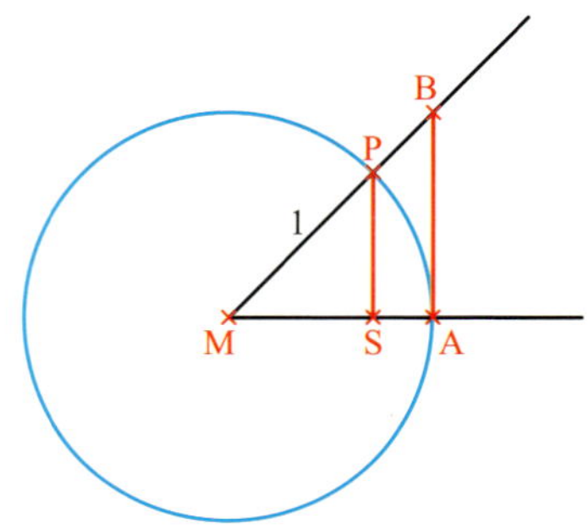

Es gilt also für $0 < x < \frac{\pi}{2}$:
$\frac{1}{2} \cdot \sin x \cdot \cos x \le \frac{1}{2} x \le \frac{1}{2} \cdot \tan x$
Daraus folgt: $\cos x \le \frac{x}{\sin x} \le \frac{1}{\cos x}$;
$\frac{1}{\cos x} \ge \frac{\sin x}{1} \ge \cos x$.
Da $\frac{\sin(-x)}{-x} = \frac{\sin x}{x}$ (für $x \neq 0$) und $\cos(-x) = \cos x$; sind die Graphen von $x \mapsto \frac{\sin x}{x}$, $x \neq 0$, von $x \mapsto \frac{1}{\cos x}$ und von $x \mapsto \cos x$ symmetrisch zur 2. Achse.

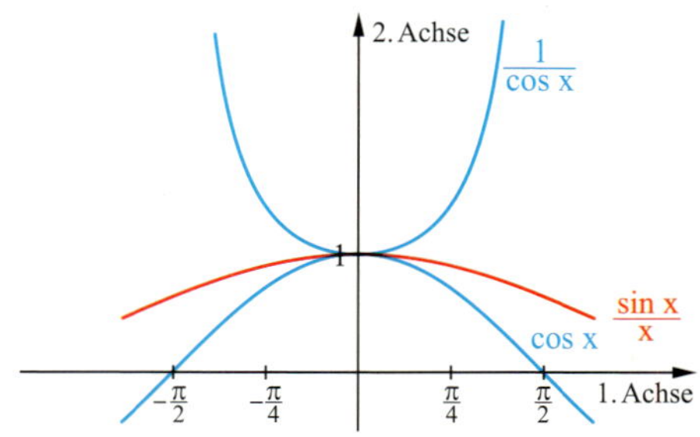

Der Graph der Funktion $x \mapsto \frac{\sin x}{x}$, $x \neq 0$, liegt also für $-\frac{\pi}{2} < x < \frac{\pi}{2}$ zwischen den Graphen der Funktionen $x \mapsto \frac{1}{\cos x}$ und $x \mapsto \cos$. Beide haben an der Stelle 0 den Funktionswert 1.
Daraus folgt, dass der Grenzwert von $x \mapsto \frac{\sin x}{x}$ an der Stelle 0 gleich 1 ist: $\lim\limits_{x \to 0} \frac{\sin x}{x} = 1$. ■

Übungsaufgaben

3.
Bestimme den folgenden Grenzwert.

a) $\lim\limits_{x \to 1} (2x + 5)$ **c)** $\lim\limits_{x \to 2} (2x^5 + 5x + 4)$ **e)** $\lim\limits_{x \to 1} \frac{3x + 5}{x}$ **g)** $\lim\limits_{x \to 4} (x + \sqrt{x})$

b) $\lim\limits_{x \to 3} (3x^2 + 5)$ **d)** $\lim\limits_{x \to (-1)} (3x^2 - 4x + 2)$ **f)** $\lim\limits_{x \to 0} \frac{2x^2 - 4}{3x + 1}$ **h)** $\lim\limits_{x \to \pi} (5x^2 + \sin x)$

4.
Bestimme.

a) $\lim\limits_{x \to 3} \frac{x^2 - 9}{x - 3}$ **c)** $\lim\limits_{x \to 4} \frac{x^2 - 7x + 12}{x + 4}$ **e)** $\lim\limits_{x \to a} \frac{x^2 - a^2}{x - a}$ **g)** $\lim\limits_{x \to a} \frac{x^3 - 2ax^2 + a^2 x}{x - a}$

b) $\lim\limits_{x \to 2} \frac{x^2 - 4}{x + 2}$ **d)** $\lim\limits_{x \to -2} \frac{x^3 + 4x^2 + 4x}{x + 2}$ **f)** $\lim\limits_{x \to a} \frac{x^4 - a^4}{x - a}$ **h)** $\lim\limits_{x \to a} \frac{x^3 + (1 - a)x^2 - ax}{x - a}$

5.
Gegeben ist die Funktion f. Für welche Stellen $a \in \mathbb{R}$ ist f nicht definiert? Bestimme $\lim\limits_{x \to a} f(x)$, falls dieser Grenzwert existiert.

a) $f(x) = \frac{(x-1) \cdot x}{x^1}$ **d)** $f(x) = \frac{x^2 + 4x + 4}{x + 2}$ **g)** $f(x) = \frac{x^3 - 1}{x - 1}$

b) $f(x) = \frac{x \cdot (x+4)}{x}$ **e)** $f(x) = \frac{(x-1) \cdot (x+2)}{x+2}$ **h)** $f(x) = \frac{x^2 + 1}{(x+1)^3}$

c) $f(x) = \frac{(x-1)^2}{1 - x^2}$ **f)** $f(x) = \frac{x^3 + x^2 + x - 3}{x - 1}$ **i)** $f(x) = \frac{x}{x^2 - 1}$

6.
a) Bestimme $\lim\limits_{x \to \frac{\pi}{2}} \frac{\cos x}{\frac{\pi}{2} - x}$.
Anleitung: Gehe ähnlich vor wie bei der Berechnung von $\lim\limits_{x \to 0} \frac{\sin x}{x}$ (Seite 128). Berechne die Länge $|AB|$ nach dem Strahlensatz. Bestätige das Ergebnis durch näherungsweises Berechnen mit einem Taschenrechner.

b) Bestimme ähnlich durch Einschachtelung mit zwei Funktionen:

(1) $\lim\limits_{x \to 0} x \cdot \cos x$ (4) $\lim\limits_{x \to \frac{\pi}{2}} \left(x - \frac{\pi}{2}\right) \cdot \sin x$

(2) $\lim\limits_{x \to 0} x \cdot \sin \frac{1}{x}$ (5) $\lim\limits_{x \to +\infty} \frac{\sin x}{x}$

(3) $\lim\limits_{x \to 0} x \cdot \cos \frac{1}{x}$ (6) $\lim\limits_{x \to -\infty} \frac{\cos x}{x}$

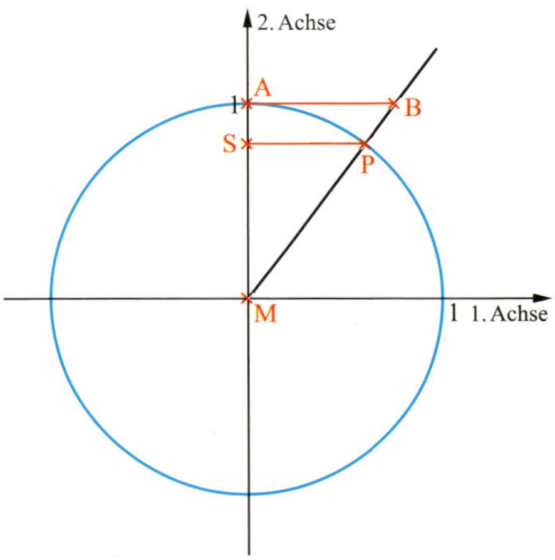

7.
Berechne angenähert mit einem Taschenrechner.

a) $\lim\limits_{x \to 0} \frac{2^x - 1}{x}$ **b)** $\lim\limits_{x \to 0} \frac{3^x - 1}{x}$ **c)** $\lim\limits_{x \to 0} \frac{10^x - 1}{x}$

Fragen zum Basiswissen

- Definiere die Begriffe ε-Umgebung einer Zahl, Grenzwert einer Folge und Grenzwert einer Funktion an der Stelle a (Seite 111).
- Formuliere die Grenzwertsätze für Folgen und für Funktionen und erläutere sie an selbst gewählten Beispielen (Seiten 115, 126).
- Liste Beispiele von Grenzwerten von Folgen und von Grenzwerten von Funktionen an der Stelle a auf (Seiten 112, 126).
- Wann sind geometrische Folgen konvergent, wann divergent (Seite 113)?
- Definiere den Summenwert einer geometrischen Reihe. Gib auch eine Formel an (Seiten 95, 118).

Exkurs

Unendlich in der Mathematik

Der Grenzwert einer Folge (vgl. Seite 112) und auch der Grenzwert einer Funktion (Seite 123) haben mit dem Begriff *unendlich* zu tun.
Doch was heißt unendlich?
Die Philosophie antwortet darauf: „Unendlich ist das Grenzenlose, unvorstellbar Große, Vollkommene, Göttliche. Das Bewusstsein der Endlichkeit der menschlichen Existenz gehört zu den Grunderfahrungen des Menschen, die sich in Gefühlen der Unzulänglichkeit und der Ohnmacht gegenüber Leiden- und Sterbenmüssen ausdrücken".
Ganz anders behandelt die Mathematik den Begriff *„unendlich"*. Sie hat herausgefunden, dass man mehrere Arten von Unendlich unterscheiden muss: *unendlich viele, unendlich groß, unendlich klein, unendlich fern.*
Alle diese Begriffe von unendlich lassen sich in der Mathematik exakt definieren.

1. Unendlich viele Elemente

Eine Menge kann endlich viele oder unendlich viele Elemente haben.

Beispiele für Mengen mit unendlich vielen Elementen:

$\mathbb{N} = \{0, 1, 2, 3, 4, \ldots\}$
$\mathbb{Z} = \{0, +1, -1, +2, -2, \ldots\}$
$\mathbb{Q}$ = Die Menge der rationalen Zahlen
$\mathbb{R}$ = Die Menge der reellen Zahlen, das ist die Menge aller Zahlen auf der Zahlengeraden.

Ein Intervall hat unendlich viele Zahlen. Zu jeder Strecke und zu jeder Dreiecksfläche gehören unendlich viele Punkte.

1.1 Vorstellungsschwierigkeiten bei Mengen mit unendlich vielen Elementen

Schwierig ist es, sich ein z. B. nach oben offenes Intervall vorzustellen, also eine beschränkte Menge von Zahlen, die kein größtes Element hat.

Noch schwieriger ist es, sich vorzustellen, dass zwischen zwei rationalen Zahlen a und b unendlich viele weitere rationale Zahlen liegen, wie nahe a und b auch beieinander liegen mögen.

Die Grenzen der Vorstellungskraft sind erreicht, wenn man sich zu vergegenwärtigen versucht, dass es zwischen den rationalen Zahlen auf der Zahlengeraden immer noch Lücken gibt, die von den irrationalen Zahlen wie $\sqrt{2}$ oder π ausgefüllt werden. Dieses Phänomen des *Kontinuums* kann daher nur mithilfe formal exakt definierter Begriffe und einwandfreiem logischen Schließen durchdrungen und ans Licht gezogen werden.

1.2 Eine exakte Definition von unendlich viele

Definition
Eine Menge M hat **unendlich viele Elemente,** wenn es eine paarweise Zuordnung ihrer Elemente zu denen einer echten Teilmenge von M gibt.

Beispiele:

(1)
$$\begin{array}{l} \mathbb{N} = \{0, 1, 2, 3, 4, 5, 6, 7, 8, \ldots\} \\ \quad\ \ \downarrow\ \downarrow\ \downarrow\ \downarrow\ \downarrow\ \downarrow\ \downarrow\ \downarrow\ \downarrow \\ \quad\ \ \{0, 2, 4, 6, 8, 10, 12, 14, 16, \ldots\} \end{array}$$

Teilmenge der geraden Zahlen

Die obige Abbildung zeigt, wie man die Elemente der Menge $\mathbb{N}$ der natürlichen Zahlen der echten Teilmenge der geraden Zahlen paarweise zuordnen kann.
$\mathbb{N}$ ist also im Sinne dieser Definition eine Menge mit unendlich vielen Elementen.

(2)
$$\begin{array}{l} \mathbb{Z} = \{0, +1, -1, +2, -2, +3, -3, \ldots\} \\ \quad\ \ \downarrow\ \ \ \downarrow\ \ \ \downarrow\ \ \ \downarrow\ \ \ \downarrow\ \ \ \downarrow\ \ \ \downarrow \\ \mathbb{N} = \{0,\ \ 1,\ \ 2,\ \ 3,\ \ 4,\ \ 5,\ \ 6, \ldots\} \end{array}$$

Die obige Abbildung zeigt, wie man die Elemente der Menge $\mathbb{Z}$ der ganzen Zahlen der echten Teilmenge $\mathbb{N}$ der natürlichen Zahlen paarweise zuordnen kann. $\mathbb{Z}$ ist also im Sinne der Definition eine Menge mit unendlich vielen Elementen.

(3) Um nachzuweisen, dass auch die Menge $\mathbb{Q}$ der rationalen Zahlen im Sinne der Definition unendlich viele Elemente hat, ordnen wir die Brüche zu folgendem Schema an:

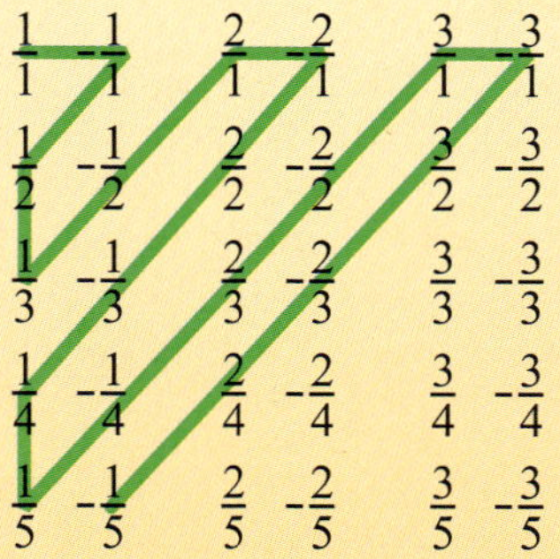

Dadurch können wir die rationalen Zahlen der Reihe nach nebeneinander schreiben. Kommen wir an eine Zahl, die schon vorkam, wie z. B. bei $\frac{2}{2} = \frac{1}{1}$, so überspringen wir sie

$$\begin{array}{l} \mathbb{Q} = \{0, \frac{1}{1}, -\frac{1}{1}, \frac{1}{2}, \frac{1}{3}, -\frac{1}{2}, \frac{2}{1}, -\frac{2}{1}, -\frac{1}{3}, \frac{1}{4}, \dots\} \\ \quad\;\; \downarrow\;\downarrow\;\;\downarrow\;\downarrow\;\downarrow\;\;\downarrow\;\downarrow\;\;\downarrow\;\;\downarrow\;\downarrow \\ \mathbb{N} = \{0, 1, \;\; 2, 3, 4, \;\; 5, 6, \;\; 7, \;\; 8, 9, \dots\} \end{array}$$

Die Abbildung zeigt, wie dann die Elemente von $\mathbb{Q}$ der echten Teilmenge $\mathbb{N}$ paarweise zugeordnet werden können. $\mathbb{Q}$ hat im Sinne der Definition unendlich viele Elemente.

(4) Die Abbildung unten zeigt, wie man die reellen Zahlen einem offenen Intervall $]a; b[$, also einer echten Teilmenge von $\mathbb{R}$, paarweise zuordnen kann. $\mathbb{R}$ hat im Sinne der Definition unendlich viele Elemente.

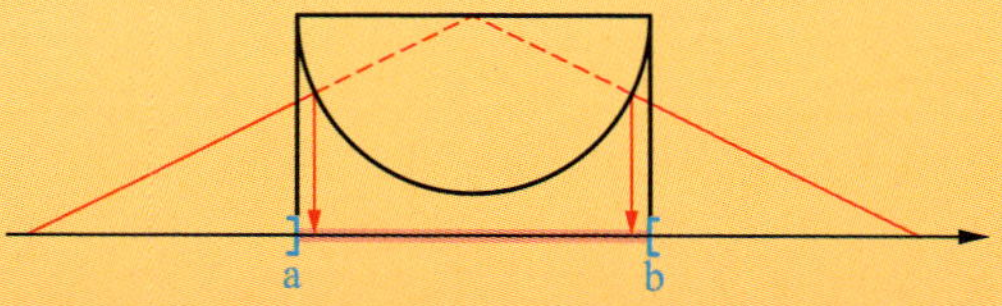

Das 1. Cantor'sche Diagonalverfahren

Das Durchlaufen durch das Zahlenschema wird nach seinem Erfinder auch das *1. Cantor'sche Diagonalverfahren* genannt.

GEORG CANTOR (1845–1918) war Professor für Mathematik in Halle a. d. Saale. Er ist der Erfinder der *Mengenlehre.*

2. Unendlich große und unendlich kleine Zahlen

Leibniz und viele weitere Mathematiker sind ganz naiv mit unendlich großen und unendlich kleinen Zahlen umgegangen (vgl. Seite 180).

Eine Zahl heißt **unendlich groß,** wenn sie größer als jede natürliche Zahl ist.
Eine Zahl heißt **unendlich klein,** wenn sie größer als 0, aber kleiner als jeder Stammbruch $\frac{1}{n}$ ist.

Die uns bekannten Zahlenmengen $\mathbb{N}$, $\mathbb{Z}$, $\mathbb{Q}$ und $\mathbb{R}$ enthalten weder unendlich große noch unendlich kleine Zahlen. Man kann jedoch mathematisch völlig einwandfrei solche unendlich großen und unendlich kleinen Zahlen konstruieren und sie den reellen Zahlen hinzufügen. Das ist jedoch erst 1961 gelungen. Dann erhält man eine Menge $^*\mathbb{R}$ von so genannten *hyperreellen Zahlen.* Man kann für solche hyperreellen Zahlen auch eine Addition und eine Subtraktion sowie eine Multiplikation und Division definieren, für die dieselben Gesetze gelten wie für die reellen Zahlen, d. h. man kann mit diesen hyperreellen Zahlen genauso rechnen, wie mit den reellen Zahlen.

Man kann auch nur *eine* unendlich große Zahl konstruieren und diese den reellen Zahlen hinzufügen. Diese wird meistens mit ∞ bezeichnet. Man definiert dann für $a \in \mathbb{R}$:

$$a \cdot \infty = \infty \cdot a = \infty; \quad \infty + a = a + \infty = \infty;$$
$$\infty + \infty = \infty; \quad \infty \cdot \infty = \infty; \quad \frac{a}{0} = \infty; \quad \frac{a}{\infty} = 0$$

Doch kann man jetzt in dem Zahlenbereich $\mathbb{R} \cup \{\infty\}$ nicht so wie mit den reellen Zahlen rechnen. So gilt beispielsweise für die reellen Zahlen a, b, c: Wenn $a \cdot b = a \cdot c$, so ist $b = c$.

Das gilt in $\mathbb{R} \cup \{\infty\}$ nicht mehr. Es gilt zwar: $\infty \cdot a = \infty \cdot b = \infty$. Daraus folgt aber nicht zwingend: $a = b$.

Der Zahlenbereich $\mathbb{R} \cup \{\infty\}$ ist also etwas anderes als der Zahlenbereich $^*\mathbb{R}$ der hyperreellen Zahlen.

3. Unendlich ferne Punkte und Geraden

In der uns bekannten so genannten Euklidischen Geometrie haben zwei parallele Geraden bekanntlich keinen Schnittpunkt.

Gelegentlich wird gesagt: „Die parallelen Geraden schneiden sich im Unendlichen". In der Tat lassen sich so genannte *unendlich ferne Punkte* mathematisch völlig einwandfrei konstruieren. Sie bilden zusammen die *unendlich ferne Gerade.* Parallele Geraden schneiden sich in einem solchen unendlich fernen Punkt, der unendlich fernen Geraden. Die zugehörige Geometrie heißt *projektive Geometrie.*

3. DIFFERENTIALRECHNUNG

(1) Das Grundproblem der Differentialrechnung

Das Grundproblem der Differentialrechnung ist die Bestimmung der Steigung der Tangente an den Graphen einer Funktion f an einer Stelle x_0. Dazu werden wir in diesem Kapitel völlig neue Verfahren entwickeln. Bisher können wir nur die Steigung einer Tangente an einen Kreis bestimmen.

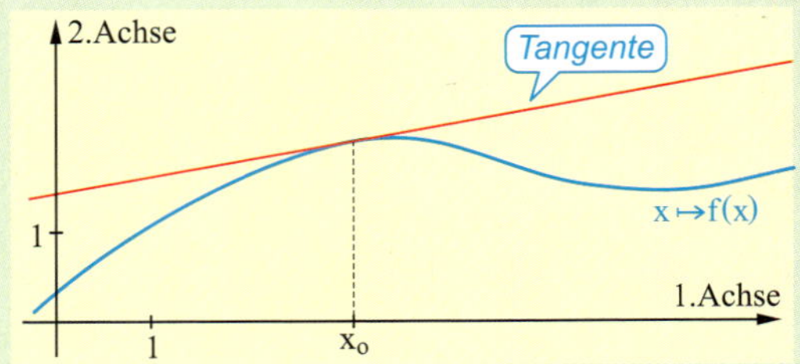

(2) Berechnen der Steigung der Tangente an einen Kreis

Gegeben sein ein Halbkreis als Graph der Funktion f mit $f(x) = \sqrt{r^2 - x^2}$ und ein Punkt $P(x_0 \mid y_0)$ auf dem Halbkreis. *Gesucht* ist die Steigung m_t der Tangente.

Die Steigung des Berührungsradius ist $\frac{y_0}{x_0}$. Dieser steht orthogonal (senkrecht) auf der Tangente. Daher gilt: $\frac{y_0}{x_0} \cdot m_t = -1$ (vgl. Seite 26). Daraus folgt für die *Tangentensteigung:*

$m_t = -\frac{x_0}{y_0} = -\frac{x_0}{\sqrt{r^2 - x_0^2}}$.

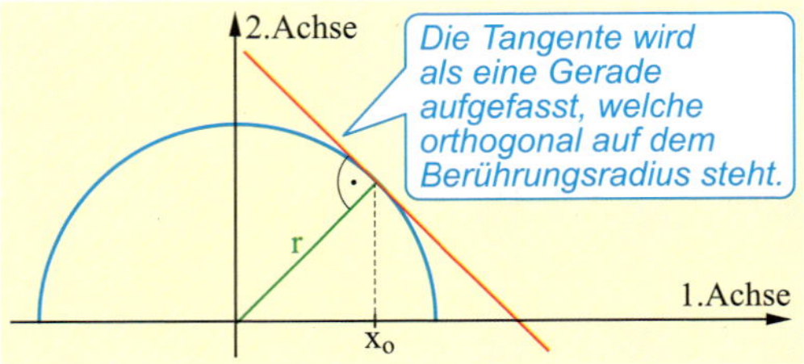

Mithilfe der Punktsteigungsform (vgl. Seite 25) erhält man für die Gleichung der Tangente: $y - y_0 = -\frac{x_0}{y_0} \cdot (x - x_0)$. Daraus folgt unter Berücksichtigung von $x_0^2 + y_0^2 = r^2$ als *Gleichung der Tangente:* $y \cdot y_0 + x \cdot x_0 = r^2$.

(3) Zur Entstehung des Begriffs Differentialrechnung

Das Wort *Differentialrechnung* ist von LEIBNIZ 1683 eingeführt worden. Es ist historisch bedingt. LEIBNIZ stellte sich nämlich vor, dass eine Tangente aufzufinden bedeutet: „eine Gerade zu ziehen, die zwei Punkte einer Kurve verbindet, die einen unendlich kleinen Abstand haben".

Solche unendlich kleinen Abstände werden durch unendlich kleine positive Zahlen beschrieben und von LEIBNIZ mit dx, dy oder ds bezeichnet. LEIBNIZ nannte dx, dy, ds *Differentiale* und das Rechnen damit *Differentialrechnung.*

Wir gebrauchen diese Leibniz'sche Vorstellung nicht.

Siehe dazu die *Exkurse* Zur Geschichte der Differentialrechnung (Seite 180) sowie Unendlich in der Mathematik (Seite 130).

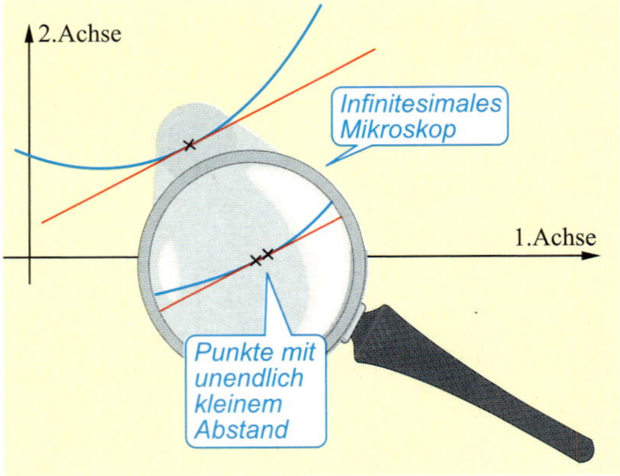

3.1 Berechnen von Tangentensteigungen bei Graphen

3.1.1 Steigung eines Funktionsgraphen in einem Punkt

Aufgabe 1

Rechts ist das Höhenprofil einer Straße abgebildet. Es ist der Graph der Funktion *Entfernung vom Ausgangspunkt (in km) ⟶ Höhe über dem Ausgangspunkt (in m)*. Die Straße hat an den einzelnen Stellen unterschiedliche Steigungen. Diese kann man an den Steigungen des Graphen ablesen.

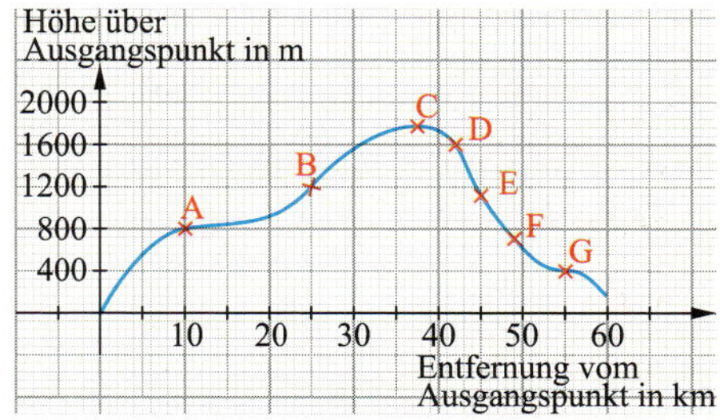

a) Vergleiche die Steigung des Graphen im Punkt A mit der im Punkt B.
Vergleiche entsprechend die Steigungen des Graphen in den Punkten E und G.

b) Erkläre, warum man von der Steigung des Graphen *in einem Punkt* sprechen muss.

c) Versuche ein Maß für die Steigung des Graphen in einem Punkt zu definieren.
Bestimme dann aus der Zeichnung die Steigung im Punkt A und im Punkt B.

Lösung

a) Die Steigung des Graphen im Punkt B ist größer als die Steigung des Graphen im Punkt A. Die Steigungen in den Punkten E und G sind negativ; dabei ist die Steigung des Graphen im Punkt E kleiner als die Steigung des Graphen im Punkt G.

b) Die Steigung eines Graphen verändert sich von Punkt zu Punkt. Deshalb muss der Punkt angegeben werden, in dem die Steigung betrachtet wird. Bei einer Geraden spricht man von *der* Steigung, da die Steigung in jedem Punkt gleich ist.

c) Folgende Definition scheint vernünftig zu sein:

Definition 1

Die Steigung des Graphen einer Funktion f in einem Punkt P ist gleich der Steigung der Tangente an den Graphen in diesem Punkt P.

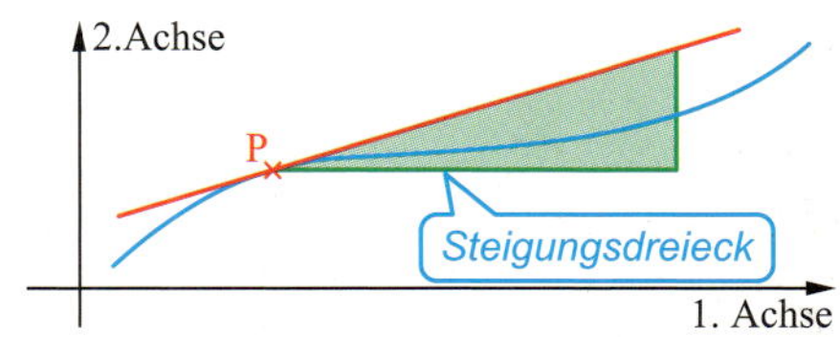

Hierbei ist eine Tangente zunächst anschaulich als eine Gerade definiert, die sich dem Graphen in einer Umgebung des Berührungspunktes möglichst gut anschmiegt. Durch die Definition 1 ist die Steigung eines Graphen in einem Punkt zurückgeführt auf die Steigung einer Geraden. Zur Bestimmung der Steigung des Graphen in den Punkten A und B zeichnen wir jeweils eine Gerade durch diese Punkte, die sich dem Graphen möglichst gut anpasst.

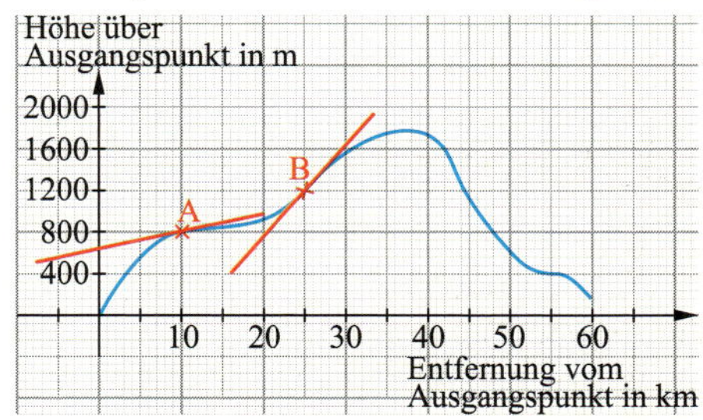

Wir erhalten:

Steigung bei A $\approx \frac{160\text{ m}}{10\text{ km}} = \frac{16\text{ m}}{1000\text{ m}} = 1{,}6\,\%$

Steigung bei B $\approx \frac{400\text{ m}}{5\text{ km}} = \frac{80\text{ m}}{1000\text{ m}} = 8\,\%$

Weiterführende Aufgaben

2. *Positive und negative Steigungen*
Betrachte das Höhenprofil in der Aufgabe 1.

a) In welchen Punkten ist die Steigung positiv, in welchen negativ, wo ist sie gleich 0?

b) Welches Vorzeichen hat die Steigung dort, wo es bergauf [bergab] geht?

3. *Zeichnerisches Differenzieren*

a) Lies die Steigung des Graphen in den Punkten P_1, P_2, P_3, P_4 und P_5 ab.

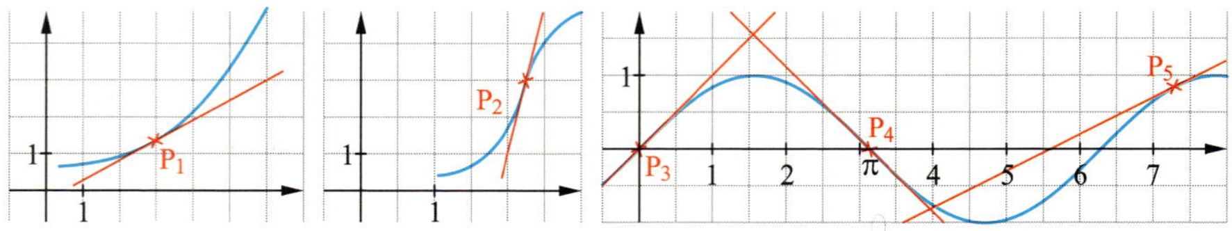

Anmerkung: Das Bestimmen der Steigung eines Graphen in einem Punkt mithilfe einer Zeichnung heißt *zeichnerisches Differenzieren.*

b) Gegeben ist der Graph einer Funktion. Bestimme durch zeichnerisches Differenzieren die Tangentensteigungen. Trage die erhaltenen Werte in ein darunter gezeichnetes Koordinatensystem als Ordinaten ein. Verwende dabei zunächst markante Punkte des Graphen: *Hochpunkte, Tiefpunkte, Wendepunkte, Sattelpunkte.* In den Wendepunkten ändert sich das „Krümmungsverhalten". Verbinde die erhaltenen Punkte durch eine Kurve.

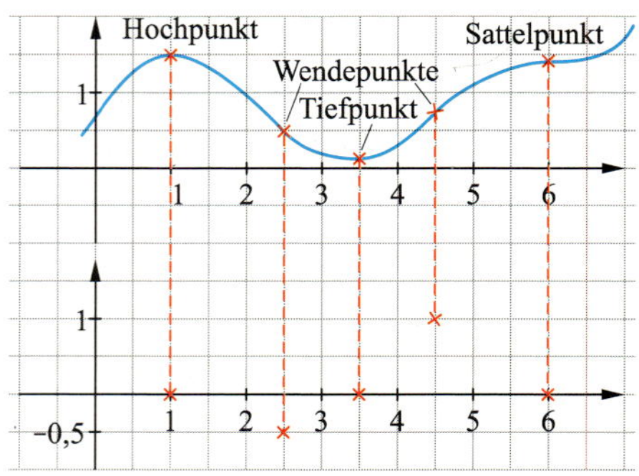

Sie heißt *Tangentensteigungskurve* oder auch *Ableitungskurve.* (Sie stimmt mit dem Graphen der Ableitungsfunktion von Seite 152 überein.)

4. *Punkte, für die man keine Steigung des Graphen angeben kann*
Die Tangente an den Funktionsgraphen rechts im Punkt P ist orthogonal (senkrecht) zur 1. Achse.
Warum ist für den Graphen im Punkt P keine Steigung definiert?

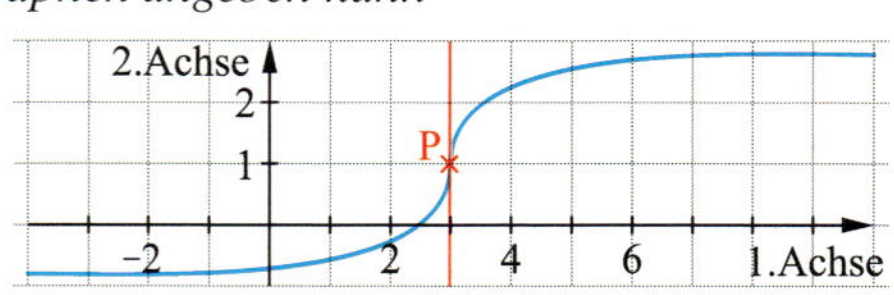

Information **(1) Verschiedene Lagen der Tangente in einem Punkt**

Die Tangente an einem Funktionsgraphen kann

mit dem Graphen nur einen Punkt gemeinsam haben.	den Graphen durchsetzen.	den Graphen noch in einem zweiten Punkt oder weiteren Punkten schneiden oder berühren.
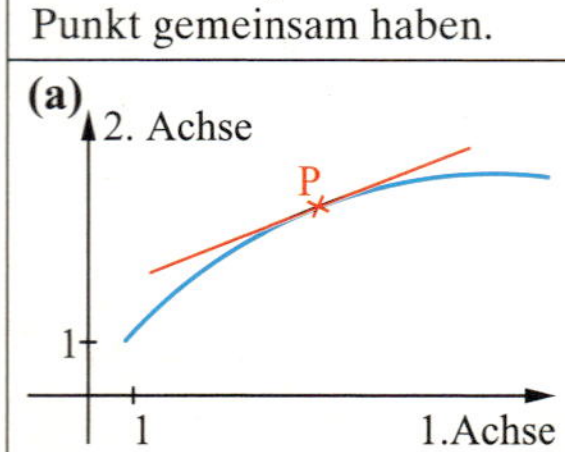	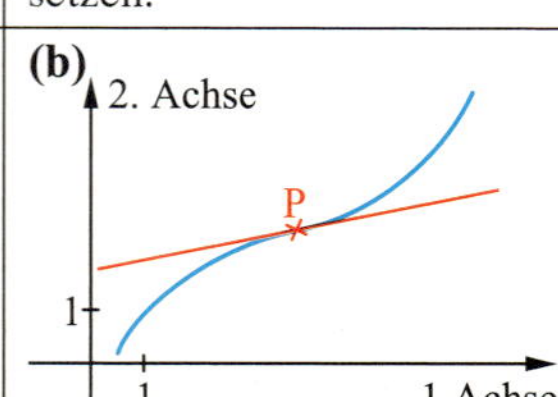	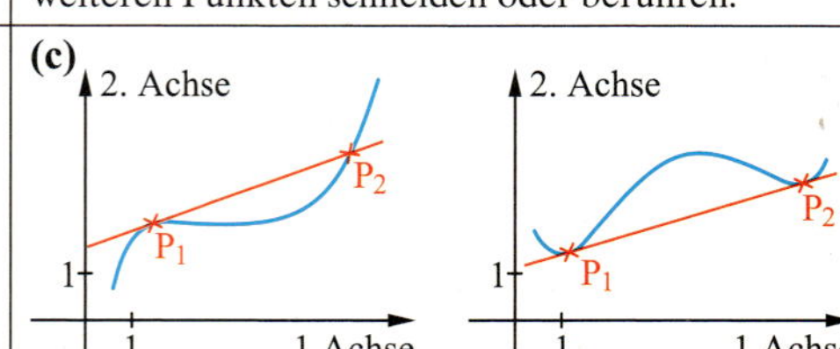

(2) Geometrische Definition der Ableitung einer Funktion

Die Steigung der Tangente an den Graphen einer Funktion f an der Stelle a hängt von der Funktion f und der Stelle a ab. Man hat daher auch einen Namen für die Tangentensteigung gewählt, in welchem die Funktion f und die Stelle a vorkommen:

Definition 2

Unter der **Ableitung** einer Funktion f an der Stelle a versteht man die Steigung der Tangente an den Graphen der Funktion an der Stelle a.
Diese Ableitung wird mit **f′(a)** bezeichnet.

gelesen: f Strich von a

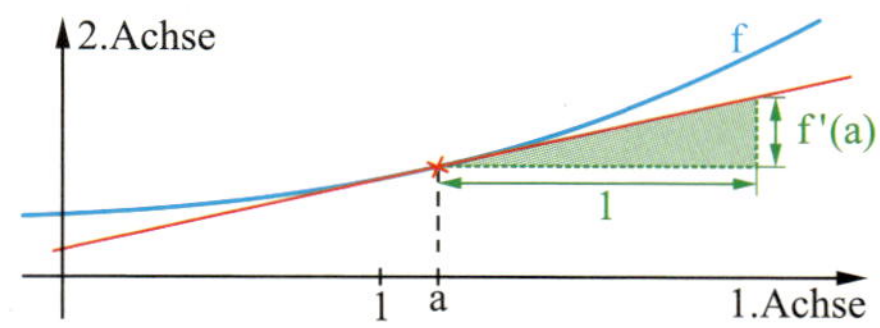

Übungsaufgaben

5.

a) Vergleiche die Steigungen des Graphen in den Punkten A und B; C und D; E und F; G und H.

b) In welchen Punkten ist die Steigung des Graphen null?

c) Gib an, in welchem Bereich die Steigung positiv [negativ] ist.

d) In welchem der markierten Punkte ist die Steigung des Graphen am größten [am kleinsten]?

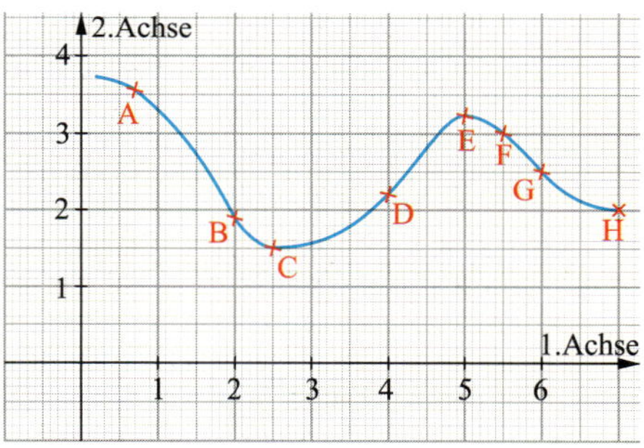

6.

Lies die Steigung des Graphen im Punkt P ab.

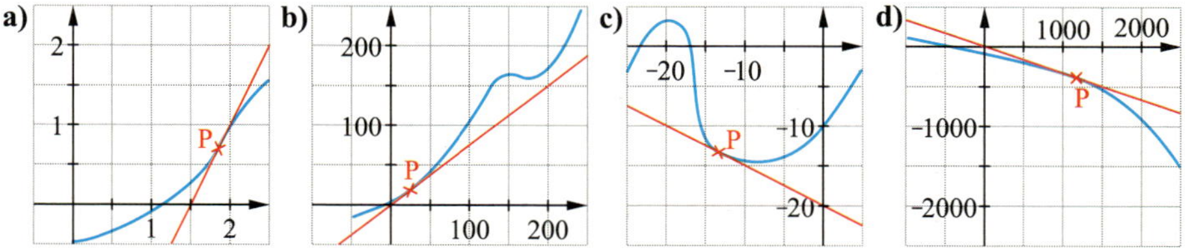

7.

Zeichne einen Funktionsgraphen, für den beim Durchlaufen von links nach rechts gilt:

a) Vom Punkt A bis zum Punkt B ist die Steigung positiv. Im Punkt B ist die Steigung null. Vom Punkt B bis zum Punkt C ist die Steigung negativ.

b) Vom Punkt A bis zum Punkt B ist die Steigung negativ. Im Punkt B ist die Steigung null. Von B bis C ist sie positiv. Von C bis D ist sie überall gleich, und zwar positiv.

c) Die Steigung ist immer negativ, wird aber immer größer.

8.

Zeichne den Graphen; bestimme durch zeichnerisches Differenzieren die Steigung in P.

a) $x \mapsto x^2$; $P(1|1)$ [$P(2|4)$; $P(-1|1)$]

b) $x \mapsto x^3$; $P(1|1)$ [$P(0|0)$; $P(0{,}5|0{,}125)$]

c) $x \mapsto \cos x$; $P(0|1)$ [$P(\frac{\pi}{2}|0)$; $P(-\frac{\pi}{2}|0)$]

9.
Bestimme die Steigung des Graphen der Funktion im angegebenen Punkt.
Nutze die Symmetrie des Graphen aus.

a) $x \mapsto \frac{1}{x}$; $P(1\,|\,1)$ $[P(-1\,|\,-1)]$ **b)** $x \mapsto -\frac{1}{x}$; $P(-1\,|\,1)$ $[P(1\,|\,-1)]$

10.
Skizziere einen Funktionsgraphen und einen Punkt P, sodass Folgendes gilt:

a) Die Steigung im Punkt P ist 1. Der Graph verläuft oberhalb der Tangente in P.

b) Die Steigung im Punkt P ist -1 [0]. Die Tangente durchsetzt den Graphen.

c) Die Steigung im Punkt P ist $-\frac{1}{3}$. Die Tangente schneidet [berührt] den Graphen noch in einem weiteren Punkt.

d) Die Steigung im Punkt P kann nicht angegeben werden.

11.
Übertrage den Graphen ins Heft.
Zeichne darunter in ein Koordinatensystem die Tangentensteigungskurve.

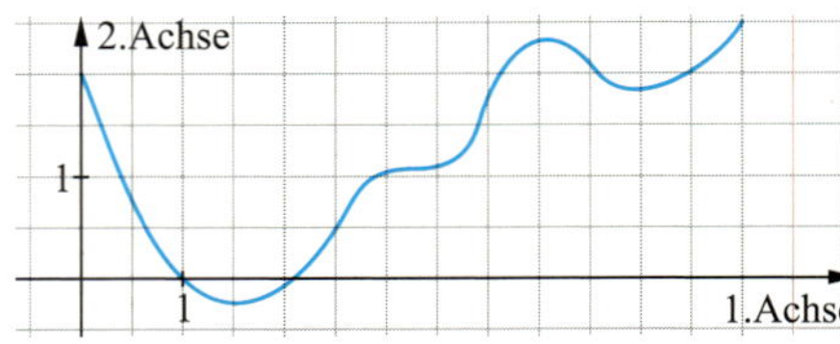

12.
Zeichne den Graphen und darunter die Tangentensteigungskurve ins Heft.

a)
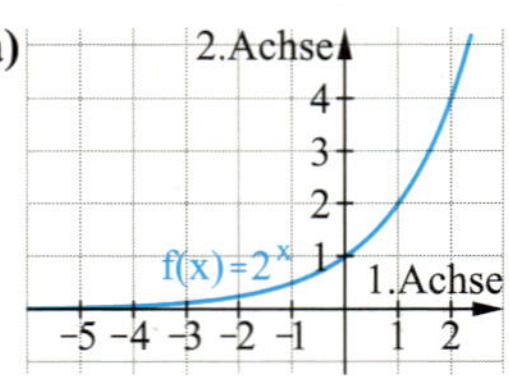

b)
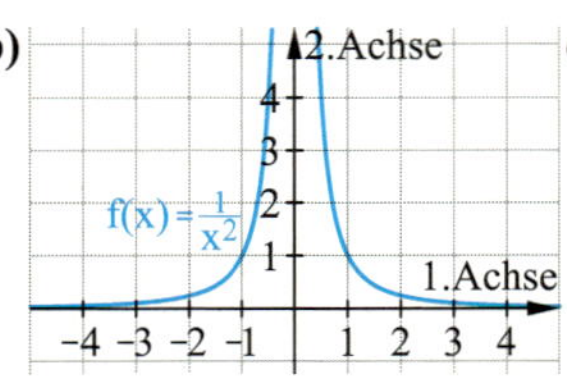

c)
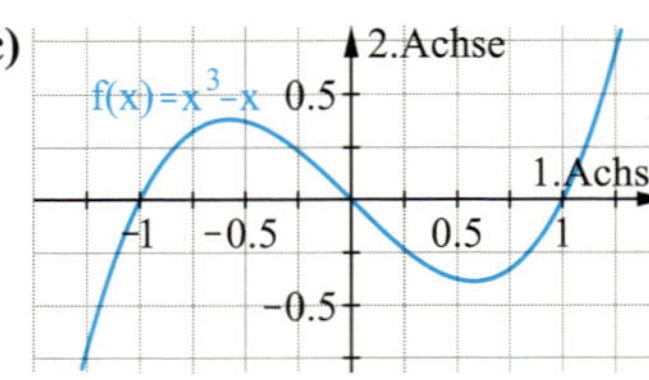

> Man kann Rechner mit dem Befehl TANGENTE und TRACE verwenden.

13.
Zeichne den Graphen von f und darunter die Tangentensteigungskurve.

a) $f(x) = x^2$ **c)** $f(x) = -2x - 3$ **e)** $f(x) = \sin x$

b) $f(x) = 2x + 5$ **d)** $f(x) = 5$ (für alle $x \in \mathbb{R}$) **f)** $f(x) = \cos x$

14.
Zeichne selbst Funktionsgraphen und bestimme durch zeichnerisches Differenzieren in einem darunter gezeichneten Koordinatensystem die Tangentensteigungskurve.

15.
Gegeben ist die Tangentensteigungskurve. Zeichne in ein Koordinatensystem darüber den Graphen einer möglichen Ausgangsfunktion.

a)
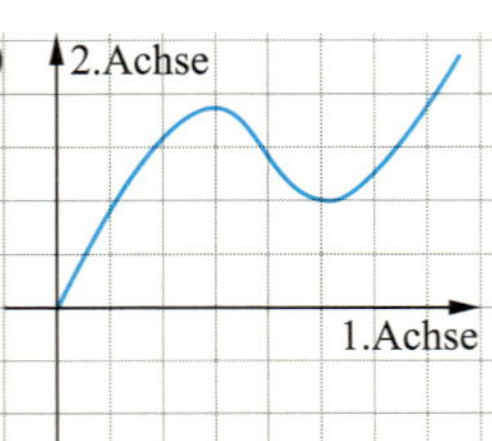

b)
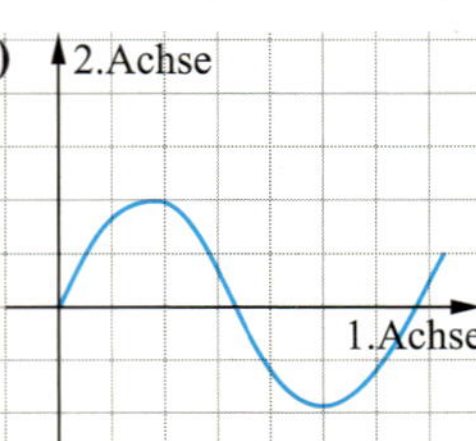

c)
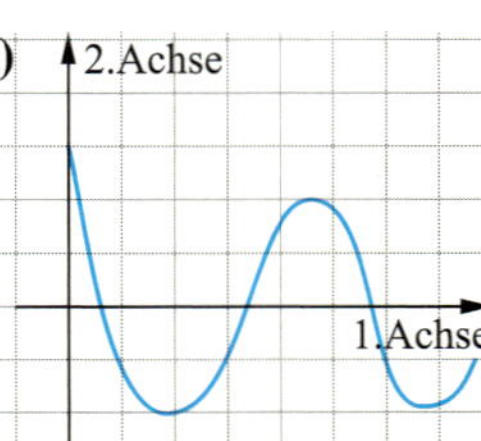

d)
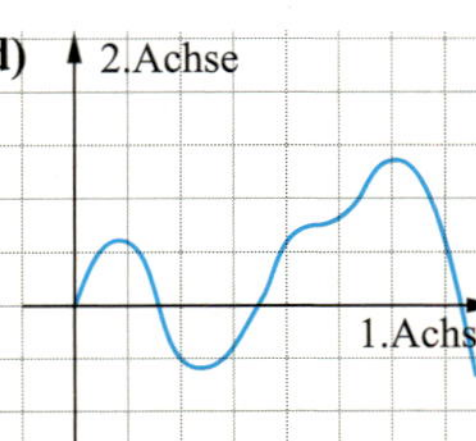

3.1.2 Berechnen der Tangentensteigung beim Graphen von $x \mapsto x^2$

Einführung Beim zeichnerischen Differenzieren haben wir uns bemüht, die Tangenten so zu zeichnen, dass sie sich dem Graphen in einer Umgebung des Berührpunktes möglichst gut anschmiegt. Das ist auch bei noch so großer Mühe ungenau.
Wir versuchen daher, im Folgenden am Beispiel von $x \mapsto x^2$ ein rechnerisches Verfahren zu entwickeln, das ganz genaue Werte der Tangentensteigung liefert.

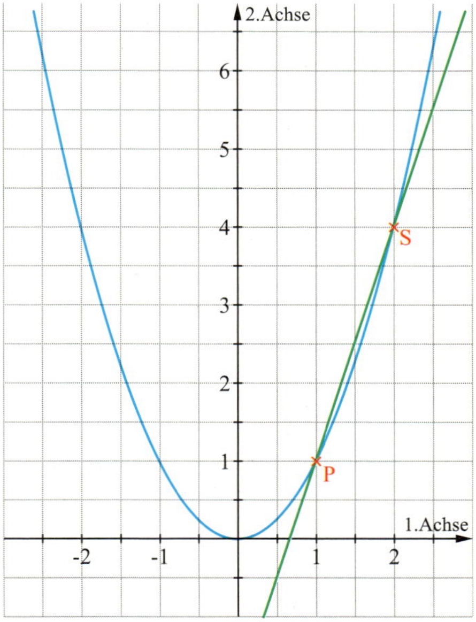

(1) Berechnen der Steigung der Tangente im Punkt P(1 | 1)

Eine Sekante durch den Punkt P schneidet den Graphen der Funktion f mit $f(x) = x^2$ noch in einem weiteren Punkt $S(x \mid x^2)$. Sie hat die Steigung $m_s = \frac{x^2 - 1}{x - 1}$.
Diese Formel gilt auch, falls $S(x \mid x^2)$ links von $P(1 \mid 1)$ liegt. In diesem Fall ist $x < 1$.
Die Tabelle gibt die Steigung m_s für verschiedene Werte von x in der Nähe von 1 an:

x	0,9	0,99	0,999	0,9999	...	1,1	1,01	1,001	1,0001
m_s	1,9	1,99	1,999	1,9999	...	2,1	2,01	2,001	2,0001

Für $x = 1$ liefert die Formel keine Steigung, weil Zähler und Nenner 0 werden. Für $x = 1$ fallen aber auch P und S zusammen. Es gibt keine Sekante. Für $x \neq 1$ gilt:

$$m_s = \frac{x^2 - 1}{x - 1} = \frac{(x-1) \cdot (x+1)}{x - 1} = x + 1$$

3. Binomische Formel anwenden.

Liegt S links von P (d. h. ist $x < 1$), so ist $m_s = x + 1 < 2$.
Wir stellen uns jetzt vor, dass sich der Punkt S auf dem Graphen auf den Punkt P zubewegt. Der Wert von x unterscheidet sich dann immer weniger von der Zahl 1.
An der Formel $m_s = x + 1$ (für $x \neq 1$) erkennt man, dass sich die Sekantensteigung m_s dann immer weniger von der Zahl 1 + 1, also 2 unterscheidet. Bei dieser Bewegung des Punktes S auf P zu nähert sich die Sekante immer mehr der Tangente.
Die Zahl 2 ist offenbar die gesuchte Steigung der Tangente im Punkt P(1 | 1).

> Die Tangente im Punkt P(1 | 1) hat die Steigung $m_t = 2$,
> d. h. für $f(x) = x^2$ gilt $f'(1) = 2$.

Wir schreiben: $m_t = \lim\limits_{x \to 1} m_s = \lim\limits_{x \to 1} (x + 1) = 2$

Schreibweise für den Grenzwert.

Wenn x auf 1 zustrebt, unterscheidet sich x + 1 immer weniger von 2.

(2) Berechnen der Steigung der Tangente im Punkt $P(a \mid a^2)$

Die Steigung m_s der Sekante durch die Punkte $P(a \mid a^2)$ und $S(x \mid x^2)$ lautet:

$$m_s = \frac{x^2 - a^2}{x - a} = \frac{(x-a)\cdot(x+a)}{x-a} = x + a \quad (\text{für } x \neq a)$$

Falls sich der Punkt S auf der Kurve auf den Punkt P zu bewegt, unterscheidet sich der Wert von x immer weniger von der Zahl a, m_s also immer weniger von a + a, also von 2a. 2a ist der Grenzwert von m_s für x gegen a.

Es gilt: $\lim\limits_{x \to a} m_s = \lim\limits_{x \to a} (x+a) = 2a$

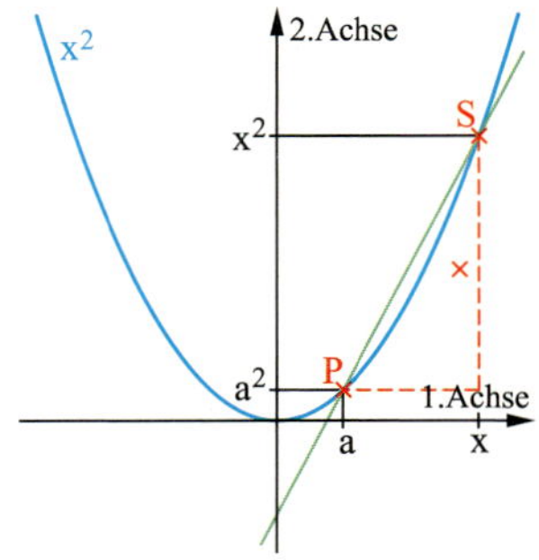

Die Steigung m_t der Tangenten im Punkt $P(a \mid a^2)$ beträgt 2a, d. h. für $f(x) = x^2$ gilt: $f'(a) = 2a$

Information **(1) Berechnen der Tangentensteigung nach der h-Methode**

Anstelle der Variablen x kann man bei der Berechnung der Tangentensteigung auch die Koordinatendifferenz $h = x - a$ verwenden (siehe das Bild rechts).

h ist positiv, falls der Punkt S rechts von P liegt, h ist negativ, falls S links von P liegt.

Für die Steigung m_s der Sekante durch P und S gilt:

$$m_s = \frac{(a+h)^2 - a^2}{h} = \frac{a^2 + 2ah + h^2 - a^2}{h} = 2a + h \quad (\text{für } h \neq 0)$$

Stellt man sich nun vor, dass S auf P zu wandert, so unterscheidet sich h immer weniger von 0 und die Steigung m_s immer weniger von 2a. Der Grenzwert von m_s für h gegen 0 ist gleich 2a.

Daher gilt: $\lim\limits_{h \to 0} m_s = \lim\limits_{h \to 0} (2a + h) = 2a$

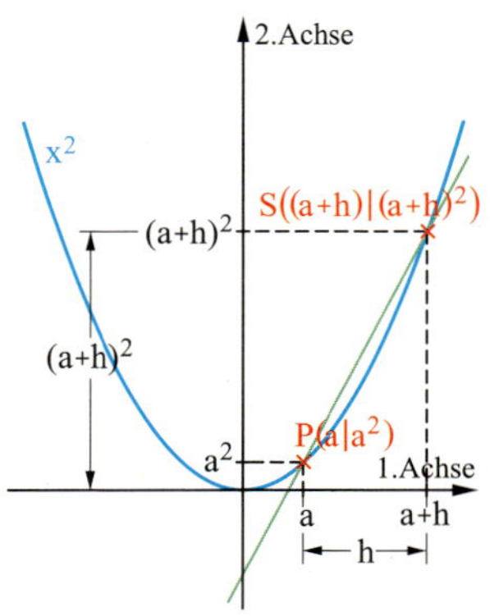

(2) Verfahren zur Bestimmung der Tangentensteigung

Die Tangentensteigung wird nach folgendem Verfahren bestimmt:

Die Steigung der Tangente an den Graphen einer Funktion f im Punkt $P(a \mid f(a))$ wird nach folgendem Verfahren gewonnen:

(1) Man bestimmt die Steigung der Sekante durch die Punkte P und S des Graphen.
(2) Man lässt den Punkt S auf den Punkt P zu wandern.
(3) Die Steigung der Tangente im Punkt P ist dann der Grenzwert der Sekantensteigungen.

Bei diesem Verfahren kann man mit der 1. Koordinate x des Punktes S oder mit der Koordinatendifferenz h rechnen.

Wenn man die Steigung der Tangente an den Graphen einer Funktion bestimmen will, muss man stets den Punkt oder die Stelle angeben, in dem bzw. an der das geschehen soll. Wir werden nach diesem Verfahren die Tangentensteigungen für verschiedene Funktionsgraphen bestimmen. Es erfasst allerdings nicht den Fall, dass die Tangente parallel zur 2. Achse verläuft.

Weiterführende Aufgaben

1. *Gleichung der Tangente in einem Punkt*
Bestimme rechnerisch die Gleichung der Tangente an den Graphen der Funktion f mit $f(x) = x^2$ im Punkt

a) $P(1 \mid 1)$; **b)** $Q(2 \mid 4)$; **c)** $R(3 \mid 9)$; **d)** $P(a \mid a^2)$.

2. *Mittlere Steigung des Graphen in einem Intervall $[x_1; x_2]$*
Auf dem Graphen der Funktion $x \mapsto x^2$ sind die Punkte $P_1(x_1 \mid y_1)$ und $P_2(x_2 \mid y_2)$ gegeben. Warum kann die Steigung der Sekante durch P_1 und P_2 dann als *mittlere Steigung des Graphen im Intervall* $[x_1; x_2]$ angesehen werden?
Berechne diese mittlere Steigung für

a) $P_1(1 \mid y_1)$; $P_2(4 \mid y_2)$ **b)** $P_1(-3 \mid y_1)$; $P_2(-0{,}5 \mid y_2)$ **c)** $P_1(x_1 \mid y_1)$; $P_2(x_2 \mid y_2)$

Übungsaufgaben

3.
Gegeben ist der Punkt P auf dem Graphen der Funktion $x \mapsto x^2$. Zur Stelle x gehört der Punkt $S(x \mid x^2)$ auf dem Graphen. Gib die Steigung der Sekante durch P und S an.

a) $P(2 \mid y)$ **b)** $P(0{,}5 \mid y)$ **c)** $P(-2 \mid y)$ **d)** $P(-1 \mid y)$ **e)** $P(0 \mid y)$ **f)** $P(-1{,}5 \mid y)$

4.
Bestimme die Steigung der Tangente an den Graphen der Funktion $x \mapsto x^2$ im Punkt P. Stelle auch die Gleichung der Tangente auf. Benutze die Ergebnisse der Einstiegsaufgabe.

a) $P(2 \mid \square)$ **b)** $P(-1 \mid \square)$ **c)** $P(0 \mid \square)$ **d)** $P(-0{,}5 \mid \square)$ **e)** $P(\sqrt{5} \mid \square)$ **f)** $P(-\sqrt[4]{3} \mid \square)$

5.
Bestimme die Steigung der Tangente an den Graphen der Funktion f in dem angegebenen Punkt P.

a) $f(x) = x^2 + 3$; $P(a \mid y)$ **c)** $f(x) = (x+2)^2$; $P(1 \mid y)$ **e)** $f(x) = x^2 + 2x$; $P(a \mid y)$
b) $f(x) = x^2 - 8$; $P(a \mid y)$ **d)** $f(x) = x^2 + 2x$; $P(3 \mid y)$ **f)** $f(x) = (x-2)^2$; $P(1 \mid y)$

▲ **6.**
Berechne die Tangentensteigung im Punkt P nach der h-Methode.

a) $f(x) = x^2 + 5$; $P(2 \mid y)$ **c)** $f(x) = 3x^2$; $P(2 \mid y)$ **e)** $f(x) = x^2 + 2x$; $P(2 \mid y)$
b) $f(x) = x^2 - 6$; $P(0 \mid y)$ **d)** $f(x) = 2x^2 + x$; $P(1 \mid y)$ **f)** $f(x) = (x-1)^2$; $P(3 \mid y)$

7.
Bestimme die Gleichung der Tangente an den Graphen der Funktion f im Punkt P.

a) $f(x) = x^2$; $P(3 \mid \square)$ **b)** $f(x) = x^2 + 2$; $P(2 \mid \square)$ **c)** $f(x) = x^2 - 1$; $P(5 \mid \square)$

8.
Für welche Stelle a ist die Tangentensteigung an den Graphen der Funktion $x \mapsto x^2$ negativ [null; positiv]?
Deute das Ergebnis geometrisch am Graphen.
An welcher Stelle hat die Tangentensteigung den Wert 6,75 [den Wert -5]?

3.1.3 Bestimmen der Ableitung bei weiteren Funktionen

Es ist das Ziel dieses Abschnitts, die Tangentensteigungen und damit die Ableitungen für weitere Funktionen zu berechnen.

Aufgabe 1 Gegeben ist die Funktion f sowie die Stelle a. Bestimme rechnerisch die Ableitung f′(a) an der Stelle a, d. h. die Steigung der Tangente an den Graphen der Funktion f an der Stelle a.

a) $f(x) = x^3$ **b)** $f(x) = \frac{1}{x}$ $(x \neq 0)$ **c)** $f(x) = \sqrt{x}$ $(x \geq 0;\ a > 0)$ **d)** $f(x) = \sin x$

Anleitung zu c): Verwende die Formel $\sin x - \sin a = 2 \cdot \sin \frac{x-a}{2} \cdot \cos \frac{x+a}{2}$ sowie $\lim\limits_{z \to 0} \frac{\sin z}{z} = 1$ (siehe dazu Satz 3 auf Seite 128).

Lösung **a) (1) Steigung der Sekante durch P(a | a³) und S(x | x³)**

Die Steigung m_s der Sekante durch die Punkte $P(a \mid a^3)$ und $S(x \mid x^3)$ lautet:

$$m_s = \frac{x^3 - a^3}{x - a} = x^2 + ax + a^2 \quad (\text{für } x \neq a)$$

Mache die Probe:
$(x^2 + ax + a^2) \cdot (x - a) = x^3 - a^3$

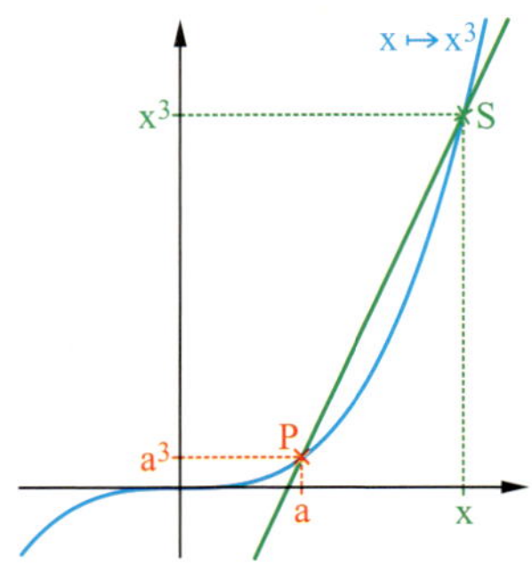

(2) Steigung der Tangente im Punkt P(a | a³)

Falls sich der Punkt S auf dem Graphen auf den Punkt P zu bewegt, unterscheidet sich der Wert von x immer weniger von der Zahl a, die Steigung m_s, also immer weniger von $a^2 + a \cdot a + a^2$, also von $3a^2$.

$3a^2$ ist der Grenzwert von m_s für x gegen a.

Es gilt: $\lim\limits_{x \to a} m_s = \lim\limits_{x \to a} (x^2 + ax + a^2) = 3a^2$

> Die Steigung der Tangente im Punkt $P(a \mid a^3)$ beträgt $3a^2$, d. h. für $f(x) = x^3$ gilt: $f'(a) = 3a^2$

b) (1) Steigung m_s der Sekante durch $P\left(a \mid \frac{1}{a}\right)$ und $S\left(x \mid \frac{1}{x}\right)$

$$m_s = \frac{\frac{1}{x} - \frac{1}{a}}{x - a} \quad (\text{für } x \neq 0,\ a \neq 0,\ x \neq a)$$

$$= \frac{\frac{a-x}{x \cdot a}}{x - a}$$

$$= \frac{a - x}{x \cdot a\,(x - a)}$$

$$= -\frac{1}{x \cdot a}$$

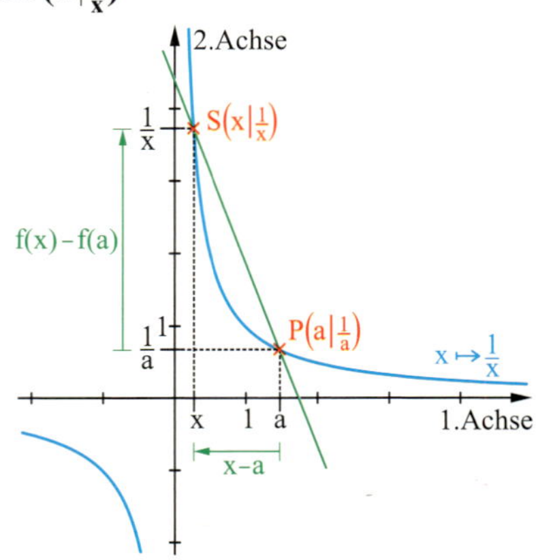

(2) Steigung der Tangente im Punkt $P\left(a \mid \frac{1}{a}\right)$

Wandert S auf P zu, so weicht x immer weniger von a und die Steigung m_s immer weniger von $-\frac{1}{a \cdot a}$, also von $-\frac{1}{a^2}$ ab.

Es gilt: $\lim\limits_{x \to a} m_s = -\frac{1}{a^2}$

Die Steigung der Tangente im Punkt P beträgt $-\frac{1}{a^2}$.

> Für $f(x) = \frac{1}{x}$ gilt $f'(a) = -\frac{1}{a^2}$ (für $a \neq 0$ und $x \neq 0$).

c) (1) Steigung der Sekante durch $P(a\,|\,\sqrt{a})$ und $S(x\,|\,\sqrt{x})$

Für die Steigung m_s der Sekante gilt:

$$m_s = \frac{\sqrt{x}-\sqrt{a}}{x-a} \quad (\text{für } x \neq a,\quad x \geq 0,\quad a > 0)$$

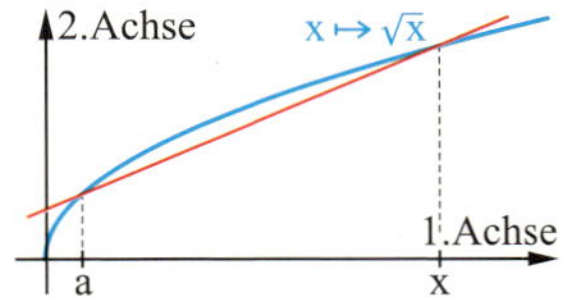

Wir formen den Term so um, dass man kürzen kann.
Dazu gibt es zwei Wege:

1. Weg

$$m_s = \frac{\sqrt{x}-\sqrt{a}}{x-a}$$

$$= \frac{\sqrt{x}-\sqrt{a}}{(\sqrt{x})^2-(\sqrt{a})^2}$$

3. binomische Formel

$$= \frac{\sqrt{x}-\sqrt{a}}{(\sqrt{x}-\sqrt{a})\cdot(\sqrt{x}+\sqrt{a})}$$

Kürzen

$$= \frac{1}{\sqrt{x}+\sqrt{a}} \quad \text{für } x \neq a$$

2. Weg

$$m_s = \frac{\sqrt{x}-\sqrt{a}}{x-a}$$

Erweitern mit $\sqrt{x}+\sqrt{a}$

$$= \frac{(\sqrt{x}-\sqrt{a})\cdot(\sqrt{x}+\sqrt{a})}{(x-a)\cdot(\sqrt{x}+\sqrt{a})}$$

3. binomische Formel

$$= \frac{(\sqrt{x})^2-(\sqrt{a})^2}{(x-a)\cdot(\sqrt{x}+\sqrt{a})}$$

$$= \frac{x-a}{(x-a)\cdot(\sqrt{x}+\sqrt{a})}$$

Kürzen

$$= \frac{1}{\sqrt{x}+\sqrt{a}} \quad \text{für } x \neq a$$

(2) Steigung der Tangente im Punkt $P(a\,|\,\sqrt{a})$ für $a>0$

Wandert S auf P zu, so gilt: $\lim\limits_{x\to a} m_s = \lim\limits_{x\to a} \frac{1}{\sqrt{x}+\sqrt{a}} = \frac{1}{\sqrt{a}+\sqrt{a}} = \frac{1}{2\sqrt{a}}$

Die Steigung der Tangente im Punkt P beträgt $\frac{1}{2\sqrt{a}}$.

> Für $f(x)=\sqrt{x}$ gilt $f'(a)=\frac{1}{2\sqrt{a}}$ (für $a>0$ und $x \geq 0$).

d) (1) Steigung der Sekante durch $P(a\,|\,\sin a)$ und $S(x\,|\,\sin x)$

$$m_s = \frac{\sin x - \sin a}{x-a} \quad (\text{für } x \neq a)$$

Nun gilt: $\sin x - \sin a = 2\sin\frac{x-a}{2}\cos\frac{x+a}{2}$.
Daraus folgt:

$$m_s = \frac{2\cdot\sin\frac{x-a}{2}\cdot\cos\frac{x+a}{2}}{x-a} = \frac{\sin\frac{x-a}{2}}{\frac{x-a}{2}}\cdot\cos\frac{x+a}{2} \quad (\text{für } x \neq a)$$

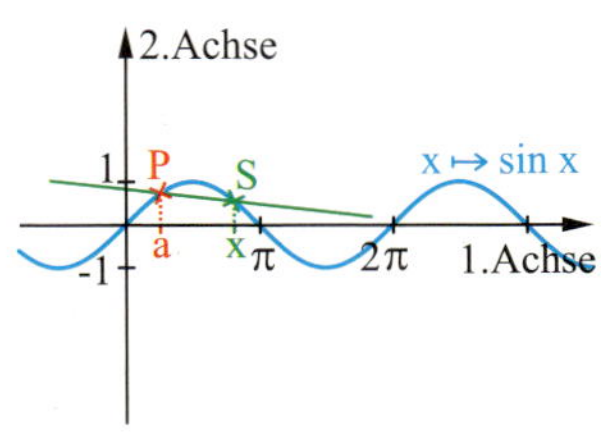

(2) Steigung der Tangente im Punkt $P(a\,|\,\sin a)$

Wandert S auf P zu, so unterscheidet sich x immer weniger von a.

Es gilt dann $\lim\limits_{x\to a}\cos\frac{x+a}{2} = \cos\frac{a+a}{2} = \cos a$.

Um $\lim\limits_{x\to a}\frac{\sin\frac{x-a}{2}}{\frac{x-a}{2}}$ zu berechnen, setzen wir $\frac{x-a}{2}=z$.

Falls x gegen a strebt, strebt z gegen 0. Nun ist $\lim\limits_{z\to 0}\frac{\sin z}{z}=1$.

vergl. Seite 128, Satz 3

Daher gilt: Die Steigung der Tangente im Punkt P beträgt cos a.

> Für $f(x)=\sin x$ gilt $f'(a)=\cos a$.

Weiterführende Aufgaben

2. *Gleichung der Tangente an einen Graphen*
Gib für alle drei Funktionen in der Aufgabe 1 auf Seite 140 die Gleichung der Tangente an den Graphen an der Stelle 2 [Stelle π; Stelle a] an.

3. *Steigung der Tangente bei $x \mapsto x^4$ und $x \mapsto \cos x$*
Bestimme $f'(a)$, d. h. die Steigung der Tangente an den Graphen von f an der Stelle a.

a) $f(x) = x^4$ **b)** $f(x) = \cos x$ $\left(\text{Verwende } \cos x - \cos a = -2 \cdot \sin \frac{x-a}{2} \cdot \sin \frac{x+a}{2}.\right)$

CAS **4.** *Numerische Bestätigung von $\lim\limits_{z \to 0} \frac{\sin z}{z} = 1$*
Wähle für z die Folge 1; 0,1; 0,01; 0,001; 0,0001; 0,00001, ... und berechne $\frac{\sin z}{z}$.
Zeichne mithilfe eines Rechners einen Graphen der Folge.

Bestätige mit einem CAS auch $\lim\limits_{z \to 0} \frac{\sin z}{z} = 1$.

Information Als Ergebnis halten wir die Ableitungen für wichtige Grundfunktionen fest:

$f(x)$	x^2	x^3	x^4	$\frac{1}{x}$	$\sqrt{x}$	$\sin x$	$\cos x$
$f'(a)$	$2a$	$3a^2$	$4a^3$	$-\frac{1}{a^2}$	$\frac{1}{2\sqrt{a}}$	$\cos a$	$-\sin a$

Übungsaufgaben

5.
Gegeben ist der Punkt P auf dem Graphen der Funktion $x \mapsto x^3$. Zur Stelle x gehört der Punkt $S(x \mid x^3)$ auf dem Graphen. Gib die Steigung der Sekante durch P und S an.

a) $P(2 \mid y)$ **b)** $P(0{,}5 \mid y)$ **c)** $P(-2 \mid y)$ **d)** $P(-1 \mid y)$ **e)** $P(0 \mid y)$ **f)** $P(-1{,}5 \mid y)$

6.
Bestimme die Steigung der Tangente an den Graphen der Funktion $x \mapsto x^3$ im Punkt P.
Benutze das Ergebnis von Aufgabe 1 auf Seite 140.
Stelle auch die Gleichung der Tangente auf.

a) $P(2 \mid 8)$ **b)** $P(-1 \mid -1)$ **c)** $P(0 \mid 0)$ **d)** $P(-0{,}5 \mid y)$ **e)** $P(\sqrt[3]{5} \mid y)$ **f)** $P(-\sqrt[6]{3} \mid y)$

▲ **7.**
Bestimme die Steigung der Tangente an den Graphen der Funktion in dem angegebenen Punkt P des Graphen. Was fällt auf?

a) $x \mapsto x^3 + 3$; $P(a \mid y)$ **c)** $x \mapsto (x+2)^3$; $P(1 \mid y)$ **e)** $x \mapsto x^3 + 2x$; $P(2 \mid y)$
b) $x \mapsto x^3 - 8$; $P(a \mid y)$ **d)** $x \mapsto x^3 + 2x$; $P(3 \mid y)$ **f)** $x \mapsto (x-2)^3$; $P(1 \mid y)$

▲ **8.**
Berechne die Tangentensteigung im Punkt P nach der h-Methode.

a) $f(x) = x^3 + 5$; $P(2 \mid y)$ **c)** $f(x) = 3x^3$; $P(2 \mid y)$ **e)** $f(x) = x^3 + 2x$; $P(2 \mid y)$
b) $f(x) = x^3 - 6$; $P(0 \mid y)$ **d)** $f(x) = 2x^3 + x$; $P(1 \mid y)$ **f)** $f(x) = (x-1)^3$; $P(3 \mid y)$

9.
Bestimme die Gleichung der Tangente an den Graphen der Funktion $x \mapsto x^3$, die zu der Geraden mit der Gleichung

a) $y = -4x + 5$ parallel ist; **b)** $y = \frac{3}{4}x - 7$ parallel ist.

10.
Für welche Stelle a ist die Tangentensteigung an den Graphen der Funktion $x \mapsto x^3$ negativ [null; positiv]?
Deute das Ergebnis geometrisch am Graphen.
An welcher Stelle hat die Tangentensteigung den Wert 6,75 [den Wert −5]?

11.
Bestimme f′(a), d.h. die Steigung der Tangente an den Graphen der Funktion f an der Stelle a. Verwende dabei die h-Methode.

a) $f(x)=\frac{1}{x}$ **b)** $f(x)=\sqrt{x}$ **c)** $f(x)=\sin x$

12.
Bestimme die Steigung der Tangente an den Graphen der Funktion f in dem angegebenen Punkt. Gib auch die Gleichung der Tangente in der Normalform an.

a) $f(x)=2x^3$; $P(2\,|\,y)$ $[P(-1\,|\,y)]$
b) $f(x)=x^3+5$; $P(1\,|\,y)$ $[P(-2\,|\,y)]$
c) $f(x)=x^3+x$; $P(-1\,|\,y)$ $[P(2\,|\,y)]$
d) $f(x)=(x-2)^3$; $P(3\,|\,y)$ $[P(1\,|\,y)]$

13.
An welcher Stelle a hat die Ableitung f′(a) den angegebenen Wert?

a) $f(x)=x^3$; Wert 27 [7; 0]
b) $f(x)=\frac{1}{x}$; Wert −1 [−4; −7]
c) $f(x)=\sqrt{x}$; Wert $\frac{1}{9}$ $[16; \frac{1}{2}; 3]$
d) $f(x)=\sin x$; Wert 0 $[\frac{1}{2}; -\frac{1}{2}]$

14.
a) Gib die Steigungen der Tangenten an den Graphen der Sinusfunktion in den Schnittpunkten mit der 1. Achse an.
b) Gib die Steigungen der Tangenten an den Graphen der Kosinusfunktion in den Schnittpunkten mit der 1. Achse an.
c) Wie groß ist der Winkel, den diese Tangenten aus a) und b) mit der positiven Richtung der 1. Achse bilden?

15.
a) Gib an: $f'(1)$; $f'(2)$; $f'(0)$; $f'(-4)$ für $f(x)=x^4$
b) Gib an: $f'(3)$; $f'(1)$; $f'(-1)$; $f'(-4)$ für $f(x)=\frac{1}{x}$
c) Gib an: $f'(1)$; $f'(4)$; $f'(2)$; $f'(256)$ für $f(x)=\sqrt{x}$
d) Gib an: $f'(\frac{\pi}{2})$; $f'(-\frac{\pi}{2})$; $f'(\frac{\pi}{3})$; $f'(-\frac{\pi}{6})$ für $f(x)=\sin x$

16.
Welche Werte kommen bei der Ableitung, also bei den Steigungen der Tangenten an den Graphen der Funktion f überhaupt nicht vor? Deute dieses Ergebnis geometrisch.

a) $f(x)=x^3$ **b)** $f(x)=\frac{1}{x}$ **c)** $f(x)=\sqrt{x}$ **d)** $f(x)=\sin x$

▲ **17.**
Bestimme die Steigung der Tangente an den Graphen der Funkton f an der Stelle a.

a) $f(x)=\frac{1}{x^2}$; $a\neq 0$
b) $f(x)=\frac{2}{x}$; $a=1$
c) $f(x)=\frac{1}{x}+2$; $a=0{,}5$
d) $f(x)=\frac{1}{x}+x$; $a=2$
e) $f(x)=\frac{1}{x}+x^2$; $a\neq 0$
f) $f(x)=\frac{1}{x}+x^3$; $a\neq 0$

18.
Bestimme die Steigung der Tangente an den Graphen von f im Punkt P(a | y) mit a > 0.

a) $f(x)=\sqrt{x}+3$ **c)** $f(x)=3\sqrt{x}$ **e)** $f(x)=\sqrt{x}+x$

b) $f(x)=\sqrt{2x}$ **d)** $f(x)=\frac{1}{\sqrt{x}}$ **f)** $f(x)=\sqrt{x}+\frac{1}{x}$

19.
Gib die Gleichung der Tangente an den Graphen der Funktion f im Punkt P an.

a) $f(x)=\sqrt{x}$; $P(4|y)$ **b)** $f(x)=\sqrt{x}+x$; $P(9|y)$ **c)** $f(x)=3\sqrt{x}$; $P(2|y)$

▲ **20.**
Die Berechnung der Ableitung f′(a) der Funktion f mit $f(x)=\sqrt{x}$ kann, wie bei der Parabel, auch mithilfe des Schnittpunktverfahrens durchgeführt werden.
Anleitung:
Setze in der Gleichung zur Bestimmung der 1. Koordinate x_1 und x_2 der Schnittpunkte von Graph und Gerade (siehe rechts) $u=\sqrt{x}$. Mache nach Bestimmen der Lösungen u_1 und u_2 die Substitution wieder rückgängig.

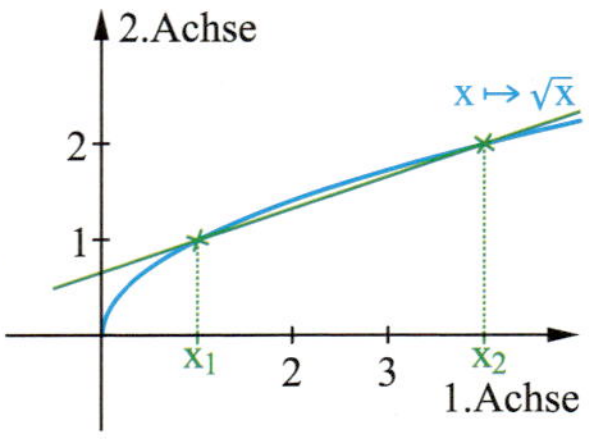

3.1.4 Vermischte geometrische Anwendungen

Aufgabe 1 *Tangentenkonstruktion für die Normalparabel*
Man kann folgendermaßen die Tangente im Punkt P an die Parabel mit der Gleichung $y=x^2$ exakt konstruieren: Man fällt das Lot auf die 2. Achse und bestimmt Q so, dass $|OQ|=|OP_1|$ ist. Die Gerade QP ist dann die gesuchte Tangente.
Zeige, dass dieses Verfahren korrekt ist.

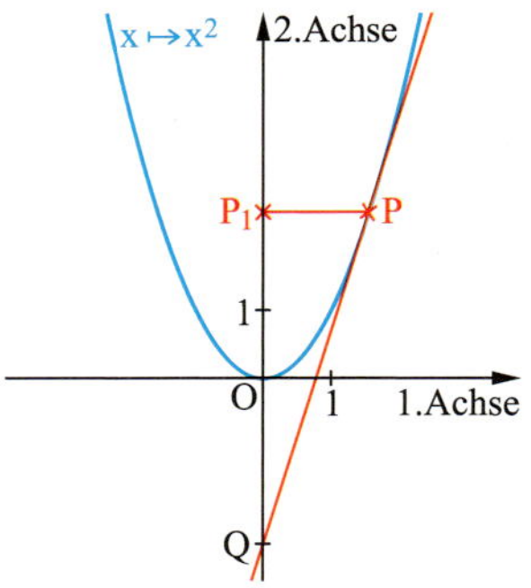

Lösung Die Steigung der Tangente im Punkt $P(a|a^2)$ ist $f'(a)=2a$.
Die Steigung m_t der nach Konstruktion gewonnenen Geraden ist $m_t=\frac{|P_1Q|}{|P_1P|}=\frac{2a^2}{a}=2a$.
Beide Steigungen stimmen offensichtlich überein. Da die nach Konstruktion gewonnene Gerade durch P geht, muss sie die Tangente sein.

Weiterführende Aufgaben

2. *Tangentenkonstruktion an die Parabel mithilfe der Normalen*

Definition der Normalen

Unter der **Normalen** des Graphen im Punkt P versteht man die Orthogonale (Senkrechte) auf der Tangente an den Graphen in P.
Auch mithilfe der Normalen lässt sich eine Tangentenkonstruktion für die Normalparabel gewinnen.
Bestimme dazu zunächst den Schnittpunkt der Normalen mit der 2. Achse und beschreibe dann die Tangentenkonstruktion.

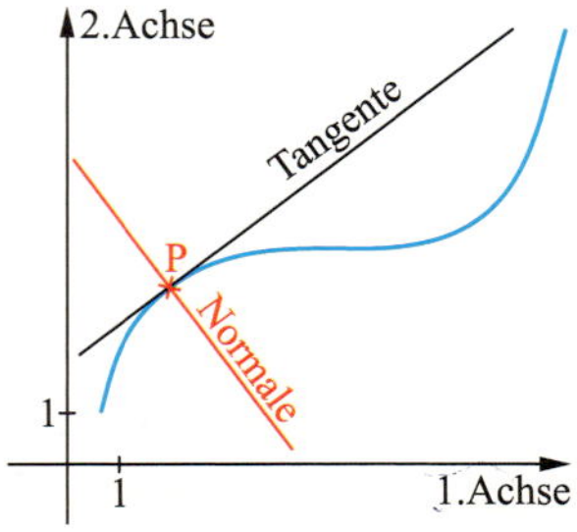

3. *Tangentenkonstruktion für die Hyperbel*

a) Für die Tangente an die Hyperbel mit der Gleichung $y = \frac{1}{x}$ im Punkt P gibt es die folgende Konstruktion: Man fälle von P das Lot auf die 1. Achse und bestimme Q so, dass $|\overline{OP_0}| = |\overline{P_0Q}|$ ist. Die Gerade PQ ist dann die gesuchte Tangente.
Begründe diese Konstruktion.

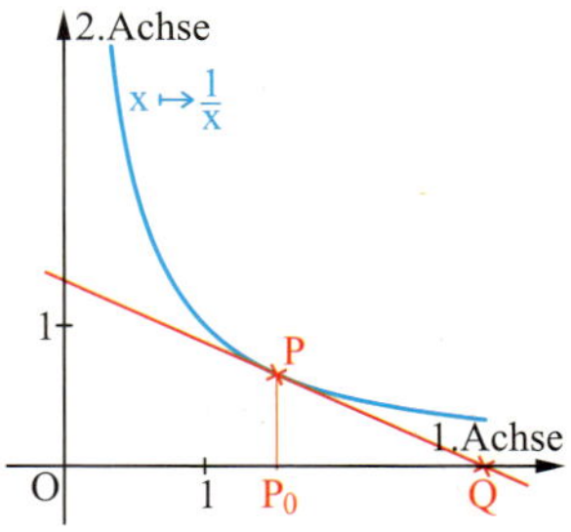

b) Gib eine weitere Konstruktion der Tangente mithilfe der Normalen im Punkt P an.
Hinweis:
Verwende die Gerade mit der Gleichung $y = -x$.

Übungsaufgaben

4.
In welchem Punkt schneiden sich die Tangenten an den Graphen der Funktion f in den Punkten P_1 und P_2? Wie groß ist der Schnittwinkel der beiden Tangenten?

a) $f(x) = x^2$; $P_1(1\,|\,y)$; $P_2(2\,|\,y)$ **b)** $f(x) = x^4$; $P_1(3\,|\,y)$; $P_2(-2\,|\,y)$

5.
An den Graphen der Funktion $x \mapsto x^2$ sind zwei Tangenten gezeichnet. Sie schneiden die 1. Achse unter einem Winkel von 30° bzw. 60°. Zusammen mit der 1. Achse bilden sie ein Dreieck. Berechne dessen Flächeninhalt.

6.
Zur Sekanten durch die Punkte $A(1\,|\,y_1)$ und $B(4\,|\,y_2)$ auf dem Graphen der Funktion $x \mapsto x^3$ ist eine parallele Tangente gezeichnet.
Bestimme den Berührungspunkt der Tangente.

7.
Im Punkt $P(2\,|\,y)$ des Graphen der Funktion $x \mapsto x^2$ ist die Tangente gezeichnet. Zu ihr soll eine parallele Tangente an den Graphen der Funktion $x \mapsto x^3$ gezeichnet werden. Bestimme ihre Gleichung.

8.
Der Punkt P liegt auf dem Graphen der Funktion $x \mapsto x^2$. Der Punkt Q sei das Bild des Punktes P bei der Spiegelung an der 2. Achse.
In den Punkten P und Q sind die Tangenten an den Graphen der Funktion $x \mapsto x^2$ gezeichnet. Die Tangenten schließen einen Winkel von 45° [30°; 60°] ein.
Bestimme die Koordinaten der beiden Punkte P und Q.

9.
An welchen Stellen ist der Winkel, den die Tangenten an den Graphen der Funktion $x \mapsto \sin x$ [$x \mapsto \cos x$] mit der (positiven Richtung der) 1. Achse einschließen gleich

a) 30°;   **b)** 60°;   **c)** 120°;   **d)** 150°?

10.
Unter welchem Winkel schneiden sich die Graphen der Sinusfunktion und Kosinusfunktion?
Beachte: Der Winkel, den zwei Graphen miteinander einschließen, ist der Winkel, den die Tangenten an die Graphen im Schnittpunkt miteinander einschließen.

3.2 Analytische Definition der Ableitung – Ableitungsfunktion

3.2.1 Sonderfälle und Probleme bei der Berechnung der Tangentensteigung

Im vorigen Unterkapitel sind wir zunächst von dem anschaulichen Verständnis der Tangenten ausgegangen als einer Geraden, die sich dem Graphen besonders gut anschmiegt. Dann haben wir ein Verfahren gewonnen, mit dessen Hilfe die Steigung der Tangenten berechnet werden konnte.
Jetzt wollen wir überprüfen, ob sich dieses Verfahren auch in extremen Fällen bewährt, z. B. in denen der Graph selbst eine Gerade ist oder eine „Spitze" hat oder einen „Sprung macht".

Aufgabe 1

a) Nach unserem anschaulichen Verständnis der Tangente als einer Geraden, die sich in einer vollen Umgebung des Berührungspunktes dem Graphen möglichst gut anschmiegt, würde die Tangente an eine Gerade in einem Punkt mit der Geraden selbst zusammenfallen. Bestätige das durch Rechnung.

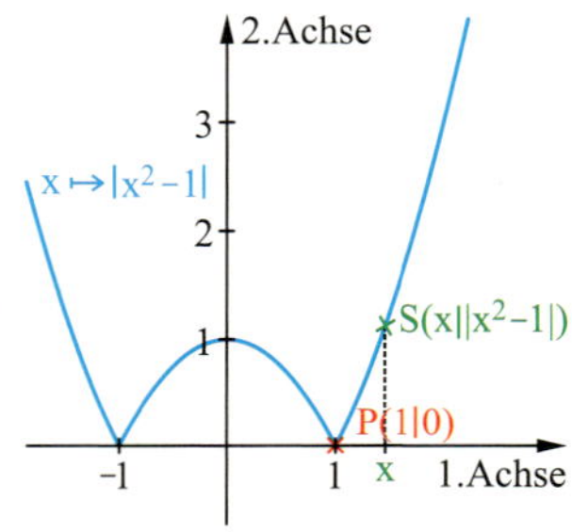

b) Der Graph der Funktion $x \mapsto |x^2 - 1|$ hat an der Stelle 1 (und auch an der Stelle -1) eine *Spitze*. Nach unserem bisherigen Tangentenverständnis dürfte es dort keine Tangente geben. Denn wie man auch eine Gerade durch P legt, sie schmiegt sich in keiner Umgebung von P dem Graphen an.
Zeigt dies auch die Rechnung?

c) Der Graph der Heavysidefunktion $x \mapsto H(x)$ mit $H(x) = \begin{cases} 0 & \text{für } x \le 0 \\ 1 & \text{für } x > 0 \end{cases}$
macht an der Stelle 0 einen *Sprung*.
Nach unserem bisherigen Tangentenverständnis dürfte an der Stelle 0 keine Tangente existieren, denn wie man auch eine Gerade durch $P(0|0)$ legt, sie schmiegt sich in keiner Umgebung von P dem Graphen an. Zeigt dies auch die Rechnung?

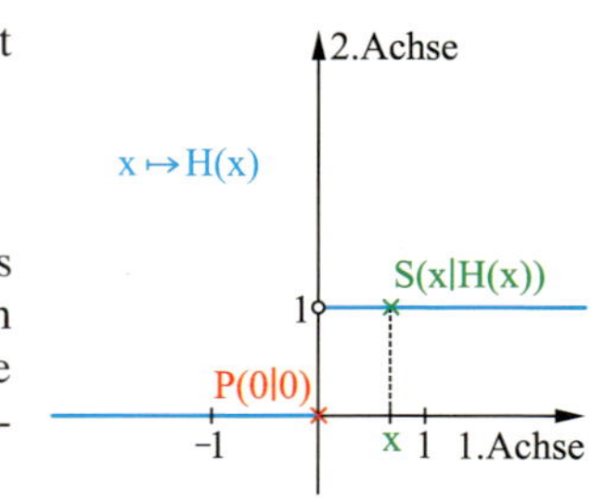

Lösung

a) Der Graph der Funktion $x \mapsto mx + b$ ist eine Gerade.
Die Tangente ist von uns als eine Gerade aufgefasst, die sich dem Graphen möglichst gut anschmiegt. Nach diesem Tangentenverständnis muss die gesuchte Tangente mit der Geraden zusammenfallen.
Wir wollen untersuchen, ob die im vorhergehenden Abschnitt verwendete Methode zur Tangentenbestimmung zu demselben Ergebnis führt.

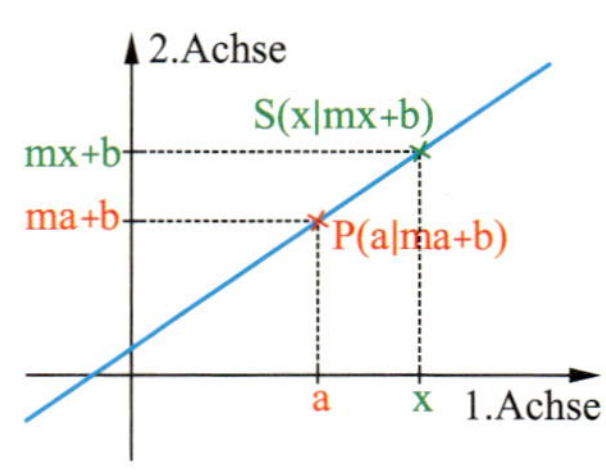

(1) Steigung der Sekante durch die Punkte $P(a \mid ma + b)$ und $S(x \mid mx + b)$

$$m_s = \frac{(mx+b) - (ma+b)}{x-a} = \frac{m(x-a)}{x-a} = m$$

(2) Steigung der Tangente im Punkt P

Wandert S auf P zu, so weicht x immer weniger von a ab. Die Sekantensteigung ist stets gleich m. Die Tangentensteigung kann dann auch nur m sein.
Die Steigung der Tangente an den Graphen der Funktion $x \mapsto mx + b$ an der Stelle a ist gleich m. Die Tangente fällt mit dem Funktionsgraphen zusammen.

b) (1) Steigung der Sekante durch P(1 | 0) und S(x | |x² − 1|)

1. Fall:

$|x| > 1$, also für $x > 1$ oder $x < -1$

$$m_s = \frac{|x^2 - 1| - 0}{x - 1}$$

$$= \frac{x^2 - 1}{x - 1} = \frac{(x-1)\cdot(x+1)}{x-1} = x + 1$$

2. Fall:

$|x| < 1$, also für $-1 < x < 1$

$$m_s = \frac{|x^2 - 1| - 0}{x - 1}$$

$$= \frac{-(x^2 - 1)}{x - 1} = \frac{-(x-1)(x+1)}{x-1} = -x - 1$$

(2) Grenzwert der Sekantensteigung

Wandert S von rechts auf P zu, so weicht x mit $x > 1$ immer weniger von 1 ab und m_s unterscheidet sich immer weniger von $1 + 1$, also von 2.

Wandert S von links auf P zu, so weicht x immer weniger von 1 ab, aber es ist $x < 1$ und m_s unterscheidet sich immer weniger von $-1 - 1$, also von -2.

Falls es eine Tangente gäbe, dürfte sich nur *ein* Wert ergeben.

Man kann keinen eindeutig bestimmten Grenzwert $\lim\limits_{x\to 1} m_s = \lim\limits_{x\to 1} \frac{|x^2 - 1|}{x - 1}$ finden.

Es gibt also auch keine Ableitung $f'(1)$. Es gibt keine Tangente an der Stelle 1.

c) (1) Steigung der Sekante durch P(0 | 0) und S(x | H(x))

$$m_s = \frac{H(x) - H(0)}{x - 0} = \frac{H(x)}{x} = \begin{cases} \frac{1}{x} & \text{für } x > 0 \\ 0 & \text{für } x < 0 \end{cases}$$

(2) Grenzwert der Sekantensteigung

Liegt S rechts von P und wandert dann S auf P zu, so unterscheidet sich x mit $x > 0$ immer weniger von 0. Dann aber wächst $m_s = \frac{1}{x}$ unbeschränkt, d.h. zu jeder noch so großen Zahl K kann man stets eine Sekantensteigung angeben, die größer als K ist.

Liegt S links von P und wandert dann S auf P zu, so unterscheidet sich x mit $x < 0$ immer weniger von 0 und die Steigung m_s bleibt dann immer 0.

Falls eine Tangente vorhanden wäre, müsste sich bei beiden Annäherungen derselbe Wert ergeben.

Einen Grenzwert $\lim\limits_{x\to 0} m_s = \lim\limits_{x\to 0} \frac{H(x)}{x}$ gibt es nicht. Es gibt keine Tangente an der Stelle 0.

Information In den extremen Fällen *Spitze* und *Sprung* beim Graphen gibt es anschaulich keine bestimmte sich anschmiegende Gerade als Tangente. Die Sekanten haben auch keine eindeutig bestimmte Grenzlage. Das Verfahren zur Bestimmung der Steigung der Tangenten steht also *nicht* im Widerspruch zur Anschauung.

Weiterführende Aufgaben

CAS **2.** *Grenzwerte mit dem Rechner bestimmen*

a) Überprüfe die Rechnungen der Aufgaben 1b) und c) mit einem CAS.
Stelle auch fest, über welche Möglichkeiten dein Rechner zum Bestimmen eines Grenzwertes verfügt.

b) Ermittle mithilfe des Rechners verschiedene Folgen des Sekantenanstiegs und bestimme gegebenenfalls deren Grenzwert.

3. *Steigung der konstanten Funktion $x \mapsto c$*

Wie groß ist die Steigung des Graphen der konstanten Funktion $x \mapsto c$ nach unserem anschaulichen Verständnis?

Bestätige dies durch Berechnen der Ableitung.

Übungsaufgaben

4.
Bestimme rechnerisch die Steigung der Tangente an den Graphen der Funktion $x \mapsto mx + b$ an der Stelle a mit der h-Methode.

Hinweis: Vergleiche dazu Information (1) auf Seite 138.

5.
Berechne die Steigung der Tangente an den Graphen von f an der angegebenen Stelle.

a) $f(x) = (-4) \cdot x$; Stelle 3 [a]

b) $f(x) = 0$; Stelle 5 [a]

c) $f(x) = |x|$; Stelle a; $a > 0$ [$a < 0$]

d) $f(x) = x \cdot H(x)$; Stelle a; $a > 0$ [$a < 0$]

e) $f(x) = x^2 \cdot H(x)$; Stelle a; $a > 0$

f) $f(x) = H(x) \cdot \sin x$; Stelle a; $a > 0$

6.
Versuche die Steigung der Tangente an den Graphen der Funktion f an der angegebenen Stelle zu bestimmen.
Hat der Graph an dieser Stelle eine Tangente?

a) $f(x) = |x|$; Stelle 0

b) $f(x) = |x^2 - 1|$; Stelle -1

c) $f(x) = |x^2 - 4|$; Stelle 2 [Stelle -2]

d) $f(x) = |x^3 - 1|$; Stelle 1

e) $f(x) = |x^3 + 1|$; Stelle -1

f) $f(x) = x \cdot H(x)$; Stelle 0

g) $f(x) = x^2 \cdot H(x)$; Stelle 0

h) $f(x) = \operatorname{sgn} x$; Stelle 0

i) $f(x) = x^2 \cdot \operatorname{sgn} x$; Stelle 0

j) $f(x) = x^3 \cdot \operatorname{sgn} x$; Stelle 0

k) $f(x) = \sqrt{|x|}$; Stelle 0

l) $f(x) = \sqrt{|x + 2|}$; Stelle -2

3.2.2 Analytische Definition der Ableitung – Differenzierbarkeit

Information **(1) Analytische Definition der Ableitung f′(a)**

Bisher haben wir den Begriff der Ableitung an den Begriff der Steigung gebunden (siehe dazu die geometrische Definition der Ableitung Seite 135).
Wir wollen uns jetzt jedoch von dieser geometrischen Vorstellung lösen und die drei Schritte des Verfahrens zur Bestimmung der Tangentensteigung rein rechnerisch betrachten. Wir erhalten die *analytische Definition der Ableitung.*

Definition 3

Die Ableitung f′(a) der Funktion f an der Stelle a ihres Definitionsbereichs ist eine *Zahl*, die man folgendermaßen erhält:

(1) Man bildet den Differenzenquotienten $\frac{f(x) - f(a)}{x - a}$.

(2) Man bildet den Grenzwert $\lim\limits_{x \to a} \frac{f(x) - f(a)}{x - a}$.

(3) Falls dieser Grenzwert existiert, so setzt man:

$$f'(a) = \lim_{x \to a} \frac{f(x) - f(a)}{x - a}$$

Die Funktion f heißt dann an der Stelle a **differenzierbar.**
Existiert dieser Grenzwert nicht, so heißt f an der Stelle a **nicht differenzierbar.**

Der Differenzenquotient $\frac{f(x) - f(a)}{x - a}$ hat als *geometrische Deutung* die Steigung der Sekanten durch die Punkte $P(a \mid f(a))$ und $S(x \mid f(x))$ des Funktionsgraphen. Der Grenzwert $f'(a) = \lim\limits_{x \to a} \frac{f(x) - f(a)}{x - a}$ hat als *geometrische Deutung* die Steigung der Tangenten im Punkt P.

Differenzierbar sind z. B. die Funktionen:

$x \mapsto x^2;\quad x \mapsto x^3;\quad x \mapsto \frac{1}{x};\quad x \mapsto 2x^3;\quad x \mapsto x^2 + x;\quad x \mapsto mx + n;\quad x \mapsto \sin x;\ x \mapsto \cos x$

an jeder Stelle ihres Definitionsbereichs.

Nicht differenzierbar sind die Funktionen $x \mapsto |x^2 - 1|$ an den Stellen 1 und -1 sowie $x \mapsto H(x)$ an der Stelle 0. Sie haben dort auch keine Tangenten (vergleiche Seite 146). Sie sind aber an jeder anderen Stelle ihres Definitionsbereichs differenzierbar.

(2) Deutung der Ableitung einer Funktion f an der Stelle a als Änderungsrate

Die Ableitung einer Funktion an der Stelle a wird in zwei Schritten bestimmt.

1. Schritt: Bilden des Differenzenquotienten

$m_s = \frac{f(x) - f(a)}{x - a}$.

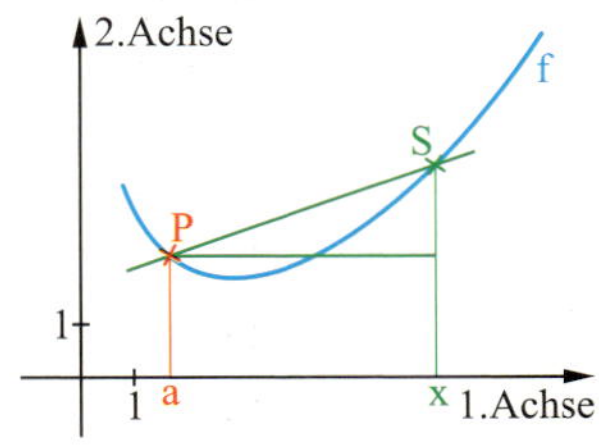

Wenn man auf dem Graphen von P nach S wandert, dann verändern sich die Funktionswerte um $f(x) - f(a)$. Dieselbe Änderung erhält man auch, wenn man auf der Sekante von P nach S wandern würde.

Der Differenzenquotient $\frac{f(x) - f(a)}{x - a}$ ist daher auch ein Maß dafür, um wie viel sich die 2. Koordinate der Punkte des Graphen der Funktion in dem Intervall $[a; x]$ verändert hat. Man sagt: Der Differenzenquotient ist ein Maß für die **mittlere Änderungsrate** der Funktionswerte bezüglich des Intervalls $[a; x]$.

Die mittlere Änderungsrate ist also das Verhältnis der Änderung $f(x) - f(a)$ der Funktionswerte zur Änderung $x - a$ der Werte in dem Intervall $[a; x]$: $\frac{f(x) - f(a)}{x - a}$

2. Schritt: Bilden des Grenzwertes $f'(a) = \lim\limits_{x \to a} \frac{f(x) - f(a)}{x - a}$.

Die geometrische Deutung der Ableitung kennen wir schon: Die Ableitung $f'(a)$ an der Stelle a ist die Steigung der Tangente an den Graphen der Funktion im Punkt $P(a \mid f(a))$. Die Ableitung $f'(a)$ ist aber auch ein Maß dafür, wie stark sich die Funktionswerte *punktuell* an der Stelle a ändern. Man spricht von *punktueller Änderungsrate* der Funktionswerte.

> $f'(a)$ ist die **punktuelle Änderungsrate** der Funktionswerte der Funktion an der Stelle a.

(3) Tangenten parallel zur 2. Achse

Zu sgn(x) vgl. Seite 11

Das Bild rechts zeigt den Graphen der Funktion $x \mapsto \operatorname{sgn}(x) \cdot \sqrt{|x|}$. Rein anschaulich würde man die 2. Achse als Tangente an den Graphen der Funktion im Punkt $P(0 \mid 0)$ ansehen. Die Funktion ist jedoch an der Stelle 0 nicht differenzierbar. Der Begriff der Differenzierbarkeit erfasst somit diese Tangente nicht.

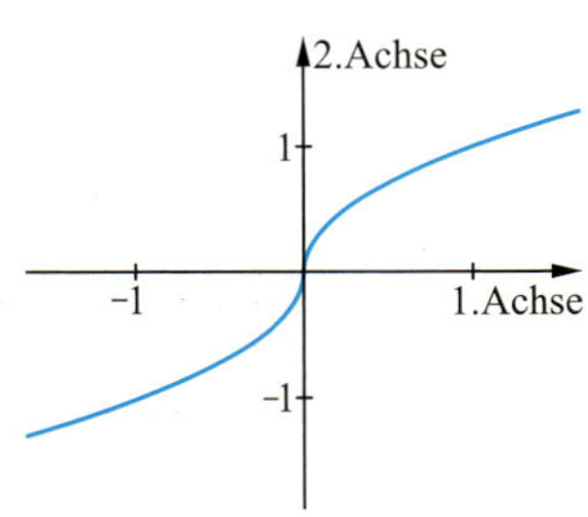

Solche Diskrepanzen zwischen der Anschauung und der Definition der Tangente treten jedoch nur bei Tangenten auf, die parallel zur 2. Achse verlaufen.

(4) Definition der Tangente an den Graphen der Funktion im Punkt P

Wir wollen nun eine exakte Definition der Tangente an einen Graphen im Punkt P angeben.

Definition 4

Der Graph der Funktion f hat in einem Punkt $P(a \mid f(a))$ eine **Tangente,** wenn f an der Stelle a differenzierbar ist.
Die **Tangente** ist dann die Gerade durch P, welche die Steigung $f'(a)$ hat.
Ist f an der Stelle a nicht differenzierbar, so hat der Graph von f im Punkt $P(a \mid f(a))$ auch keine Tangente, es sei denn, die Tangente verläuft parallel zur 2. Achse.

GTR

(5) Funktionenmikroskop

Wir setzen den GTR ein, um das Aussehen des Graphen einer Funktion in der Umgebung einer Stelle zu studieren. Dazu wird der Graph schrittweise stark vergrößert (Funktionenmikroskop).

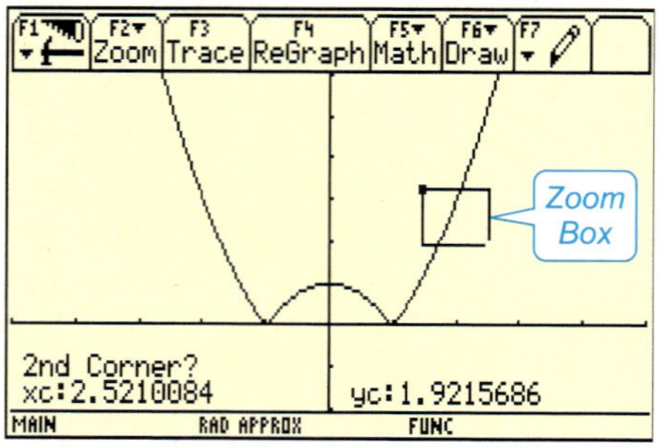

Wir betrachten die Funktion f mit $f(x) = |x^2 - 1|$ an den Stellen 1 bzw. 2 (sowie an den Stellen -1 bzw. $-1{,}5$).
Betrachten wir zuerst die Stelle 2.
An dieser Stelle ist die Funktion f mit $f(x) = |x^2 - 1|$ differenzierbar.

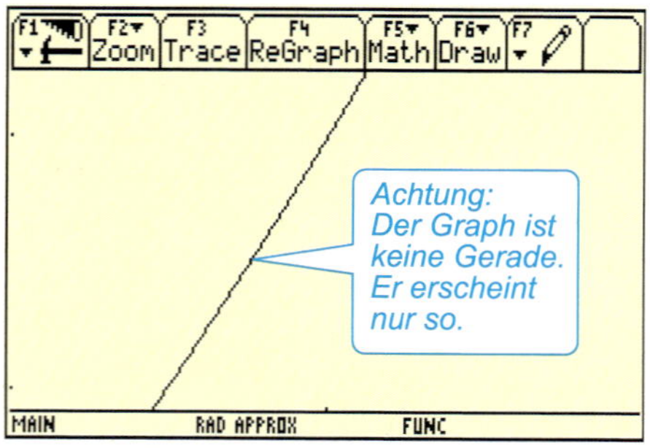

Der Graph der Funktion erscheint bei starker Vergrößerung in der Umgebung der Stelle 2 als Gerade. Dies stimmt sehr gut mit der bisherigen Vorstellung einer Tangente, welche sich dem Graphen der Funktion anschmiegt, überein. In einer kleinen Umgebung der Stelle 2, das heißt bei starker Vergrößerung, sind auf dem Display Tangente und Graph der Funktion nicht mehr zu unterscheiden.
Ähnliches gilt für die Stelle $-1{,}5$.

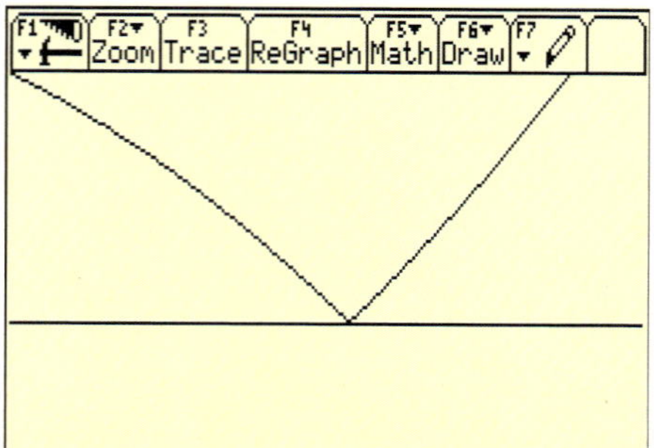

Wir betrachten jetzt die Stelle 1, an der f nicht differenzierbar ist.
Trotz starker Vergrößerung bleibt in der Darstellung an der Stelle ein „Knick“ im Graphen der Funktion erhalten.
An der Stelle -1 verhält sich der Graph der Funktion analog. Offensichtlich hängt dieses Verhalten des Graphen damit zusammen, dass die Funktion an den Stellen -1 und 1 nicht differenzierbar ist bzw. keine Tangente an den Graphen der Funktion existiert.

(6) Andere Sprech- und Bezeichnungsweisen

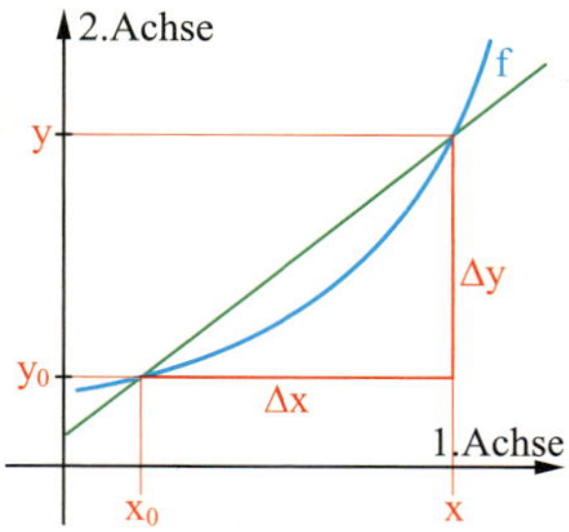

Die Ableitung der an der Stelle x_0 differenzierbaren Funktion wird auch **Differentialquotient** genannt. Diese Bezeichnung hat historische Gründe. LEIBNIZ vertrat die Auffassung, die Steigung der Tangente sei ein Quotient von sogenannten Differentialen. Vor allem bei Anwendungen in Physik und Technik schreibt man auch Δx (gelesen: Delta x) für die Koordinatendifferenz h:

$\Delta x = x - x_0$.

Für die Differenz $f(x) - f(x_0)$ schreibt man dann konsequent Δy:

$\Delta y = f(x) - f(x_0) = y - y_0$

Für die Sekantensteigung m_s gilt dann: $m_s = \frac{\Delta y}{\Delta x}$.

Für $f'(x)$ schreibt man auch y' oder $\frac{dy}{dx}$ (*gelesen:* dy nach dx). $\frac{dy}{dx}$ ist nach unserer Theorie *kein* Quotient. Deswegen wird gelesen: dy nach dx. Das Symbol $\frac{dy}{dx}$ muss hier als Ganzes gesehen werden. Dieses Symbol $\frac{dy}{dx}$ führte GOTTFRIED WILHELM LEIBNIZ (1646–1716) ein.

Beispiel: Die Funktion f sei durch die Gleichung $y = x^2$ gegeben.

Dann ist $\frac{dy}{dx} = 2x$ (*gelesen:* dy nach dx gleich 2x).

Es gibt auch mathematische Theorien, in denen Differentiale dy bzw. dx erklärt werden. Dann ist allerdings auch die Ableitung als Quotient von Differentialen auffassbar. Vergleiche dazu den Exkurs zur Geschichte der Differentialrechnung Seite 180.

Übungsaufgaben

1.

Gib an, ob die Funktion f an der angegebenen Stelle differenzierbar ist. Wenn ja, gib die Ableitung von f an dieser Stelle an.

a) $f(x) = x^2 + x$; Stelle 3 [Stelle a]

b) $f(x) = \sqrt{x}$; Stelle 4 [Stelle a; a > 0]

c) $f(x) = \sqrt{x}$; Stelle 0

d) $f(x) = H(x) + 4$; Stelle 0

e) $f(x) = H(x) + x$; Stelle 0

f) $f(x) = H(x) + x$; Stelle a (mit $a \neq 0$)

g) $f(x) = x \cdot H(x)$; Stelle 0

h) $f(x) = x^4$; Stelle −5 [Stelle a]

i) $f(x) = x^2 \cdot H(x)$; Stelle 0

j) $f(x) = (x-1) \cdot H(x-1)$; Stelle 1

k) $f(x) = (x^2-1) \cdot H(x-1)$; Stelle 1

l) $f(x) = (x-1)^2 \cdot H(x-1)$; Stelle 1

2.

Bestimme die Stellen des Definitionsbereichs der Funktion f, an denen f differenzierbar ist.

Zu INT und zu sgn siehe Seite 11.

a) $f(x) = \operatorname{sgn} x$

b) $f(x) = |x|$

c) $f(x) = |x^2 - 2|$

d) $f(x) = |x - 1|$

e) $f(x) = H(x+1)$

f) $f(x) = (x-1) \cdot H(x)$

g) $f(x) = 3x^2 + 2x$

h) $f(x) = \frac{1}{x}$

i) $f(x) = INT(x)$

j) $f(x) = x \cdot INT(x)$

k) $f(x) = x^2 \cdot \operatorname{sgn} x$

l) $f(x) = x - INT(x)$

m) $f(x) = INT(x^2)$

n) $f(x) = INT(3x)$

o) $f(x) = \sqrt{|x|}$

3.2.3 Ableitungsfunktion – erste, zweite, dritte, . . . Ableitung

Aufgabe 1 Die Funktion f mit $f(x) = x^2$, $x \in \mathbb{R}$, ist an jeder Stelle differenzierbar.

a) Lege eine Tabelle an, in der für jede der Stellen $-5; -4; -3; -2; -1; 0; 1; 2; 3; 4; 5$ die Ableitung von f an der betreffenden Stelle notiert ist.

b) Die Tabelle kann als Wertetabelle einer neuen Funktion aufgefasst werden. Diese Funktion heißt *Ableitungsfunktion von f* (kurz: *Ableitung von f*). Sie wird mit f′ bezeichnet. Gib Zuordnungsvorschrift, Funktionsterm und Definitionsbereich dieser Funktion an. Zeichne den Graphen von f und von f′ in dasselbe Koordinatensystem.

Lösung

a) Für die Ableitung an der Stelle a gilt: $f'(a) = 2a$.
Damit erhält man folgende Tabelle:

a	−5	−4	−3	−2	−1	0	1	2	3	4	5
f′(a)	−10	−8	−6	−4	−2	0	2	4	6	8	10

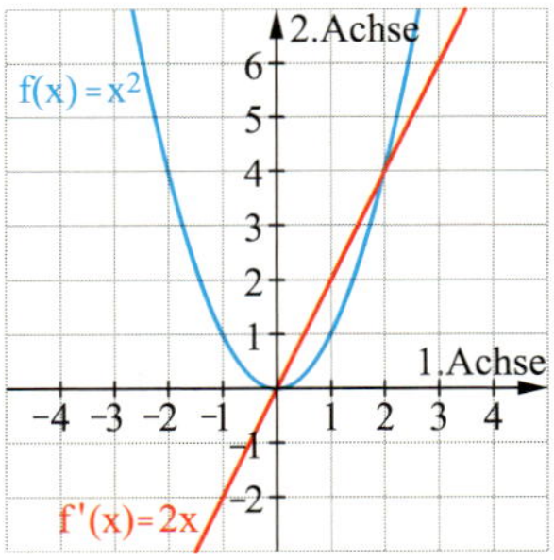

b) Die Zuordnungsvorschrift der Ableitungsfunktion lautet $a \mapsto 2a$. Wir sind jedoch gewohnt, x statt a zu verwenden, und schreiben daher $x \mapsto 2x$.
Für den Funktionsterm gilt also $f'(x) = 2x$.
Der Definitionsbereich der Funktion f′ ist $\mathbb{R}$.

Information **(1) Differenzieren – Ableitung wichtiger Grundfunktionen**

Definition 5

Unter der **Ableitungsfunktion f′ der Ausgangsfunktion f** (meist kurz **Ableitung f′** von f genannt) versteht man diejenige Funktion, die jeder Stelle x, an welcher f differenzierbar ist, die Ableitung von f an dieser Stelle zuordnet.
Das Bestimmen der Ableitungsfunktion f′ einer Funktion f heißt **Differenzieren.**

Für die Ableitungsfunktion gilt: $f'(x) = \lim\limits_{h \to 0} \frac{f(x+h) - f(x)}{h}$

Zusammenstellung wichtiger Grundfunktionen f und ihrer Ableitungen f′:

f(x)	$mx + b$	x^2	x^3	x^4	c	$\frac{1}{x}$	$\sqrt{x}$	sin x	cos x
f′(x)	m	$2x$	$3x^2$	$4x^3$	0	$-\frac{1}{x^2}$	$\frac{1}{2\sqrt{x}}$	cos x	− sin x

Die Tangentensteigungskurve ist der Graph der Ableitungsfunktion.

(2) Höhere Ableitungen

Die Ableitung der Funktion f bezeichnet man mit f′. Von der Funktion f′ kann man erneut die Ableitung bilden. Sie heißt zweite Ableitung von f. Man bezeichnet sie mit f″. Von dieser Funktion f″ kann man erneut die Ableitung f‴ bilden usw.
Beispiel: $f(x) = x^2$, $f'(x) = 2x$, $f''(x) = 2$, $f'''(x) = 0$, $f^{IV}(x) = 0$.

Definition 6

f″ (zweite Ableitung von f) ist die Ableitungsfunktion von f′.
f‴ (dritte Ableitung von f) ist die Ableitungsfunktion von f″.
f^{IV} (vierte Ableitung von f) ist die Ableitungsfunktion von f‴, usw.

Weiterführende Aufgaben

GTR **2.** *Graph der Ableitungsfunktion mithilfe des GTR*
Bestimme mithilfe des GTR den Graphen der Ableitungsfunktion f′ mit

a) $f(x) = x^2$ **c)** $f(x) = x^4$ **e)** $f(x) = \frac{1}{x}$ **g)** $f(x) = \sin x$
b) $f(x) = x^3$ **d)** $f(x) = 6$ **f)** $f(x) = \sqrt{x}$ **h)** $f(x) = \cos x$

Vergleiche mit der Tabelle auf Seite 152.

3. *Numerisches Differenzieren*
Von der Funktion $x \mapsto \tan x$ können wir noch nicht die Ableitungsfunktion bestimmen. Wir können jedoch für jede Stelle a dieser Funktion f die Ableitung f′(a) näherungsweise berechnen. Der Differenzenquotient ist ein Näherungswert für f′(a).

$$f'(a) \approx \frac{f(x) - f(a)}{x - a} \text{ für x in der Nähe von a}$$

Übertrage die Tabelle und fülle sie für f mit $f(x) = \tan x$ aus.

a	−1,5	−1	−0,5	0	+0,5	+1	+1,5
f′(a) ≈							

Verwende z. B. eine Tabellenkalkulation.

Wähle x so, dass $x - a = 0{,}001$, also $x = a + 0{,}001$.

Übungsaufgaben

4.
Gegeben ist die Funktion f. Lege eine Tabelle an, in der für jede der folgenden Stellen die Ableitung von f an der betreffenden Stelle notiert ist:
−3; −2; −1; 0; +1; +2; +3.
Die Tabelle kann als Wertetabelle der Ableitungsfunktion f′ aufgefasst werden. Gib f′(x) an und zeichne den Graphen von f′ im Intervall $]-3;\ +3[$.

a) $f(x) = x^3$ **b)** $f(x) = \frac{1}{x}$ **c)** $f(x) = \frac{1}{2}x^2$ **d)** $f(x) = \frac{1}{2}x^2 + x$

5.
Gib die Ableitungsfunktion f′ an.

a) $f(x) = x^3 + x^2$ **b)** $f(x) = x^4$ **c)** $f(x) = c$ **d)** $f(x) = 2x^3$ **e)** $f(x) = 4x^2 + 2x$

6.
Gib f′, f″, f‴ an.

a) $f(x) = x^2$ **c)** $f(x) = x$ **e)** $f(x) = H(x)$ **g)** $f(x) = x^2 \cdot H(x)$
b) $f(x) = 2x^2$ **d)** $f(x) = x^2 + 2$ **f)** $f(x) = x \cdot H(x)$ **h)** $f(x) = |x|$

GTR **7.**
Gegeben ist eine Funktion f und die Stelle a.
Bestimme einen Näherungswert für f′(a). Wähle x so, dass $x - a = 0{,}001$ ist.

Verwende den GTR.

a) $f(x) = 10^x$; $a = 1$ **c)** $f(x) = \sqrt[5]{x}$; $a = 3$
b) $f(x) = \log_{10} x$; $a = 5$ **d)** $f(x) = (x + 2)^5$; $a = 0$

8.
Verwende Tabellenkalkulation.

Gegeben ist die Funktion f mit $f(x) = 2{,}7^x$. Gib eine Wertetabelle für die Ableitung f′ an. Verwende zur Berechnung der Funktionswerte von f′ numerische Differentiation mit $x - a = 0{,}001$. Zeichne die Graphen von f und f′ in dasselbe Koordinatensystem.

Blickpunkt

CAS als Hilfsmittel zur Visualisierung

Computer-Algebra-Systeme oder kurz CAS sind bei vielen mathematischen Aufgaben eine sehr nützliche Hilfe. Rechner, die mit einem CAS arbeiten, können praktisch viele Standardaufgaben per Knopfdruck lösen. Im Unterschied zu normalen Rechnern sind Rechner mit CAS auch in der Lage, symbolisch zu rechnen. Das heißt, sie beherrschen neben vielen numerischen Rechenverfahren auch wichtige algebraische Regeln, z.B. für das Lösen von Gleichungen oder das Vereinfachen von Termen.
Aber man kann mit solchen Systemen auch sehr wirkungsvoll mathematische Ideen und Grundvorstellungen visualisieren. Das folgende Bild zeigt das Fenster einer Datei, hier mit dem Namen Sekanten.the. In dem hier verwendeten CAS arbeitet eine Datei wie ein kleines Programm, das nach dem Öffnen ausgeführt werden kann, ohne dass das Computeralgebraprogramm auf dem Rechner installiert werden muss.

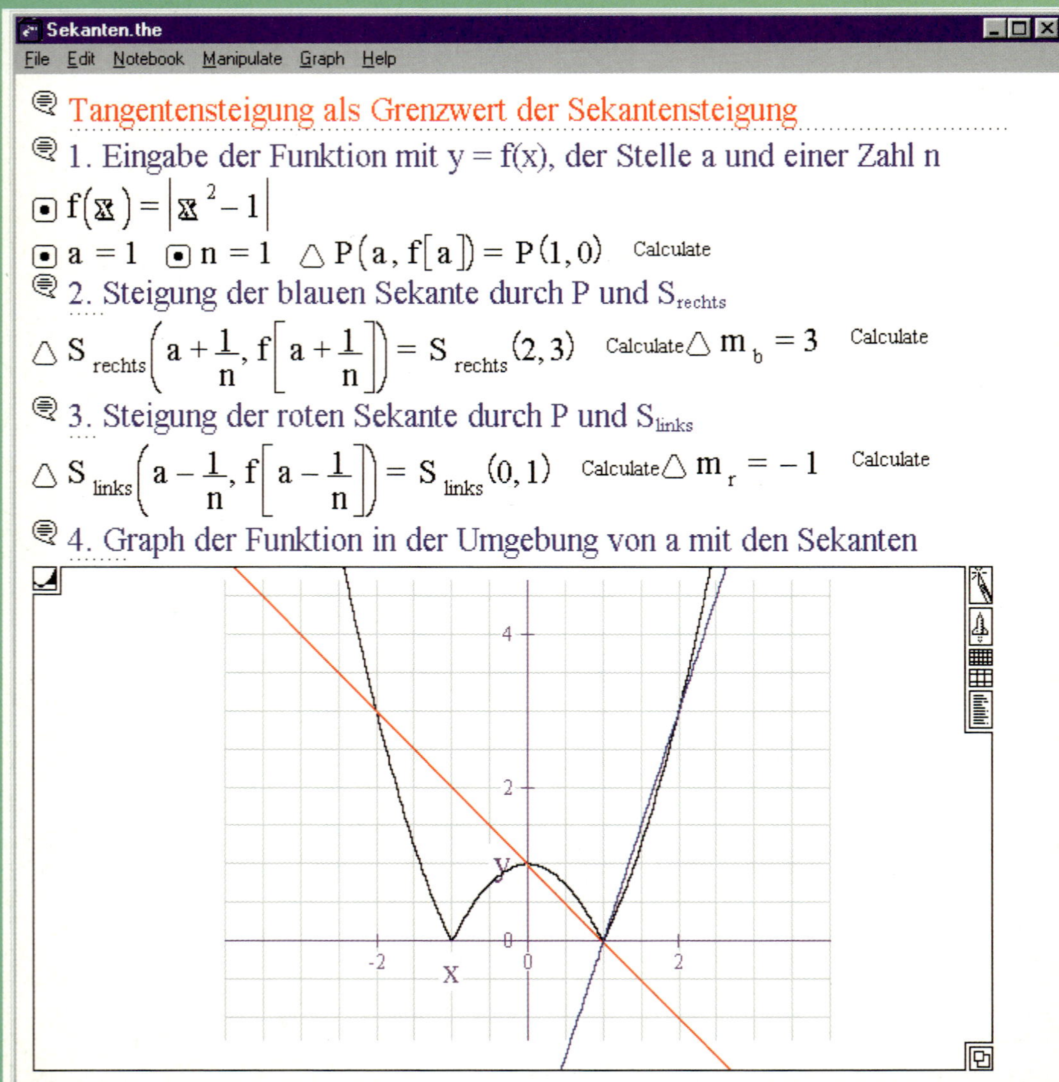

Wie die Datei Sekante.the arbeitet:

Eingabe:	Man gibt eine Stelle a und eine natürliche Zahl n ein. In der Abbildung ist $a = 1$ und $n = 1$.
Was passiert:	Das Programm zeichnet die **rote Sekante** durch den Punkt $P(a \mid f(a))$ und den Punkt $S_{links}(a - \frac{1}{n} \mid f(a - \frac{1}{n}))$ des Graphen von f. Das Programm zeichnet die **blaue Sekante** durch den Punkt $P(a \mid f(a))$ und den Punkt $S_{rechts}(a + \frac{1}{n} \mid f(a + \frac{1}{n}))$ des Graphen von f. Außerdem werden die Steigungen m_b und m_r beider Sekanten berechnet.

1.
Wie wurde die Funktion f mit dem Term f(x) in der abgebildeten Datei definiert?
Gib die Formeln an, mit denen das Programm im Hintergrund die Sekantensteigungen m_b und m_r für gegebene Werte a und n berechnet.

Mögliches Vorgehen beim Lösen der Aufgaben 2 bis 5:

Mit Internet:	Man arbeitet direkt mit der Datei Sekanten.the (gute Visualisierung!). Man findet diese Datei im Internet unter der Adresse: *http://www.schroedel.de/blickpunkt_edm.html*
Ohne Internet:	Man benutzt das Resultat aus Aufgabe 1 und arbeitet mit einem anderen Computeralgebraprogramm, um die Steigungen zu berechnen und gegebenenfalls auch die Sekanten zu zeichnen.

2.
Wir betrachten die Stelle $a = 0{,}5$.
Ändere den Wert für n nacheinander in $n = 2, 4, 6, 8, 10, 20, 50, 100, 200, 500, 10000, 100000$.
Wie ändern sich die Steigungen m_b und m_r der Sekanten? Beschreibe das Verhalten der Sekanten zueinander.

$f(x) = |x^2 - 1|$
$a = 0.5$
$n = 2$

Mit der Maus markieren und dann ändern.

3.
Wiederhole das Verfahren aus Aufgabe 2 für die Stellen $a = -0{,}5$; $1{,}5$; $-1{,}5$ und 0.

4.
Untersuche die Steigungen m_b und m_r der Sekanten für $a = 1$ und $a = -1$. Erhöhe dazu nacheinander die Werte von n.
Wie unterscheidet sich das Verhalten der Sekanten zueinander von dem in Aufgabe 2 und 3?

5.
Setze nun wieder $a = 0{,}5$ und $n = 2$. Ändere anschließend den Exponenten in der Funktionsgleichung wie rechts abgebildet von 2 auf 3.
An welchen Stellen a erwartet man für die Sekanten ein Verhalten wie in den Aufgaben 2 und 3?
An welcher Stelle ist mit einem Verhalten wie in Aufgabe 4 zu rechnen?
Überprüfe die Vorhersagen durch schrittweises Erhöhen der Werte für n.

$f(x) = |x^3 - 1|$
$a = 0.5$
$n = 2$

3.3 Ableitungsregeln

Gibt es Regeln, mit deren Hilfe man die Ableitung ohne den Aufwand der analytischen Definition (vgl. S. 148) bestimmen kann? Solche Regeln gibt es.

3.3.1 Potenzregel für natürliche Zahlen als Exponenten

Aufgabe 1

a) Stelle in einer Tabelle die Potenzfunktionen $x \mapsto x$, $x \mapsto x^2$, $x \mapsto x^3$, $x \mapsto x^4$ und ihre Ableitungen gegenüber und setze die Tabelle bis $x \mapsto x^{15}$ fort.

b) Formuliere eine Regel für die Ableitung der Potenzfunktion $x \mapsto x^n$.

c) Für die Ableitung einer Potenzfunktion f gilt $f'(x) = 6x^5$. Gib f an.

Lösung

a)

$f(x)$	x	x^2	x^3	x^4	x^5	x^8	x^{10}	x^{15}
$f'(x)$	1	$2x$	$3x^2$	$4x^3$	$5x^4$	$8x^7$	$10x^9$	$15x^{14}$

b) Wir vermuten die *Potenzregel:* Wenn $f(x) = x^n$ $(n \in \mathbb{N})$, dann ist $f'(x) = n \cdot x^{n-1}$

c) Es gilt: $f(x) = x^6$, denn $f'(x) = 6x^5$

Weiterführende Aufgabe

2. *Potenzregel für weitere Exponenten*
Zeige, dass die Potenzregel auch für $n = 0$, $n = -1$, $n = -2$ gilt.

Information

(1) Potenzregel für ganzzahlige Exponenten
Die Potenzregel gilt in der Tat für ganzzahlige Exponenten.

> **Satz 1:** *Potenzregel*
> Wenn $f(x) = x^n$ $(n \in \mathbb{Z})$, dann ist $f'(x) = n \cdot x^{n-1}$

(2) Beweis der Potenzregel am Beispiel $f(x) = x^5$

1. Schritt: Bilden des Differenzenquotienten der Funktion f mit $f(x) = x^5$

Wir verwenden die h-Methode (vgl. Seite 138): $\frac{f(x+h) - f(x)}{h} = \frac{(x+h)^5 - x^5}{h}$.

Nun ist $(x+h)^5 = (x+h) \cdot (x+h) \cdot (x+h) \cdot (x+h) \cdot (x+h)$.
Beim Ausmultiplizieren ergeben sich die Produkte: x^5, $x^4 \cdot h$, $x^3 \cdot h^2$, $x^2 \cdot h^3$, $x \cdot h^4$ und h^5.
x^5 kommt nur einmal vor; es entsteht, wenn alle x in den Klammern multipliziert werden. x^4 entsteht jeweils, wenn man aus einer Klammer h und aus den übrigen Klammern x als Faktor wählt. Man kann h aus 5 Klammern wählen. Also kommt $x^4 \cdot h$ fünfmal vor. Alle anderen Produkte enthalten h^2, h^3, h^4 oder h^5.
Aus diesen Gliedern kann h^2 ausgeklammert werden:

$$(x+h)^5 - x^5 = x^5 + 5 \cdot x^4 \cdot h + h^2 \cdot (\ldots) - x^5$$

x^5 und $-x^5$ heben sich auf.

$$\frac{f(x+h) - f(x)}{h} = \frac{(x+h)^5 - x^5}{h} = \frac{5 \cdot x^4 \cdot h + h^2 (\ldots)}{h} = 5x^4 + h \cdot (\ldots)$$

2. Schritt: Bestimmen der Ableitung $f'(x)$

Wenn h gegen 0 strebt, wird $h \cdot (\ldots)$ zu null. Also gilt:

$$f'(x) = \lim_{h \to 0} \frac{f(x+h) - f(x)}{h} = \lim_{h \to 0} \left(5x^4 + h \cdot (\ldots)\right) = 5x^4 \quad \blacksquare$$

(3) Beweis der Potenzregel für $f(x) = x^n \quad n \in \mathbb{N}^*$

1. Schritt: Bilden des Differenzenquotienten der Funktion f mit $f(x) = x^n$

Wir verwenden die h-Methode (vgl. Seite 138): $\frac{f(x+h) - f(x)}{h} = \frac{(x+h)^n - x^n}{h}$.

Wir versuchen den Term rechts zu vereinfachen. Nun ist

$$(x+h)^n = \underbrace{(x+h) \cdot (x+h) \cdot \ldots \cdot (x+h)}_{\text{n Faktoren } (x+h)}$$

Beim Ausmultiplizieren ergeben sich die Produkte $x^n, x^{n-1} \cdot h, x^{n-2} \cdot h^2, \ldots, x \cdot h^{n-1}, h^n$. Das Produkt x^n kommt nur einmal vor. Alle anderen Produkte enthalten h^2 oder eine noch höhere Potenz von h.
Aus diesen Gliedern kann also h^2 ausgeklammert werden. Somit gilt:

$$(x+h)^n - x^n = x^n + n \cdot x^{n-1} \cdot h + h^2 \cdot (\ldots) - x^n$$

x^n und $-x^n$ heben sich auf.

$$\frac{f(x+h) - f(x)}{h} = \frac{(x+h)^n - x^n}{h} = \frac{x^n + n \cdot x^{n-1} \cdot h + h^2 (\ldots) - x^n}{h} = n \cdot x^{n-1} + h \cdot (\ldots)$$

2. Schritt: Bestimmen der Ableitung f′ (x)

Wenn h gegen null strebt, strebt $h \cdot (\ldots)$ gegen null. Es gilt also:

$$f'(x) = \lim_{h \to 0} \frac{f(x+h) - f(x)}{h} = \lim_{h \to 0} \left(n \cdot x^{n-1} + h \cdot (\ldots)\right) = n \cdot x^{n-1} \quad \blacksquare$$

(4) Beweis der Potenzregel für negative Exponenten

1. Schritt: Bilden des Differenzenquotienten der Funktion f mit $f(x) = x^{-k}$

Wir setzen $n = -k$ (mit $k \in \mathbb{N}$).

$$\frac{f(x+h) - f(x)}{h} = \frac{(x+h)^{-k} - x^{-k}}{h} = \frac{\frac{1}{(x+h)^k} - \frac{1}{x^k}}{h} = \frac{x^k - (x+h)^k}{h \cdot (x+h)^k \cdot x^k} = -\frac{(x+h)^k - x^k}{h} \cdot \frac{1}{(x+h)^k} \cdot \frac{1}{x^k}$$

2. Schritt: Bestimmen der Ableitung

$$f'(x) = \lim_{h \to 0} \frac{f(x+h) - f(x)}{h} = -\lim_{h \to 0} \frac{(x+h)^k - x^k}{h} \cdot \lim_{h \to 0} \frac{1}{(x+h)^k} \cdot \frac{1}{x^k}$$

$$= -k \cdot x^{k-1} \cdot \frac{1}{x^k} \cdot \frac{1}{x^k} = -k \cdot x^{k-1-k-k} = -k \cdot x^{-k-1} = n x^{n-1}$$

Übungsaufgaben

3.
Wende die Regel über die Ableitung der Potenzfunktionen an. Wie groß ist n jeweils?

a) $f(x) = x^7$ **b)** $f(x) = x^{12}$ **c)** $f(x) = x^{-3}$ **d)** $f(x) = x^{-12}$

4.
Bestimme f mithilfe der Potenzregel.

a) $f'(x) = 14x^{13}$ **b)** $f'(x) = 7x^6$ **c)** $f'(x) = 9x^8$ **d)** $f'(x) = (s-2)\,x^{s-3}$

5.
Bestimme rechnerisch die Gleichung der Tangente im Punkt P an den Graphen von f.

a) $f(x) = x^4;\quad P(-1\,|\,y)$ **b)** $f(x) = x^6;\quad P(\sqrt{3}\,|\,y)$ **c)** $f(x) = x^{10};\quad P(-1\,|\,y)$

6.
In welchem Punkt hat die Tangente an den Graphen von f den Steigungswinkel α?

a) $f(x) = x^4;\quad \alpha = 45°$ **b)** $f(x) = x^5;\quad \alpha = 30°$ **c)** $f(x) = x^{12};\quad \alpha = 135°$

7.
An welchen Stellen haben die Potenzfunktionen $x \mapsto x^n \; n \in \mathbb{Z}$ die Steigung 1 [− 1]?

3.3.2 Faktorregel

Aufgabe 1 **a)** Wir wissen: Die Funktion $x \mapsto x^2$ ist differenzierbar. Ist dann auch die Funktion $x \mapsto 3x^2$ differenzierbar? Wie heißt die Ableitungsfunktion?

b) Prüfe das Ergebnis aus a) an weiteren Beispielen und formuliere eine Regel.

Lösung **a)** Auch die Funkton $x \mapsto 3x^2$ ist differenzierbar, denn es gilt für die Steigung m der Tangente an der Stelle x:

$$m = \lim_{h\to 0} \frac{3(x+h)^2 - 3x^2}{h} = \lim_{h\to 0} 3 \cdot \frac{x^2 + 2hx + h^2 - x^2}{h} = 3 \cdot \lim_{h\to 0} (2x + h) = 3 \cdot 2x$$

Ergebnis: Der Faktor 3 bleibt beim Übergang zur Ableitung erhalten.

b) Auch weitere Beispiele bestätigen das Resultat, dass ein konstanter Faktor beim Übergang zur Ableitung (beim Differenzieren) erhalten bleibt.

Satz 2: *Faktorregel*

Wenn die Funktion u an der Stelle a differenzierbar ist, dann ist auch die Funktion f mit $f(x) = k \cdot u(x)$ an der Stelle a differenzierbar und es gilt:

$f'(a) = k \cdot u'(a)$ mit $k \in \mathbb{R}$

Ein konstanter Faktor bleibt beim Differenzieren erhalten.

Wir schreiben kurz: $(k \cdot u)' = k \cdot u'$.

Beispiel:
$f(x) = 5 \cdot \sin x$
$f'(x) = 5 \cdot \cos x$

Information **(1) Anschauliche Begründung der Faktorregel**

Der Graph der Funkton f mit $f(x) = k \cdot u(x)$ geht aus dem der Funktion u durch Achsenstreckung parallel zur 2. Achse mit dem Faktor k hervor. Dabei ist anschaulich klar, dass die Tangente im Punkt P in die Tangente im Punkt P_1 übergeht. Da die Längen der Strecken parallel zur 2. Achse auch mit dem Faktor k multipliziert werden, ist im Steigungsdreieck bei P_1 die senkrechte Kathete k-mal so lang wie die entsprechende Kathete im Steigungsdreieck bei P. Es gilt:

$$f'(a) = \frac{k \cdot d}{h} = k \cdot \frac{d}{h} = k \cdot u'(a)$$

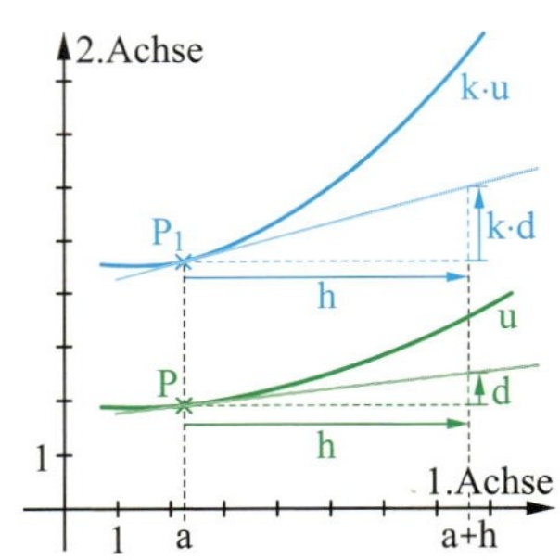

(2) Formale Begründung

Es gilt: $f'(a) = \lim_{x\to a} \frac{f(x) - f(a)}{x - a} = \lim_{x\to a} \frac{k \cdot u(x) - k \cdot u(a)}{x - a} = k \cdot \lim_{x\to a} \frac{u(x) - u(a)}{x - a} = k \cdot u'(a)$

Falls x gegen a strebt, geht $\frac{u(x) - u(a)}{x - a}$ gegen $u'(a)$.

Insgesamt strebt der Differenzenquotient gegen $k \cdot u'(a)$.

Anwenden eines Grenzwertsatzes für Funktionen, vergleiche Seite 124.

Weiterführende Aufgabe

2. *Aufsuchen der Ausgangsfunktion bei gegebener Ableitung*

Wie könnte die Funktion f lauten? Überprüfe mit der Faktorregel.

a) $f'(x) = 4x^2$ **c)** $f'(x) = \sin x$ **e)** $f'(x) = \frac{1}{x^2}$ **g)** $f'(x) = 5x$

b) $f'(x) = x^3$ **d)** $f'(x) = \frac{1}{\sqrt{x}}$ **f)** $f'(x) = 0$ **h)** $f'(x) = 7x^2$

Übungsaufgaben

3.
Differenziere die Funktion f nach der Faktorregel.

a) $f(x)=3x^5$ **d)** $f(x)=\frac{1}{10}x^6$ **g)** $f(x)=(-7)\cdot\frac{1}{x}$ **j)** $f(x)=\frac{2}{3}x^3$
b) $f(x)=7x^9$ **e)** $f(x)=\sqrt{2}\cdot x^4$ **h)** $f(x)=\frac{1}{3}\sqrt{x}$ **k)** $f(x)=4\cdot\sin x$
c) $f(x)=\frac{1}{8}x^5$ **f)** $f(x)=\frac{3}{4}x^8$ **i)** $f(x)=-\frac{1}{6}x$ **l)** $f(x)=-5\cdot\cos x$

4.
Gegeben ist die Ableitungsfunktion f′. Suche eine Ausgangsfunktion f. Überprüfe mit der Faktorregel.

a) $f'(x)=4x^3$ **d)** $f'(x)=x^9$ **g)** $f'(x)=4x^6$ **j)** $f'(x)=x^n$
b) $f'(x)=x^4$ **e)** $f'(x)=3x^5$ **h)** $f'(x)=2x^7$ **k)** $f'(x)=3\cdot\cos x$
c) $f'(x)=x^7$ **f)** $f'(x)=7x^8$ **i)** $f'(x)=3x^2$ **l)** $f'(x)=2\cdot\sin x$

CAS **5.**
Bestimme unter Verwendung der Ableitungsregeln die Ableitungen $f', f'', f''', f^{IV}, \ldots$
Gib so viele Ableitungen an, bis eine überall den Wert 0 hat.

Überprüfung mit CAS möglich.

a) $f(x)=x^4$ **c)** $f(x)=x^8$ **e)** $f(x)=\frac{1}{20}x^6$ **g)** $f(x)=\frac{1}{3}x^7$
b) $f(x)=x^6$ **d)** $f(x)=10x^5$ **f)** $f(x)=\frac{1}{36}x^8$ **h)** $f(x)=0{,}7\cdot x^4$

6.
Bestimme unter Verwendung der Ableitungsregeln die höheren Ableitungen $f', f'', f''', f^{IV}, \ldots$ der Funktion f mit $f(x)=x^n$. Gib die k-te Ableitung $f^{(k)}$ an.
Die wie vielte Ableitung hat überall einen konstanten Wert? Gib diesen an.

3.3.3 Summen- und Differenzregel

Aufgabe 1

a) Wir wissen: Die Funktionen $x\mapsto\frac{1}{x}$ und $x\mapsto\sqrt{x}$ sind differenzierbar. Ist dann auch die Summenfunktion $x\mapsto\frac{1}{x}+\sqrt{x}$ differenzierbar?
Wie heißt die Ableitungsfunktion?

b) Prüfe das in Teilaufgabe a) erhaltene Ergebnis an weiteren Beispielen und formuliere eine Regel.

Lösung

a) Auch die Summenfunktion f mit $f(x)=\frac{1}{x}+\sqrt{x}$ ist differenzierbar, denn es gilt:

$$f'(a)=\lim_{x\to a}\frac{\left(\frac{1}{x}+\sqrt{x}\right)-\left(\frac{1}{a}+\sqrt{a}\right)}{x-a}=\lim_{x\to a}\frac{\left(\frac{1}{x}-\frac{1}{a}\right)+\left(\sqrt{x}-\sqrt{a}\right)}{x-a}=\lim_{x\to a}\left(\frac{\frac{1}{x}-\frac{1}{a}}{x-a}+\frac{\sqrt{x}-\sqrt{a}}{x-a}\right)$$

Vergl. Seite 140 und Seite 141.

Falls x gegen a strebt, geht $\frac{\frac{1}{x}-\frac{1}{a}}{x-a}$ gegen $-\frac{1}{a^2}$ und $\frac{\sqrt{x}-\sqrt{a}}{x-a}$ gegen $\frac{1}{2\sqrt{a}}$.

Ergebnis: Die Ableitungsfunktion lautet: $x\mapsto-\frac{1}{x^2}+\frac{1}{2\sqrt{x}}$.

Beim Übergang zur Ableitung der Summenfunktion bildet man gliedweise die Ableitung.

b) Auch weitere Beispiele bestätigen das Ergebnis, dass eine Summe gliedweise differenziert wird.

Satz 3: *Summenregel*

Die Funktionen u und v seien in einem gemeinsamen Intervall definiert, das die Stelle a enthält. An dieser Stelle seien sie differenzierbar. Dann ist auch die Funktion f mit $f(x) = u(x) + v(x)$ an der Stelle a differenzierbar und es gilt:

$f'(a) = u'(a) + v'(a)$

Eine Summe wird gliedweise differenziert.

Wir schreiben kurz: $(u + v)' = u' + v'$

Beispiel:
$f(x) = x^3 + \sin x$
$f'(x) = 3x^2 + \cos x$

Information **(1) Plausibilitätsbetrachtung zur Gültigkeit der Summenregel**

Wir betrachten die Sekanten und Tangenten sowie ihre Steigungen bei den Funktionen u, v und u + v an der Stelle a. Es gilt:

$$m_f(a) = \frac{[u(a+h) + v(a+h)] - [u(a) + v(a)]}{h}$$
$$= \frac{u(a+h) - u(a)}{h} + \frac{v(a+h) - v(a)}{h}$$
$$= m_u(a) + m_v(a)$$

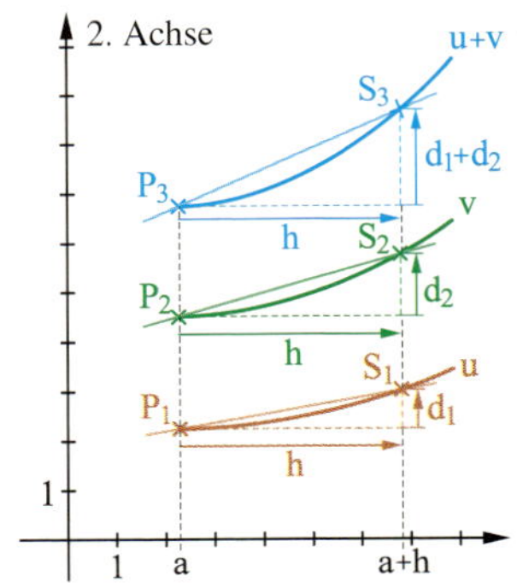

Die Steigung der zur Funktion f gehörenden Sekante ist gleich der Summe der Steigungen der zu u und v gehörenden Sekanten. Nun unterscheidet sich die Sekantensteigung $m_u(a)$ $[m_v(a)]$ immer weniger von der Tangentensteigung $u'(a)$ $[v'(a)]$, je weniger sich h von 0 unterscheidet. Es ist daher plausibel, dass dann auch die Steigung der Tangente im Punkt P gleich der Summe der Steigungen der Tangenten bei P_1 und P_2 ist. Dies ist jedoch noch kein Beweis.

(2) Formaler Beweis der Summenregel

$$f'(a) = \lim_{x \to a} \frac{f(x) - f(a)}{x - a} = \lim_{x \to a} \frac{u(x) + v(x) - (u(a) + v(a))}{x - a}$$

Wir formen so um, dass die Differenzenquotienten der Funktionen u und v erscheinen.

Anwenden des Grenzwertsatzes für Summenfunktionen, vergl. Seite 124.

$$f'(a) = \lim_{x \to a} \frac{(u(x) - u(a)) + (v(x) - v(a))}{x - a} = \lim_{x \to a} \left(\frac{u(x) - u(a)}{x - a} + \frac{v(x) - v(a)}{x - a} \right)$$

Falls x gegen a strebt, geht $\frac{u(x) - u(a)}{x - a}$ gegen $u'(a)$ und $\frac{v(x) - v(a)}{x - a}$ gegen $v'(a)$.

Also folgt: $f'(a) = u'(a) + v'(a)$ ∎

(3) Differenzregel

Satz 4: *Differenzregel*

Wenn die Funktionen u und v beide an der Stelle a differenzierbar sind, so ist auch die Funktion f mit $f(x) = u(x) - v(x)$ an der Stelle a differenzierbar und es gilt:

$f'(a) = u'(a) - v'(a)$

Eine Differenz wird gliedweise differenziert.

Wir schreiben kurz: $(u - v)' = u' - v'$

Beispiel:
$f(x) = x^5 - x^7$
$f'(x) = 5x^4 - 7x^6$

Beweis durch Zurückführen auf die Summen- und die Faktorregel

$f(x) = u(x) - v(x) = u(x) + (-1) \cdot v(x)$
$f'(a) = u'(a) + (-1) \cdot v'(a)$ (nach der Summen- und der Faktorregel)
$f'(a) = u'(a) - v'(a)$ ∎

(4) Rückblick auf die Ableitungsregeln

Potenzregel, Faktorregel, Summenregel und Differenzregel sind in unterschiedlichem Sinne Ableitungsregeln: Während die Potenzregel unmittelbar die Ableitung einer Potenzfunktion angibt, lassen sich die drei anderen Regeln nur anwenden, wenn man die Ableitung der jeweiligen Funktionen u und v schon kennt.

Weiterführende Aufgaben

2. *Ein konstanter Summand wird beim Differenzieren zu null*

a) Der Graph der Funktion f wird um c in Richtung der 2. Achse verschoben. Wir erhalten den Graphen der Funktion mit $g(x) = f(x) + c$.
Begründe anschaulich, dass beide Funktionen an der Stelle a dieselbe Steigung haben, dass also gilt:
$g'(a) = f'(a)$

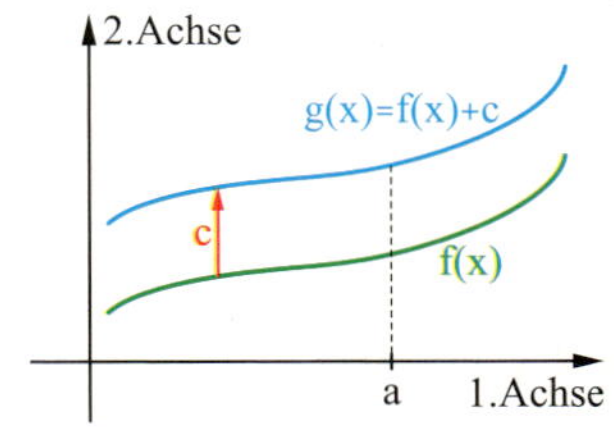

b) Das Ergebnis in a) kann man auch so formulieren:
Ein konstanter Summand wird beim Differenzieren zu null. Begründe diese Regel. Begründe die Regel auch mithilfe der Ableitungsregeln.

3. *Werden Produkte bzw. Quotienten gliedweise differenziert?*
Prüfe an dem Beispiel $f(x) = x^5$; $g(x) = x^3$, ob gilt:

a) $(f(x) \cdot g(x))' = f'(x) \cdot g'(x)$ **b)** $\left(\frac{f(x)}{g(x)}\right)' = \frac{f'(x)}{g'(x)}$

Übungsaufgaben

4.
Differenziere die Funktion f nach der Summen- oder Differenzregel.

a) $f(x) = x^5 + x^8$ **d)** $f(x) = x^5 - x^7$ **g)** $f(x) = x^{10} + 2x$ **j)** $f(x) = \frac{1}{x} - \sqrt{x}$

b) $f(x) = x^4 - x^3$ **e)** $f(x) = x^9 + x^5$ **h)** $f(x) = 2x^2 + 3x$ **k)** $f(x) = x^2 + \sqrt{x}$

c) $f(x) = x^3 + x^4$ **f)** $f(x) = 2x^4 - 3x^6$ **i)** $f(x) = x + \frac{1}{x}$ **l)** $f(x) = x - \frac{1}{x}$

CAS **5.**
Bilde rechnerisch die erste Ableitung der Funktion f. *Kontrolliere mit einem CAS.*

a) $f(x) = \frac{1}{8}x^5 + \frac{1}{2}x^3 - 0{,}7x$ **g)** $f(x) = 9x^4 - \sqrt{3}x^3 + 5x - 7$

b) $f(x) = 2x^4 - 7x^2 + 5x$ **h)** $f(x) = 4x^6 + 2x^3 - 9x^2 - 18x + 2$

c) $f(x) = 8x^{12} - \sqrt[3]{17}\,x^2 + 5x$ **i)** $f(x) = 9x^4 - \frac{1}{3}x^3 + \frac{1}{2}x^2 - \sqrt[3]{2}x + 8$

d) $f(x) = 4x^5 - 2x^2 - 8x$ **j)** $f(x) = 9x^6 - \sqrt{\frac{1}{5}}x^5 + \frac{1}{8}x^4 - \frac{1}{2}x^2 + 3x$

e) $f(x) = \sqrt{3}\,x^2 - 9x + 2$ **k)** $f(x) = 8x^3 - 4x^2 + 0{,}8x + 9$

f) $f(x) = 8x^4 - 12x^3 - 4x^2$ **l)** $f(x) = 12x^4 - 0{,}8x^3 - 7x^2 - 8x + 2$

CAS **6.**
Gib die erste Ableitung an.

a) $f(x) = \frac{3}{x} + 2\sqrt{x}$ **d)** $f(x) = 4x^5 + \frac{3}{x} - \frac{1}{2}\sqrt{x}$ **g)** $f(x) = 2\sin x - 3\cos x$

b) $f(x) = \frac{1}{x} - x^2 - x^4$ **e)** $f(x) = \frac{1}{x} + \cos x$ **h)** $f(x) = a \cdot \cos x + c$

c) $f(x) = \frac{7}{x} + \frac{2}{3}x^2 + 5$ **f)** $f(x) = 4x^2 - \frac{2}{x} + \frac{\sqrt{x}}{5}$ **i)** $f(x) = 4\sqrt{x} + 2\cos x$

CAS **7.**
Gib rechnerisch die erste, zweite und dritte Ableitung an.

a) $f(x)=3x^4+2x^2$ **f)** $f(x)=3x^2+8x+5$ **k)** $f(x)=-\frac{1}{24}x^4+\frac{1}{6}x^3-\frac{1}{2}x$

b) $f(x)=5x^6-7x^3$ **g)** $f(x)=4x-5$ **l)** $f(x)=-\frac{1}{15}x^5-\frac{1}{12}x^4+8$

c) $f(x)=7x^7+9x^3$ **h)** $f(x)=5x^4-8x^3+x$ **m)** $f(x)=\frac{5}{36}x^6+\frac{11}{18}x^3-\frac{7}{16}x^2$

d) $f(x)=x^4-2x^3$ **i)** $f(x)=8x^3-4x^2-9x$ **n)** $f(x)=\frac{1}{14}x^7+\frac{5}{21}x^6-\frac{2}{3}x^3$

e) $f(x)=3x^6-8x^2$ **j)** $f(x)=\frac{1}{2}x^6-\frac{1}{5}x^5+\frac{1}{8}x^4$ **o)** $f(x)=\frac{2}{21}x^7+\frac{4}{5}x^5-\frac{9}{20}x^4$

8.
Gegeben ist die Ableitungsfunktion f′. Gesucht ist eine mögliche Ausgangsfunktion f.

a) $f'(x)=3x^2+2x$ **d)** $f'(x)=x^6+x^2$ **g)** $f'(x)=2x^4-8x^3+2x^2$

b) $f'(x)=4x^3-7x^6$ **e)** $f'(x)=x^4-x^3$ **h)** $f'(x)=\sin x-\cos x$

c) $f'(x)=9x^8-6x^5+8$ **f)** $f'(x)=8x^3-6x^2$ **i)** $f'(x)=2\cos x-\frac{1}{2x^2}$

9.
Gegeben ist die 2. Ableitungsfunktion f″. Gesucht ist eine mögliche Ausgangsfunktion f.

a) $f''(x)=2x+3x^2$ **b)** $f''(x)=\cos x-\sin x$ **c)** $f''(x)=x^2-x^3$

10.
Bilde so oft die Ableitung der Funktion f, bis sich die Funktion $x\mapsto 0$ ergibt.

a) $f(x)=3x^6-2x^4$ **c)** $f(x)=2x^5-8x-x^4$ **e)** $f(x)=\frac{2}{3}x^5-\frac{3}{2}x^4+2x$

b) $f(x)=3x^3-9x^4-x$ **d)** $f(x)=9x^4-x$ **f)** $f(x)=\sqrt{2}\cdot x^6-\pi\cdot x^4+7$

11.
Differenziere folgende Funktion f.

a) $f(x)=(x+1)^2$ **b)** $f(x)=x^{-1}+x^{\frac{1}{2}}$ **c)** $f(x)=\frac{x^2-1}{x+1}$

▲ **12.**
Differenziere folgende Funktion.

a) $f(x)=(7x-4)\cdot(3x^2+7x+4)$ **d)** $f(x)=x\cdot(x-1)-x\cdot(x+1)$

b) $f(x)=(ax^2+b)\cdot(cx+d)$ **e)** $f(x)=(x-5)^2+(x-2)^2-3(x+5)$

c) $f(x)=3\cdot(4-x^2)\cdot(2-x)+\frac{1}{2}(4-x)$ **f)** $f(x)=2x(x-4)^2+7x^2(x+5)^2$

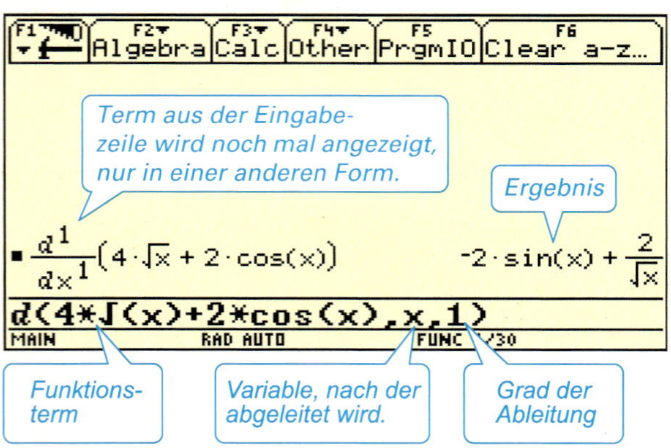

CAS **13.**
Rechner mit CAS können auch die Ableitung einer Funktion bestimmen. Links wurde die Ableitung der Funktion $f(x)=4\sqrt{x}+2\cos x$ bestimmt.
Der Rechner zeigt als Ergebnis $f'(x)=-2\sin x+\frac{2}{\sqrt{x}}$. Überprüfe das Resultat.
Falls ein Rechner mit CAS zur Verfügung steht, kontrolliere damit die Ergebnisse aus den Übungsaufgaben 4 bis 12.

3.4 Anwendungen des Begriffs Ableitung

3.4.1 Geschwindigkeit als punktuelle Änderungsrate

Einführung

(1) Die Weg-Zeit-Funktion einer Bewegung

Bewegt sich ein Massenpunkt (z. B. die Spitze oder der Schwerpunkt S eines Wagens) auf einer Geraden (Zahlengeraden), so gehört zu jedem Zeitpunkt t der Bewegung eine Stelle s (t), an der er sich gerade befindet.
Jedem Zeitpunkt t ist eine Wegstelle s (t) eindeutig zugeordnet. Die Bewegung kann also durch eine Weg-Zeit-Funktion $t \mapsto s(t)$ beschrieben werden. t_0 sei ein fester Zeitpunkt. Er entspricht der Stelle a in unseren vorherigen Betrachtungen.

Beispiel: Freier Fall

Der Nullpunkt liege an der Stelle des Bewegungsbeginns. Die Weglänge s nach unten werde positiv gemessen. Die Weg-Zeit-Funktion hat dann die Gleichung $s = \frac{1}{2} g \cdot t^2$.

g ist die Fallbeschleunigung mit $g = 9{,}81 \text{ m} \cdot \text{s}^{-2}$.

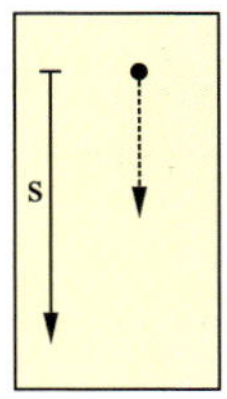

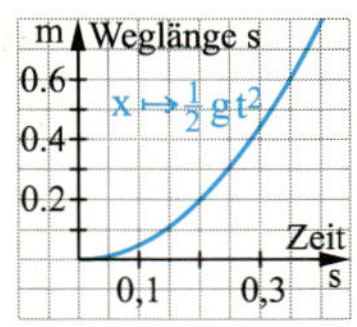

Beachte: Im Koordinatensystem zeigt die positive Richtung nach oben, obwohl der Körper nach unten fällt.

(2) Deuten der Ausdrücke $s(t) - s(t_0)$ und $\frac{s(t) - s(t_0)}{t - t_0}$

$s(t) - s(t_0)$ ist die im Zeitintervall $[t_0; t]$ effektiv zurückgelegte Weglänge.

$\frac{s(t) - s(t_0)}{t - t_0}$ ist also die *mittlere Geschwindigkeit* (Durchschnittsgeschwindigkeit) in diesem Zeitintervall, also die *mittlere Änderungsrate der Weglänge bezüglich des Zeitintervalls* $[t_0; t]$.

Beim freien Fall gilt für die mittlere Geschwindigkeit v:

$$v = \frac{\frac{1}{2} g t^2 - \frac{1}{2} g t_0^2}{t - t_0} = \frac{1}{2} g \cdot \frac{(t - t_0)(t + t_0)}{t - t_0}, \quad \text{also}$$

$$v = \frac{1}{2} g \cdot (t + t_0) \quad (\text{für } t \neq t_0)$$

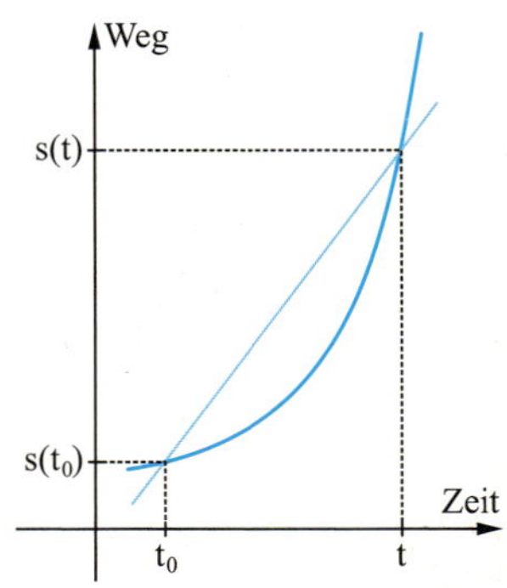

(3) Deuten von $\lim\limits_{t \to t_0} \frac{s(t) - s(t_0)}{t - t_0}$

Der Grenzwert $\lim\limits_{t \to t_0} \frac{s(t) - s(t_0)}{t - t_0}$, also die Ableitung der Weg-Zeit-Funktion an der Stelle t_0, heißt *Momentangeschwindigkeit* zum Zeitpunkt t_0. Diese ist die *punktuelle Änderungsrate* der Weglänge bezüglich der Zeit. Die Momentangeschwindigkeit wird im Auto durch den Tachometer angezeigt.

Statt $s'(t)$ schreibt man in der Physik meist $\dot{s}(t)$.

Für die Momentangeschwindigkeit beim freien Fall gilt:

$$\dot{s}(t) = \lim_{t \to t_0} \frac{1}{2} g \cdot (t + t_0) = \frac{1}{2} \cdot g \cdot 2 t_0 = g \cdot t_0$$

Der Differenzenquotient $\frac{s(t)-s(t_0)}{t-t_0}$ der Weg-Zeit-Funktion gibt die mittlere Geschwindigkeit und damit die mittlere Änderungsrate der Weglänge bezüglich des Zeitintervalls $[t_0; t]$ an.
Die Ableitung der Weg-Zeit-Funktion (an der Stelle t_0) gibt die **Momentangeschwindigkeit** (zum Zeitpunkt t_0), also die punktuelle Änderungsrate der Weglänge bezüglich der Zeit an.
Ist s die Weg-Zeit-Funktion, so wird die Ableitung häufig mit $\dot{s}$ bezeichnet.

Der Tachometer im Auto zeigt die Momentangeschwindigkeit an.

Weiterführende Aufgabe

1. *Beschleunigung als punktuelle Änderungsrate der Geschwindigkeit bezüglich der Zeit*
Bei einem frei fallenden Körper erhöht sich die Geschwindigkeit ständig. Man kann daher fragen, um wie viel sich die Geschwindigkeit gegenüber der Zeit verändert.
Man spricht von *Beschleunigung.*
Gegeben ist die Weg-Zeit-Funktion $t \mapsto s(t)$ eines Massenpunktes. Die zugehörige Geschwindigkeits-Zeit-Funktion ist $t \mapsto \dot{s}(t)$. Statt $\dot{s}(t)$ schreiben wir $v(t)$.

a) Präzisiere die Begriffe *mittlere Beschleunigung im Intervall $[t; t+h]$* und *punktuelle Beschleunigung zur Zeit t.*

b) In welcher Beziehung steht die Beschleunigung zum Zeitpunkt t zur Weg-Zeit-Funktion? Berechne für den freien Fall die Beschleunigung zum Zeitpunkt t.

Übungsaufgaben

2.
Deute die Begriffe *mittlere Geschwindigkeit im Zeitintervall $[t_0; t]$* und *Momentangeschwindigkeit zum Zeitpunkt t_0* am Graphen der Weg-Zeit-Funktion $t \mapsto s(t)$.

3.
Das (fast) reibungsfreie Gleiten einer Schneelawine auf einem Bergabhang mit hoher Geschwindigkeit ist ein Beispiel für die Bewegung eines Körpers auf der schiefen Ebene. Dabei gilt:

$s(t) = \frac{1}{2} g \cdot \sin\alpha \cdot t^2$

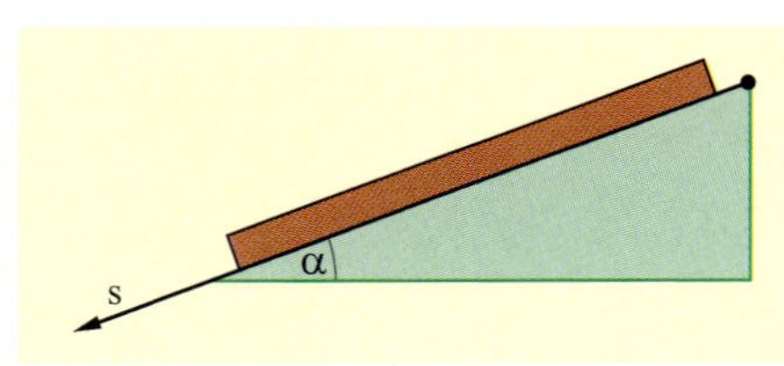

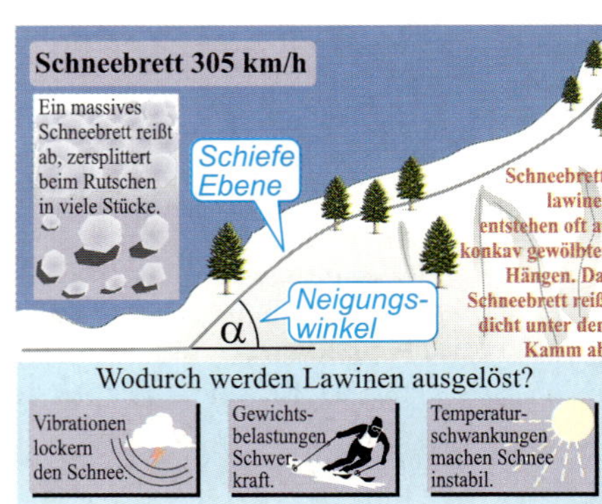

a) Gib die mittlere Geschwindigkeit im Zeitintervall $[t_1; t_2]$ an.

b) Gib die Momentangeschwindigkeit zum Zeitpunkt t_0 an.

c) Gib die Geschwindigkeits-Zeit-Funktion $\dot{s}$ an.

d) Gib die mittlere Beschleunigung im Zeitintervall $[t_1; t_2]$ an.

e) Gib die Momentanbeschleunigung zum Zeitpunkt t an.

$\ddot{s}$ ist die Ableitung von $\dot{s}$.

f) Gib die Beschleunigungsfunktion $\ddot{s}$ an.

g) Betrachte die Fälle $\alpha = 90°$, $\alpha = 0°$.

4.
Ein Thermograph zeichnet über einen längeren Zeitraum zu jedem Zeitpunkt die Temperatur auf. Zum Zeitpunkt t sei die Temperatur $\vartheta(t)$ vorhanden. Dann zeichnet der Thermograph den Graphen der Funktion $t \mapsto \vartheta(t)$ auf. Deute die Ausdrücke:

griechischer Buchstabe ϑ (Theta)

$$\vartheta(t+h) - \vartheta(t), \quad \frac{\vartheta(t+h) - \vartheta(t)}{h} \quad \text{und} \quad \vartheta'(t)$$

5.
Ein Flüssigkeitsbehälter wird durch ein Ventil entleert. Zum Zeitpunkt t möge im Behälter die Masse $m(t)$ sein.
Präzisiere die Begriffe *mittlere Ausflussgeschwindigkeit in einem Zeitintervall* und *momentane Ausflussgeschwindigkeit zum Zeitpunkt t*; deute diese Begriffe am Graphen der Funktion $t \mapsto m(t)$. Verwende auch den Begriff der Änderungsrate.

6.
Eine Bakterienkultur wächst mit der Zeit. Führe eine Funktion ein, die das Wachstum beschreibt, und präzisiere den Begriff der *Wachstumsgeschwindigkeit zum Zeitpunkt t.*

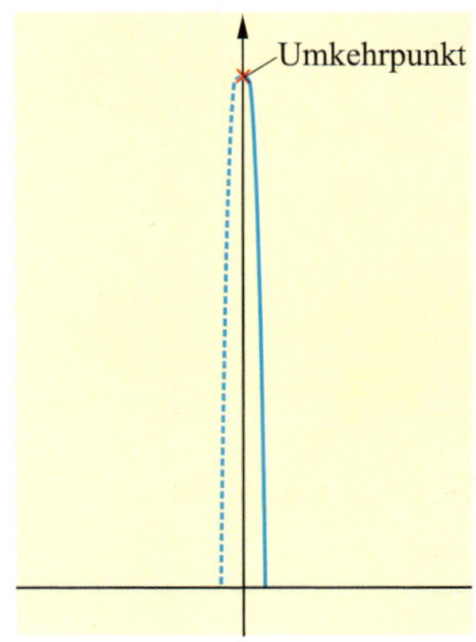

7.
Beim senkrechten Wurf nach oben werde für die zurückgelegte Weglänge s eine nach oben zeigende Koordinatenachse verwendet. Dann gilt:
$s(t) = v_0 \cdot t - \frac{1}{2} g t^2$. v_0 die Abwurfgeschwindigkeit.

a) Gib die Geschwindigkeits-Zeit-Funktion und die Beschleunigungs-Zeit-Funktion an.

b) Wann ist die Geschwindigkeit 0, wann positiv, wann negativ? Wann wird der Umkehrpunkt erreicht?

3.4.2 Dichte eines Gases als punktuelle Änderungsrate

Einführung In einem lotrechten Rohr mit der Größe q der Querschnittsfläche befindet sich ein schweres Gas, das naturgemäß im unteren Teil des Rohres „dichter" als im oberen ist, weil es sich selbst durch sein eigenes Gewicht zusammenpresst. Präzisiere den Begriff der *Dichte des Gases in einer bestimmten Tiefe x.*

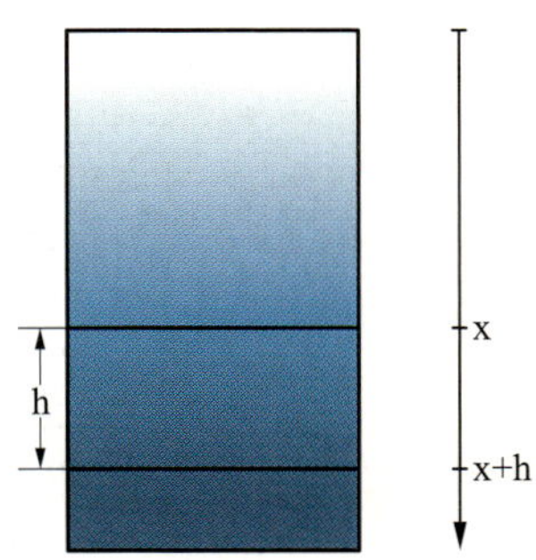

Die Dichte eines homogenen Körpers ist definiert als Quotient aus Masse und Volumen des Körpers. Unser Ziel ist es, den Begriff der Dichte auf einen *nicht* homogenen Körper zu erweitern.
Nun gehört zu jeder Tiefe x eine bestimmte Masse des Gases bis zu dieser Tiefe. Wir bezeichnen diese Funktion mit m. Dann ist:
$m(x)$ = Masse des Gases bis zur Tiefe x.
Offensichtlich ist die Funktion $x \mapsto m(x)$ monoton wachsend, weil mit jeder Vergrößerung der Tiefe Masse hinzukommt. Die zwischen der Tiefe x und der Tiefe $x + h$ befindliche Gasmasse beträgt $m(x+h) - m(x)$. Sie nimmt das Volumen $q \cdot h$ ein. Die mittlere Änderungsrate der Masse bezüglich des Volumens, also die mittlere Dichte dieser Gasmasse beträgt $\frac{m(x+h) - m(x)}{q \cdot h}$.

Es ist sinnvoll, unter der Dichte des Gases in der Tiefe x den Grenzwert $\lim\limits_{h \to 0} \frac{m(x+h) - m(x)}{q \cdot h}$ zu verstehen.
Dieser ist also die punktuelle Änderungsrate der Masse bezüglich des Volumens.
Nun ist der Querschnitt q konstant.
Deshalb gilt für die Dichte in der Tiefe x:

$$\lim_{h \to 0} \frac{m(x+a) - m(x)}{q \cdot h} = \frac{1}{q} \cdot \lim_{h \to 0} \frac{m(x+h) - m(x)}{h} = \frac{1}{q} \cdot m'(x)$$

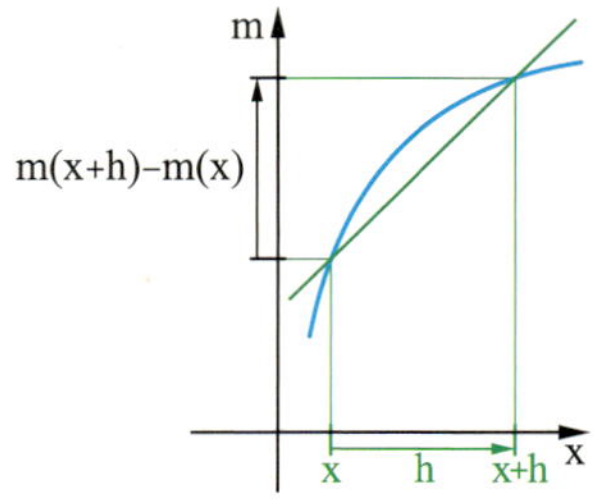

Weiterführende Aufgabe

1. *Die Verkehrsdichte als punktuelle Änderungsrate*
Zur Festlegung des Begriffs *Verkehrsdichte an einer Stelle der Autobahn* denken wir uns zu einem bestimmten Zeitpunkt die Anzahl der Autos bestimmt, die sich vom Beginn der Autobahn bis zur Stelle x auf der Autobahn befinden. Diese Anzahl soll mit V(x) bezeichnet werden. $x \mapsto V(x)$ ist dann eine Funktion.
Wir betrachten ein Autobahnstück ohne Abfahrten.

a) Bestimme die Anzahl der Autos, die sich zwischen den Stellen x und x + h befinden.

b) Bestimme die durchschnittliche Verkehrsdichte (Anzahl der Autos pro Längeneinheit) zwischen den Stellen x und x + h.

c) Wie ist die punktuelle Verkehrsdichte an der Stelle x zu definieren? Welche Idealisierung muss für die Funktionswerte von $x \mapsto V(x)$ vorgenommen werden?

Information **Verwendung des Begriffs Ableitung in den Anwendungen**

Die bisherigen und folgenden Beispiele zeigen, dass der Begriff der Ableitung in vielen Bereichen von Wissenschaft, Technik, Statistik und Wirtschaft verwendet wird. Er dient dazu, bestimmte Begriffe aus diesem Bereich zu präzisieren. In allen Fällen handelt es sich darum, dass eine punktuelle Änderungsrate einer Größe bezüglich einer anderen Größe eine Rolle spielt, die mit dem Begriff der Ableitung exakter erfasst wird. Bei diesem Prozess der Präzisierung setzt man voraus, dass alle auftretenden Funktionen differenzierbar sind. Man geht also von einer sogenannten Modellannahme aus.

Übungsaufgaben

2.
Die Funktion $x \mapsto m(x)$ (für die Masse des Gases bis zur Tiefe x) der Einführung 3.4.2 auf Seite 165 ist gegeben durch: **a)** $m(x) = c \cdot x^2$; **b)** $m(x) = m_0 - \frac{c}{x}$.
Bestimme die Dichte in der Tiefe x.

3. *Verkehrsdichte zum Zeitpunkt t*

a) An einer bestimmten Stelle der Autobahn wird den ganzen Tag über registriert, wie viele Autos von Tagesbeginn bis zum Zeitpunkt t die Autobahn passiert haben.
Präzisiere die Begriffe *mittlere zeitliche Verkehrsdichte zwischen zwei Zeitpunkten* und *(zeitliche) Verkehrsdichte zum Zeitpunkt t.* Worin besteht der Unterschied zur punktuellen Verkehrsdichte (vgl. Aufgabe 1 oben)? Formuliere den Unterschied der beiden Begriffe mithilfe des Begriffs Änderungsrate.

b) Das Bild rechts gibt qualitativ die Anzahl der registrierten Autos wieder. Warum ist die zugehörige Funktion monoton steigend? Warum beginnt der Graph im Punkt $P(0\,|\,0)$?
Versuche eine Begründung für den Verlauf des Graphen anzugeben.
Zeichne darunter (qualitativ) den Graphen, der die Verkehrsdichte zum Zeitpunkt t beschreibt.

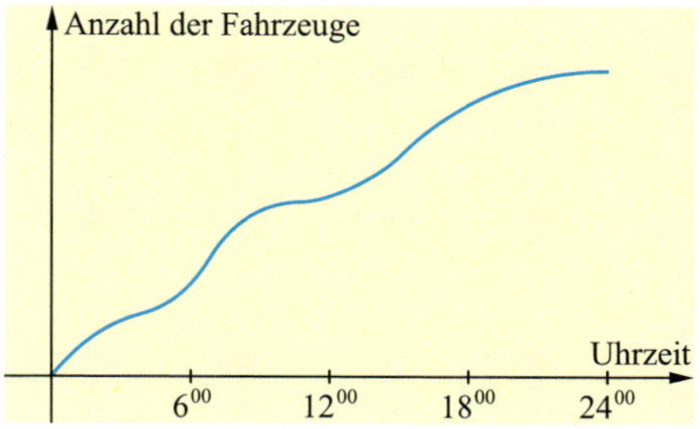

3.4.3 Weitere Beispiele für Änderungsraten in den Anwendungen

1. *Temperaturgefälle als punktuelle Änderungsrate der Temperatur bezüglich der Höhe*
Bekanntlich nimmt die Temperatur der Luft im Großen und Ganzen mit der Höhe vom Erdboden ab.
Zu jeder Höhe x über einem bestimmten Ort der Erdoberfläche gehört eine bestimmte Temperatur $\vartheta(x)$. Dann ist $x \mapsto \vartheta(x)$ eine Funktion. Ihr Graph geht bergab, weil die Temperatur mit der Höhe abnimmt, d.h. die Funktion $x \mapsto \vartheta(x)$ ist monoton fallend. Rechts ist der Graph einer solchen Funktion abgebildet.

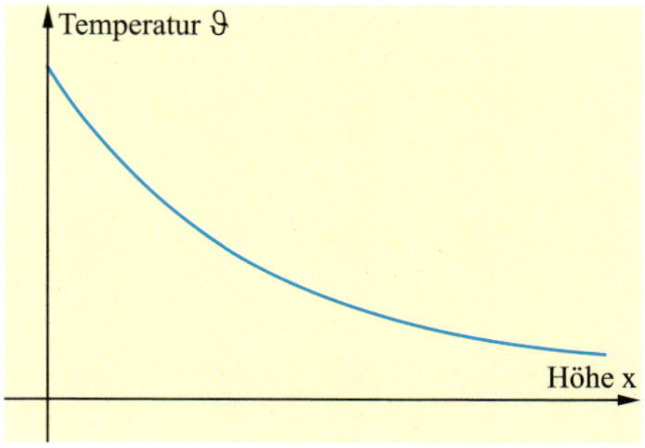

a) Wie groß ist der Temperaturunterschied zwischen den Höhen x und $x + h$?

b) Wie groß ist das mittlere Temperaturgefälle zwischen den Höhen x und $x + h$?

c) Wie ist das (punktuelle) Temperaturgefälle in einer bestimmten Höhe x zu definieren?

d) Deute das mittlere Temperaturgefälle im Intervall $[x;\ x + h]$ und das punktuelle Temperaturgefälle in der Höhe x geometrisch am Graphen der Funktion.

2.
Der Luftdruck nimmt mit der Höhe ab.
Zu jeder Höhe h gehört ein bestimmter Luftdruck $p(h)$.

Deute auch: $p(h) - p(h_0)$, $\frac{p(h) - p(h_0)}{h - h_0}$ und $p'(h_0)$.

3.
Die Orte A und B sind durch eine gerade Linie verbunden. Zu jeder Stelle s der Verbindungslinie gehört ein bestimmter Luftdruck $p(s)$ [eine bestimmte Temperatur $\vartheta(s)$].
Präzisiere die Begriffe mittleres Luftdruckgefälle und punktuelles Luftdruckgefälle [mittleres Temperaturgefälle und punktuelles Temperaturgefälle].

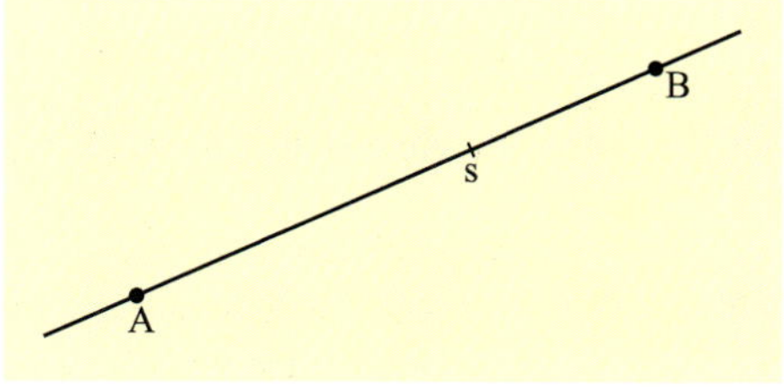

Deute auch die Begriffe am Graphen der betreffenden Funktion.
Worin besteht der Unterschied zum Begriff Temperaturgefälle in der Aufgabe 1 oben? Drücke dies mit dem Begriff Änderungsrate aus.

4. *Altersgemäße Bevölkerungsdichte*
Die Tabelle gibt die altersmäßige Zusammensetzung der Deutschen im Jahre 1995 an. Dabei bedeutet: A (x) = Anzahl der Personen, die höchstens x Jahre alt sind.

x (in Jahren)	10	20	30	40	50	60	70	80	90	100
A (x) (in Mio.)	8,7	17,6	29,1	42,8	53,6	64,6	73,2	78,5	81,4	81,8

a) Zeichne (näherungsweise) den Graphen der Funktion $x \mapsto A(x)$.

b) Bestimme zeichnerisch: Wie viele Personen sind 10, 20, 30, 40, 50, 60, 70, 80, 90 Jahre alt? *Anleitung:*
(1) Gib die Anzahl der Einwohner mithilfe des allgemeinen Terms A(x) an, die älter als x Jahre, aber höchstens x + h Jahre sind.
(2) Gib die mittlere Anzahl der Einwohner, die älter als x Jahre, aber höchstens x + h Jahre alt sind, pro Jahrgang an. Deute den Grenzwert für $h \to 0$.

5.
Radioaktive Substanzen zerfallen ständig und gehen in eine andere Substanz über. Jod 131 beispielsweise zerfällt innerhalb von 8 Tagen auf die Hälfte, Caesium 137 zerfällt innerhalb von 30 Jahren auf die Hälfte. Definiere die Begriffe *mittlere Zerfallsgeschwindigkeit* und *momentane Zerfallsgeschwindigkeit.*

6. *Reaktionsgeschwindigkeit in der Chemie*

1967 erhielt der deutsche Physiker und Chemiker MANFRED EIGEN den Nobelpreis für die Messung der Geschwindigkeit ultraschneller chemischer Reaktionen.

Chemische Reaktionen können unterschiedlich schnell ablaufen. Das Rosten von Eisen beispielsweise läuft im Allgemeinen langsam ab. Sehr schnell dagegen erfolgt die Neutralisation von Säuren und Basen oder die Fällung von Silberchlorid. Wie aber ist die Reaktionsgeschwindigkeit zu definieren?
Beispiel:
Bringt man Zink in (mit Wasser verdünnte) Salzsäure, so entstehen Wasserstoff (der aufsteigt) und Zinkionen, die in der Lösung bleiben.
Die Formel für die Reaktion lautet:
$Zn(s) + 2H^+(aq) \to Zn^{2+}(aq) + H_2(g)$
Das Volumen des Wasserstoffs wird in gleichen Zeitabständen gemessen.
Die grafische Darstellung des Wasserstoffvolumen in Abhängigkeit von der Zeit gibt das Bild rechts oben an.

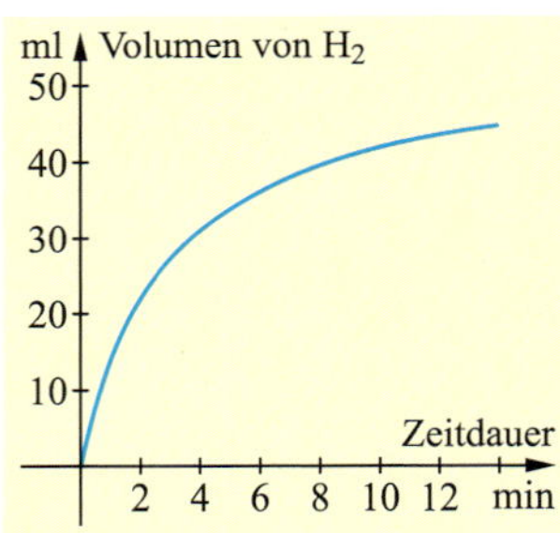

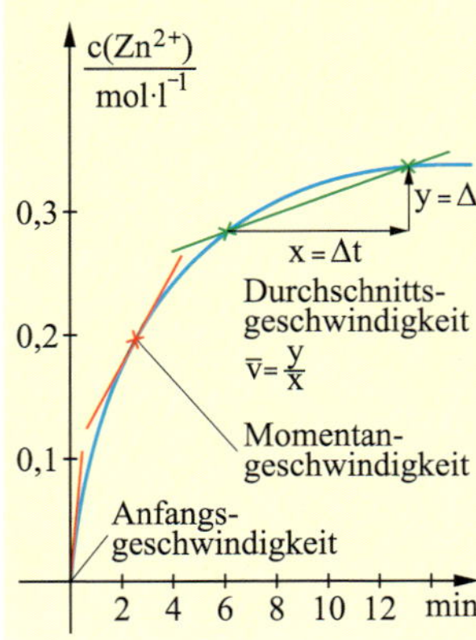

a) Die Kurve flacht immer mehr ab. Was folgt daraus für die Reaktionsgeschwindigkeit? Welches Vorzeichen hat die Reaktionsbeschleunigung?

b) Die Anzahl der Zinkionen pro Liter bezeichnet man auch als Konzentration $c(Zn^{2+})$ der Zinkionen.
Das Bild rechts stammt aus einem Chemiebuch.
Erkläre das Bild und die dargestellten Begriffe *durchschnittliche Reaktionsgeschwindigkeit* und *punktuelle Reaktionsgeschwindigkeit*. Verwende dabei auch den Begriff Änderungsrate. Was ist in dem Bild missverständlich dargestellt?

c) Definiere die Begriffe *durchschnittliche Reaktionsbeschleunigung* und *punktuelle Reaktionsbeschleunigung.*

3.4.4 Das Newton-Verfahren

Der Begriff der Ableitung spielt nicht nur als Präzisierung des Begriffs punktuelle Änderungsrate eine Rolle. Er ist auch wichtig für die numerische Mathematik, z. B. bei der näherungsweisen Berechnung von Nullstellen einer Funktion.

Einführung Bestimme die Nullstellen der Funktion f mit $f(x) = x^3 - 3x^2 + 3x - 3$.
Mögliche Kandidaten für Nullstellen sind:
$-3, +3, -1, +1$.

Siehe Satz 12, Seite 63.

Es gilt: $f(+3) = 6$, $f(-3) = -66$, $f(+1) = -2$, $f(-1) = -10$

Es liegt keine ganzzahlige Nullstelle vor. Nach Satz 11 (Seite 63) muss aber eine Nullstelle vorliegen. Lege eine Wertetabelle an.

x	0	1	2	3
f(x)	−3	−2	−1	6

Näherungsweises Bestimmen von Nullstellen mit dem GTR: Verwende TRACE.

Eine Nullstelle muss zwischen 2 und 3 liegen, da hier ein Vorzeichenwechsel vorliegt. Als Näherungswert kann man 2,5 abschätzen.
Wie kann man einen besseren Näherungswert finden? Löse dazu Aufgabe 1.

Trotz ganzzahliger Koeffizienten kann es nicht ganzzahlige Nullstellen geben.

Aufgabe 1 Gegeben sei die Funktion f und ein Näherungswert x_n einer Nullstelle von f. Gesucht ist ein besserer Näherungswert x_{n+1}. Stelle eine Formel auf.
Anleitung:
Zeichne im Punkt $P_n(x_n \mid f(x_n))$ die Tangente an den Graphen der Funktion f.

Lösung Der Schnittpunkt der Tangente an den Graphen im Punkt $P_n(x_n \mid f(x_n))$ mit der 1. Achse ist (in vielen Fällen) ein besserer Näherungswert x_{n+1}. Es gilt:

$$f'(x_n) = \frac{f(x_n)}{x_n - x_{n+1}}$$

Daraus folgt für $f'(x_n) \neq 0$:

$$x_n - x_{n+1} = \frac{f(x_n)}{f'(x_n)}, \quad \text{also}$$

Rekursionsformel

$$x_{n+1} = x_n - \frac{f(x_n)}{f'(x_n)}$$

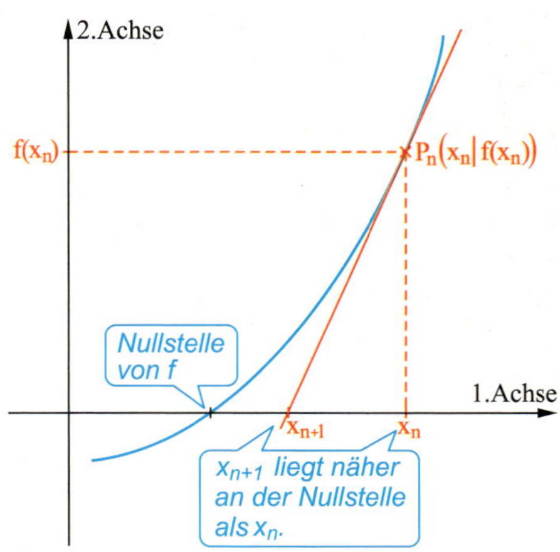

Information **(1) Formel zur Verbesserung eines Näherungswertes einer Nullstelle**

Die Lösung der Aufgabe 1 hat ergeben:

> **Satz 15** *Newton-Verfahren*
> Ist x_n ein Näherungswert einer Nullstelle der Funktion f, so ist
> $$x_{n+1} = x_n - \frac{f(x_n)}{f'(x_n)}$$
> im Allgemeinen ein besserer Näherungswert für diese Nullstelle.

(2) Iterierte (d.h. wiederholte) Anwendung der Formel – Algorithmus

Wendet man die Formel wiederholt an, erhält man immer bessere Näherungswerte.

Eingabe: Startwert x_1
Wiederhole Berechnung von x_{n+1} aus x_n nach der Formel $x_{n+1} = x_n - \frac{f(x_n)}{f'(x_n)}$, bis die Werte auf vier Nachkommastellen genau sind
Ausgabe des letzen Wertes

Beispiel (siehe Seite 169 oben):

$f(x) = x^3 - 3x^2 + 3x - 3$

Erster Näherungswert: $x_1 = 2{,}5$

Es ist $f'(x) = 3x^2 - 6x + 3$. Also:

$$x_2 = x_1 - \frac{f(x_n)}{f'(x_n)}$$
$$= 2{,}5 - \frac{f(2{,}5)}{f'(2{,}5)}$$
$$\approx 2{,}403508772$$

$f(2{,}5) = 1{,}375$
$f'(2{,}5) = 6{,}75$

Bei Verwendung einer Tabelle wird die Rechnung übersichtlicher.

Verwende Tabellenkalkulation.

n	x_n	$f(x_n)$	$f'(x_n)$	x_{n+1}
1	2,5	1,375	6,75	2,296296296
2	2,296296296	0,178275667	5,041152261	2,260932225
3	2,260932225	0,004819286	4,769850228	2,259921861
4	2,259921861	0,000003862	4,762209287	2,25992105

Funktionswerte nähern sich immer mehr der Zahl 0.

Ergebnis ist auf 6 Stellen nach dem Komma genau.

Ergebnis: Die Funktion f hat bei 2,259921 eine Nullstelle. Diese Angabe ist auf 6 Stellen nach dem Komma genau.

Weiterführende Aufgaben

2. *Nicht immer ist x_{n+1} ein besserer Näherungswert als x_n*

Nicht immer führt das Newton-Verfahren zu einem besseren Näherungswert. Zeichne den Graphen einer Funktion f mit einem Näherungswert x_n für die Nullstelle a, sodass x_{n+1} weiter von a entfernt ist als x_n.

3. *Das Heron-Verfahren als Spezialfall des Newton-Verfahrens*

In Aufgabe 7 auf Seite 20 wird $\sqrt{2}$ schnell berechnet: Beginne mit dem Startwert $x_1 = 2$; wende dann wiederholt die Formel $x_{n+1} = \frac{1}{2} \cdot \left(x_n + \frac{2}{x_n}\right)$ an.

Dieses Verfahren zur Berechnung von $\sqrt{2}$ heißt **Heron-Verfahren.**

a) Führe das Heron-Verfahren durch.

b) Zeige, dass das Heron-Verfahren ein Spezialfall des Newton-Verfahrens ist. Gehe dazu von der Funktion f mit $f(x) = x^2 - 2$ aus.

c) Leite entsprechend eine Rekursionsgleichung her zur näherungsweisen Bestimmung von: (1) $\sqrt[2]{a}$ (2) $\sqrt[3]{a}$ (3) $\sqrt[n]{a}$

d) Gib einen Näherungswert an:
(1) $\sqrt{10}$ (2) $\sqrt{20}$ (3) $\sqrt{\frac{1}{3}}$ (4) $\sqrt{15610}$ (5) $\sqrt{821}$ (6) $\sqrt{4782}$

e) Gib einen Näherungswert an:
(1) $\sqrt[3]{5}$ (2) $\sqrt[4]{4}$ (3) $\sqrt[5]{18}$ (4) $\sqrt[5]{10}$ (5) $\sqrt[7]{31}$ (6) $\sqrt[10]{180}$

Übungsaufgaben

4.
Bestimme mit dem Newton-Verfahren einen bis auf zwei Stellen hinter dem Komma genauen Näherungswert einer Lösung der angegebenen Gleichung.

a) $x^3 - x - 0{,}5 = 0$ **d)** $x^3 - 30x + 33 = 0$ **g)** $x^3 - 3x - 11 = 0$

b) $x^3 - 3x - 4 = 0$ **e)** $x^3 - 3x^2 + 8 = 0$ **h)** $5x^4 - 110x + 100 = 0$

c) $x^3 + 2x + 1 = 0$ **f)** $x^3 + 13x + 33 = 0$ **i)** $2x^4 + 6x - 40 = 0$

5.
Bestimme eine Nullstelle der angegebenen Funktion auf drei Stellen hinter dem Komma genau.

a) $f(x) = x^3 - 5x + 80$ **d)** $f(x) = 3x^3 - 60x - 72$

b) $f(x) = 8 + 4x - x^3$ **e)** $f(x) = x^4 - \frac{1}{20}x + 7$

c) $f(x) = x^3 - 6x^2 - 83x - 20$ **f)** $f(x) = -x^8 - x^5 + 2x^2$

6.
Bestimme eine Lösung der Gleichung auf zwei Nachkommastellen genau.

a) $\sin x = \frac{1}{2}x$ **b)** $\cos x = x$ **c)** $\sin x = x^2$ **d)** $\cos x = x^2$ **e)** $\sin x = 2x^2 - 1$

7.
Bestimme die Nullstellen.

a) $f(x) = x^3 - x^2 - 5$ **c)** $f(x) = x^4 - 3x^3 + 2x^2 - 5$ **e)** $f(x) = 5x^2 - 2x^3 + x - 7$

b) $f(x) = x^3 - 2x^2 - 5$ **d)** $f(x) = x^5 - x^4 + x^3 - x^2 - 4$ **f)** $f(x) = x^7 - 3x + 5$

8.
In eine gerade quadratische Pyramide mit der Grundkante $a = 5$ cm und der Höhe $h = 7$ cm soll ein Quader mit quadratischer Grundfläche gestellt werden.
Sein Inhalt soll ein Drittel des Pyramideninhalts betragen.
Seine Grundkanten sollen parallel zu den Grundkanten der Pyramide verlaufen.

a) Welche Höhe hat der Quader?

b) Welches Volumen hat dieser Quader?

9.
Ein Quader habe die Kantenlängen $a = 6$ cm, $b = 4$ cm und $c = 3$ cm.
Jede Kante soll um x vergrößert werden.
Wie groß muss man x wählen, damit ein Quader mit viermal so großem Volumen entsteht?

10.
Berechne einen Näherungswert für eine Lösung der Gleichung $x^3 + 13x^2 + 54x - 216 = 0$ mit $x_1 = 1$ als erstem Näherungswert.
Erkläre auch geometrisch, worin der Unterschied zu $x_1 = 2$ als erstem Näherungswert besteht. Führe auch mit $x_1 = 2$ die Rechnung durch.

11.
In der Information (2) wurde eine Nullstelle der Funktion f mit $f(x) = x^3 - 3x^2 + 3x - 3$ nach dem Newton-Verfahren bestimmt.
Man kann diese Nullstelle einfacher berechnen.
Beachte dazu: $f(x) = (x - \square)^3 - \square$. Vergleiche beide Ergebnisse.

3.5 Vermischte Übungen

Die meisten Aufgaben in diesem Abschnitt können mit dem GTR überprüft werden.
Manchmal gibt es auch mehrere Lösungswege mit dem GTR.

1.
Gegeben sei die Funktion f mit $f(x) = \sin x$ [$f(x) = \cos x$]. Bilde $f'(x)$, $f''(x)$, $f'''(x)$, $f^{IV}(x)$ usw. Welche Gesetzmäßigkeit erkennst du?

2.
In welchen Punkten des Graphen der Funktion f schließen die Tangenten mit der 1. Achse einen Winkel von 45° [30°; 60°; 120°; 135°] ein?

a) $f(x) = 4x^2$ **b)** $f(x) = 5x^3$ **c)** $f(x) = -5 \cdot (x-5)^2$

3.
Der Graph der Funktion f mit $f(x) = ax^2 + bx + c$ schneidet die 1. Achse an der Stelle -3 und die 2. Achse bei $y = -2$. An der Stelle 4 hat die Tangente an den Graphen der Funktion die Steigung 1. Wie lautet die Funktion?

4.
Gegeben sind die beiden Funktionen f und g mit $f(x) = 1 + x - x^2 - x^3$ und $g(x) = 2x^2 - 8x - 1$.
An welcher Stelle sind die Tangenten an die Graphen parallel zueinander?

5.
Bilde die Ableitung folgender Funktion:

a) *Radius → Flächeninhalt des Kreises* **b)** *Radius → Volumen der Kugel*

Was fällt auf ? Gilt Entsprechendes bei Quadraten und Würfeln?

6.
Gegeben sei der Graph einer Funktion f mit $f'(a) \neq 0$ an einer Stelle a.

Zum Begriff der Normalen siehe Seite 144 Aufgabe 2.

a) Gib die Gleichung der Normalen des Graphen der Funktion f an der Stelle a an.
b) Bestimme die Schnittpunkte dieser Normalen mit den Koordinatenachsen.
c) Wie würde die Normale verlaufen, wenn $f'(a) = 0$ wäre?

7.
Die Graphen der Funktionen f und g schneiden sich im Punkt P. Der Schnittwinkel der Graphen in P ist dann der Winkel, den die Tangenten an die Graphen im Punkt P miteinander bilden.
Gib Schnittpunkte und Größe der Schnittwinkel an.

a) $f(x) = 3x^2 + 4x + 5$; $g(x) = 4x^2 - 3x + 6$
b) $f(x) = 5x^2 - 3x - 6$; $g(x) = 3x^2 - 5x + 10$

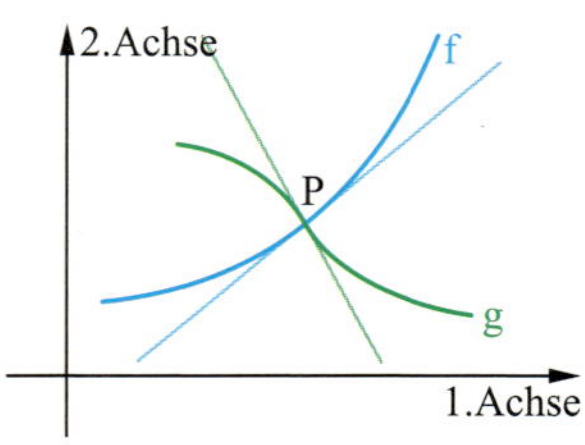

8.
Durch die Punkte P und S verläuft eine Sekante des Graphen von f. Zu der Sekante ist eine parallele Tangente gezeichnet. Berechne den Berührungspunkt dieser Tangente mit dem Graphen.

a) $f(x) = 2x^2 + 5x - 4$; $P(1 \mid y)$; $S(3 \mid y)$
b) $f(x) = 4x^2 - 9x + 6$; $P(-1 \mid y)$; $S(0 \mid y)$
c) $f(x) = 3x + 4 + \sqrt{x}$; $P(0 \mid y)$; $S(1 \mid y)$
d) $f(x) = 4x + 2 - \sqrt{x}$; $P(4 \mid y)$; $S(9 \mid y)$

9.
Vom Punkt $P(-1\,|\,-1)$ sind die Tangenten an den Graphen der Funktion $x \mapsto x^2$ gezeichnet.

a) Bestimme die Koordinaten der Berührungspunkte.

b) Bestimme die Gleichungen der beiden Tangenten in Normalform.

c) Berechne den Mittelpunkt der Strecke zwischen den Berührungspunkten. Vergleiche mit P.

10.
An den Graphen der Funktion $x \mapsto x^2$ sind zwei Tangenten gezeichnet, die orthogonal (senkrecht) aufeinander stehen.

a) Wie viele solcher Tangentenpaare gibt es?

b) Kann jeder Punkt des Graphen Berührungspunkt einer der beiden Tangenten eines solchen Tangentenpaares sein?

c) Gib die beiden Gleichungen (in Normalform) eines solchen Tangentenpaares an.

d) Berechne den Schnittpunkt der Tangenten eines Paares. Was fällt auf ?

e) Gegeben sind die 1. Koordinate a des Berührungspunktes der einen Tangente. Bestimme die 1. Koordinate b des Berührungspunktes der anderen Tangente eines solchen Tangentenpaares.

f) Zeige: Die Strecke zwischen den Berührungspunkten schneidet die 2. Achse in einem festen Punkt.

11.

a) Durch die Punkte P_1 und P_2 auf dem Graphen der Funktion $x \mapsto x^2$ ist die Sekante gezeichnet und zu ihr eine parallele Tangente. Durch den Berührungspunkt der Tangente ist die Parallele zur 2. Achse gezeichnet. Beweise oder widerlege, dass diese Parallele die Sekante im Mittelpunkt der Strecke $\overline{P_1P_2}$ schneidet.

▲ **b)** Zeige durch ein Gegenbeispiel, das dies nicht unbedingt mehr gilt, falls ein anderer Funktionsgraph gegeben ist.

12.
An den Graphen der Funktion $x \mapsto \sqrt{x}$ sind im Punkt P Tangente und Normale gezeichnet. Wo schneidet die Normale die 1. Achse? Ermittle das Ergebnis auf zwei Weisen durch Rechnung und durch eine geometrische Überlegung an einem rechtwinkligen Dreieck. Leite aus dem Ergebnis ein Verfahren zur Konstruktion der Tangente an den Graphen von $x \mapsto \sqrt{x}$ im Punkt P her.

13.
Im Punkt $P(a\,|\,y)$ des Graphen der Funktion $x \mapsto x^2 - 2{,}75$ ist die Normale gezeichnet. Sie geht durch $O(0\,|\,0)$ [$A(0\,|\,-2)$]. Gib die Koordinaten von P an.

14.
Gegeben sind die Graphen der Funktionen $x \mapsto x^2$ und $x \mapsto x^3$.
Im Schnittpunkt $P(x_1\,|\,y_1)$ mit $x_1 > 0$ sind die Tangenten an die Graphen gezeichnet.

a) Wo schneiden diese Tangenten die 2. Achse?

b) Die beiden Tangenten schließen zusammen mit der 2. Achse ein Dreieck ein. Wie groß ist sein Flächeninhalt?

15.
In den Schnittpunkten des Graphen der Funktion $x \mapsto x^2$ mit dem Einheitskreis (Mittelpunkt $M(0\,|\,0)$ und $r = 1$) sind die Tangenten an den Graphen und den Einheitskreis gezeichnet.

a) Wo schneiden diese Tangenten die 1. Achse [2. Achse]?

b) Die vier Tangenten schließen ein Viereck ein. Bestimme dessen Flächeninhalt.

16.
An die Graphen der Funktionen $x \mapsto x^2$ und $x \mapsto \sqrt{x}$ ist jeweils eine Tangente gezeichnet. Sie sollen orthogonal zueinander sein.
Welche Beziehung besteht zwischen den 1. Koordinaten der Berührungspunkte?

17.
Die Tangenten an den Graphen der Funktion $x \mapsto \sqrt{x}$ in den Punkten $P_1(a \mid y_a)$ und $P_2(b \mid y_b)$ (mit $a < b$) schneiden sich im Punkt S. Gib dessen Koordinaten an.
Berechne auch den Schnittpunkt der Normalen in P_1 und P_2.

18.
Zeige: Eine Tangente an den Graphen der Funktion $x \mapsto \sqrt{x}$ kann niemals parallel zu einer Tangente an den Graphen der Funktion $x \mapsto \frac{1}{x}$ verlaufen.

GTR **19.**
Bestimme mit einem GTR die Ableitung der Funktion $x \mapsto \sin x$ an der Stelle $\frac{\pi}{3}$ $[-\frac{2\pi}{3}]$ nach folgendem Verfahren:

Anwenden des Funktionenmikroskops.

Vergrößere den Graphen so lange, bis er als Gerade erscheint. Bestimme mit der TRACE-Routine die Koordinaten zweier Punkte des Graphen. Berechne die Steigung der Geraden. Diese ist die gesuchte 1. Ableitung. Warum liefert das Verfahren gute Werte?

Achtung: Der Graph ist keine Gerade. Er erscheint nur so.

20.
Gegeben ist die Funktion f mit $f(x) = \sin x$ und die Stelle $-\frac{2\pi}{3}$.
Ermittle die Gleichung der Tangente an den Graphen der Funktion f an der Stelle $-\frac{2\pi}{3}$. Gib ein abgeschlossenes Intervall an, in welchem die Funktionswerte der Funktion f betragsmäßig nicht mehr als 0,05 von den 2. Koordinaten der Punkte der Tangente abweichen.

Funktionenscharen

21.
Gegeben sei $f_p(x) = x^2 - px$. Dann gehört zu jedem p eine Funktion. Insgesamt erhält man eine Funktionenschar (Menge von Funktionen).

a) Welchen Punkt haben alle Graphen der Funktionenschar gemeinsam?

b) Die Punkte der Graphen, in welchen die Steigung 0 [1; −1] beträgt, liegen auf einer Kurve. Gib eine Gleichung dieser Kurve an.

c) Bestimme den Schnittpunkt der Tangenten [Normalen] an der Stelle a an die Graphen dieser Schar mit der zweiten Achse.

22.
Gegeben ist die Gleichung einer Geraden und eine Funktionenschar. Welche Funktion f_p aus der Schar hat einen Graphen, für den die Gerade Tangente ist?

a) $y = x - 4$; $f_p(x) = x^2 - px$ **b)** $y = -4x - 1$; $f_p(x) = x^2 - px$

23.
Gegeben sind die Funktionenschar mit $f_p(x) = px + (1-p) \cdot x^2$ $(p \in \mathbb{R})$ und die Funktion mit $f(x) = \frac{1}{x}$.
Für welche beiden Parameter p schneiden sich die Graphen von f_p und f senkrecht?

24.
Gegeben sind die beiden Funktionenscharen $x \mapsto px^2$ und $x \mapsto q - x^2$. Gesucht ist die Menge aller Punkte im Koordinatensystem, in denen ein Graph der einen Schar einen Graphen der anderen Schar orthogonal (senkrecht) schneidet. Wo liegen diese Punkte?

Aufgaben mit GTR bzw. CAS

GTR **25.**

Im Grafikfenster des GTR ist die Tangente an den Graphen der Funktion $f(x) = 3x^3 - 5x$ an der Nullstelle $\sqrt{\frac{5}{3}}$ zu sehen.
Die Tangente wurde gezeichnet, ihre Gleichung ist unten im Display angegeben. Bestimme die Gleichung der Tangente rechnerisch und vergleiche mit dem Ergebnis des GTR.
Welche Ursachen können zu dem ungenauen Resultat im Rechner führen? Wie könnte man mit dem GTR die Genauigkeit verbessern?

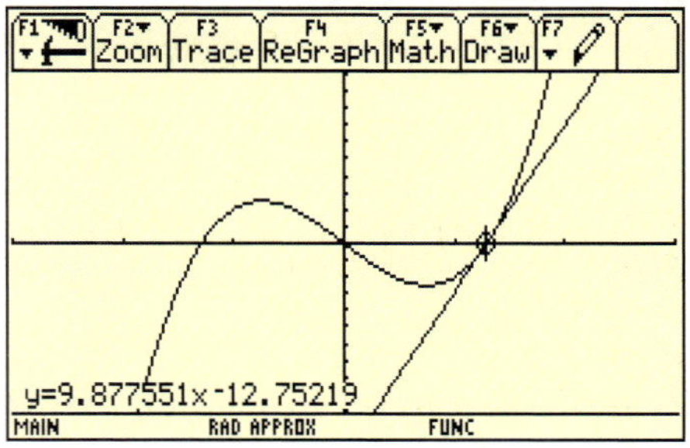

GTR **26.**

Zeichne mit dem GTR eine Parabel und eine zweite Parabel, verschoben längs der Symmetrieachse der ersten. Konstruiere mit dem GTR mehrere Tangenten an die innere Parabel und bestimme mit TRACE die Schnittpunkte mit der äußeren Parabel. Vergleiche die Koordinaten der Schnittpunkte mit den Koordinaten des jeweiligen Berührpunktes einer Tangente. Stelle eine Vermutung auf und beweise sie anschließend für die Parabeln $f(x) = x^2$ und $g(x) = x^2 - k$.

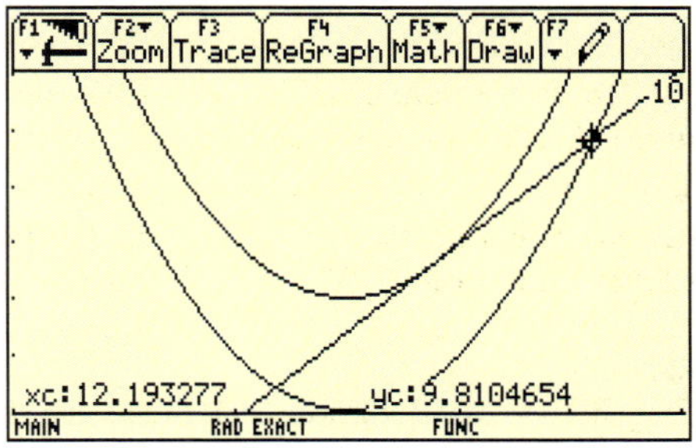

GTR **27.**

Gegeben sind die Funktionen f und g mit $f(x) = 6x^3 - 150x + 4$ und $g(x) = 2x^2 - 302$.

a) Zeichne mit dem GTR die Graphen beider Funktionen f und g in ein Koordinatensystem. Wähle dabei das Fenster so, dass alle gemeinsamen Punkte der Graphen sichtbar werden.

b) Bestimme die Koordinaten der gemeinsamen Punkte mithilfe der TRACE-Routine. Überprüfe das Resultat rechnerisch und korrigiere gegebenenfalls.

c) Zeige rechnerisch, dass die Graphen von f und g in einem gemeinsamen Punkt auch eine gemeinsame Tangente haben. Zeichne diese Tangente mit dem GTR an die Graphen. Überprüfe durch exakte Rechnung.

CAS **28.**

Im Fenster des CAS-Rechners ist zu sehen, wie man zu einer gegebenen Funktion f(x) die Gleichung der Tangente t(a) an der Stelle a exakt bestimmen kann.

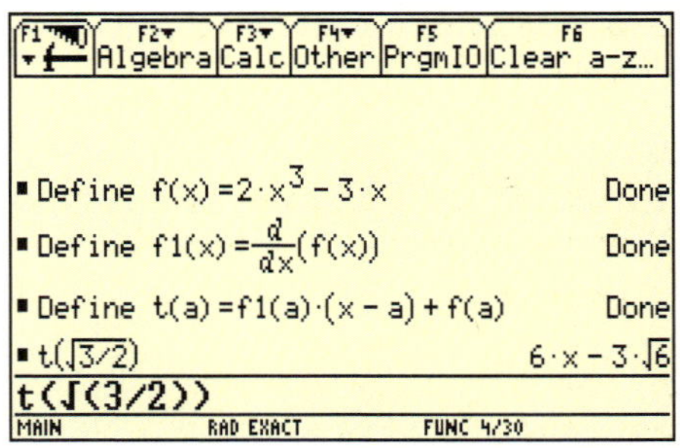

a) Welche Funktion wurde mit f1(x) bezeichnet?

b) Erkläre die Definition für die Tangente t(a) an der Stelle a.

c) Überprüfe das angegebene Resultat für die Stelle $a = \sqrt{\frac{3}{2}}$ grafisch.

d) Bestimme mit diesem Verfahren auch die Gleichung der Tangente in Aufgabe 25 auf dieser Seite.

e) Bestimme mithilfe eines CAS die Gleichungen der Tangenten an den Graphen von f(x) mit $f(x) = x^4 - 3x^3 + \sqrt{6}$ an den Stellen -1 und $\sqrt{7}$.
Arbeite dabei mit den verschiedenen Modi APPROXIMATE, EXACT und AUTO vergleiche die Ergebnisse.

Blickpunkt

Grenzsteuer – Spitzensteuersatz

Das zu versteuernde Jahreseinkommen x und die Steuer st(x)

Die Jahreseinkünfte einer Person können aus der Land- und Forstwirtschaft, aus einem Gewerbebetrieb, aus selbstständiger oder nicht selbstständiger Arbeit, aus Kapitalvermögen und aus Vermietung und Verpachtung entstanden sein. Von diesen Jahreseinkünften wird zunächst ein gewisser Geldbetrag, der sich u.a. aus Freibeträgen, Werbungskosten und Sonderausgaben zusammensetzt, abgezogen. Man erhält so das zu *versteuernde Einkommen,* das wir im Folgenden mit x bezeichnen und kurz *Einkommen* nennen werden.
Mit st(x) wird die Steuer bezeichnet, die beim Einkommen x zu zahlen ist. st(x) ist im Einkommensteuergesetz genau festgelegt. Die Funktion $x \mapsto st(x)$ heißt *Steuerfunktion.*

1.
Frau Meier hat ein Einkommen von a DM. Angenommen, sie verdient jetzt noch h DM mehr.

a) Wie viel Steuern zahlt Frau Meier für den Mehrverdienst h?

b) Welchen Anteil von h muss sie als Steuer zahlen? Dies ist der durchschnittliche Steuersatz im Intervall $[a; a+h]$. Gib diesen Anteil auch in Prozent an.

c) Frau Meier überlegt: Wenn der Mehrverdienst h immer geringer wird und gegen null strebt, dann müsste auch der durchschnittliche Steuersatz für diesen Mehrverdienst (d.h. für das Intervall $[a; a+h]$) gegen null streben. Hat Frau Meier Recht?

Durchschnittlicher Steuersatz, Grenzsteuer und Spitzensteuersatz

Der **durchschnittliche Steuersatz im Einkommensintervall [a | b]** beträgt $\frac{st(b) - st(a)}{b - a}$.

Er gibt den Anteil an, der vom Mehrverdienst $b - a$ als Steuer gezahlt werden muss.
Der durchschnittliche Steuersatz ist eine Zahl und kann daher auch in Prozent angegeben werden.
Geometrisch bedeutet der durchschnittliche Steuersatz die Steigung der Sekante durch die Punkte $A\big(a \mid st(a)\big)$ und $B\big(b \mid st(b)\big)$.
Die Ableitung der Steuerfunktion heißt **Grenzsteuer.** Sie gibt ungefähr an, welcher Anteil eines (im Vergleich zum Einkommen) kleinen Hinzuverdienstes versteuert wird.
Die höchste Grenzsteuer heißt **Spitzensteuersatz.**
Die Grenzsteuer ist die Steigung der Tangente an den Graphen der Steuerfunktion.

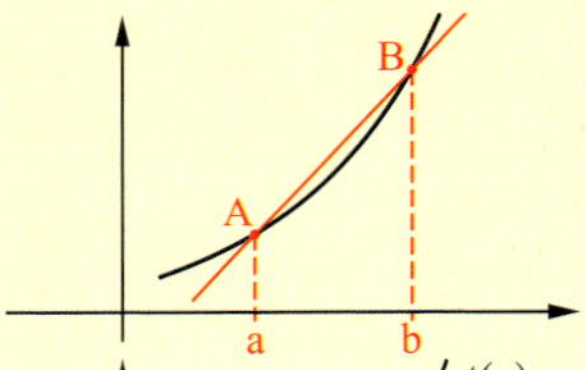

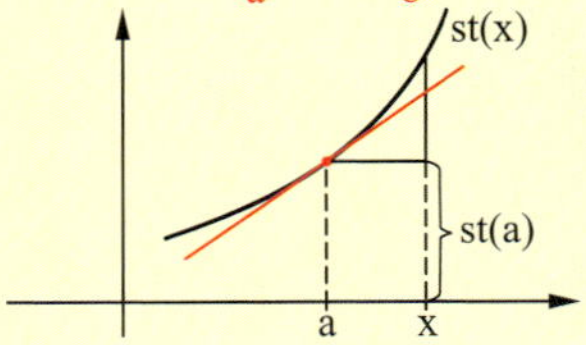

2. *Anschauliche Erklärung der Grenzsteuer*
Die Grenzsteuer wird manchmal anschaulich folgendermaßen erklärt: *Sie ist der Anteil, mit dem die letzte hinzu verdiente Mark steuerlich belastet wird.*
Nimm dazu Stellung.

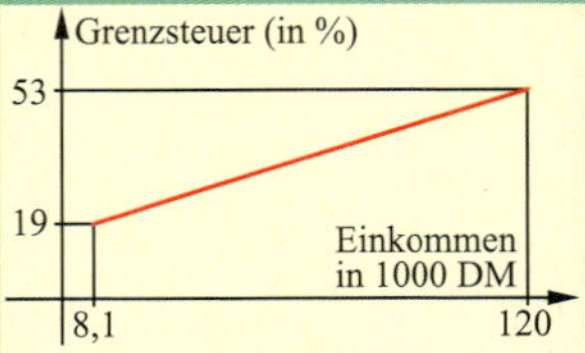

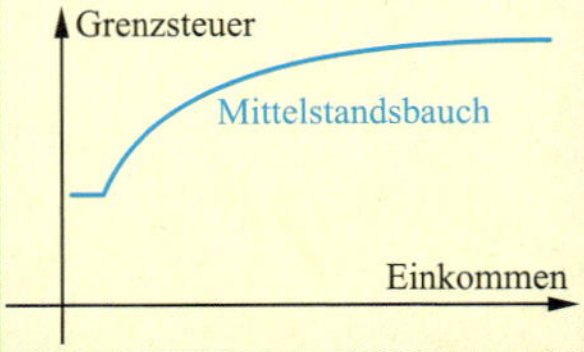

3.
Es gibt den Vorschlag, eine Grenzsteuer einzuführen, deren Graph linear ist.

a) Gib zu dem Vorschlag rechts die Gleichung der Geraden an. Versuche daraus die Steuerfunktion zu bestimmen.

b) Es wird behauptet, der lineare Verlauf der Grenzsteuer sei gerechter als der Verlauf mit dem Mittelstandsbauch. Diskutiere dieses Problem. Warum spricht man vom Mittelstandsbauch?

Gesetzliche Festlegungen der Steuer st(x) – gültig für das Jahr 2001

In § 32a des Einkommensteuergesetzes wird die Steuer st(x) des zu versteuernden Einkommens x festgelegt. st(x) wird grundsätzlich mithilfe einer Formel berechnet (vergleiche Aufgabe 4). Zusätzlich möchte man aber die Steuer auch mithilfe einer Tabelle ermitteln. Dazu ist es erforderlich, die Stufen anzugeben, nach denen die Steuer tabelliert werden soll. Im Gesetz werden für Ledige als Stufen die Vielfachen von 54 DM festgelegt. Innerhalb dieser Stufen ist die Steuer jeweils gleich. Aufeinander folgende Vielfache von 54 DM sind z.B. 54756 DM und 54810 DM. Von 54756 DM bis 54809 DM ist die Steuer gleich. Sie beträgt 12532 DM.
Sie wird nach dem mittleren Wert der Stufe, d.h. 54756 DM + 27 DM, also 54783 DM mithilfe einer Formel berechnet (sog. Mittelwertverfahren).

Auszug aus dem Gesetzestext

- Das zu versteuernde Einkommen ist auf den nächsten durch 54 ohne Rest teilbaren vollen DM-Betrag abzurunden, falls es nicht bereits durch 54 ohne Rest teilbar ist, und dann um DM 27,– zu erhöhen.
- „x" ist das abgerundete zu versteuernde Einkommen, das um DM 27,– erhöht ist (wie oben).
- „y" ist ein Zehntausendstel des DM 14040,– übersteigenden Teils des abgerundeten zu versteuernden Einkommens, das um DM 27,– erhöht ist (wie oben).
- „z" ist ein Zehntausendstel des DM 18036,– übersteigenden Teils des abgerundeten zu versteuernden Einkommens, das um DM 27,– erhöht ist (wie oben).

zu versteuerndes Einkommen	Tarifliche Einkommensteuer st(x)
bis DM 14093,– (Grundfreibetrag)	$st(x) = 0$
von DM 14084,– bis DM 18089,–	$st(x) = (387{,}89y + 1990)y$
von DM 18080,– bis DM 107567,–	$st(x) = (142{,}49z + 2300)z + 857$
ab DM 107568,–	$st(x) = 0{,}485x - 19299$

4.

a) Gib st(x) explizit an. Vernachlässige dabei die Abrundungen. *Beachte:* st(x) ist abschnittsweise definiert.

b) Gib auch die Grenzsteuer st′(x) an [in % an].

TAB **c)** Lege mithilfe von Tabellenkalkulation eine Wertetabelle für st(x) und st′(x) an.

Splittingverfahren, Steuerprogression

Die im Gesetz angegebene Steuerfunktion gilt für ledige Steuerzahler. Bei Eheleuten wird die Steuer im Allgemeinen nach dem so genannten **Splittingverfahren** berechnet:
Das gesamte zu versteuernde Einkommen der Eheleute wird halbiert und jede Hälfte für sich nach der Steuerfunktion besteuert.
Unter der **Steuerprogression beim Einkommen a** versteht man die punktuelle Änderungsrate der Grenzsteuer, also die 2. Ableitung der Steuerfunktion an der Stelle a.

5.
Gib die abschnittsweise definierte Steuerfunktion für das Splittingverfahren an.

6.

a) Die Grenzsteuerfunktion möge den so genannten Mittelstandsbauch haben (siehe Aufgabe 3b)). Zeichne qualitativ den Graphen der zugehörigen Steuerprogression.

b) Was ist über die Steuerprogression zu sagen, wenn die Grenzsteuerkurve eine Gerade ist?

c) Diskutiere, ob eine monoton wachsende oder eine monoton fallende Steuerprogression steuerlich gerecht ist.

Fragen zum Basiswissen

- Was versteht man unter der Steigung eines Funktionsgraphen in einem Punkt? (S. 133)
- Wie lautet die geometrische Definition der Ableitung der Funktion f an der Stelle a? (S. 135)
- Wie lautet die analytische Definition der Ableitung der Funktion f an der Stelle a? (S. 148)
- Wann heißt eine Funktion f an der Stelle a differenzierbar? (S. 148)
- Wie ist die Ableitungsfunktion f′ der Funktion f definiert? (S. 152)

- Gib ein Beispiel für die Anwendung der Potenzregel an. (S. 156 – 157)
- Gib ein Beispiel für die Anwendung der Faktorregel an. (S. 159 – 159)
- Gib ein Beispiel für die Anwendung der Summenregel an. (S. 159 – 162)

- Wie lautet die exakte Definition der Tangente an den Graphen der Funktion f im Punkt P? (S. 150)
- Zeige an einem Beispiel, wie man die Tangente an den Graphen einer Funktion f im Punkt P bestimmt.

Klausurtraining A

1.
Gib f′(x) an.

a) $f(x) = -2x^3 + 5x - 7$ **b)** $f(x) = 3\sqrt{x} - x^4$ **c)** $f(x) = x^n - b$ **d)** $f(x) = a x^{n-1} - b x^{m+1}$

2.
Gib *eine* Funktion f an, welche die Ableitung f′(x) hat.

a) $f'(x) = 2x - 6x^2$ **b)** $f'(x) = \frac{1}{3}x^2 + 3x$ **c)** $f'(x) = \cos(x)$ **d)** $f'(x) = -\frac{1}{x^3}$

3.
a) Skizziere den Graphen der Ableitungsfunktion f′ für $-4 < x < 4$.

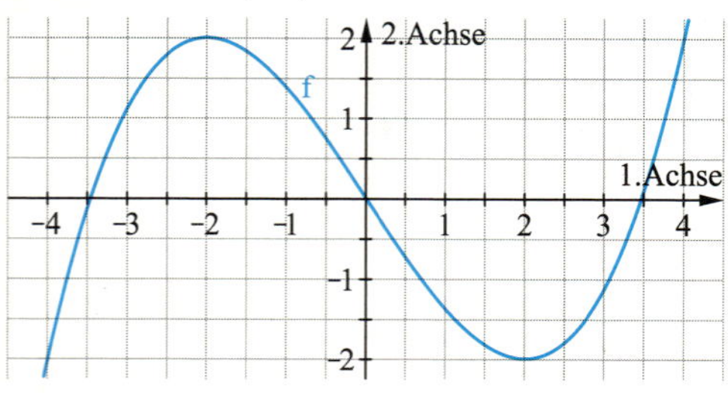

b) Es ist $f(0) = 0$. Skizziere den Graphen von f für $-4{,}5 < x < 1$.

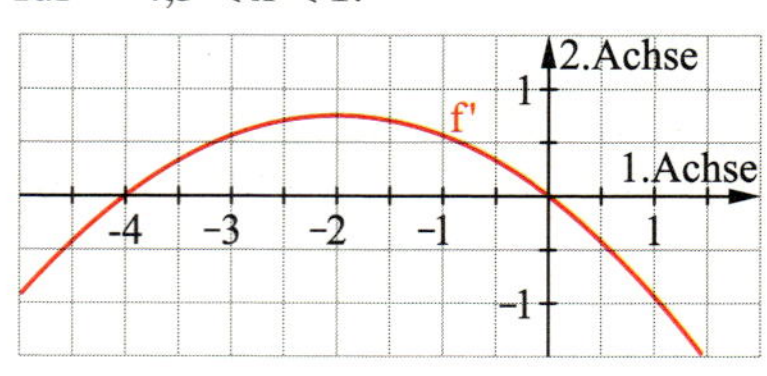

4.
Es ist $f(x) = x^3 - 2x$.
Gib eine Gleichung der Tangente an den Graphen von f durch den Punkt $P(2 \mid f(2))$ an.

5.
Gegeben ist die Funktion f mit $f(x) = \frac{1}{x^3}$.
Bestimme rechnerisch die Ableitung f′(a) von f an einer beliebigen Stelle $a \in \mathbb{R}^*$ als Grenzwert von Sekantensteigungen.
Hinweis: Es ist $u^3 - v^3 = (u - v)(u^2 + uv + v^2)$.

6.
Es ist $f(x) = x^2 - 2x$ und $g(x) = -x^2 + \frac{1}{2}x$.

a) Zeichne die Graphen von f und g in dasselbe Koordinatensystem, berechne die Schnittpunkte S_1 und S_2. Zeige, dass sich die Graphen orthogonal schneiden, d. h., dass die Tangenten im Schnittpunkt S_1 bzw. S_2 zueinander orthogonal sind.

b) Für $k \in \mathbb{R}$ ist die Funktion g_k gegeben durch $g_k(x) = -kx^2 + \frac{1}{2}x$.
Zeige, dass die Graphen *aller* Funktionen g_k mit dem Graphen von f *einen* gemeinsamen Schnittpunkt haben und den Graphen von f in diesem Schnittpunkt orthogonal schneiden.
Bestimme alle Zahlen $k \in \mathbb{R}$ so, dass der Graph von g_k den Graphen von f in *zwei* Punkten orthogonal schneidet.

Klausurtraining B

1.
Bestimme $f'(x)$ mithilfe der Ableitungsregeln.

a) $f(x) = 5x^4 - 3x^2$
b) $f(x) = (x-3)^2$
c) $f(x) = 3\sin x - 4\cos x$
d) $f(x) = \frac{5}{x} - \frac{1}{x^2}$
e) $f(x) = \frac{x^2+1}{x}$
f) $f(x) = \frac{x}{2} - \frac{2}{x}$

2.
Gib jeweils *eine* Funktion f an, welche die angegebene Ableitung hat.

a) $f'(x) = 3x^4 + \sqrt{5}$
b) $f'(x) = 12x - 4$
c) $f'(x) = \frac{1}{\sqrt{x}}$
d) $f'(x) = \frac{1}{2}\cos x - 2\sin x$

3.
Es ist $f(x) = 2x^3 - 3x^2 - 13x + 7$. Bestimme alle Punkte des Funktionsgraphen mit der Tangentensteigung -1. Gib jeweils die Tangentengleichung an.

4.
a) Skizziere den Graphen von f und entscheide, ob f an der Stelle 0 differenzierbar ist.
(1) $f(x) = (x+1) \cdot |x|$ (2) $f(x) = (|x|+1) \cdot |x|$

b) Prüfe mittels der analytischen Definition der Ableitung, ob die Funktion f an der Stelle 0 differenzierbar ist. Wenn ja, gib die Ableitung von f an dieser Stelle an.
(1) $f(x) = (x+1)\,x$ (2) $f(x) = (|x|+1)\,x$

5.
Gegeben ist die Funktion f mit $f(x) = \frac{1}{8}(x^2 - 8x + 36)$. Bestimme alle Punkte B des Funktionsgraphen, sodass die Tangente an den Graphen von f im Punkt B durch den Koordinatenursprung verläuft. Fertige eine Skizze an.

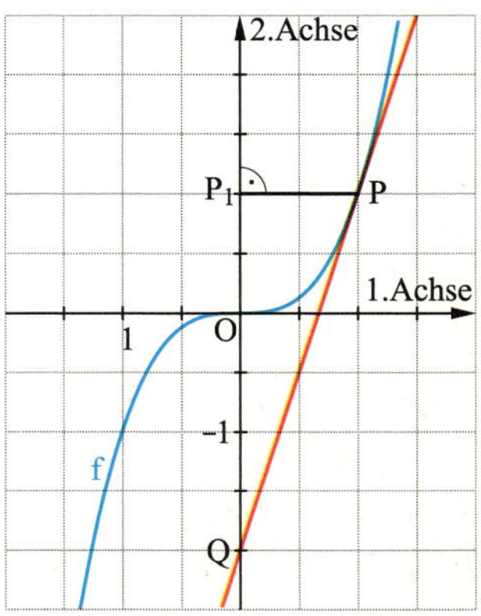

6.
a) Man kann an den Graphen der Funktion f mit $f(x) = x^3$ auf folgende Weise exakt die Tangente durch den Punkt $P(a\,|\,f(a))$ konstruieren:
Man fällt von P das Lot auf die 2. Achse und bestimmt den Punkt Q so, dass $|OQ| = 2 \cdot |OP_1|$ ist. Die Gerade QP ist dann die gesuchte Tangente. Zeige dies durch Rechnung.

b) Verallgemeinere das Konstruktionsverfahren aus a) für eine Funktion f mit $f(x) = x^n$, $n \in \mathbb{N}$.

Exkurs

Zur Geschichte der Differentialrechnung

Die große Zeit der mathematisch-naturwissenschaftlichen Entdeckungen von 1630 bis 1740 ist eine geschlossene Epoche der europäischen Geistesgeschichte. Zusätzlich zu den Universitäten, welche seit dem Mittelalter bestanden, wurden als weitere Organisationsform wissenschaftlichen Lebens und Forschens die Akademien eingeführt. Sie gingen aus privaten Zirkeln von Liebhabern der neu entwickelten Mathematik, Naturwissenschaft und Medizin hervor. In ihnen wurden die neuen Forschungsergebnisse ausgetauscht und diskutiert.
Die Akademien in Berlin, London, Paris und St. Petersburg waren im 17. und 18. Jahrhundert wichtige und angesehene Forschungszentren.

1. Die Begründung der Differentialrechnung durch Leibniz und Newton

Hauptproblem der Differentialrechnung ist, die Steigung der Tangente an den Graphen einer Funktion zu bestimmen. Einen ersten Beitrag zur Lösung dieses Problems leistete FERMAT (französischer Jurist und Mathematiker 1601 – 1655), vgl. S. 28.
Die entscheidenden Entdeckungen machte LEIBNIZ zwischen 1673 und 1676 während eines Aufenthaltes in Paris. LEIBNIZ verwendete unendlich kleine Zahlen (vgl. nächste Seite) und brachte diese in Beziehung zum charakteristischen Dreieck (heute Steigungsdreieck genannt). Er entdeckte schon alle Regeln zur Differentiation (z. B. S. 156 – 161) und Kriterien für Funktionsuntersuchungen (S. 182 – 209); er schuf auch das Symbol $\frac{dy}{dx}$ (S. 151).
Schon vor LEIBNIZ hatte NEWTON in den Jahren 1665/66 die sogenannte *Fluxionsrechnung* aufgebaut. Damit konnte er den Begriff der Momentangeschwindigkeit, von ihm mit $\dot{s}$ bezeichnet, erfassen und aus dem von ihm gefundenen Gravitationsgesetz die drei Keplerschen Gesetze herleiten.

ISAAK NEWTON (1642 – 1727)
war zunächst Professor in Cambridge, später Direktor der königlichen Münze. Weltberühmt sind auch seine Forschungen zur Optik. Er ist in Westminster Abbey begraben.

GOTTFRIED WILHELM LEIBNIZ (1646 – 1716)
war als Diplomat in Paris, später als Bibliothekar in Hannover tätig, auch als Philosoph und Logiker ist er weltberühmt.

2. Prioritätsstreit zwischen Newton und Leibniz

Der Streit um die Erstentdeckung der Differentialrechnung ist der berühmteste Prioritätsstreit der Geistesgeschichte. Historische Forschungen haben jedoch ergeben: NEWTON und LEIBNIZ haben unabhängig voneinander eigenständige Formen der Differentialrechnung gefunden.
NEWTON hatte stärker den Zusammenhang zwischen der Weg-Zeit-Funktion und der Geschwindigkeit-Zeit-Funktion im Blick (vgl. S. 163), LEIBNIZ das Tangentenproblem.
LEIBNIZ hat seine Ergebnisse zwar später gefunden, aber früher publiziert als NEWTON. Die von LEIBNIZ eingeführten Bezeichnungen erwiesen sich als günstiger als die von NEWTON.

LEONHARD EULER (1707 – 1783)
war einer der produktivsten Mathematiker des 18. Jahrhunderts. Er hat die Differentialrechnung und deren Anwendungen maßgeblich weiterentwickelt.

KARL WEIERSTRASS (1815–1879)
war 20 Jahre Gymnasiallehrer, ehe er zum Professor an der Universität Berlin, der späteren Humbold-Universität berufen wurde.

ABRAHAM ROBINSON (1918–1974)
wurde in Deutschland geboren. Er floh mit seiner Familie vor den Nationalsozialisten nach Palaestina, wo er Mathematik studierte. Zuletzt war er Professor an der Yale-Universität/USA.

3. Strenge Begründung der Differentialrechnung mithilfe des Begriffs Grenzwert

In der Anfangszeit der Differentialrechnung war die seit den Griechen in der Mathematik übliche Strenge verlorengegangen. Ein strenger Aufbau, fußend auf einer exakten Definition des Grenzwertes einer Folge (vgl. S. 112), wurde erst im 19. Jahrhundert, insbesondere von dem deutschen Mathematiker WEIERSTRASS angegeben.

4. Strenge Begründung der Differentialrechnung mit unendlich kleinen Zahlen – Nichtstandard Analysis

LEIBNIZ verwendete bei seinen Untersuchungen die Vorstellung von unendlich kleinen Zahlen, die er mit dy und dx bezeichnete. $\frac{dy}{dx}$ ist nach dieser Auffassung ein Quotient unendlich kleiner Zahlen. Auch bei der Anwendung der Differentialrechnung in der Physik ist die Vorstellung von unendlich kleinen Zahlen oder Größen hilfreich. Nach Vorarbeiten von LAUGWIZ und SCHMIEDEN (TH Darmstadt) gelang es erst 1961 dem Logiker und Mathematiker ABRAHAM ROBINSON eine exakte Theorie der Differentialrechnung auf der Grundlage von unendlich kleinen Zahlen aufzustellen. Diese sogenannte *Nichtstandard-Analysis* konnte bisher noch nicht ohne Verfälschung so vereinfacht werden, dass sie in der gymnasialen Oberstufe allgemein unterrichtet werden kann. Grundgedanke der Nichtstandard-Analysis ist, die Menge $\mathbb{R}$ der reellen Zahlen zu der Menge $^*\mathbb{R}$ der hyperreellen Zahlen zu erweitern. Dies geschieht dadurch, dass man in geeigneter Weise unendlich kleine und unendlich große Zahlen konstruiert und diese den reellen Zahlen hinzufügt.

Philosophie, Kunst, Musik, Literatur

1558–1672 Heinrich Schütz, Kirchenmusiker
1606–1669 Rembrandt von Rijn, ndl. Maler
1607–1676 Paul Gerhardt, Kirchenlieddichter
1621–1695 Jean de La Fontaine, frz. Dichter
1622–1673 Moliere, frz. Dichter
1632–1677 Baruch de Spinoza, Philosoph
1632–1704 John Locke, engl. Philosoph
1635 Academie Francaise
1637–1707 Dietrich Buxtehude, Komponist
1685–1750 Joh. Seb. Bach, Komponist
1732–1809 Josef Haydn, Komponist

Politische Ereignisse

1648 Westfälischer Friede, Ende des Dreißigjährigen Krieges
1640–1688 Friedrich Wilhelm I. von Brandenburg, der Große Kurfürst
1643–1715 Ludwig XIV., der „Sonnenkönig", König von Frankreich
1640–1658 O. Cromwell in England
1689 „Bill of Rights", das Parlament wird in England zum maßgeblichen Staatsorgan
1683 Türken belagern Wien
1689–1725 Zar Peter I., der Große führt Rußland zur Großmacht
1701 Preußen wird Königreich, Friedrich I. von Preußen
1740–1786 Friedrich II., der Große, König von Preußen
1756–1763 Siebenjähriger Krieg

Gründungsjahr einiger Akademien mit mathematisch-naturwissenschaftlichen Schwerpunkt

1652 Deutsche Akademie der Naturforscher Leopoldina in Schweinfurt, ab 1879 in Halle/Saale
1657 Akademie zu Florenz
1662 Royal Society in London
1666 Akademie der Wissenschaften in Paris
1675 Sternwarte in Greenwich
1700 Societät, ab 1710 Preußische Akademie der Wissenschaften zu Berlin
1724 Akademie der Wissenschaften in St. Petersburg

4. FUNKTIONSUNTERSUCHUNGEN

Die Ausrottung der Wandertaube

Die nordamerikanische Wandertaube (Ectopistes migratorius) gehörte noch vor etwa einem Jahrhundert zu den häufigsten Vögeln der Welt. Auf dem letzten großen Brutgebiet in Wisconsin nisteten im Jahre 1878 fast 136 Millionen Vögel. Das Gebiet erstreckte sich über ca. 2200 km².
Die Wandertauben waren zu dieser Zeit bei der Bevölkerung eine sehr willkommene Bereicherung des Speisezettels. Die Vögel wurden deshalb unbarmherzig geschossen oder mit Netzen und Fallen an ihren riesigen Brutplätzen gefangen.
Martha, die letzte Wandertaube starb 1914 im Zoo von Cincinnati.
Diese tragische Episode über die hemmungslose Ausbeutung eines Tierbestandes durch den Menschen gab dem Naturschutzgedanken einen großen Auftrieb und trug wesentlich dazu bei, Schutzgebiete für Tiere zu schaffen.

Reproduktionskurve einer Art als mathematisches Modell

Viele natürliche Ressourcen z. B. Fisch-, Wald- oder Wildbestände erneuern sich von selbst.
Ein Waldbesitzer oder Fischzüchter möchte aber einen möglichst hohen Ertrag erwirtschaften.
Wie viel darf er einer natürlichen Ressource entnehmen, ohne sie jedoch – wie im Fall der Wandertaube – zu erschöpfen?
Die sogenannte *Reproduktionskurve* einer Art ist ein wichtiges mathematisches Modell bei der Untersuchung dieser Frage. Sie ist der Graph der Funktion
Populationsgröße der gegenwärtigen Generation → Populationsgröße der darauffolgenden Generation.
Der exakte Verlauf einer solchen Kurve variiert von Art zu Art, hat jedoch unter vernünftigen biologischen Annahmen meistens eine ähnliche Form wie die blaue Kurve unten.

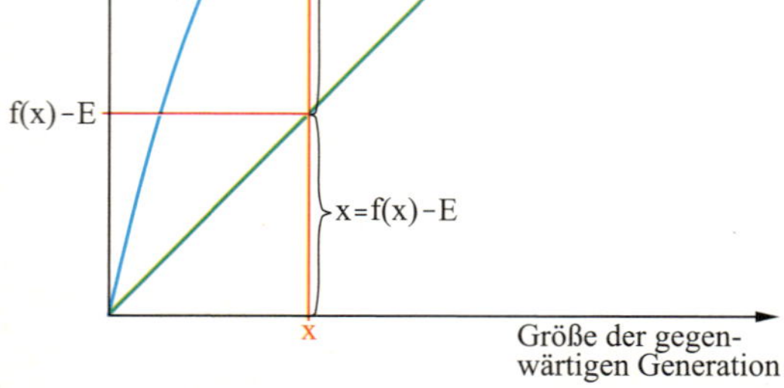

Bei einer wirtschaftlichen Nutzung einer Ressource versucht man, jährlich eine möglichst konstante Entnahme E zu tätigen.
Da die Population in einem Jahr von x auf f(x) zunimmt, beträgt der natürliche Zuwachs $f(x) - x$. Eine konstante Entnahme E wird erreicht, wenn $f(x) - x = E$ gilt. Damit ist dann E von x funktional abhängig.
Wie groß darf eine Population werden, damit die Entnahme $E = f(x) - x$ maximal wird?
(Vergleiche Seite 206 Aufgabe 3.)
Um solche und auch andere Fragen zu beantworten, untersuchen wir in diesem Kapitel Funktionen und den Verlauf ihrer Graphen mithilfe der Differentialrechnung. Dabei lernen wir wichtige mathematische Hilfsmittel kennen, die wir bei solchen Untersuchungen anwenden.

4.1 Extremstellen – Notwendiges Kriterium

Einführung In einem Gebirgstal wurde an einem vollen Tag, also 24 Stunden lang, der Temperaturverlauf aufgezeichnet.

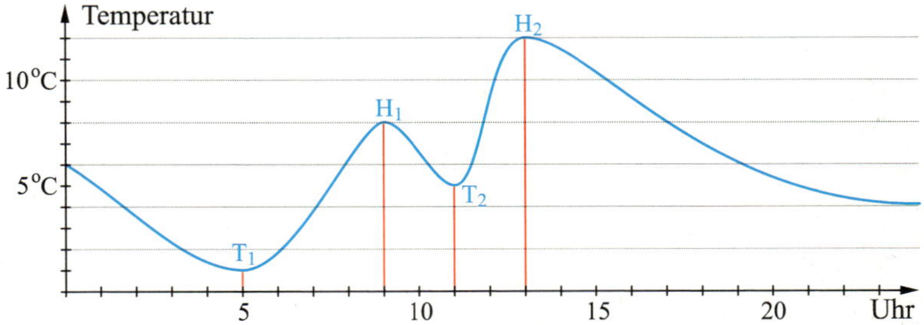

Das Bild zeigt den Graph der Funktion *Zeitpunkt t → Temperatur zum Zeitpunkt t.*
Um wie viel Uhr nimmt die Temperatur ihren größten, wann ihren kleinsten Wert an? Welche Werte sind das? Der kleinste Wert wird um 5 Uhr (also an der Stelle 5) angenommen. Er beträgt 1 °C. Der größte Wert wird um 13 Uhr (also an der Stelle 13) angenommen. Er beträgt 12 °C. Wir sagen: An der Stelle 5 wird das **absolute Minimum,** an der Stelle 13 das **absolute Maximium** angenommen.
Weil Wolken die Sonne verdeckten, war der Temperaturverlauf zwischen 9 Uhr und 11 Uhr ungewöhnlich. Um 9 Uhr erreichte die Temperatur verglichen mit der Zeit kurz davor und kurz danach (also relativ zu einer zeitlichen Umgebung) einen höchsten Wert. Wir sagen: Die Funktion hat an der Stelle 9 ein **relatives Maximum.**
An der Stelle 11 liegt ein **relatives Minimum** vor.

Definition 1

Gegeben sei eine Funktion f mit Definitionsbereich D_f.

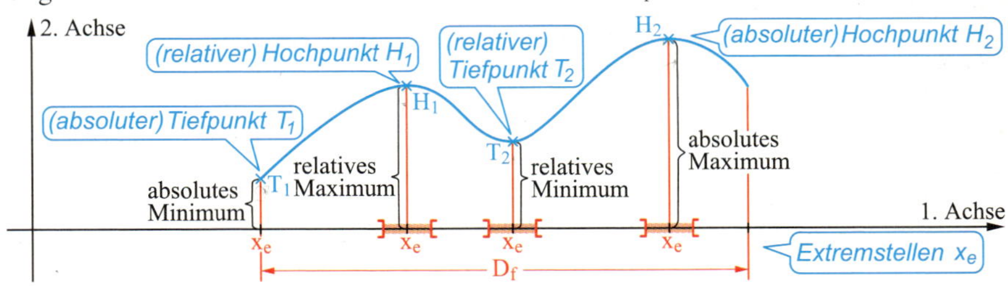

(a) Der Funktionswert $f(x_e)$ heißt

absolutes Minimum | **absolutes Maximum**

der Funktion f, falls gilt:

$\mathbf{f(x) \geq f(x_e)}$ **für alle** $\mathbf{x \in D_f}$ | $\mathbf{f(x) \leq f(x_e)}$ **für alle** $\mathbf{x \in D_f}$

(b) Der Funktionswert $f(x_e)$ heißt

relatives Minimum | **relatives Maximum**

der Funktion f, falls man eine Umgebung U von x_e (die ganz in D_f liegt) angeben kann, sodass gilt:

$\mathbf{f(x) \geq f(x_e)}$ **für alle** $\mathbf{x \in U}$ | $\mathbf{f(x) \leq f(x_e)}$ **für alle** $\mathbf{x \in U}$

(c) Ist $f(x_e)$ ein Minimum oder Maximum, dann heißt x_e auch **Extremstelle** von f und der zugehörige Punkt

$\mathbf{T(x_e \mid f(x_e))}$ **heißt Tiefpunkt.** | $\mathbf{H(x_e \mid f(x_e))}$ **heißt Hochpunkt.**

Information **(1) Schwierigkeiten, die relativen Extremstellen zu finden**

Wir betrachten die Funktion f mit $f(x) = x^3 - 2x + 5$. Der Definitionsbereich sei $\mathbb{R}$.
Wo liegen die relativen Extremstellen dieser Funktion?
Wir legen dazu eine Wertetabelle für $x = -3, -2, -1, 0, 1, 2, 3$ an.
Wie könnte der Graph verlaufen?

x	−3	−2	−1	0	1	2	3
f(x)	−16	1	6	5	4	9	28

Wir tragen zunächst die Punkte, welche die Wertetabelle liefert, ein und versuchen den Graphen zu vervollständigen. Das ist nicht eindeutig möglich. Mit der Wertetabelle sind z. B. folgende Graphenverläufe vereinbar.

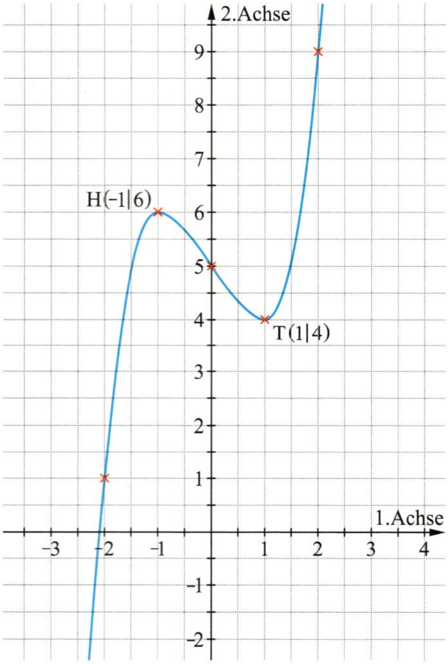

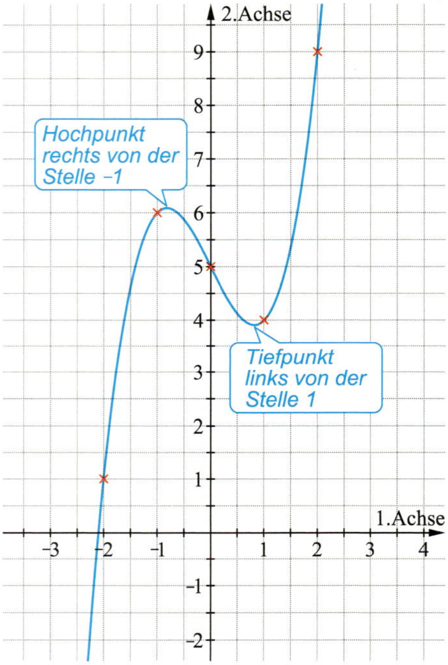

Sicherlich muss im Intervall $[-2; 1]$ mindestens ein Hochpunkt und auch mindestens ein Tiefpunkt liegen. An welchen Stellen das ist, kann man aus der Wertetabelle nicht erkennen, auch nicht, wenn man diese verfeinert. Wir müssen also versuchen, ein anderes Verfahren zur Bestimmung von relativen Extremstellen zu finden.

(2) Verfahren zur Bestimmung möglicher Extremstellen

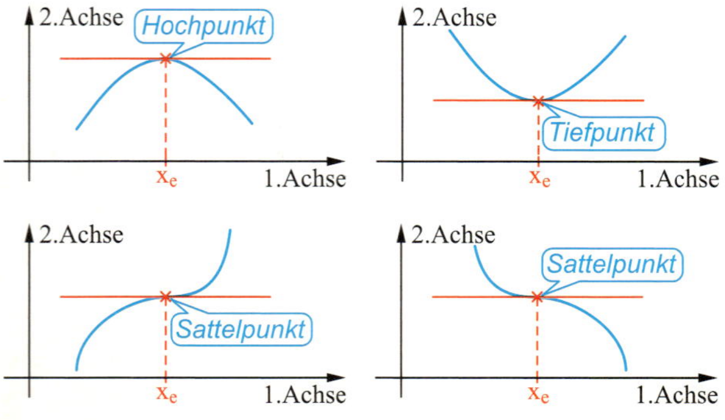

Auf den Bildern erkennt man, dass bei einem Hochpunkt oder Tiefpunkt oder Sattelpunkt eine zur 1. Achse parallele Tangente vorliegt. An den Stellen x_e ist daher in diesen Fällen die 1. Ableitung gleich 0 $(f'(x_e) = 0)$. Mögliche relative Extremstellen x_e sind dort, wo $f'(x_e) = 0$ ist. Um die Lage der relativen Extremstellen in Information (1) für f mit $f(x) = x^3 - 2x + 5$ zu finden, bilden wir daher die 1. Ableitung f′ von f:

$f'(x) = 3x^2 - 2$

Für mögliche Extremstellen x_e der Funktion f gilt:

$f'(x_e)=0$, also $3x_e^2-2=0$

Lösung der Gleichung bestimmen.

$x_e^2 = \frac{2}{3}$

$x_e = \sqrt{\frac{2}{3}} = \frac{1}{3}\sqrt{6}$ oder $x_e = -\sqrt{\frac{2}{3}} = -\frac{1}{3}\sqrt{6}$

Höchstens an den Stellen $x_e = \frac{1}{3}\sqrt{6} \approx 0{,}82$ und $x_e = -\frac{1}{3}\sqrt{6} \approx -0{,}82$ können Extremstellen liegen.

Unter Berücksichtigung der Wertetabelle erhalten wir das Ergebnis:

An der Stelle $-\frac{1}{3}\sqrt{6} \approx -0{,}82$ liegt ein Hochpunkt vor und an der Stelle $\frac{1}{3}\sqrt{6} \approx -0{,}82$ liegt ein Tiefpunkt vor.

(3) Notwendiges Kriterium für Extremstellen

Höchstens da, wo die 1. Ableitung gleich 0 ist, können relative Extremstellen liegen. Wir erhalten:

Satz 1 *Notwendiges Kriterium für relative Extremstellen*

Die Funktion f sei an der Stelle x_e differenzierbar.
Wenn x_e relative Extremstelle ist, dann gilt $f'(x_e)=0$.

Die Umkehrung erhält man durch Vertauschen der hinter wenn … und dann … stehenden Aussagen.

Man sagt auch:
Die Bedingung $f'(x_e)=0$ ist *notwendig* dafür, dass x_e eine relative Extremstelle ist.

Die Umkehrung von Satz 1 lautet:
Die Funktion f sei an der Stelle x_e differenzierbar.
Wenn $f'(x_e)=0$, dann ist x_e relative Extremstelle.
Diese Umkehrung ist falsch. Es könnte z. B. an der Stelle x_e ein Sattelpunkt liegen.

(4) Formaler Beweis von Satz 1 für die Extremstelle eines Hochpunktes

Satz 1 ist zwar anschaulich klar. Streng genommen muss jedoch bei einem Beweis auf die Definition der Extremstelle in Definition 1 zurückgegriffen werden.

Beweis:
$H(x_e \mid f(x_e))$ sei ein Hochpunkt des Graphen von f, dann lässt sich nach Definition 1 (Seite 183) eine Umgebung U von x_e finden, sodass gilt $f(x) \le f(x_e)$, also $f(x)-f(x_e) \le 0$ für alle $x \in U$. Wir müssen daraus folgern: $f'(x_e)=0$.

Hierzu betrachten wir den Differenzenquotienten $\frac{f(x)-f(x_e)}{x-x_e}$.

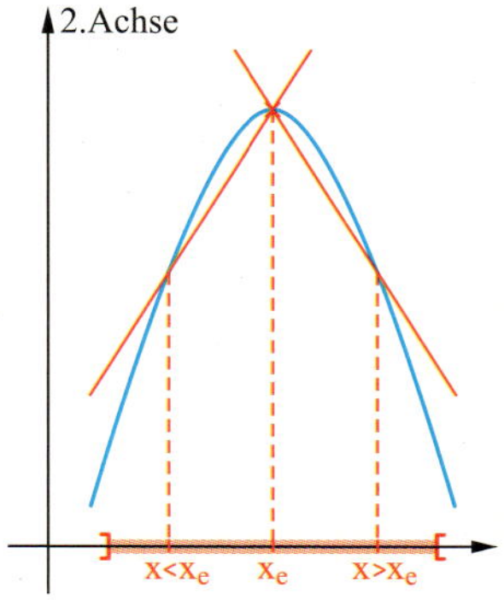

Für $x<x_e$ gilt: $x-x_e<0$, d.h. $\frac{f(x)-f(x_e)}{x-x_e} \ge 0$.

Für $x>x_e$ gilt: $x-x_e>0$, d.h. $\frac{f(x)-f(x_e)}{x-x_e} \le 0$.

Die Funktion f ist an der Stelle x_e differenzierbar.

Daher existiert der Grenzwert $\lim\limits_{x\to x_e} \frac{f(x)-f(x_e)}{x-x_e}$.

Für $x<x_e$ gilt: $\lim\limits_{x\to x_e} \frac{f(x)-f(x_e)}{x-x_e} \ge 0$

Für $x>x_e$ gilt: $\lim\limits_{x\to x_e} \frac{f(x)-f(x_e)}{x-x_e} \le 0$

Daraus folgt: $f'(x_e) = \lim\limits_{x\to x_e} \frac{f(x)-f(x_e)}{x-x_e} = 0$ ■

Aufgabe 1 *Berechnen möglicher Extremstellen und entscheiden, ob eine Extremstelle vorliegt*

Gegeben sei die Funktion f. Bestimme die möglichen Extremstellen und entscheide, ob sie Stellen für Hochpunkt, Tiefpunkt oder Sattelpunkt sind.

a) $f(x) = 4x^4 - 8x^2 + 4$ **b)** $f(x) = 3x^4 - 4x^3$

Lösung

a) *(1) Bestimmen der möglichen Extremstellen*

$f(x) = 4x^4 - 8x^2 + 4$, also: $f'(x) = 16x^3 - 16x$

Nach Satz 1 können höchstens da Extremstellen x_e vorliegen, wo $f'(x_e) = 0$ ist.

Also: $16x_e^3 - 16x_e = 0$

$16x_e(x_e^2 - 1) = 0$

$x_e = 0$ oder $x_e = 1$ oder $x_e = -1$

Ergebnis:

Mögliche Extremstellen sind −1, 0 und 1.

(2) Entscheiden, ob Stellen für Hochpunkt, Tiefpunkt oder Sattelpunkt vorliegen

Man kann hier die Symmetrie des Graphen ausnutzen.

Um zu entscheiden, ob dies Stellen für Hochpunkt, Tiefpunkt oder Sattelpunkt sind, wird eine Wertetabelle aufgestellt.

x	−2	−1	0	1	2
f(x)	36	0	4	0	36

Bei −1 und 1 liegt ein Tiefpunkt vor, bei 0 ein Hochpunkt.

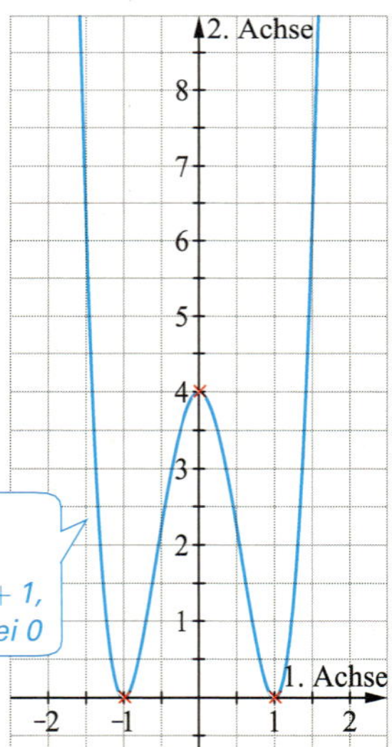

Richtig: Tiefpunkte bei −1 und +1, Hochpunkt bei 0

Bild rechts:

Würde z.B. bei 1 ein Sattelpunkt liegen, dann wäre zwischen 0 und 1 eine weitere Extremstelle. Das ist aber nicht der Fall. Also kann an der Stelle 1 kein Sattelpunkt sein. Entsprechend schließt man im Falle der Annahme, dass bei 1 ein Hochpunkt wäre.

Unmöglicher Verlauf, bei 1 kann kein Sattelpunkt liegen.

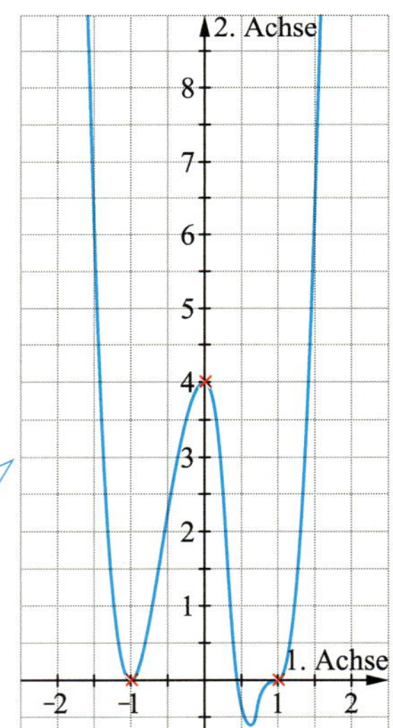

b) *(1) Bestimmen der möglichen Extremstellen*

$f(x) = 3x^4 - 4x^3$, also: $f'(x) = 12x^3 - 12x^2$

Extremstellen x_e liegen höchstens da, wo $f'(x_e) = 0$ ist.

Also: $12x_e^3 - 12x_e^2 = 0$

$12x_e^2 \cdot (x_e - 1) = 0$

$x_e = 0$ oder $x_e = 1$

Ergebnis:

Mögliche Extremstellen sind 0 und 1.

(2) Entscheiden, ob Stellen für Hochpunkt, Tiefpunkt oder Sattelpunkt vorliegen

Dazu stellen wir eine Wertetabelle auf. Die Tabelle zeigt: An der Stelle 0 liegt ein Sattelpunkt vor, an der Stelle 1 ein Tiefpunkt.

x	–1	0	1	2
f(x)	7	0	–1	16

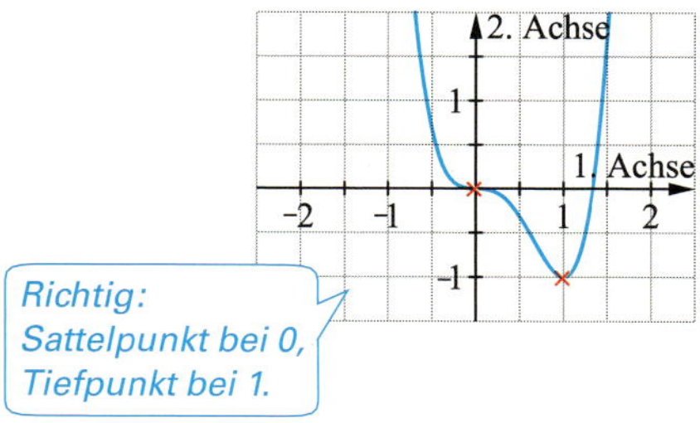

Bild rechts:
Wäre bei 0 ein Tiefpunkt, so müsste zwischen 0 und 1 eine Extremstelle liegen. Entsprechend schließt man in den anderen Fällen.

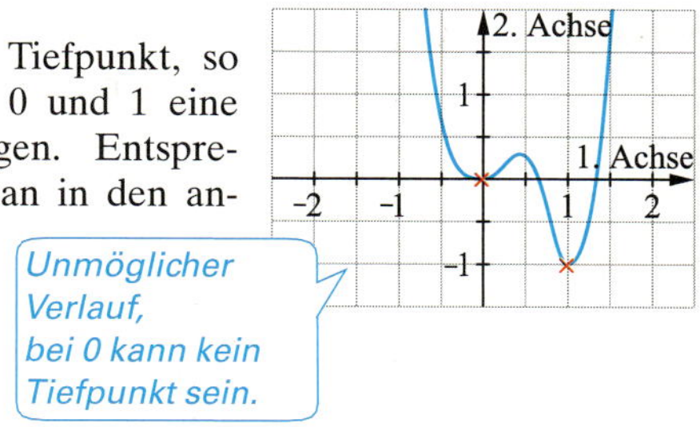

Weiterführende Aufgaben

2. *Beweis von Satz 1 für die Extremstelle eines Tiefpunktes*
Vervollständige den Beweis von Satz 1 auf Seite 185 für den Fall eines Tiefpunktes.

3. *Funktionen, auf welche das notwendige Kriterium für Extremstellen nicht anwendbar ist*
Warum kann man das notwendige Kriterium für Extremstellen auf die Stelle x_e in den Beispielen rechts *nicht* anwenden?

(1)
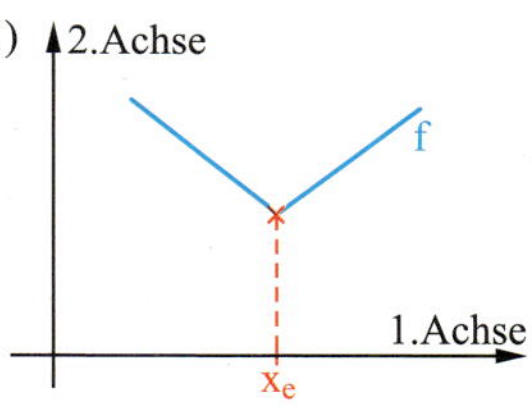

(2)
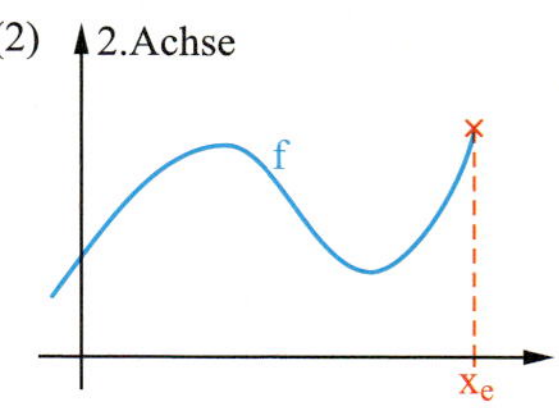

4. *Funktionen mit und ohne Randextrema*
Zeichne den Graphen einer Funktion, die im Intervall [a; b] definiert ist, einen Hoch- und einen Tiefpunkt hat, und für die außerdem gilt:

a) Das abolute Maximum und das absolute Minimum werden auf dem Rande des Intervalls angenommen.

b) Das absolute Maximum und das absolute Minimum werden *nicht* auf dem Rande angenommen.

c) Nur das absolute Maximum wird auf dem Rande des Intervalls angenommen.

5. *Notwendige Kriterien in der Teibarkeitslehre bzw. Geometrie*
Den Begriff „notwendig" kann man nicht nur in der Analysis verwenden.

a) Formuliere den Satz in der Wenn-dann-Form.
(1) Die Teilbarkeit einer Zahl durch 2 ist notwendig dafür, dass die Zahl durch 4 teilbar ist.
(2) Notwendig dafür, dass ein Viereck ein Quadrat ist, ist, dass alle Winkel gleich 90° sind.

b) Formuliere den Satz mit dem Wort „notwendig".
(1) Wenn eine Zahl durch 12 teilbar ist, dann ist sie eine gerade Zahl.
(2) Wenn ein Viereck ein Rechteck ist, dann sind die Gegenseiten gleich lang.

Statt „Wenn A, dann B." sagt man auch: „B ist eine notwendige Bedingung für A."

Übungsaufgaben

6.
An welchen Stellen liegen absolute oder relative Extrempunkte oder Randextrema vor?

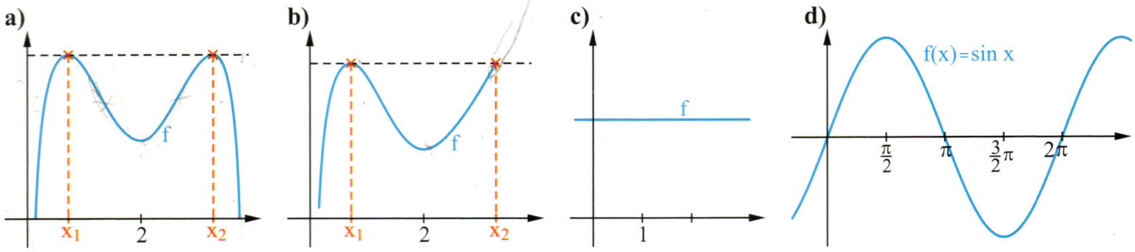

7.
Skizziere den Graphen einer Funktion mit der folgenden Eigenschaft:

a) Der Graph hat zwei relative Hochpunkte und einen relativen Tiefpunkt.

b) Es gibt ein absolutes Maximum im Innern des Definitionsbereichs und ein absolutes Minimum am Rande des Definitionsbereichs (Randextremum).

c) Die Funktion besitzt zwei Randextrema.

d) Es gibt einen absoluten Hochpunkt und keinen relativen Hochpunkt.

e) Es gibt einen absoluten Tiefpunkt und einen Sattelpunkt.

8.
Wo können mögliche Extremstellen liegen? Rechne entsprechend der Lösung von Aufgabe 1 auf Seite 186.

a) $f(x) = (x-2)^2$ **b)** $f(x) = x^2 - 2x$ **c)** $f(x) = x^2 - 3x$ **d)** $f(x) = 3x^3 - 6x$

9.
Zeige, dass die Funktion f keine relativen Extremstellen besitzen kann.

a) $f(x) = 2x - 1$ **c)** $f(x) = x^3 + 3x$ **e)** $f(x) = x^3 - 3x^2 + 3x - 1$

b) $f(x) = \frac{1}{x}$ **d)** $f(x) = 2x^3 + 3x^2 + 6x$ **f)** $f(x) = \frac{1}{x} - 2x$

10.
Skizziere den Graphen von f und bestimme anhand des Funktionsterms Hoch- und Tiefpunkte.

a) $f(x) = x^2 - 2$ **c)** $f(x) = |x-2|$ **e)** $f(x) = \frac{8}{x^2 - 2}$

b) $f(x) = -2x + x^2$ **d)** $f(x) = \sqrt{|x-2|}$ **f)** $f(x) = (x^2 - 2)^2$

11.
Wo können mögliche Extremstellen liegen?

a) $f(x) = x^3 - 3x^3$ **c)** $f(x) = \frac{1}{4}x^2 - \sqrt{x}$ **e)** $f(x) = x^2 + \frac{2}{x}$

b) $f(x) = \sin x - x$ **d)** $f(x) = x^4 - 2x^2 + 3$ **f)** $f(x) = \cos x + \frac{x}{\sqrt{2}}$

12.
Zeige, dass die angegebene Stelle a keine relative Extremstelle von f ist, obwohl gilt $f'(a) = 0$.

a) $f(x) = x^3 - 2$; Stelle 0 **c)** $f(x) = (x-1)^3 + 2$; Stelle 1

b) $f(x) = -x^5 + 4$; Stelle 0 **d)** $f(x) = \begin{cases} x^3 + x^2 & \text{für } x \geq 0 \\ -x^2 & \text{für } x < 0 \end{cases}$; Stelle 0

13.

Der Graph der Funktion f hat an den angegebenen Stellen einen Tiefpunkt. Begründe.

a) $f(x) = x^2$; Stelle 0

b) $f(x) = x^2(x-3)^2$; Stellen 0; 3

c) $f(x) = (x-3)^2 + 4$; Stelle 3

d) $f(x) = x + \frac{1}{x}$; Stelle 1

e) $f(x) = |x-2|$; Stelle 2

f) $f(x) = \sqrt{x}$; Stelle 0

14.

Begründe, warum der Graph der angegebenen Funktion f an der Stelle 0 keine Extremstelle besitzt.

a) $f(x) = x^3$

b) $f(x) = 3x - 4$

c) $f(x) = x^4 + x$

d) $f(x) = \sin x$

e) $f(x) = \begin{cases} x+1 & \text{für } x \geq 0 \\ x^2 & \text{für } x < 0 \end{cases}$

f) $f(x) = \begin{cases} x+1 & \text{für } x < 0 \\ 0 & \text{für } x = 0 \\ x-1 & \text{für } x > 0 \end{cases}$

15.

Prüfe die folgenden Formulierungen. Begründe oder widerlege.

(1) Eine auf einem abgeschlossenen Intervall definierte streng monotone Funktion kann im Innern dieses Intervalls keine Extremstelle haben.

(2) Eine konstante Funktion hat keine Extremstelle.

(3) Es gibt Graphen mit Punkten, die zugleich Hochpunkt und Tiefpunkt sind.

(4) Eine auf einem abgeschlossenen Intervall definierte streng monotone Funktion hat stets zwei Randextrema.

(5) Es gibt monotone Funktionen, die kein Randextremum besitzen.

(6) Jeder absolute Hochpunkt ist auch ein relativer Hochpunkt.

16.

Formuliere den Satz in der Wenn-dann-Form.

a) Die Teilbarkeit einer Zahl durch 5 ist notwendig dafür, dass die Zahl durch 10 teilbar ist.

b) Die Punktsymmetrie einer Figur ist notwendig, damit die Figur ein Rechteck ist.

c) Damit ein Viereck ein Quadrat ist, ist es notwendig, dass alle 4 Seiten gleich lang sind.

17.

Formuliere mit dem Wort „notwendig".

a) Wenn eine Zahl durch 9 teilbar ist, dann ist sie durch 3 teilbar.

b) Wenn eine Zahl durch 3 und durch 4 teilbar ist, dann ist sie auch durch 6 teilbar.

c) Wenn ein Viereck ein Quadrat ist, dann sind die Gegenseiten parallel zueinander.

d) Wenn ein Viereck eine Raute ist, dann halbieren sich die Diagonalen.

18.

Für den senkrechten Wurf nach oben mit der Anfangsgeschwindigkeit v_0 gilt für den Weg s in Abhängigkeit von der Zeit t angenähert $s(t) = v_0 \cdot t - 5 \cdot t^2$.

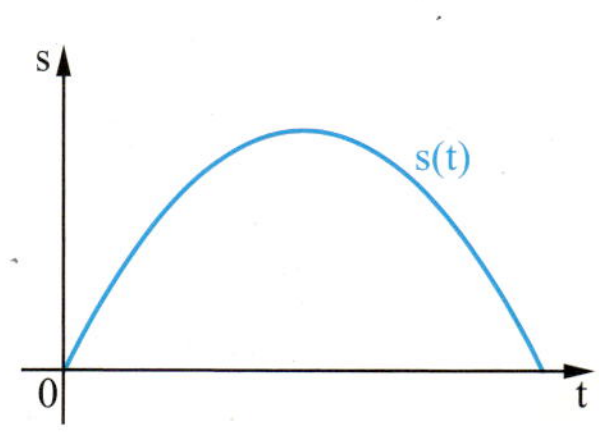

a) Bestimme den höchsten Punkt der Bahn des Körpers. Nach welcher Zeit wird dieser Punkt erreicht?

b) Welche Bedeutung hat $s'(t) = 0$?

4.2 Hinreichende Kriterien für Extremstellen – Monotoniesatz

4.2.1 Vorzeichenwechsel der 1. Ableitung als hinreichendes Kriterium für Extremstellen

Einführung **(1) Schluss vom Vorzeichenwechsel der 1. Ableitung auf die Art der Extremstellen**

Für Extremstellen haben wir ein *notwendiges* Kriterium kennen gelernt. Es ist daher naheliegend zu fragen: Gibt es eventuell auch ein *hinreichendes* Kriterium für Extremstellen, d.h. ein Kriterium, mit dem sogar entschieden werden kann, ob ein Hoch- oder Tiefpunkt vorliegt?

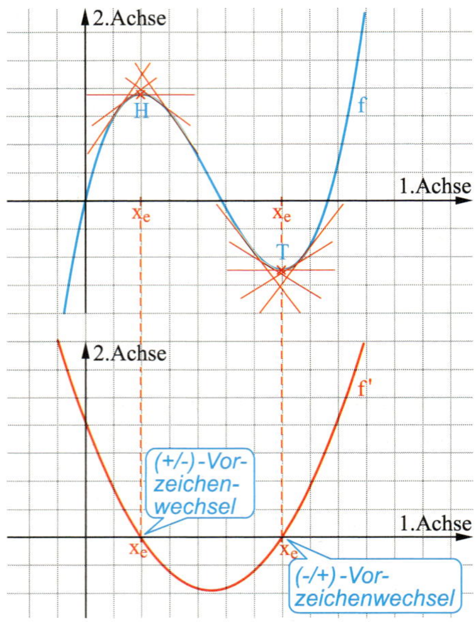

Bei einem Hochpunkt H von f ist links von der Stelle x_e die Steigung positiv, rechts von x_e negativ. An der Stelle x_e ist die Steigung 0, d.h. die 1. Ableitung f′ hat an der Stelle x_e einen (+/−)-Vorzeichenwechsel.

Ist ein Vorzeichenwechsel der 1. Ableitung f′ an einer Stelle x_e ein hinreichendes Kriterium dafür, dass x_e Extremstelle von f ist?

Das Bild links zeigt, wie die Tangenten einen Graphen einhüllen, welcher an der Stelle x_e einen Hochpunkt H bzw. einen Tiefpunkt T hat.

Man erkennt, dass bei einem (−/+)-Vorzeichenwechsel der 1. Ableitung f′ die Tangenten an g einen Graphen einhüllen, welcher an der Stelle x_e einen Tiefpunkt hat.

(2) Vorzeichenwechselkriterium

Die bisherigen Überlegungen machen den folgenden Satz anschaulich klar:

> **Satz 2** *Vorzeichenwechselkriterium*
>
> Die Funktion f sei in einer Umgebung U der Stelle x_e differenzierbar, und es gelte $f'(x_e) = 0$.
>
> Wenn f′ an der Stelle x_e einen
>
> *(+/−)-Vorzeichenwechsel* | *(−/+)-Vorzeichenwechsel*
>
> hat, dann liegt an der Stelle x_e ein relativer
>
> *Hochpunkt* | *Tiefpunkt*
>
> vor.

Dieser Satz gründet sich auf einen Zusammenhang zwischen dem Vorzeichen der Ableitung und der Ausgangsfunktion.
Wir werden diesen Zusammenhang im nächsten Abschnitt umfassender betrachten.

Aufgabe 1 *Anwenden des Vorzeichenkriteriums*

Bestimme die relativen Extremstellen der Funktion f mit $f(x) = \frac{1}{3}x^3 - 4x + 2$ und entscheide, ob jeweils ein Hoch- oder ein Tiefpunkt vorliegt.

Lösung

(1) Bestimmen der möglichen Extremstellen

$f(x) = \frac{1}{3}x^3 - 4x + 2$, also: $f'(x) = x^2 - 4$

Für mögliche Extremstellen x_e gilt $f'(x_e) = 0$, also $x_e^2 - 4 = 0$.
Lösungen dieser Gleichung sind -2 und 2.

Ergebnis: Mögliche Extremstellen sind -2 und 2.

(2) Entscheiden, ob jeweils ein Hoch- oder ein Tiefpunkt vorliegt

Es gilt: $f'(x) = x^2 - 4 = (x-2)\cdot(x+2)$

Bereich	$x-2$	$x+2$	$f'(x)$
$x < -2$	< 0	< 0	> 0
$-2 < x < 2$	< 0	> 0	< 0
$2 < x$	> 0	> 0	> 0

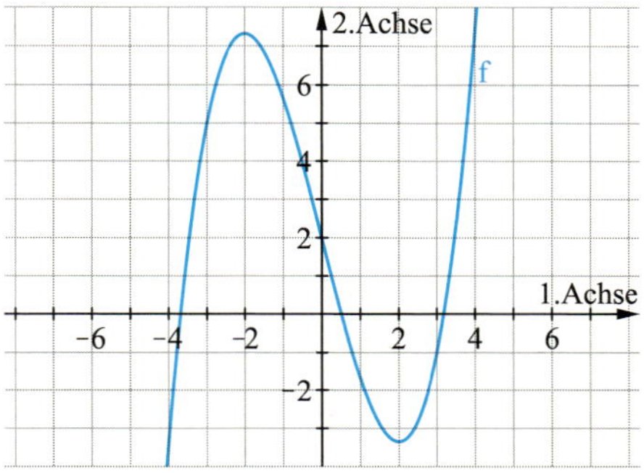

f' hat einen (+/–)-Vorzeichenwechsel an der Stelle -2 und einen (–/+)-Vorzeichenwechsel an der Stelle 2.
Nach dem Vorzeichenwechselkriterium liegt an der Stelle -2 ein Hochpunkt H und an der Stelle 2 ein Tiefpunkt T vor.

Ergebnis: $H\left(-2 \mid 7\frac{1}{3}\right)$; $T\left(2 \mid -3\frac{1}{3}\right)$

Information **(1) Begriffe hinreichendes Kriterium bzw. hinreichende Bedingung**

Die Bedingung „$f'(x_e) = 0$ und ein Vorzeichenwechsel an der Stelle x_e“ ist eine hinreichende Bedingung dafür, dass x_e relative Extremstelle ist (hinreichendes Kriterium).
Ist die hinreichende Bedingung nicht erfüllt, so kann keine Aussage darüber gemacht werden, ob eine relative Extremstelle vorliegt.

(2) Die Umkehrung des Vorzeichenwechselkriteriums gilt nicht

Die Umkehrung lautet:

Die Funktion f sei in einer Umgebung der Stelle x_e differenzierbar und es gelte $f'(x_e) = 0$.
Wenn an der Stelle x_e ein
Hochpunkt | *Tiefpunkt*
vorliegt, dann hat f' an der Stelle x_e einen
(+/–)-Vorzeichenwechsel. | *(–/+)-Vorzeichenwechsel.*

Man erhält die Umkehrung durch Vertauschen der Aussagen hinter wenn … und dann …

Diese Umkehrung ist falsch.
Ein Gegenbeispiel ist die Funktion f mit

$$f(x) = \begin{cases} x^2 \cdot \left(\sin \frac{1}{x}\right)^2 & \text{für } x \neq 0 \\ 0 & \text{für } x = 0 \end{cases}$$

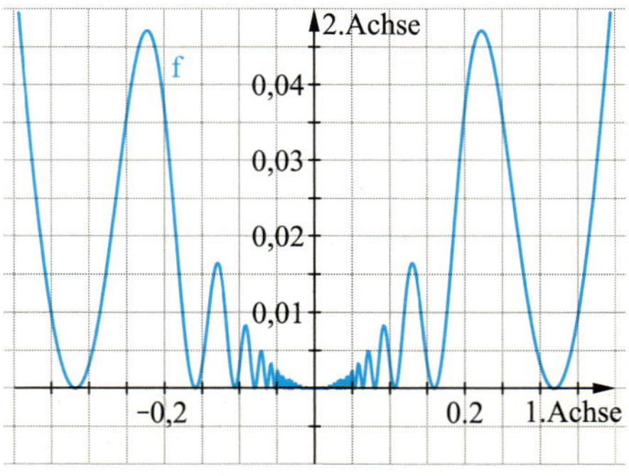

Diese Funktion hat an der Stelle 0 einen Tiefpunkt, denn in einer Umgebung U von 0 gilt: $f(x) \geq f(0) = 0$
Es liegt aber kein (–/+)-Vorzeichenwechsel vor. Wie man am Graphen erkennt, ist nämlich für $x < 0$ die Ableitung nicht überall negativ und für $0 < x$ nicht überall positiv. Das hinreichende Vorzeichenwechselkriterium ist kein notwendiges Kriterium.

Weiterführende Aufgabe

2. *Hinreichendes Kriterium in der Teilbarkeitslehre und in der Geometrie*

a) Formuliere folgende Sätze in der Wenn-dann-Form.
(1) Die Teilbarkeit einer Zahl durch 4 ist hinreichend für die Teilbarkeit durch 2.
(2) Hinreichend dafür, dass ein Viereck eine Raute ist, ist, dass die Diagonalen sich halbieren und senkrecht aufeinander stehen.

b) Formuliere mit dem Wort „hinreichend".
(1) Wenn eine Zahl durch 9 teilbar ist, dann ist sie auch durch 3 teilbar.
(2) Wenn in einem Viereck alle vier Seiten gleich lang sind, dann ist das Viereck ein Parallelogramm.

Vergleiche auch S. 187 Aufgabe 5.

Statt „Wenn A, dann B." sagt man auch: „A ist eine hinreichende Bedingung für B."

Übungsaufgaben

3.
Bestimme die Hoch- und Tiefpunkte der Funktion f. Skizziere den Graphen von f.

a) $f(x) = \frac{1}{3}x^3 + x$ **d)** $f(x) = (x^2 - 2)^2$ **g)** $f(x) = 4x + \frac{1}{x}$

b) $f(x) = \frac{1}{6}x^3 + 2x$ **e)** $f(x) = x + \frac{1}{x}$ **h)** $f(x) = x^4 + 3x^3 + 3x^2 + x$

c) $f(x) = x^4 - \frac{1}{2}x$ **f)** $f(x) = \frac{1}{4}x^2 - \sqrt{x}$ **i)** $f(x) = x^4 - 4x^3 + 3x^2 + 4x - 4$

4.
Hat die Ableitung f′ an den angegebenen Stellen einen Vorzeichenwechsel?

a) $f(x) = x^4$; Stellen 0; 2 **d)** $f(x) = \sin x$; Stellen 0; $\frac{\pi}{2}$; π

b) $f(x) = x^5$; Stellen 0; −1 **e)** $f(x) = 1 + \frac{1}{x}$; Stellen 1; −2

c) $f(x) = \frac{1}{4}x^4 + \frac{1}{3}x^3$; Stellen 0; 1 **f)** $f(x) = x - 2\sqrt{x}$; Stellen 1; 2

5.
Prüfe die folgenden Formulierungen. Gib Begründungen bzw. Gegenbeispiele an.
(1) Hinreichend für eine relative Extremstelle x_e einer differenzierbaren Funktion f ist $f'(x_e) = 0$ und ein Vorzeichenwechsel von f′ an der Stelle x_e.
(2) f sei im Intervall I differenzierbar. x_e liege im Innern von I. Hinreichend dafür, dass x_e keine relative Extremstelle von f ist, ist $f'(x_e) \neq 0$.

6.
Formuliere in der Wenn-dann-Form.

a) Hinreichend dafür, dass ein Viereck ein Parallelogramm ist, ist, dass es drei rechte Winkel hat.

b) Hinreichend dafür, dass die Diagonalen eines Vierecks Symmetrieachsen sind, ist, dass das Viereck ein Quadrat ist.

c) Hinreichend für die Teilbarkeit durch 25 ist, dass die Zahl zwei Endnullen hat.

7.
Formuliere mit dem Wort „hinreichend".

a) Wenn es regnet, dann wird die Straße nass.

b) Wenn die Quersumme einer Zahl durch 9 teilbar ist, dann ist die Zahl durch 3 teilbar.

c) Wenn ein Viereck ein Rechteck ist, dann ist es ein Trapez.

4.2.2 Monotonie und Vorzeichen der Ableitung

Einführung

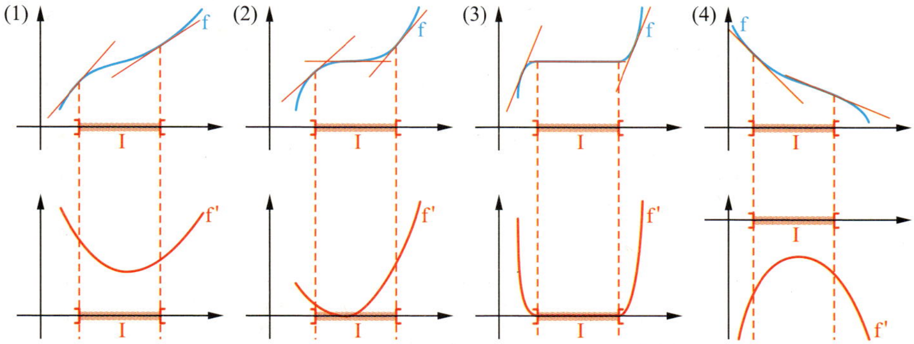

(1) Vom Vorzeichen von f′ auf den Verlauf der Ausgangsfunktion f schließen

Wir betrachten den Graphen der Ableitungsfunktion f′ in einem Intervall und wollen daraus auf einen möglichen Verlauf des Graphen von f schließen.
Dabei ist es hilfreich, Folgendes zu beachten: Die Ableitung f′ gibt an jeder Stelle $x \in I$ die Steigung $f'(x)$ der Ausgangsfunktion f an der Stelle x an.

Bild (1): Man erkennt: $f'(x) > 0$ *für alle* $x \in I$.
Die Steigung des Graphen von f ist im Intervall I also überall positiv und nie null.
Der Graph der Ausgangsfunktion f kann dann in I nur streng monoton steigen.

Bild (2): Man erkennt: $f'(x) \geq 0$ *für alle* $x \in I$.
Die Steigung des Graphen von f ist im Intervall I also positiv, stellenweise auch null.
Der Graph der Ausgangsfunktion f kann dann in I nur monoton wachsen.

Bild (3): Man erkennt: $f'(x) = 0$ *für alle* $x \in I$.
Die Steigung des Graphen von f ist im Intervall I also überall null.
Der Graph der Ausgangsfunktion f kann dann in I nur parallel zur 1. Achse verlaufen.

Bild (4): Man erkennt: $f'(x) < 0$ *für alle* $x \in I$.
Die Steigung des Graphen von f ist im Intervall I also überall negativ und nie null.
Der Graph der Ausgangsfunktion f kann dann in I nur streng monoton fallen.

(2) Vom Verlauf der Ausgangsfunktion f auf das Vorzeichen von f′ schließen

Wir betrachten den Graphen der Ausgangsfunktion f und wollen daraus auf das Vorzeichen der Ableitungsfunktion f′ schließen.
Überlege dazu: Welches Vorzeichen kann die Steigung von f an einer Stelle $x \in I$ haben?

Bild (1): Man erkennt: f wächst im Intervall I *streng monoton.*
Die Steigung von f an einer Stelle $x \in I$ ist also überall positiv und nie null.
Das bedeutet: $f'(x) > 0$ *für alle* $x \in I$.

Bild (2): Man erkennt: f wächst im Intervall I *streng monoton.*
Die Steigung von f an einer Stelle $x \in I$ ist also positiv, stellenweise auch null.
Das bedeutet: $f'(x) \geq 0$ *für alle* $x \in I$.

Bild (3): Man erkennt: f ist *konstant* im Intervall I.
Die Steigung von f an einer Stelle $x \in I$ ist also überall null.
Das bedeutet: $f'(x) = 0$ *für alle* $x \in I$.

Bild (4): Man erkennt: f fällt im Intervall I *streng monoton.*
Die Steigung von f an einer Stelle $x \in I$ ist also überall negativ und nie null.
Das bedeutet: $f'(x) < 0$ *für alle* $x \in I$.

Information **(1) Monotoniesatz**

Wir fassen die erzielten Ergebnisse in dem folgenden Monotoniesatz zusammen.

> **Monotoniesatz**
> Die Funktion f sei im Intervall I differenzierbar.
>
> (1) Wenn f im Intervall I *monoton wächst,* | *monoton fällt,* dann gilt für alle $x \in I$ $f'(x) \geq 0.$ | $f'(x) \leq 0.$
>
> (2) *Wenn $f'(x) > 0$ für alle $x \in I$,* | *Wenn $f'(x) < 0$ für alle $x \in I$,* dann ist die Funktion f im Intervall I *streng monoton wachsend.* | *streng monoton fallend.*
>
> (3) *Wenn $f'(x) \geq 0$ für alle $x \in I$,* | *Wenn $f'(x) \leq 0$ für alle $x \in I$,* dann ist die Funktion f im Intervall I *monoton wachsend.* | *monoton fallend.*
>
> (4) Wenn *$f'(x) = 0$ für alle $x \in I$,* dann gilt *$f(x) = c$* für alle $x \in I$.

(2) Beweis des Vorzeichenwechselkriteriums mithilfe des Monotoniesatzes

Fall (1):

Die Ableitung f' hat an der Stelle x_0 einen (+/−)-Vorzeichenwechsel, und es gilt $f'(x_0) = 0$. Dann gibt es eine Umgebung U von x_0, sodass gilt:

$f'(x) \geq 0$ für $x \leq x_0$ und $x \in U$.	$f'(x) \leq 0$ für $x \geq x_0$ und $x \in U$.

Nach dem *Monotoniesatz* (3) gilt dann für alle $x \in U$:

f ist monoton wachsend, also $f(x) \leq f(x_0)$ für $x \leq x_0$.	f ist monoton fallend, also $f(x) \leq f(x_0)$ für $x \geq x_0$.

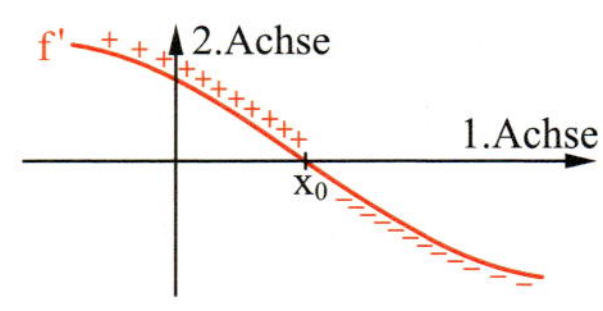

Also $f(x) \leq f(x_0)$ für alle $x \in U$, d. h. f hat an der Stelle x_0 einen Hochpunkt. ■

Fall (2):

Die Ableitung f' hat an der Stelle x_0 einen (−/+)-Vorzeichenwechsel, und es gilt $f'(x_0) = 0$. Hier folgt entsprechend, dass an der Stelle x_0 ein Tiefpunkt vorliegt.

Aufgabe 1 *Anwenden des Monotoniesatzes auf eine Funktionsuntersuchung*

Untersuche die Monotonie der Funktion f mit $f(x) = \frac{1}{4}x^4 - 2x^2$.

Lösung $f(x) = \frac{1}{4}x^4 - 2x^2$, also: $f'(x) = x^3 - 4x = x \cdot (x^2 - 4) = x \cdot (x-2) \cdot (x+2)$

Einen Vorzeichenwechsel von f' gibt es also höchstens an den Stellen −2, 0 und 2.

Es gilt:

$f'(x) < 0$ für $x < -2$, weil x, $x - 2$ und $x + 2$ negativ sind.

$f'(x) > 0$ für $-2 < x < 0$, weil x und $x - 2$ negativ sind, aber $x + 2$ positiv ist.

$f'(x) < 0$ für $0 < x < 2$, weil x und $x + 2$ positiv sind, aber $x - 2$ negativ ist.

$f'(x) > 0$ für $2 < x$, weil x, $x - 2$ und $x + 2$ positiv sind.

Ergebnis: Die Funktion f ist
streng monoton fallend in dem Intervall $]-\infty; -2[$,
streng monoton wachsend in dem Intervall $]-2; 0[$,
streng monoton fallend in dem Intervall $]0; 2[$,
streng monoton wachsend in dem Intervall $]2; \infty[$.

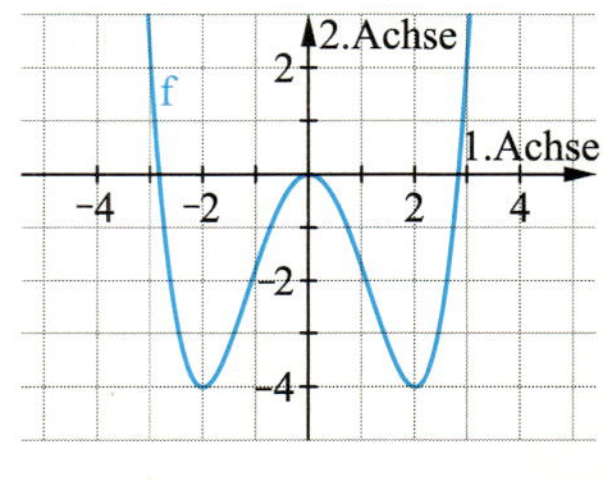

Weiterführende Aufgabe

2. *Formaler Beweis des Vorzeichenwechselkriteriums*
Beweise das Vorzeichenwechselkriterium (Seite 190) mithilfe der Aussage (3) des Monotoniesatzes für einen $(-/+)$-Vorzeichenwechsel.

Übungsaufgaben

3.
Gegeben ist der Graph der Ableitungsfunktion f'.
In welchen Intervallen liegt Monotonie [strenge Monotonie] vor?

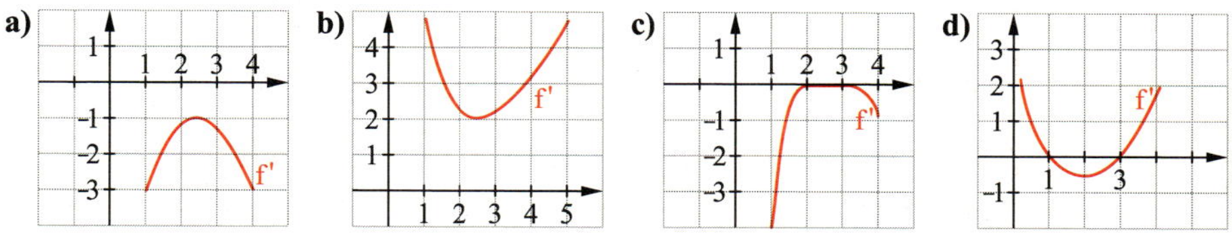

4.
Gegeben ist die Ableitungsfunktion f' einer Funktion f. In welchen Intervallen kann Monotonie vorliegen?

a) $f'(x) = \frac{1}{16}x^5$
b) $f'(x) = (x+1)^3$
c) $f'(x) = -\frac{2}{3}x^4$
d) $f'(x) = x^2 - 3x + 2$
e) $f'(x) = (x-2)^2$
f) $f'(x) = x^5 - 4x^3$

5.
Skizziere den Graphen einer Funktion f, die streng monoton wächst und bei der an genau zwei Stellen gilt: $f'(x) = 0$.

6.
Gib das Monotonieverhalten der Funktion f in Abhängigkeit von den Parametern a, b $(a \neq 0, b \neq 0)$ an.

a) $f(x) = a \cdot x^n$
b) $f(x) = \frac{a}{x}$
c) $f(x) = a \cdot \sqrt{x} + x$
d) $f(x) = a\sqrt{x} + \frac{b}{x}$
e) $f(x) = ax^3 + bx^2$
f) $f(x) = ax^2 + bx$
g) $f(x) = x^3 + ax^2 + bx$
h) $f(x) = ax^4 + bx^3$
i) $f(x) = a \sin x + b \cos x$

7.
Die Funktion f sei jeweils im Intervall I differenzierbar.
Überprüfe anhand des Monotoniesatzes die Richtigkeit der folgenden Aussagen.
Gib, falls eine Aussage falsch ist, ein Gegenbeispiel an.
(1) Jede Funktion mit $f'(x) > 0$ im Intervall I ist monoton wachsend, aber nicht streng monoton wachsend.
(2) Ist die Funktion f streng monoton wachsend, so kann nie $f'(x) = 0$ sein.
(3) Die Funktion f ist im Intervall I streng monoton wachsend, falls gilt $f'(x) \geq 0$ für alle $x \in I$ und $f'(x) = 0$ an genau zwei Stellen $x \in I$.

▲ **8.**
f sei im (abgeschlossenen) Intervall $[a; b]$ differenzierbar.
Beweise: f ist genau dann im Intervall I streng monoton wachsend, wenn *zugleich* gilt:
(1) An allen Stellen des offenen Intervalls $]a; b[$ gilt $f'(x) \geq 0$.
(2) In jedem abgeschlossenen Teilintervall gibt es mindestens eine Stelle x mit $f'(x) \neq 0$.

4.2.3 Hinreichendes Kriterium für relative Extremstellen mittels der 2. Ableitung

Einführung

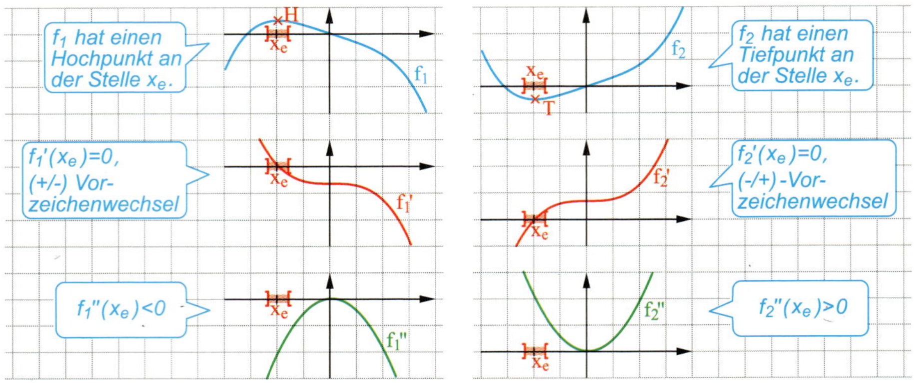

(1) Von $f'(x_e)=0$ und $f''(x_e)<0$ auf einen Vorzeichenwechsel von f' schließen

Wir wissen, x_e ist Nullstelle von f_1' (Bild oben links). Wir betrachten den Graphen von f_1'' in einer Umgebung von x_e und wollen daraus auf die Art des Vorzeichenwechsels von f_1' schließen.
Man erkennt: $f_1''(x_e)<0$ in der Umgebung von x_e. Der Graph von f_1' kann dann in der Umgebung von x_e nur streng monoton fallen.
Wegen $f_1'(x_e)=0$ hat f_1' an der Stelle x_e also einen (+/−)-Vorzeichenwechsel. An der Stelle x_e liegt damit ein Hochpunkt von f_1 vor.

(2) Von $f'(x_e)=0$ und $f''(x_e)>0$ auf einen Vorzeichenwechsel von f' schließen

Wir führen jetzt die entsprechenden Überlegungen für den Graphen von f_2' und f_2'' im Bild oben rechts aus. $f_2''(x_e)>0$ in der Umgebung von x_e. Der Graph von f_2' kann dann in der Umgebung von x_e nur streng monoton steigen. Wegen $f_2'(x_e)=0$ hat f_2' an der Stelle x_e also einen (−/+)-Vorzeichenwechsel. An der Stelle x_e liegt damit ein Tiefpunkt von f_2 vor.

Satz 3 *Hinreichendes Kriterium für relative Extremstellen mittels der 2. Ableitung*
Die Funktion f sei in einer Umgebung U der Stelle x_e zweimal differenzierbar.

Wenn $f'(x_e) = 0$ und zugleich
$f''(x_e)<0$ | $f''(x_e)>0$
gelten, dann hat der Graph von f an der Stelle x_e einen relativen
Hochpunkt. | *Tiefpunkt.*

Aufgabe 1 *Anwenden des hinreichenden Kriteriums für relative Extremstellen mittels der 2. Ableitung*
Bestimme die relativen Hoch- und Tiefpunkte der Funktion f mit $f(x)=\frac{1}{4}x^4-2x^2+5$.

Lösung *(1) Bestimmen möglicher Extremstellen*
Relative Extremstellen der Funktion f kommen höchstens an den Nullstellen der 1. Ableitung vor:

$$f'(x)=x^3-4x=0$$
$$=x\cdot(x^2-4)=0$$
$$=x\cdot(x-2)\cdot(x+2)=0$$

Mögliche Extremstellen: −2, 0, 2

(2) Entscheiden, ob ein Hoch- oder Tiefpunkt vorliegt
$f''(x) = 3x^2 - 4$.
Es gilt dann:

$f''(-2) = 3 \cdot (-2)^2 - 4 > 0$ An der Stelle -2 liegt ein Tiefpunkt T_1 vor.
$f''(0) = 3 \cdot 0^2 - 4 < 0$ An der Stelle 0 liegt ein Hochpunkt H vor.
$f''(2) = 3 \cdot 2^2 - 4 > 0$ An der Stelle 2 liegt ein Tiefpunkt T_2 vor.

(3) Bestimmen der Koordinaten der Tiefpunkte T_1 und T_2 sowie des Hochpunktes H

$f(-2) = \frac{1}{4} \cdot (-2)^4 - 2 \cdot (-2)^2 + 5 = 1$
$f(0) = \frac{1}{4} \cdot 0^4 - 2 \cdot 0^2 + 5 = 5$
$f(2) = \frac{1}{4} \cdot 2^4 - 2 \cdot 2^2 + 5 = 1$

Man erhält:
$T_1(-2\,|\,1)$, $H(0\,|\,5)$, $T_2(2\,|\,1)$

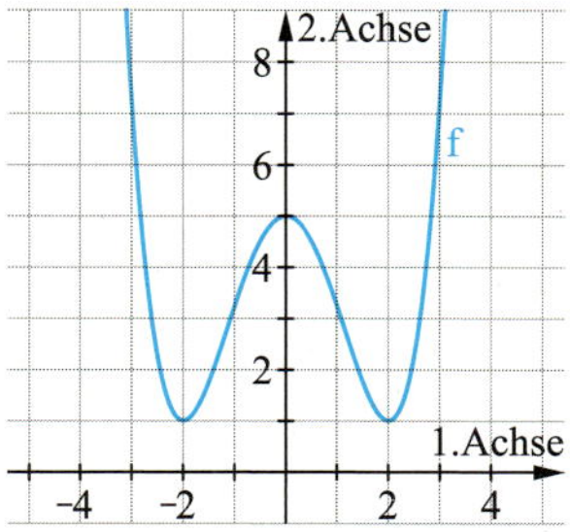

Weiterführende Aufgaben

2. *Das hinreichende Kriterium mittels der 2. Ableitung ist nicht immer anwendbar*
In den Bildern ist der Graph der 1. Ableitung der Funktion f gezeichnet.
Es gilt: $f'(x_e) = 0$
Warum ist das hinreichende Kriterium mittels der 2. Ableitung nicht anwendbar?

a) 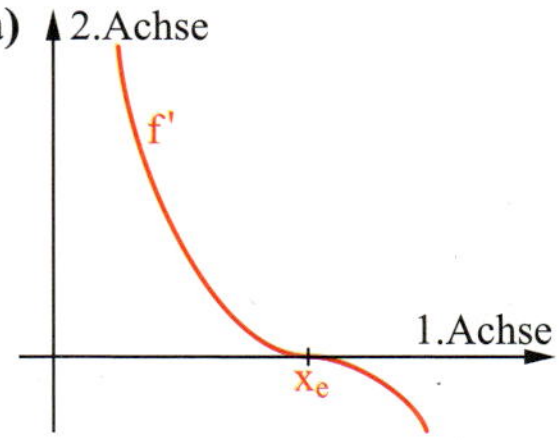

b) 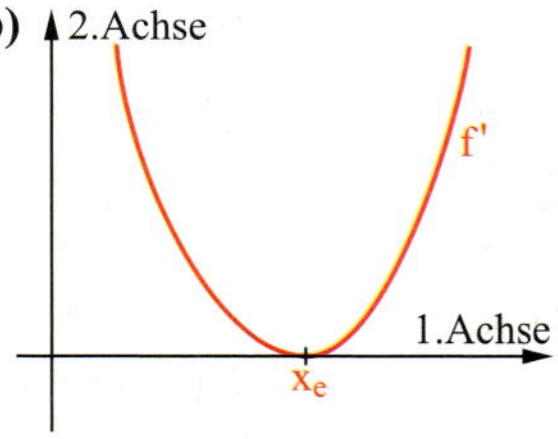

3. *Das hinreichende Kriterium mittels der 2. Ableitung ist nicht notwendig*
Zeige am Beispiel der Funktion f mit $f(x) = x^4$ an der Stelle 0, dass das hinreichende Kriterium mittels der 2. Ableitung nicht notwendig ist.

Information **(1) Formaler Beweis des hinreichenden Kriteriums mittels der 2. Ableitung**

Der *Beweis* wird für einen Hochpunkt geführt.
Wir beabsichtigen, auf einen (+/−)-Vorzeichenwechsel von f′ an der Stelle x_e zu schließen.
Nach Voraussetzung gilt $f'(x_e) = 0$ und $f''(x_e) < 0$.

Also gilt $f''(x_e) = \lim\limits_{x \to x_e} \frac{f'(x) - f'(x_e)}{x - x_e} = \lim\limits_{x \to x_e} \frac{f'(x)}{x - x_e} < 0$.

Hieraus folgt, dass $\frac{f'(x)}{x - x_e} < 0$ auch für alle x aus einer geeigneten Umgebung U von x_e gelten muss. (Andernfalls läge in jeder noch so kleinen Umgebung von x_e stets mindestens eine Stelle x mit $\frac{f'(x)}{x - x_e} \geq 0$. Dann aber könnte nicht $f''(x_e) = \lim\limits_{x \to x_e} \frac{f'(x)}{x - x_e} < 0$ sein.)

Dann hat aber $f'(x)$ in dieser Umgebung $U(x_e)$ jeweils ein anderes Vorzeichen als $x - x_e$, d.h. für $x < x_e$ ist $f'(x) > 0$, für $x > x_e$ ist $f'(x) < 0$.
Es liegt also ein (+/−)-Vorzeichenwechsel von f′ an der Stelle x_e vor.
Da $f'(x_e) = 0$, folgt mit dem Satz 2 von Seite 190, dass der Graph von f an der Stelle x_e einen Hochpunkt besitzt. ■

(2) Hinreichendes Kriterium für relative Extremstellen mittels der ersten von null verschiedenen Ableitung gerader Ordnung

Für viele Fälle analog zu dem Beispiel in der Aufgabe 3 gibt es ein weiteres hinreichendes Kriterium für relative Extremstellen:
Die Funktionen f mit $f_4(x) = x^4$, $f_6(x) = x^6$, $f_8(x) = x^8$, $f_{10}(x) = x^{10}$, ... haben alle wegen $f_i(x) > 0$ für $x \neq 0$ und $f_i(0) = 0$ an der Stelle 0 ein Minimum. Für f_i'' gilt jedoch $f_i''(0) = 0$.
Andererseits gilt $f_4^{(4)}(0) > 0$; $f_6^{(6)}(0) > 0$; $f_8^{(8)}(0) > 0$; $f_{10}^{(10)}(0) > 0, \ldots$
Alle anderen Ableitungen an der Stelle null haben den Wert null.
Dies legt den folgenden Satz nahe:

Satz 4

Hinreichendes Kriterium für Extremstellen mittels $f^{(k)}(x_e) = 0$ für $k < n$, $f^{(n)}(x_e) \neq 0$

Die Funktion f sei in einer Umgebung U von x_e n-mal differenzierbar.

Wenn n gerade ist und $f'(x_e) = f''(x_e) = f'''(x_e) = \ldots = f^{(n-1)}(x_e) = 0$ sowie

$f^{(n)}(x_e) < 0$, | $f^{(n)}(x_e) > 0$,

dann hat der Graph von f an der Stelle x_e einen relativen

Hochpunkt. | *Tiefpunkt.*

Kriterium ist hinreichend, aber nicht notwendig.

Übungsaufgaben

4.
Bestimme die relativen Hoch- und Tiefpunkte der Funktion f mithilfe des hinreichenden Kriteriums mittels der 2. Ableitung.

a) $f(x) = \frac{1}{6}x^3 + 12x^2$
b) $f(x) = 4x^3 - 6x^2 + 9x$
c) $f(x) = 0{,}04x^5 - 1{,}6x^3$
d) $f(x) = x^6 + x^4$
e) $f(x) = (x-1)^4$
f) $f(x) = \frac{1}{2}x - \sin x$
g) $f(x) = x^5 - 5x^3 + 10x - 2$
h) $f(x) = x^4 - 2x^3 + 3x^2 - 4x + 4$
i) $f(x) = |x|^3 + 3|x|$

5.
a) Gegeben sind Funktionen f_1, f_2 und f_3. Von ihnen ist nur bekannt:
$f_1'(x) = (x+1)(x-2)$; $f_2'(x) = -(x+1)(x-2)$; $f_3'(x) = x(x+1)(x-2)$
Zeige, dass die Funktionen an denselben Stellen relative Extrema besitzen.
Wo hat f_3 eine zusätzliche Extremstelle?

b) Von einer Funktion f ist bekannt:
$f'(-1) = 0$, $f'(2) = 0$, $f(-2) = 3$, $f'(0) = -1$, $f'(3) = 4$
Skizziere den Graphen einer Funktion, die diese Angaben erfüllt und genau an den Stellen −1 und 2 relative Extrempunkte besitzt.

6.
Überprüfe die angegebenen Formulierungen auf ihre Richtigkeit.
Begründe oder widerlege durch ein Gegenbeispiel.

(1) $f'(x_e) = 0$ und $f''(x_e) > 0$ ist ein hinreichendes Kriterium für einen Tiefpunkt.
(2) $f'(x_e) = 0$ ist ein hinreichendes Kriterium für einen relativen Extrempunkt.
(3) $f''(x_e) < 0$ ist ein notwendiger Kriterium für einen relativen Hochpunkt.
(4) $f'(x_e) = 0$ ist hinreichend, aber nicht notwendig für das Vorhandensein eines relativen Extrempunktes des Graphen von f an der Stelle x_e.

4.3 Linkskurve, Rechtskurve – Wendepunkte

Einführung **(1) Anschauliche Erklärung des Begriffs Wendepunkt**

Wenn man mit einem Motorrad z. B. von einer Rechtskurve in eine Linkskurve wechselt, fährt man „einen Moment lang" aufrecht und geradlinig zur Fahrtrichtung.
Dieser Übergangspunkt heißt **Wendepunkt;** er trennt Links- und Rechtskurve voneinander.

Ein Motorradfahrer bestimmt diesen Punkt gefühlsmäßig. Beim Bau von Straßen oder von Gleisanlagen ist jedoch eine genaue Berechnung zum exakten Festlegen dieses Punktes notwendig.
Dieses Kurvenverhalten bei Funktionsgraphen müsste sich mit der *Veränderung* der Fahrtrichtung, also des Monotonieverhaltens der ersten Ableitung berechnen lassen.

(2) Mathematische Definition der Begriffe Wendepunkt sowie Rechts- und Linkskurve

Ein Wendepunkt trennt eine Rechtskurve von einer Linkskurve. Wir wollen daher zunächst versuchen, die Begriffe Rechts- und Linkskurve mithilfe der Ableitung zu präzisieren. Betrachte die folgenden Funktionsgraphen und die Graphen ihrer jeweiligen Ableitungsfunktion.

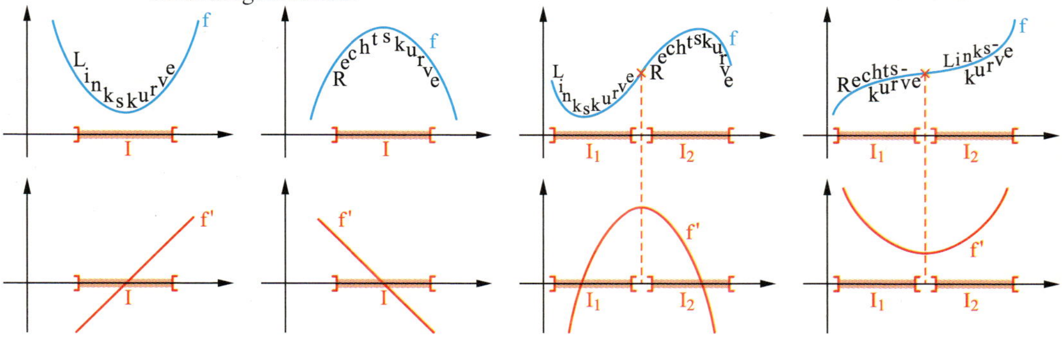

Durchlaufe die Graphen im Bild von links nach rechts. Betrachte jeweils das Monotonieverhalten der Ableitungsfunktion f′ von f in den vorgegebenen Intervallen und versuche die anschauliche Vorstellung von Rechts- bzw. Linkskurve mithilfe der 1. Ableitung zu definieren.
Definiere dann auch den Begriff Wendepunkt.

Definition 3

Gegeben ist eine im Intervall I differenzierbare Funktion f.

Der Graph dieser Funktion bildet im Intervall I eine
Linkskurve, | **Rechtskurve,**
falls die Ableitungsfunktion f′ im Intervall I
streng monoton wächst. | **streng monoton fällt.**
Man sagt: Der Graph ist
linksgekrümmt. | **rechtsgekrümmt.**

Ein Punkt, der Links- und Rechtskurve des Graphen einer differenzierbaren Funktion voneinander trennt, heißt **Wendepunkt** des Graphen von f.

(3) Hinreichendes Kriterium für Links- bzw. Rechtskurve mittels der 2. Ableitung

Wende den Monotoniesatz Aussage (2) auf die Ableitung f′ an.

> **Satz 5** *Hinreichendes Kriterium für Links- bzw. Rechtskurve mittels der 2. Ableitung*
> Die Funktion f sei im Intervall I zweimal differenzierbar.
> *Wenn $f''(x) > 0$ für alle $x \in I$,* | *Wenn $f''(x) < 0$ für alle $x \in I$,*
> dann bildet der Graph der Funktion f im Intervall I eine
> *Linkskurve.* | *Rechtskurve.*

(4) Notwendiges Kriterium sowie hinreichendes Kriterium für Wendestellen

Wendestellen einer Funktion f sind Stellen, an denen der Graph der Funktion einen Wendepunkt hat. An den Wendestellen geht der Graph von der Links- in eine Rechtskurve über oder umgekehrt von der Rechts- in eine Linkskurve.
1. Fall: Die 1. Ableitung geht vom streng monotonen Wachsen in streng monotones Fallen über. Ihr Graph hat an der Wendestelle einen Hochpunkt.
2. Fall: Die 1. Ableitung geht vom streng monotonen Fallen in streng monotones Wachsen über. Ihr Graph hat an der Wendestelle einen Tiefpunkt.
Daher können wir die Kriterien für relative Extremstellen bzw. Hoch- und Tiefpunkte auf die 1. Ableitung f′ anwenden. Wir erhalten:

> **Satz 6** *Kriterien für Wendestellen*
> (a) *Notwendiges Kriterium für Wendestellen*
> Die Funkton f sei an der Stelle x_w zweimal differenzierbar.
> Wenn x_w eine Wendestelle der Funkton f ist, dann gilt: $f''(x_w) = 0$.
> (b) *Hinreichende Kriterien für Wendestellen*
> (1) Die Funktion f sei in einer Umgebung U von x_w zweimal differenzierbar.
> Wenn $f''(x_w) = 0$ und f″ an der Stelle x_w einen Vorzeichenwechsel hat, dann ist x_w Wendestelle der Funktion f.
> (2) Die Funktion f sei in einer Umgebung U von x_w dreimal differenzierbar.
> Wenn $f''(x_w) = 0$ und zugleich $f'''(x_w) \neq 0$ gelten, dann ist x_w Wendestelle von f.

(5) Sattelpunkte als spezielle Wendepunkte

Bereits auf Seite 184 wurde der Begriff Sattelpunkt eingeführt.

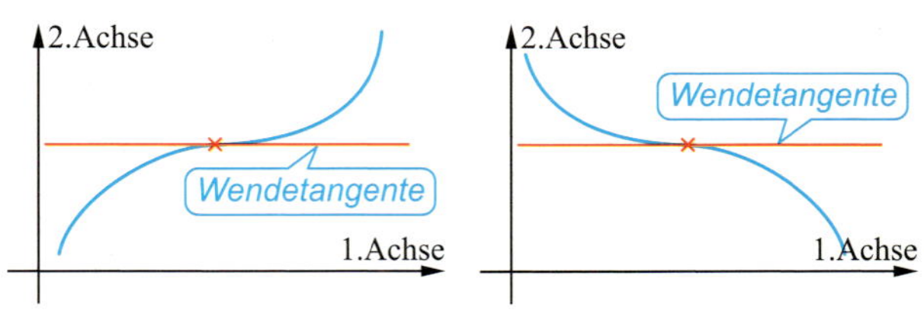

Jetzt können wir genau sagen:

> **Definition 3**
> Ein **Sattelpunkt** ist ein Wendepunkt, mit einer Wendetangente parallel zur 1. Achse.
> (Kurz: Sattelpunkt gleich Wendepunkt mit waagerechter Tangente)

Eine Funktion f hat also an der Stelle x_W genau dann einen Sattelpunkt, falls sie dort einen Wendepunkt hat und zusätzlich gilt: $f'(x_w) = 0$.

Aufgabe 1 *Bestimmen der Wendepunkte des Graphen einer Funktion mithilfe der Kriterien*
Bestimme die Wendepunkte des Graphen der Funktion f mit $f(x)=\frac{3}{8}x^4-2x^3+3x^2$.
Entscheide auch rechnerisch, ob einer der Wendepunkte ein Sattelpunkt ist.
Man kann das Ergebnis mit einem GTR überprüfen.

Lösung *(1) Bestimmen möglicher Wendestellen*

$f(x)=\frac{3}{8}x^4-2x^3+3x^2$ $\qquad f'(x)=\frac{3}{2}x^3-6x^2+6x$

$f''(x)=\frac{9}{2}x^2-12x+6$ $\qquad f'''(x)=9x-12$

Nach dem notwendigen Kriterium für Wendestellen liegen diese höchstens dort, wo die 2. Ableitung gleich 0 ist.

$f'(x_w)=0$, also $\frac{9}{2}x_w^2-12x_w+6=0$ Lösungsmenge $L=\{2;\frac{2}{3}\}$

Mögliche Wendestellen sind: $\frac{2}{3}$ und 2.

(2) Entscheiden, ob an den möglichen Wendestellen ein Wendepunkt vorliegt
Wir wenden eines der hinreichenden Kriterien (Satz 6) an.

Lösung mithilfe von f‴	*Lösung mithilfe eines Vorzeichenwechsels*
Es gilt: $f'''(2)=9\cdot 2-12\neq 0$ $f'''(\frac{2}{3})=9\cdot\frac{2}{3}-12\neq 0$	Es gilt: $f''(x)=\frac{9}{2}\cdot(x-2)\cdot(x-\frac{2}{3})$ Für $x<\frac{2}{3}$ sind $x-2$ und $x-\frac{2}{3}$ negativ. $f''(x)$ ist also positiv. Für $\frac{2}{3}<x<2$ ist $x-2$ negativ und $x-\frac{2}{3}$ positiv. $f''(x)$ ist also negativ. Für $2<x$ sind $x-2$ und $x-\frac{2}{3}$ positiv. $f''(x)$ ist auch positiv. An den Stellen $\frac{2}{3}$ und 2 hat $f''(x)$ einen Vorzeichenwechsel.

Ergebnis: An den Stellen $\frac{2}{3}$ und 2 liegen Wendepunkte vor.

(3) Bestimmen der Koordinaten der Wendepunkte W_1 und W_2

$$f(\tfrac{2}{3})=\tfrac{3}{8}\cdot(\tfrac{2}{3})^4-2\cdot(\tfrac{2}{3})^3+3\cdot(\tfrac{2}{3})^2 =(\tfrac{2}{3})^2\cdot(\tfrac{3}{8}\cdot\tfrac{4}{9}-2\cdot\tfrac{2}{3}+3) =\tfrac{4}{9}\cdot\tfrac{11}{6}=\tfrac{22}{27}$$

$$f(2)=\tfrac{3}{8}\cdot 2^4-2\cdot 2^3+3\cdot 2^2 =2^2\cdot(\tfrac{3}{8}\cdot 2^2-2\cdot 2+3) =4\cdot\tfrac{1}{2}=2$$

Ergebnis: Die Wendepunkte haben die Koordinaten $W_1(\frac{2}{3}\mid\frac{22}{27})$; $W_2(2\mid 2)$

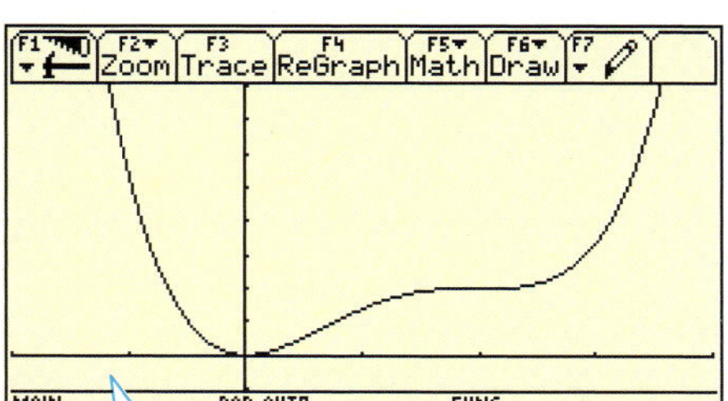

Fenster:
$-2\le x\le 4$
$-1\le y\le 8$

(4) Entscheiden, ob einer der Wendepunkte ein Sattelpunkt ist

Es gilt: $f'(\frac{2}{3})=\frac{3}{2}\cdot(\frac{2}{3})^3-6\cdot(\frac{2}{3})^2+6\cdot\frac{2}{3}$
$=\frac{2}{3}\cdot(\frac{3}{2}\cdot\frac{4}{9}-6\cdot\frac{2}{3}+6)$
$=\frac{2}{3}\cdot(\frac{2}{3}-4+6)\neq 0$

$f'(2)=\frac{3}{2}\cdot(2)^3-6\cdot 2^2+6\cdot 2$
$=\frac{3}{2}\cdot 8-6\cdot 4+6\cdot 2$
$=0$

Ergebnis: Der Wendepunkt $W_2(2\mid 2)$ ist auch ein Sattelpunkt.

Weiterführende Aufgaben

2. *Notwendige bzw. hinreichende Kriterien für einen Sattelpunkt*

a) Gib ein notwendiges Kriterium für einen Sattelpunkt an.

b) Gib ein hinreichendes Kriterium für einen Sattelpunkt an.

c) Wende die Kriterien bei der Bestimmung des Sattelpunktes des Graphen der Funktion f mit $f(x) = x^3$ an.

3. *Umkehrung der notwendigen bzw. hinreichenden Kriterien für Wendestellen*

a) Zeige durch ein Gegenbeispiel, dass das notwendige Kriterium für Wendestellen nicht hinreichend ist.

b) Zeige durch ein Gegenbeispiel, dass das hinreichende Kriterium für Wendestellen nicht notwendig ist.

4. *Stelle mit $f''(x) = 0$, ohne dass der Funktionsgraph dort Extrem- oder Wendepunkte hat*
Untersuche die Funktion mit $f(x) = x^4 - 4x$ auf relative Extrem- und Wendestellen. Begründe, warum die Funktion f an der Stelle 0 trotz $f''(0) = 0$ keinen Wendepunkt hat. Untersuche dazu auch die Monotonie von f'' und zeige so, dass f' dort auch keine Extremstelle hat.

5. *Links- und Rechtskurve bei Geraden*
Ist eine Gerade eine Rechtskurve oder eine Linkskurve oder keines von beiden? Begründe.

Information **Hinreichendes Kriterium für Wendestellen mittels der ersten von null verschiedenen Ableitung ungerader Ordnung**

Das hinreichende Kriterium mittels der 3. Ableitung für Wendestellen versagt bei den Funktionen f mit $f(x) = x^5$, $f(x) = x^7$, ...
Es gibt ein entsprechendes Kriterium zu Satz 4 auf Seite 198.
Es gilt:

Satz 7
Hinreichendes Kriterium für Wendestellen mittels $f^{(k)}(x_w) = 0$ für $k < n$ und $f^{(n)}(x_w) \neq 0$
Die Funktion f sei in einer Umgebung U von x_w n-mal $(n > 2)$ differenzierbar.
Wenn n ungerade ist und $f'(x_w) = \ldots = f^{(n-1)}(x_w) = 0$ und zugleich $f^{(n)}(x_w) \neq 0$ ist, dann hat der Graph an der Stelle x_w einen Wendepunkt.
Für $n > 3$ liegt dann an der Stelle x_w ein Sattelpunkt vor.

Übungsaufgaben

6.
Bestimme die Intervalle, in denen der Graph der Funktion f eine Linkskurve bzw. eine Rechtskurve bildet.

a) $f(x) = \frac{1}{3}x^3 - x$

b) $f(x) = \frac{1}{4}x^4 - \frac{1}{2}x^2$

c) $f(x) = \frac{1}{2}x^2 - x + 2$

d) $f(x) = \frac{1}{4}(x-2)^4$

e) $f(x) = \frac{1}{2}x^2 + \sin x$

f) $f(x) = 3x - \frac{1}{2}\cos x$

g) $f(x) = x^5 - 4x^3$

h) $f(x) = x^5$

i) $f(x) = (x-1)^5$

j) $f(x) = x^5 - x^3 + 2x$

k) $f(x) = \frac{1}{4}x^4 - 9x^3 + 48x^2 + 3x - 1$

l) $f(x) = x^4 + 3x^3 + \frac{15}{8}x^2 - 2x + 2$

7.

Bestimme die Intervalle, in denen der Graph von f eine Linkskurve [Rechtskurve] bildet.

a) $f(x) = \begin{cases} x^2 & \text{für } x < 0 \\ x^3 & \text{für } x \geq 0 \end{cases}$

c) $f(x) = \begin{cases} x^2 & \text{für } x > 0 \\ x^3 & \text{für } x \leq 0 \end{cases}$

b) $f(x) = \left|\frac{1}{4}x^4 - \frac{1}{2}x^2\right|$

d) $f(x) = \frac{1}{3}|x|^3 - 2|x|$

8.

Eine Funktion f habe an der Stelle x_e eine Tangente parallel zur 1. Achse und der Graph bilde in einem Intervall, in dessen Innerem x_e liegt, eine Linkskurve [Rechtskurve]. Welche besondere Stelle ist x_e?

9.

Bestimme die Wendepunkte des Graphen der Funkton f. Gib an, ob ein Minimum oder ein Maximum der Steigung vorliegt. Prüfe auch, ob Sattelpunkte vorliegen.

a) $f(x) = x^2 + 3x - 4$
e) $f(x) = x^4 + 3x^3 + 3x^2 + x$
i) $f(x) = 2x^2 - \cos x$

b) $f(x) = 2x + 1$
f) $f(x) = x^3 - 2x^2 - 4x + 8$
j) $f(x) = 2\sin x + \frac{1}{2}\cos x$

c) $f(x) = x^5 - 3x^3 - 2x$
g) $f(x) = x^4 + 2x^3 + 4x^2 + 8x - 7$
k) $f(x) = -\frac{1}{4}x^2 + x - 3 + \sin x$

d) $f(x) = x^4 + 3x$
h) $f(x) = x^6 + x^4 + 2x + 1$
l) $f(x) = \left|\frac{1}{4}x^3 - 2x^2\right|$

10.

Skizziere den Graphen einer Funktion, die den folgenden Bedingungen genügt:

a) genau ein Wendepunkt, kein Extrempunkt

b) genau ein Wendepunkt, genau ein relativer Hochpunkt und genau ein relativer Tiefpunkt

c) genau ein Wendepunkt, genau ein relativer Hochpunkt und kein relativer Tiefpunkt

d) drei [zwei] Wendepunkte, kein relativer Extrempunkt

e) genau zwei relative Tiefpunkte, genau ein relativer Hochpunkt, genau zwei Wendepunkte

f) genau ein relativer Tiefpunkt, kein relativer Hochpunkt, zwei Wendepunkte

11.

Bestimme die Extrem- und Wendepunkte des Graphen von f. Gib die Gleichungen der Wendetangenten an und skizziere mit ihrer Hilfe den Graphen von f.

a) $f(x) = x^3 + 3x + 4$
c) $f(x) = \frac{1}{3}x^3 - 2x^2 + 5$
e) $f(x) = -\frac{1}{6}|x|^3 + x^2 - 1$

b) $f(x) = \frac{1}{12}x^4 + 2x^2 + 5$
d) $f(x) = x^5 - \frac{10}{3}x^3 - 1$
f) $f(x) = x^3 - 2x + 3$

12.

Gute oder schlechte Nachrichten? Erläutere die Aussagen mithilfe des Begriffs Wendepunkt anhand typischer Funktionsgraphen.

Die Zuwachsraten sinken

Der Aufschwung erlahmt

Die Talfahrt ist gebremst

4.4 Ausführliche Untersuchung ganzrationaler Funktionen

Die bisher bewiesenen Sätze können nun angewandt werden. Sie gestatten es, den Verlauf eines Funktionsgraphen einer ganzrationalen Funktion zu bestimmen.

Aufgabe 1 Untersuche die Funktion f mit $f(x) = \frac{1}{4}x^4 - 2x^2 + 2$ auf

(1) Symmetrie,
(2) Verhalten für $x \to \infty$ und für $x \to -\infty$,
(3) Nullstellen,
(4) relative Extrempunkte,
(5) Wendepunkte,
(6) Wertemenge.

Skizziere den Graphen der Funktion f.

Lösung Als ganzrationale Funktion hat f den Definitionsbereich $\mathbb{R}$.

1. Symmetrie des Graphen von f zur 2. Achse bzw. zum Ursprung	
$f(-x) = f(x)$ Achsensymmetrie zur 2. Achse $f(-x) = -f(x)$ Punktsymmetrie zum Ursprung Ganzrationale Funktionen: Treten nur $\left\{\begin{matrix}\text{gerade}\\\text{ungerade}\end{matrix}\right\}$ Exponenten bei den Potenzen von x auf, so liegt Symmetrie $\left\{\begin{matrix}\text{zur 2. Achse}\\\text{zum Ursprung}\end{matrix}\right\}$ vor.	$f(x) = \frac{1}{4}x^4 - 2x^2 + 2x^0$ Bei den Potenzen von x treten nur gerade Exponenten auf. Der Graph von f ist also symmetrisch zur 2. Achse. Punktsymmetrie zum Ursprung liegt nicht vor.
2. Verhalten für $x \to \infty$ und für $x \to -\infty$	
Die Untersuchung zeigt, in welchem Quadranten der Graph von f für sehr große bzw. sehr kleine x liegt.	$f(x) = \frac{1}{4}x^4\left(1 - \frac{8}{x^2} + \frac{8}{x^4}\right)$ Für $x \to +\infty$ und $x \to -\infty$ geht der Klammerterm gegen 1, d.h. das Verhalten für $x \to +\infty$ bzw. $x \to -\infty$ wird von $\frac{1}{4}x^4$ bestimmt. Wenn $x \to +\infty$, dann $f(x) \to +\infty$. Wenn $x \to -\infty$, dann $f(x) \to +\infty$.
3. Gemeinsame Punkte von Graph und Koordinatenachsen	
1. Achse: $P_1(x \mid 0)$; d.h. $f(x) = 0$, also Nullstellen von f bestimmen. 2. Achse: $P_2(0 \mid f(0))$, also $f(0)$ berechnen.	$f(x) = 0$, also $\frac{1}{4}x^4 - 2x^2 + 2 = 0$ Wir setzen $x^2 = z$, $x^4 = z^2$ und lösen die entstehende quadratische Gleichung. Nullstellen: $\sqrt{4+\sqrt{8}} \approx 2{,}6$; $-\sqrt{4+\sqrt{8}} \approx -2{,}6$; $\sqrt{4-\sqrt{8}} \approx 1{,}1$; $-\sqrt{4-\sqrt{8}} \approx -1{,}1$ $f(0) = 2$; Achsenschnittpunkt $P_2(0 \mid 2)$

Prüfen, ob nur gerade oder nur ungerade Exponenten von x auftreten.

Summand mit höchster Potenz von x ausklammern.

Kontrolle der Ergebnisse mithilfe der Symmetrie zur 2. Achse.

4. Relative Extremstellen	
(a) *Bestimmen möglicher Extremstellen* Es können höchstens da relative Extremstellen vorliegen, wo die 1. Ableitung gleich 0 ist. (b) *Entscheiden, ob Stellen für Hochpunkt, Tiefpunkt oder Sattelpunkt vorliegen* Anwenden des Vorzeichenwechselkriteriums oder des hinreichenden Kriteriums mittels der 2. Ableitung	(a) $f'(x)=0$: $f'(x)=x^3-4x$, also $x^3-4x=0$ Lösungsmenge: $L=\{0; 2; -2\}$ Höchstens die Stellen $0; 2; -2$ sind Extremstellen der Funktion f. (b) $f''(x)\neq 0$: $f''(x)=3x^2-4$; $f''(0)=-4<0$; $f(0)=2$ $H(0\mid 2)$ ist Hochpunkt. $f''(2)=8>0$; $f(2)=-2$ $T_1(2\mid -2)$ ist Tiefpunkt. $f''(-2)=8>0$; $f(-2)=-2$ $T_2(-2\mid -2)$ ist Tiefpunkt.
5. Wendepunkte	
(a) *Bestimmen möglicher Wendestellen* Höchstens an den Stellen, wo die 2. Ableitung gleich 0 ist, können Wendepunkte liegen. (b) *Entscheide, ob an den möglichen Wendestellen ein Wendepunkt vorliegt.* Ist zusätzlich an den möglichen Wendestellen $f'''(x)\neq 0$ oder liegt dort ein Vorzeichenwechsel von f'' vor, so hat f an der Stelle x einen Wendepunkt.	(a) $f''(x)=0$: $f''(x)=3x^2-4$, also $3x^2-4=0$ Lösungsmenge: $L=\left\{\sqrt{\tfrac{4}{3}}; -\sqrt{\tfrac{4}{3}}\right\}$ Höchstens die Stellen $\sqrt{\tfrac{4}{3}}; -\sqrt{\tfrac{4}{3}}$ sind Wendestellen der Funktion f. (b) $f'''(x)\neq 0$; $f'''(x)=6x$ $f'''\left(\sqrt{\tfrac{4}{3}}\right)=6\cdot\sqrt{\tfrac{4}{3}}\neq 0$; $f\left(\sqrt{\tfrac{4}{3}}\right)=-\tfrac{2}{9}$ $W_1\left(\sqrt{\tfrac{4}{3}}\mid -\tfrac{2}{9}\right)$ ist Wendepunkt. $f'''\left(-\sqrt{\tfrac{4}{3}}\right)=-6\cdot\sqrt{\tfrac{4}{3}}\neq 0$; $f\left(-\sqrt{\tfrac{4}{3}}\right)=-\tfrac{2}{9}$ $W_2\left(-\sqrt{\tfrac{4}{3}}\mid -\tfrac{2}{9}\right)$ ist Wendepunkt.
6. Wertemenge	
Mithilfe der Extremstellen und des Verhaltens von f für $x\to+\infty$ bzw. $x\to-\infty$ lässt sich die Wertemenge W bestimmen.	T_1 und T_2 sind absolute Tiefpunkte. Es gilt $W=[-2; \infty[$.
7. Graph	
Die ermittelten Punkte werden eingetragen.	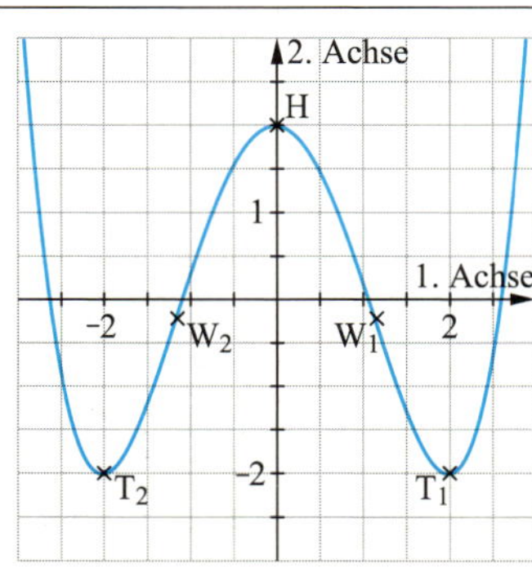

Erst: Stellen mit $f'(x)=0$ berechnen. Dann prüfen, ob die Ergebnisse zum Globalverlauf (insbesondere der Symmetrie) und zu den Nullstellen passen.

Erst: Stellen mit $f''(x)=0$ berechnen. Dann prüfen, ob die Ergebnisse zum Globalverlauf, zu den Extrempunkten und zur Symmetrie passen.

Gefundene Punkte eintragen, gegebenenfalls weitere Punkte des Graphen berechnen, um diesen genauer zu zeichnen.

Weiterführende Aufgaben

GTR **2.** *Trotz GTR kann Rechnen sinnvoll sein*

Der Graph der Funktion $f(x) = 0{,}02x^3 - 0{,}09x^2 + 0{,}12x + 4{,}95$ wurde mithilfe eines GTR dargestellt.

Der erste Eindruck legt die Vermutung nahe, dass ein Sattelpunkt vorliegt.

Um dies genauer zu untersuchen, wurde die Zoom-Box benutzt.

Der vergrößerte Ausschnitt in der unteren Abbildung gibt auch keinen brauchbaren Hinweis auf die Lage eines möglichen Sattelpunktes.

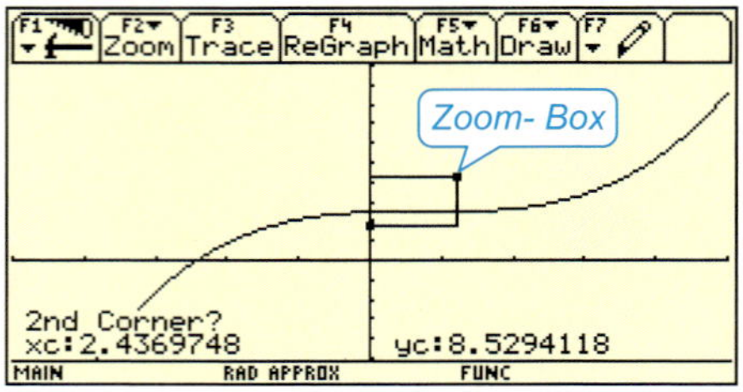

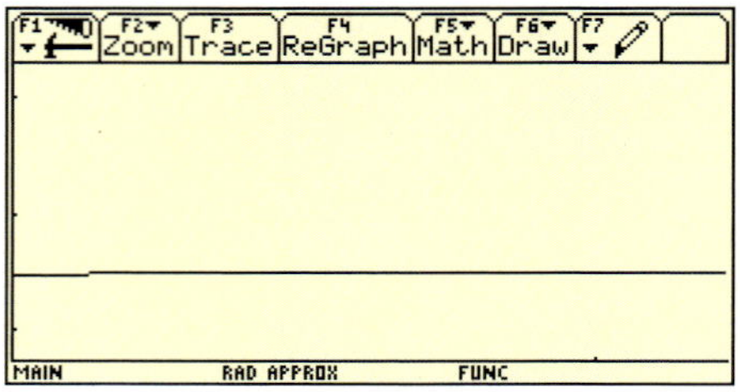

(1) Untersuche den Verlauf des Graphen rechnerisch mittels der ersten und zweiten Ableitung von f.

(2) Skizziere anschließend den Verlauf des Graphen im Intervall $[0; 2{,}5]$.

(3) Überprüfe das Ergebnis danach mit einem GTR durch die Wahl eines geeigneten Fensters.

3. *Bestimmen des Hochpunktes in Anwendungen*

Ein Fischzüchter kennt für eine Population Fische näherungsweise die Gleichung der Reproduktionskurve (vgl. Seite 190), sie lautet für $x \in [0; 10]$:

$y = f(x) = 0{,}03x^3 - 0{,}67x^2 + 4{,}4x$

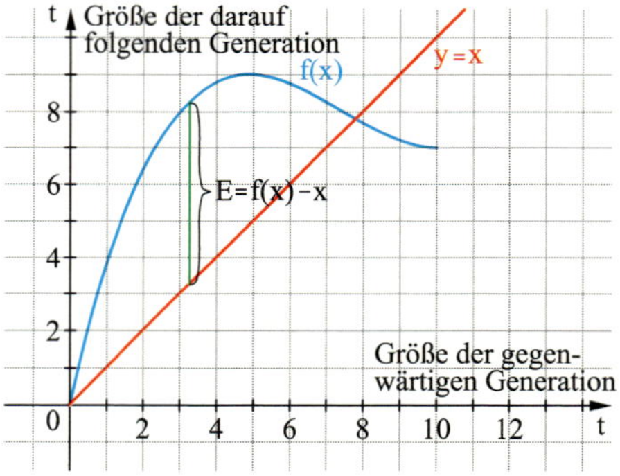

Dabei bezeichnet x die Größe der gegenwärtigen Generation in Tonnen und y die Größe der Generation im darauf folgenden Jahr in Tonnen. Der Züchter möchte für einen konstanten Ertrag sorgen und in jedem Jahr eine möglichst große Entnahme E (in t) aus seinen Teichen tätigen. Wie groß darf eine Population werden, damit dies gelingt und wie hoch ist die maximale Entnahme pro Jahr?

Übungsaufgaben

4.

a) Führe die Untersuchung der gegebenen Funktion in der Aufgabe 1 auf Extrem- und Wendestellen lediglich mithilfe der Vorzeichenwechselkriterien durch.

b) Gib die Monotonieintervalle und die Bereiche an, in denen der Funktionsgraph der Funktion f eine Rechts- bzw. eine Linkskurve bildet.

5.

a) Gegeben ist eine ganzrationale Funktion f mit $f(x) = ax^3 + bx$. Wie viele Möglichkeiten des Verlaufs des Graphen der Funktion gibt es?

b) Übertrage das Ergebnis auf die Graphen aller ganzrationalen Funktionen 3. Grades.

Untersuche die Funktion f.

6.

a) $f(x) = \frac{1}{3}x^3 - x^2$ **d)** $f(x) = x^3 - 2x^2 - 15x$ **g)** $f(x) = \frac{1}{3}x^3 - 3$

b) $f(x) = \frac{1}{3}x^3 - 3x$ **e)** $f(x) = x^4 - 9x^2$ **h)** $f(x) = x^4 + 4x^2$

c) $f(x) = \frac{1}{3}x^3 + 3x$ **f)** $f(x) = \frac{1}{8}x^4 - \frac{1}{2}x^3$ **i)** $f(x) = \frac{1}{20}x^5 - x^3$

7.

a) $f(x) = x^4 + 8x$ **c)** $f(x) = \frac{1}{4}x^4 + 2x^2$ **e)** $f(x) = \frac{1}{4}x^4 - \frac{4}{3}x^3 + 2x^2$

b) $f(x) = 6x^4 - 16x^3 + 12x^2$ **d)** $f(x) = x^5 - 4x^3$ **f)** $f(x) = x^5 - 3x^3 - 2x^2$

8.

a) $f(x) = \frac{1}{9}(x+3)(x-3)$ **d)** $f(x) = \frac{1}{25}(x-5)^2(x+3)^2$

b) $f(x) = \frac{1}{16}(x-6)(x^2-9)$ **e)** $f(x) = \frac{1}{8}(x-2)^3(x+1)$

c) $f(x) = \frac{1}{4}(x-1)^3(x+2)$ **f)** $f(x) = \frac{1}{4}(x-2)^2(x+1)$

9.

a) $f(x) = \frac{1}{16}x^3 + \frac{1}{4}x - 1$ **c)** $f(x) = x^4 - 4x^3 + 3x^2 + 4x - 4$ **e)** $f(x) = x^4 - 2x^2 + 1$

b) $f(x) = \frac{1}{8}x^4 - 3x^2 + 10$ **d)** $f(x) = x^3 - 8x^2 + x + 42$ **f)** $f(x) = x^2 - x^2 - 5x - 3$

10.

a) $f(x) = x^3 - 6x^2 + 9x - 4$ **d)** $f(x) = x^3 + 2x^2 - 16$

b) $f(x) = x^3 - 2x - 1$ **e)** $f(x) = \frac{1}{64}x^4 + \frac{1}{24}x^3 - x$

c) $f(x) = \frac{1}{4}x^4 - x^2 - x$ **f)** $f(x) = \frac{1}{6}x^3 + \frac{2}{3}x^2 - \frac{11}{6}x - 5$

11.

a) $f(x) = \left(\frac{x}{2} - 2\right)^4$ **d)** $f(x) = \frac{1}{100}(x^3 + 2x^2 - 104x + 192)$

b) $f(x) = \frac{1}{6}(x-3)(x+4)\left(x - \frac{1}{2}\right)$ **e)** $f(x) = x^4 + 4x^3 + 6x^2$

c) $f(x) = (x^2-1)(3x-9)$ **f)** $f(x) = x^5 - 5x^4 + 10x^3 - 10x^2 + 5x - 1$

12.

Gegeben seien drei Funktionen f_1, f_2, f_3:

$f_1(x) = \frac{1}{4}x^3 - 3x^2 + 9x$; $f_2(x) = 3x^2 + 9x$; $f_3(x) = 9x$

a) Führe eine vollständige Funktionsuntersuchung aller drei Funktionen durch und zeichne ihre Graphen in dasselbe Koordinatensystem.

b) Bestätige: Alle drei Funktionsgraphen haben genau einen gemeinsamen Punkt und dort eine gemeinsame Tangente.

13.

a) Untersuche die Funktionen f und g mit $f(x) = x^4 + 8x^2 + 16$ und $g(x) = x^2 + 4$.
Zeige, dass gilt $(g(x))^2 = f(x)$.
Welche Eigenschaften von f lassen sich hieraus folgern? Wo schneiden sich die Graphen der Funktionen f und g?

b) Untersuche entsprechend die Funktionen f und g:
$f(x) = x^4 - 4x^3 + 4x^2$; $g(x) = x^2 - 2x$.

4.5 Vermischte Übungen

1.

a) Untersuche die Funktion f mit $f(x) = x^4 - 6x^2 + 8$.

b) Bestimme die Steigung der Tangenten in den Nullstellen von f und bestätige, dass die Summe dieser Steigungen null ergibt.

c) Begründe das Ergebnis in Teilaufgabe b) mithilfe von Symmetrieeigenschaften des Graphen von f.

d) Verallgemeinere das Ergebnis in b) auf Funktionen, deren Graph zur 2. Achse symmetrisch ist. Beachte: Es kann auch noch der Fall $f(0) = 0$ auftreten.

e) Sind die Steigungen der Tangenten des Graphen nach oben bzw. unten beschränkt?

f) Die Extrempunkte des Graphen von f [die Wendetangente und die 1. Achse] bestimmen ein Dreieck. Berechne dessen Flächeninhalt und seinen Umfang.

2.

Die Funktion f mit $f(x) = x^3 + ax^2 + bx + c$ sei gegeben.

a) Beweise: Der Graph von f hat genau einen Wendepunkt.

b) Beweise: Es gibt zwei Fälle, nämlich:

(1) Der Graph von f hat genau einen Hochpunkt und genau einen Tiefpunkt und im Wendepunkt negative Steigung.

(2) Der Graph von f hat keine relativen Extremstellen und im Wendepunkt eine nichtnegative Steigung.

Die zwei Fälle liegen vor, je nachdem ob $a^2 - 3b > 0$ oder $a^2 - 3b \leq 0$ ist.

3.

Gegeben ist eine Funktion f mit $f(x) = \frac{1}{8}x^4 - 3x^2 + 10$.

a) Untersuche die Funktion f.

b) Welche ganzrationale Funktion zweiten Grades besitzt einen Graphen, der den Graphen von f in seinen Wendepunkten berührt?

c) An welchen Stellen haben die beiden Funktionsgraphen voneinander einen größten bzw. kleinsten Abstand?

4.

Untersuche die Funktion f.

a) $f(x) = \begin{cases} x^3 + x^2 & \text{für } x \leq 0 \\ x^2 & \text{für } x > 0 \end{cases}$

b) $f(x) = \begin{cases} x^3 + x^2 & \text{für } x \geq 0 \\ x^2 & \text{für } x < 0 \end{cases}$

c) $f(x) = |x^3 - 9x|$

d) $f(x) = \frac{1}{27}|x^3 - x^2|$

e) $f(x) = \frac{1}{64}|x^4 + x^3|$

f) $f(x) = (x^2 + 1) \cdot |x - 3|$

g) $f(x) = \frac{1}{4}|x - 2|^3 \cdot (x + 1)$

h) $f(x) = |x^3| + |x^2 - 1|$

5.

a) Untersuche die Funktion f mit $f(x) = \frac{1}{4}x^4 - 2x^2 + 4$.

b) Der Graph der Funktion f schließt mit der 1. Achse eine Fläche ein. Welches dieser Fläche einbeschriebene Rechteck aus achsenparallelen Seiten hat besonders großen oder kleinen Inhalt?

6.

In die Figur aus den Graphen der zwei Funktionen f_1 und f_2 können Rechtecke mit achsenparallelen Seiten einbeschrieben werden. Welches der möglichen Rechtecke hat maximalen Inhalt?

$f_1(x) = x^2 + 1$; $f_2(x) = 4x^2 - 10$

Kurvenscharen

7.
Gegeben sind die Funktionen f_k durch $f_k(x) = x^3 - 3x^2 + kx$ mit $k \in \mathbb{R}$.

a) Untersuche die Funktion für $k = 1$, $k = -1$ und $k = 0$. Skizziere ihre Graphen.

b) Zeige, dass alle Funktionen f_k dieselbe Wendestelle haben.

c) Untersuche, wie k die Existenz und die Lage der relativen Extremstellen von f_k beeinflusst.

8.
Gegeben sind Funktionen f_k.

a) Untersuche allgemein die Funktionen f_k mit $k \in \mathbb{R}$ für $k = 0$; $k = -1$ und $k = 1$.

b) Welchen Wert muss der Parameter k haben, damit der Graph der Funktion f_k an der Stelle 1 [Stelle 0] einen Extrempunkt [Wendepunkt] haben kann?

(1) $f_k(x) = x^2 - kx$

(2) $f_k(x) = x^3 + kx$

(3) $f_k(x) = x^4 + kx^2$

(4) $f_k(x) = kx^3 + 3x$

(5) $f_k(x) = x^3 - kx^2$

(6) $f_k(x) = kx^3 + kx$

9.
Gegeben sind die Funktionen f_k durch $f_k(x) = x^3 - 6x^2 + 9x + k$ mit $k \in \mathbb{R}$.

a) Untersuche die Funktionen f_k mit Ausnahme der Nullstellenbestimmung ausführlich.

b) Welche Bedingung muss k erfüllen, damit die Funktion f_k genau eine Nullstelle, genau zwei Nullstellen, genau drei Nullstellen besitzt?

c) Ist auch der Fall möglich, dass f_k keine Nullstelle besitzt?

10.
Gegeben sei die Funktionenschar f_k mit $f_k(x) = x^2 - kx$ mit $k \in \mathbb{R}$ und $k \neq 0$.

a) Untersuche die Funktionenschar für $k = 1$ und $k = -1$. Zeichne ihre Graphen.

b) Zeige: Bei der Funktion f_1 mit $f_1(x) = x^2 - x$ liegt die relative Extremstelle in der Mitte zwischen den beiden Nullstellen.

c) Zeige, dass bei allen Funktionen f_k mit $f_k(x) = x^2 - kx$, $k \neq 0$, die relative Extremstelle in der Mitte zwischen den beiden Nullstellen liegt.

d) Übertrage die Überlegung in Teilaufgabe c) auf die Funktionen f_k mit $f_k(x) = x^3 - kx$ mit $k > 0$. Begründe die zusätzliche Bedingung $k > 0$.

11.
Gegeben sei die Funktionenschar $f_k(x) = \left(\frac{1}{k}\right)^2 x^4 - x^2$ mit $k \in \mathbb{R}$ und $k \neq 0$.

a) Untersuche die Funktionenschar für $k = 1$, $k = 2$, $k = 3$ und $k = 4$. Zeichne die Graphen.

b) Zeige, dass bei allen Funktionen f_k bei 0, bei k und bei $-k$ Nullstellen liegen.

▲ **12.** *Bestimmen des Hochpunktes in Anwendungen*
Aus einem Draht der Länge 40 cm kann man viele verschiedene Rechtecke herstellen.
Welches von diesen Rechtecken hat den größten Flächeninhalt?
Gib von diesem Rechteck die Seitenlängen und den Flächeninhalt an.

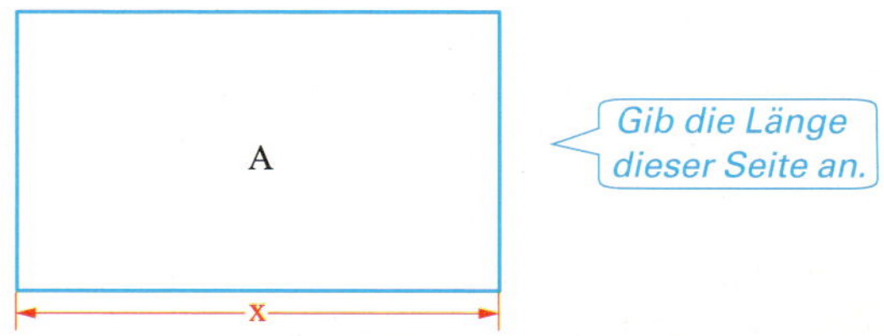

Anleitung zur Lösung:
Ein beliebiges aus dem Draht herstellbares Rechteck habe x als eine Seitenlänge. Der Flächeninhalt A des Rechtecks ist dann von x funktional abhängig. Bestimme die Funktionsgleichung dieser Funktion *Seitenlänge x des Rechtecks → Flächeninhalt y des Rechtecks.*

Blickpunkt

Verkehrsfluss in Abhängigkeit von der Geschwindigkeit

In einem Autotunnel in Norwegen ist die Geschwindigkeit auf 50 km/h beschränkt.
„Dieses Schneckentempo verursacht einen Stau nach dem anderen!", behauptet ein Vertreter eines Automobilclubs. Daher fordert er eine Heraufsetzung der Höchstgeschwindigkeit im Tunnel.
Ein Gegner gibt zu bedenken: „Bei kleineren Geschwindigkeiten sind aber die Sicherheitsabstände zwischen den Fahrzeugen kürzer und daher könnten mehr Fahrzeuge den Tunnel pro Zeiteinheit passieren."
Welche Position ist sachlich korrekt?
Zur Klärung dieser Frage soll ein vereinfachtes mathematisches Modell entwickelt werden. Zunächst ist es nötig, den erforderlichen Abstand zwischen den einzelnen Fahrzeugen in Abhängigkeit von der Geschwindigkeit zu kennen. Aus der Fahrschule sind zwei mögliche Festlegungen bekannt:

(1) Der Anhalteweg eines Fahrzeuges setzt sich zusammen aus dem Reaktionsweg und dem Bremsweg. Der Reaktionsweg ist der Weg, den das Fahrzeug vom Erkennen der Notwendigkeit zu bremsen bis zum Beginn des Bremsvorganges zurücklegt. Für ihn gilt die Faustformel:
Reaktionsweg (in m) = Geschwindigkeit (in $\frac{\text{km}}{\text{h}}$) durch 3.
Der Bremsweg ist der Weg, den das Fahrzeug vom Beginn des Bremsvorganges bis zum Stillstand zurücklegt. Für ihn gilt die Faustformel:
Bremsweg (in m) = (Geschwindigkeit (in $\frac{\text{km}}{\text{h}}$) *durch 10*) *mal* (*Geschwindigkeit (in $\frac{\text{km}}{\text{h}}$) durch 10*);
Zusammengefasst ergibt sich also für den Anhalteweg $s_A(v)$ (in m) in Abhängigkeit von der Geschwindigkeit v (in $\frac{\text{km}}{\text{h}}$) die Gleichung $s_A(v) = \frac{1}{3}v + \left(\frac{v}{10}\right)^2$ (Anhaltewegregel).
Hält ein Autofahrer diesen Weg als Abstand zum Fahrzeug davor ein, so kommt sein Fahrzeug an der Stelle zum Stillstand, an der der Vordermann zu bremsen begann.

(2) Die „Tacho-halbe-Regel" geht davon aus, dass auch der Vordermann nicht sofort zum Stillstand kommt, wenn er zu bremsen beginnt und fordert:
Sicherheitsabstand (in m) = Geschwindigkeit (in $\frac{\text{km}}{\text{h}}$) durch 2, also $s_T(v) = \frac{1}{2}v$.

1.
Welche vereinfachenden Modell-Annahmen liegen diesen beiden Regeln zugrunde?

2.
Der Reaktionsweg ergibt sich aus dem Produkt von Reaktionszeit t_R und Geschwindigkeit v. Die Faustformel gibt für den Reaktionsweg $\frac{1}{3}v$ an. Berechne damit die entsprechende Reaktionszeit t_R; achte dabei auf die verschiedenen Einheiten der Geschwindigkeit und des Weges. Ermittle dann, von welcher Reaktionszeit des Fahrers die „Tacho-halbe-Regel" ausgeht. Überlege anschließend, welche Gründe für einen Abstand gemäß der Anhalteweg-Regel und welche Gründe für einen Abstand gemäß der „Tacho-halbe-Regel" sprechen.

Schrecksekunde

Zeitspanne, innerhalb derer ein Mensch beim plötzlichen Auftauchen einer drohenden Gefahr (insbesondere durch ein ungewöhnliches Ereignis, auf das er nicht gefasst war) daran gehindert ist, sofort einen der Situation entsprechenden Entschluss zur Abwehr der Gefahr zu fassen. Die Schrecksekunde schwankt individuell und situativ zwischen 0,6 und 1,2 Sekunden.
(aus Meyers Enzyklopädischem Lexikon)

3.
Untersuche zeichnerisch und rechnerisch, ob die „Tacho-halbe-Regel" bei allen Geschwindigkeiten kleinere Sicherheitsabstände fordert als die Anhalteweg-Regel.
Begründe das erhaltene Ergebnis.

4.
Es ist nahe liegend, den Verkehrsfluss durch die Anzahl von Autos, die den Tunnel pro Zeiteinheit passieren, zu beschreiben. Diese Größe bezeichnet man als Verkehrsdurchsatz.
Rechnerisch einfacher zu handhaben ist jedoch die Taktzeit, d. h. die Zeit, die vergeht, bis nach einem Auto das nächste in den Tunnel einfährt.
Untersuche, welcher Zusammenhang zwischen den beiden Größen Verkehrsdurchsatz und Taktzeit besteht.

5.
Es soll nun die Taktzeit bestimmt werden. Grob vereinfachend nehmen wir dazu an, dass alle Autofahrer in einer einspurigen Kolonne mit der gleichen Geschwindigkeit v fahren, den gleichen Abstand $s_A(v)$ gemäß der Anhalteweg-Regel voneinander halten und alle Fahrzeuge die einheitliche Länge $L = 4{,}50$ (in m) haben.
Die aus der Anhalteweg-Regel folgende Taktzeit ist dann $t_A(v) = \frac{L}{v} + \frac{s_A(v)}{v}$.
Begründe.

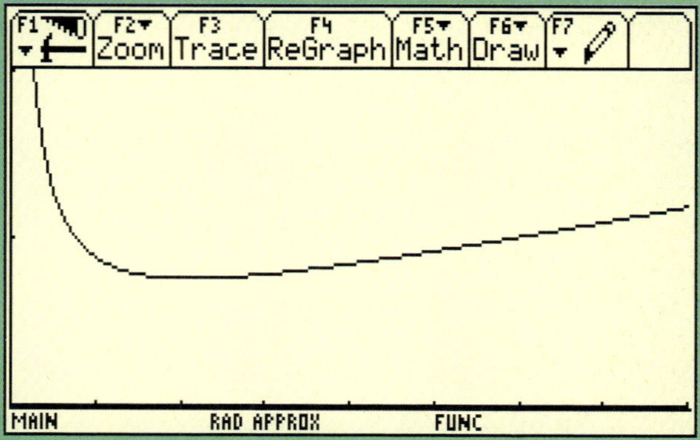

Setze dann den Term für $s_A(v)$ ein und vereinfache. Zeige durch Überlagerung geeigneter Funktionsgraphen, dass sich für die Taktzeit in Abhängigkeit von der Geschwindigkeit der obige Graph ergibt.
Bestimme dann rechnerisch, welche Geschwindigkeit v die minimale Taktzeit liefert.
Was bedeutet dies für den dazugehörigen Verkehrsdurchsatz?
Welche Antwort ist für die Entscheidung zwischen den beiden obigen Positionen zu geben?

6.
Führe nun dieselben Überlegungen für die Taktzeit $t_T(v)$ durch, wenn man als Abstand zwischen den Fahrzeugen nicht den Anhalteweg, sondern den Sicherheitsabstand gemäß der „Tacho-halbe-Regel" fordert. Welches (ganz andere) Ergebnis erhältst du nun?

Fragen zum Basiswissen

- Definiere die Begriffe relative Extremstelle, absolutes und relatives Maximum/Minimum bzw. relativer/absoluter Hoch- und Tiefpunkt. (S. 183)
- Wie lautet das notwendige Kriterium für Extremstellen? Wie kann man mit seiner Hilfe mögliche Extremstellen berechnen? (S. 185)
- Wie kann man geometrisch aus dem Verlauf des Graphen von f′ den Graphen von f (ungefähr) zeichnen?
- Welche Zusammenhänge präzisiert der Monotoniesatz? (S. 194)
- Wie lautet das Vorzeichenwechselkriterium für relative Extremstellen und wie kann man damit Extremstellen berechnen? (S. 190)
- Wie lautet das hinreichende Kriterium für relative Extremstellen und wie kann man damit relative Extremstellen berechnen? (S. 196)
- In welchen Fällen versagen die vorigen beiden Kriterien? (S. 197)
- Was versteht man unter einer Rechts- bzw. Linkskurve? (S. 200)
- Welche hinreichenden Kriterien gibt es zur Bestimmung von Wendestellen und wie berechnet man sie mit ihrer Hilfe? (S. 200 – 202)
- Welcher Sonderfall von Extrempunkten sind Sattelpunkte und wie erkennt man sie? (S. 200)
- Woran erkennt man am Funktionsterm den Globalverlauf ganzrationaler Funktionen? (S. 58)
- Wie kann man Nullstellen ganzrationaler Funktionen erkennen und den Funktionsterm entsprechend vereinfachen? (S. 61 ff)
- Welche charakteristischen Punkte bei Funktionsgraphen kann man (bei einfachen Gleichungen) berechnen und daraus ihren Verlauf skizzieren?

Klausurtraining A

1.

a) Führe eine vollständige Untersuchung der Funktion f mit $f(x) = x^4 - 6x^3 + 13x^2 - 12x + 4$ durch. Skizziere auch den Graphen der Funktion.

b) Weist der Graph Symmetrie auf? Begründe.

2.

Gegeben sind zwei Funktionen f und g durch $f(x) = x^2(x+2)^2$ und $g(x) = x(x+2)$.

a) Erschließe und begründe aus den gegebenen Funktionstermen den *qualitativen* Verlauf der beiden Funktionsgraphen.

b) Untersuche die Funktionen f und g auf charakteristische Punkte. Skizziere den Graphen der beiden Funktionen in demselben Koordinatensystem.

c) Ist es möglich, den Funktionsterm einer der beiden Funktionen jeweils so zu verändern, dass die beiden Funktionsgraphen
- einen gemeinsamen Hochpunkt oder
- gemeinsame Tangenten in den Nullstellen haben?

d) Begründe, dass beide Funktionsgraphen symmetrisch sind. Gib die Art der Symmetrie an.
Hinweis: Vergleiche $f(-1+x)$ mit $f(-1-x)$.

3.

a) Gegeben ist die Ableitungsfunktion f′ mit $f'(x) = x^2 - 2x$. Erschließe hieraus zeichnerisch den Verlauf des Graphen der Funktion f mit $f(0) = 0$.

b) Wo schneiden sich die beiden Tangenten an den Nullstellen des Graphen von f?

4.
Die folgenden Abbildungen skizzieren Graphen ganzrationaler Funktionen vom Grad 4, 5 und 9. Begründe, welcher Grad zu welchem Graphen gehört.

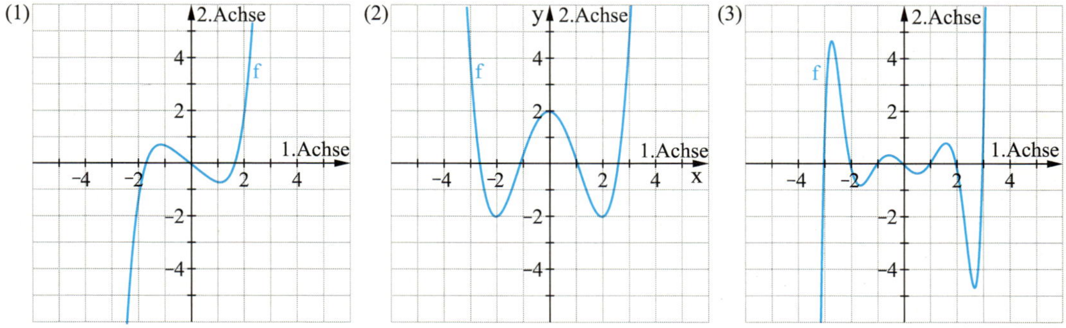

Klausurtraining B

1.
Gegeben ist die Funktion f mit $f(x) = x^3 - 4x^2 + x + 6$.

a) Erschließe und begründe den Globalverlauf des Graphen dieser Funktion.

b) Untersuche diese Funktion auf Nullstellen, Extremstellen und Wendestellen. Zeichne ihren Graphen.

2.

a) Skizziere qualitativ den Graphen einer Funktion mit den folgenden Eigenschaften: Die Funktion ist im gesamten – frei wählbaren – Definitionsbereich monoton steigend und ihr Graph hat an der Stelle 3 eine waagerechte Tangente.

b) Bestimme die Gleichung der Tangente im Wendepunkt an den Graphen von f.

3.
Zeichne qualitativ richtig in ein Koordinatensystem den Graphen einer Funktion f, deren Ableitungsfunktion den gegebenen Graphen hat.

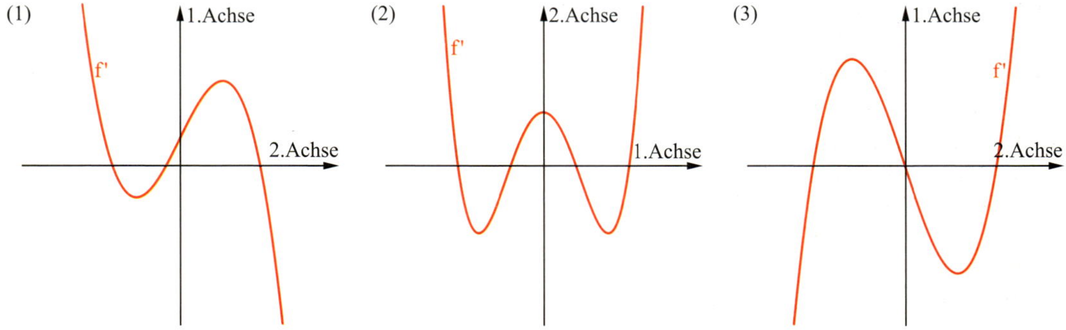

4.

a) Zeige, dass die Funktion f mit $f(x) = x^5 + 0{,}3x^3$ keine Extremstellen besitzt.

b) Zeige anschaulich mithilfe der Begriffe Linkskurve und Rechtskurve, dass es keine Funktion vom Grad 6 gibt, die genau 3 Wendestellen besitzt.

5. BESTIMMEN VON FUNKTIONEN – EXTREMWERTAUFGABEN

Produktionsfunktionen

In der Betriebswirtschaftslehre beschäftigt man sich im Rahmen der Produktions- und Kostentheorie mit sogenannten *Produktionsfunktionen*. Diese beschreiben modellhaft Zusammenhänge zwischen dem mengenmäßigen Einsatz bestimmter Produktionsfaktoren (z. B. Rohstoffe, die in die Produktion einfließen) und der hieraus hergestellten Menge eines Produktes.

Beispiel einer Produktionsfunktion

Bei der Getreideproduktion innerhalb eines bestimmten Zeitraums sind die Produktionsfaktoren die eingesetzte Arbeitskraft x_1, die zur Verfügung stehende landwirtschaftliche Nutzfläche x_2, die Anzahl der Maschinen x_3, die Menge des Saatguts x_4 sowie der Dünger x_5. Die Produktionsmenge y ist eine Funktion, die von den mengenmäßigen Einsätzen der Produktionsfaktoren abhängt: $y = f(x_1, x_2, x_3, x_4, x_5)$

Da eine Funktion, die von *fünf* Variablen abhängt, im Allgemeinen nicht leicht zu überblicken ist, setzt man die Einsatzmengen von vier Produktionsfaktoren konstant und erhält so eine Funktion, die nur noch von *einer* Variablen abhängt. Nimmt man z. B. die Einsatzmengen der Produktionsfaktoren (Boden x_2, Maschinen x_3, Saatgut x_4 und Dünger x_5) als konstant an, so erhält man eine Funktion, die den *Ertrag*, also die produzierte Getreidemenge, nur noch in Abhängigkeit vom Einsatz der Arbeitskräfte angibt: $y = f(x)$; y: Getreidemenge in t; x: Einsatz von Arbeitskräften in h.

Derartige Produktionsfunktionen wurden schon im 18. und 19. Jahrhundert untersucht.

Bestimmen einer Funktion zu vorgegebenen Eigenschaften

Man hat festgestellt, dass mit zunehmendem Arbeitseinsatz der Grenzertrag, das ist die Ableitung von f, zunächst größer wird. Von einer bestimmten Stelle an nimmt der Grenzertrag wieder ab, bis er schließlich Null und dann sogar negativ wird. Das ist natürlich nur eine sehr grobe Beschreibung des Graphen von f. Um den Verlauf des Graphen von f genauer beschreiben zu können, benötigt man weitere Informationen, z. B. von welcher Stelle an der Grenzertrag wieder kleiner wird oder mit welchem Arbeitseinsatz sich ein bestimmter Ertrag erzielen lässt. Wenn man genügend Eigenschaften des Funktionsgraphen kennt, kann man den Funktionsterm f (x) bestimmen. In Unterkapitel 5.1 werden wir kennenlernen, wie man aus vorgegebenen Eigenschaften des Funktionsgraphen den zugehörigen Funktionsterm bestimmt.

Extremwertaufgaben

Ist der Funktionsterm bekannt, so kann man berechnen, welcher Arbeitseinsatz zum größten Ertrag führt. Neben der Frage nach dem Ertragsmaximum interessiert den Betriebswirt vor allem, wo das Gewinnmaximum liegt. Das Bestimmen von Extrempunkten zu vorgegebenen funktionalen Zusammenhängen spielt nicht nur in den Wirtschaftswissenschaften, sondern auch in den Naturwissenschaften eine zentrale Rolle. *Extremwertprobleme* werden im Unterkapitel 5.2 behandelt. Variiert man zusätzlich noch weitere Produktionsfaktoren, so ändert man in der Funktion einen Parameter. Somit untersucht man eine ganze *Schar* von Funktionen, dies ist Gegenstand von Unterkapitel 5.3.

5.1 Bestimmen ganzrationaler Funktionen mit vorgegebenen Eigenschaften

Aufgabe 1

a) Skizziere für $x > 0$ den Graphen einer Funktion f, der durch den Koordinatenursprung verläuft und dessen Steigung zunächst größer, dann wieder kleiner und schließlich sogar negativ wird.
Kennzeichne die charakteristischen Punkte des skizzierten Graphen.

siehe Einführungstext

b) Fasse den Funktionsgraphen aus Teilaufgabe a) als den Graphen einer Produktionsfunktion auf und gib eine plausible Erklärung für den Verlauf.

c) Bestimme eine ganzrationale Funktion f 3. Grades mit folgenden Eigenschaften:
(1) Der Graph von f verläuft durch den Koordinatenursprung.
(2) $P(5 \mid 100)$ ist ebenfalls Punkt des Funktionsgraphen.
(3) Der Graph von f hat an der Stelle 5 einen Hochpunkt.
(4) An der Stelle 2 liegt ein Wendepunkt.

Lösung

a)

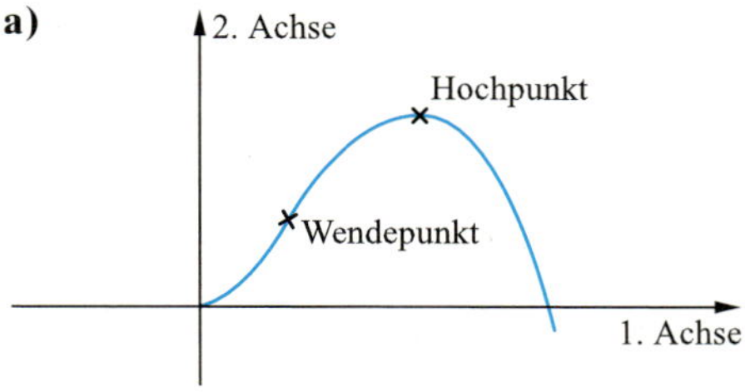

Der Punkt, in dem die Ableitung ihr Vorzeichen wechselt, ist ein *Hochpunkt*.
Der Punkt, für den die Ableitung den größten Wert annimmt, ist ein *Wendepunkt*.

b) Wenn gar nicht gearbeitet wird, fällt keine Produktion an:
Der Graph verläuft durch den Punkt $O(0 \mid 0)$.
Bei einer Zunahme des Arbeitseinsatzes steigt die Produktionsmenge, erst schneller, dann immer langsamer bis schließlich so viele Personen in dem Betrieb arbeiten, dass sie sich gegenseitig behindern und die Produktionsmenge sogar wieder abnimmt. Der Bereich rechts vom Hochpunkt ist daher ökonomisch uninteressant.

c) *Aufstellen eines allgemeinen Funktionsterms*
Wir schreiben den gesuchten Funktionsterm zunächst in der allgemeinen Form
$f(x) = ax^3 + bx^2 + cx + d$, mit $a, b, c, d \in \mathbb{R}$, $a \neq 0$.
Man muss a, b, c, d so bestimmen, dass f die geforderten Eigenschaften hat.

Aufstellen von Bedingungsgleichungen
Dazu bilden wir die Ableitungen $f'(x) = 3ax^2 + 2bx + c$ und $f''(x) = 6ax + 2b$ und „übersetzen" die geforderten Eigenschaften (1)–(4):

	Eigenschaften des Funktionsgraphen	*notwendige Funktionsbedingung*	*zugehörige Gleichung*
(1)	$O(0 \mid 0)$ liegt auf dem Graphen	$f(0) = 0$	$d = 0$
(2)	$P(5 \mid 100)$ liegt auf dem Graphen	$f(5) = 100$	$125a + 25b + 5c + d = 100$
(3)	Hochpunkt an der Stelle 5	$f'(5) = 0$	$75a + 10b + c = 0$
(4)	Wendepunkt an der Stelle 2	$f''(2) = 0$	$12a + 2b = 0$

Zum Lösen von linearen Gleichungssystemen vergleiche auch Seiten 44 ff.

Es ergibt sich also ein Gleichungssystem mit 4 Gleichungen, aus denen man a, b, c und d errechnen kann.

Lösen des Gleichungssystems

Aus der Gleichung (4) ergibt sich $b = -6a$. Ersetzen wir daher in den Gleichungen (2) und (3) b durch $-6a$ und d durch 0, so bleibt das einfache Gleichungssystem

$$\left| \begin{array}{l} -25a + 5c = 100 \\ 15a + c = 0 \end{array} \right|$$

übrig, aus dem man $a = -1$ und $c = 15$ ermittelt.

Wegen $a = -1$ folgt schließlich $b = -6a = 6$.

Höchstens der Graph der Funktion f mit $f(x) = -x^3 + 6x^2 + 15x$ hat die vorgegebenen Eigenschaften.

Prüfen, ob die hinreichenden Bedingungen erfüllt sind

Wir können noch nicht sicher sein, ob f wirklich die gesuchte Funktion ist. Denn $f''(5) = 0$ ist nur eine *notwendige* Bedingung für einen Wendepunkt und $f'(5) = 0$ ist nur eine *notwendige* Bedingung für einen Hochpunkt.

Wir müssen also noch prüfen, ob f wirklich an der Stelle 5 einen Hochpunkt und an der Stelle 2 einen Wendepunkt hat:

Hinreichendes Kriterium für Hochpunkt an der Stelle x: $f'(x) = 0$ und $f''(x) < 0$

Man erhält $f'(5) = 0$ und $f''(5) = -18 < 0$

und $f''(2) = 0$ und $f'''(2) = -6 \neq 0$.

Hinreichendes Kriterium für Wendepunkt an der Stelle x: $f''(x) = 0$ und $f'''(x) \neq 0$

f hat also tatsächlich an der Stelle 5 einen Hochpunkt und an der Stelle 2 einen Wendepunkt.

Die Funktion f mit $f(x) = -x^3 + 6x^2 + 15x$ hat die gewünschten Eigenschaften.

Weiterführende Aufgaben

2. *Überprüfen der Existenz von Lösungen*

a) Bestimme eine ganzrationale Funktion f dritten Grades mit folgenden Eigenschaften: $T(-1 \mid 2)$ ist Tiefpunkt, 0 ist Wendestelle des Funktionsgraphen und $P(3 \mid 1)$ liegt auf dem Graphen von f.

b) Zeige, dass es *keine* ganzrationale Funktion f dritten Grades mit folgenden Eigenschaften gibt: $T(-1 \mid 2)$ ist Tiefpunkt und 0 Wendestelle des Funktionsgraphen und $Q(3 \mid 3)$ liegt auf dem Graphen von f.

c) Zeichnet man den Graphen von f aus a) und den Graphen der in b) erhaltenen Funktion in ein Koordinatensystem, so erhält man das nebenstehende Schaubild. Was fällt auf?

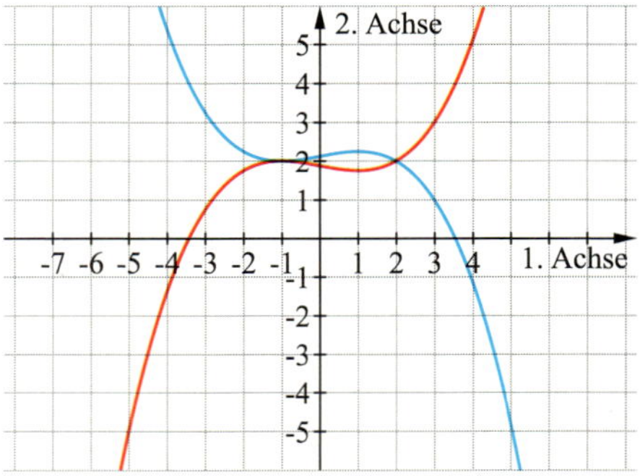

Begründe ohne zu rechnen: Weiß man, dass es eine Funktion mit den Eigenschaften aus Teilaufgabe a) gibt, so kann es keine Funktion mit den Eigenschaften aus Teilaufgabe b) geben.

3. *Lösungen mit Parametern*

Bestimme alle ganzrationalen Funktionen vierten Grades, deren Graph symmetrisch zur 2. Achse ist und $H(0 \mid 0)$ als Hochpunkt hat.

4. *Bedingungen für eine Funktion formulieren*
Eine ganzrationale Funktion f ist so zu bestimmen, dass ihr Graph einen Übergangsbogen zwischen zwei Halbgeraden bildet. Der Grad von f soll möglichst klein sein.

a) Der Graph von f soll an den Anschlussstellen keinen „Knick“ aufweisen. Präzisiere diese Forderung mathematisch und bestimme dann f (x).

b) f soll an den Anschlussstellen in der ersten *und* in der zweiten Ableitung mit den Halbgeraden übereinstimmen. Bestimme f (x).

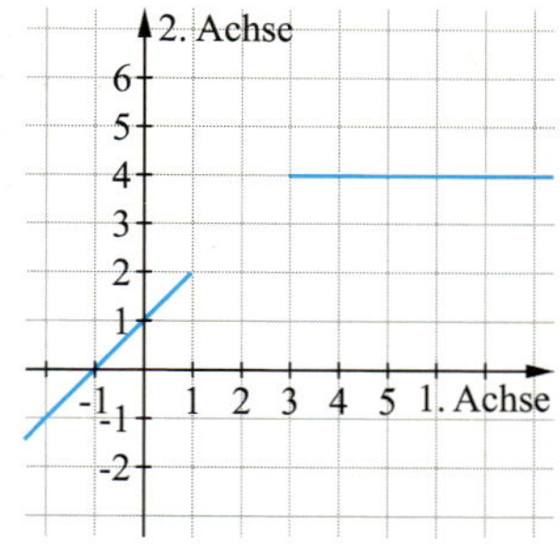

GTR **c)** Zeichne die Funktionsgraphen aus a) und b) mithilfe eines grafikfähigen Rechners.

d) Stelle dir vor, die Halbgeraden beschreiben Straßen. Warum ist die Lösung von b) sinnvoller als Übergangsbogen als die Lösung von a)?
(*Hinweis:* Stelle dir vor, du fährst die Linien mit einem Fahrrad ab.)

Information **Schritte beim Bestimmen ganzrationaler Funktionen mit vorgegebenen Eigenschaften**

(1) Stelle den Funktionsterm f (x) in allgemeiner Form mit unbekannten Koeffizienten auf und bestimme die Ableitungen.

(2) Leite aus den geforderten Eigenschaften Gleichungen für f (x), f′ (x) bzw. f″ (x) her.

b ein Extrempunkt bzw. n Wendepunkt vorliegt, sst sich mit einem hinrei- enden Kriterium prüfen.

(3) Stelle ein Gleichungssystem für die Koeffizienten des Funktionsterms auf und löse das Gleichungssystem.
Gib die Funktionen an, die höchstens als Lösungen in Frage kommen.

(4) Prüfe, welche der unter (3) gefundenen Funktionen tatsächlich die geforderten Eigenschaften haben.
Es kann vorkommen, dass die Aufgabe genau eine Lösung, keine Lösung oder unendlich viele Lösungen hat.

Übungsaufgaben

5.
Gesucht ist die Funktionsgleichung einer Parabel.

a) O (0 | 0) und P (2 | 3) sind Punkte der Parabel, im Punkt P [im Punkt O] hat die Tangente die Steigung 2 [– 1; 0].

b) Die Parabel hat den Scheitel S (1 | 2) und geht durch O (0 | 0).

c) An der Stelle 0,75 liegt der Scheitel der Parabel, an der Stelle 1 hat die Parabeltangente die Steigung 4.

6.
Bestimme eine ganzrationale Funktion dritten Grades so, dass für den Graphen gilt:

a) O (0 | 0) ist Punkt des Graphen, W (2 | 4) ist Wendepunkt, die zugehörige Wendetangente hat die Steigung – 3.

b) O (0 | 0) ist Wendepunkt, an der Stelle $\frac{1}{2}\sqrt{2}$ liegt ein relativer Hochpunkt vor, P (1 | 2) ist Punkt des Graphen.

c) O (0 | 0) ist relativer Tiefpunkt [Hochpunkt] des Graphen, 2 ist Wendestelle, die zugehörige Wendetangente hat die Steigung 4.

7.
Bestimme eine ganzrationale Funktion dritten Grades, sodass für den Graphen der Funktion gilt:

a) 0 und -3 sind Nullstellen, $E(3\,|\,-6)$ ist relativer Tiefpunkt [Hochpunkt].

b) $H(-1\,|\,2)$ [$H(1\,|\,0)$] ist relativer Hochpunkt, $W(0\,|\,0{,}5)$ Wendepunkt.

c) $O(0\,|\,0)$ und $P(1\,|\,7)$ sind Punkte des Graphen, 2 und -2 sind relative Extremstellen.

d) $P(2\,|\,3)$ ist Punkt des Graphen, 1 ist relative Extremstelle und 1,5 ist Wendestelle.

e) An der Stelle 1 hat die Tangente die Steigung 4, eine relative Extremstelle ist 5, eine Wendestelle ist $\frac{10}{3}$, eine Nullstelle ist 0.

f) $W\left(1\,|\,\frac{2}{3}\right)$ ist Wendepunkt des Graphen von f, die zugehörige Wendetangente hat die Steigung -2, an der Stelle 3 liegt ein relativer Extrempunkt.

8.
Bestimme eine ganzrationale Funktion vierten Grades, sodass für den Graphen der Funktion gilt:

a) $S(0\,|\,3)$ ist Sattelpunkt, im Punkt $P(3\,|\,0)$ liegt eine horizontale Tangente vor.

b) $T(2\,|\,4)$ ist relativer Tiefpunkt, $W(0\,|\,0)$ ist Wendepunkt, die Wendetangente hat die Steigung 1.

c) $O(0\,|\,0)$ ist relativer Hochpunkt des Graphen, 3 ist relative Extremstelle, $W(1\,|\,11)$ ist Wendepunkt.

9.
Bestimme eine ganzrationale Funktion f vierten Grades, deren Graph zur 2. Achse symmetrisch ist und für die gilt:

a) Der Graph von f geht durch $O(0\,|\,0)$, 3 ist Nullstelle und an dieser Stelle hat die Tangente des Funktionsgraphen die Steigung -48 [2; 0].

b) Der Graph enthält den Punkt $O(0\,|\,0)$, er hat an der Stelle 1 eine Tangente mit der Steigung 2, eine Wendestelle ist $\frac{1}{2}\sqrt{2}$.

c) $W(1\,|\,3)$ ist Wendepunkt des Graphen, die zugehörige Wendetangente hat die Steigung -2.

d) $W(2\,|\,6)$ ist Wendepunkt des Graphen von f, die zugehörige Wendetangente hat die Steigung 4.

e) $E(2\,|\,4)$ ist relativer Hochpunkt [Tiefpunkt] des Graphen von f, 1 ist Wendestelle.

10.
Bestimme eine ganzrationale Funktion fünften Grades, deren Graph zu $O(0\,|\,0)$ punktsymmetrisch ist, durch $P(1\,|\,-2)$ verläuft und $E\left(\sqrt{2}\,|\,-\sqrt{8}\right)$ als relativen Extrempunkt hat. Untersuche den Graphen der Funktion.

11.

a) Zeige, dass es keine ganzrationale Funktion f dritten Grades mit folgenden Eigenschaften gibt:
$P(-1\,|\,7)$ ist Tiefpunkt des Graphen von f, an der Stelle $\frac{1}{2}$ liegt ein Wendepunkt und der Punkt $Q(4\,|\,32)$ liegt auf dem Funktionsgraphen.

b) Prüfe, ob es eine ganzrationale Funktion vierten Grades [fünften Grades] gibt, mit den in Teilaufgabe a) genannten Eigenschaften.

12.

Zwei Straßenenden sind durch die Halbgerade $y = 0$ für $x \leq 1$ und $y = 2$ für $x \geq 3$ gegeben. Sie sollen durch einen Übergangsbogen miteinander verbunden werden. Der Einfachheit wegen soll dieser Bogen der Graph einer ganzrationalen Funktion f mit möglichst kleinem Grad sein.

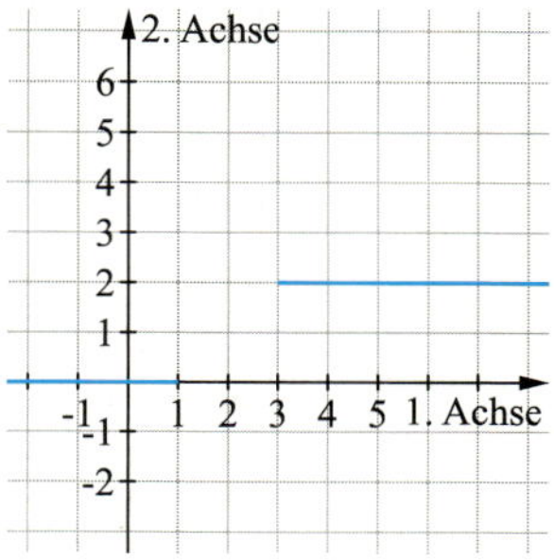

a) Der Graph von f soll an den Anschlussstellen die Steigung 0 haben. Bestimme f (x).

b) f soll an den Anschlussstellen in der ersten *und* in der zweiten Ableitung mit den Halbgeraden übereinstimmen. Bestimme f (x).

13.

Beim Fall im luftleeren Raum hat man nebenstehende Beziehung zwischen der Fallzeit t (in sec) und dem zurückgelegten Weg s (in m) gemessen:

t	1	2	3
s	4,9	19,6	44,1

Welche funktionale Beziehung besteht zwischen den Werten von t und s?

14.

Der Graph gibt den Verlauf einer Straße an. Finde eine ganzrationale Funktion.

a)

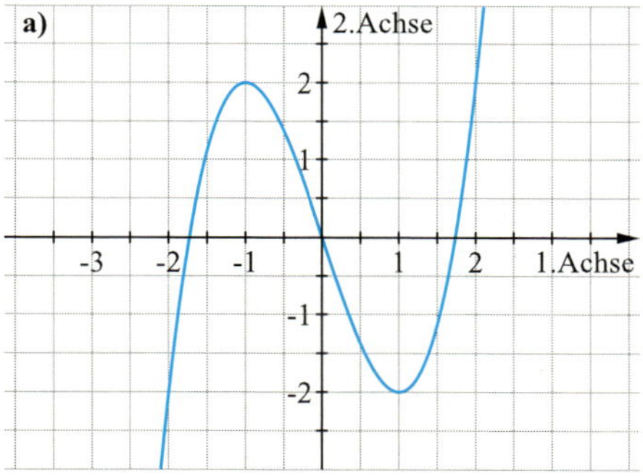

b)

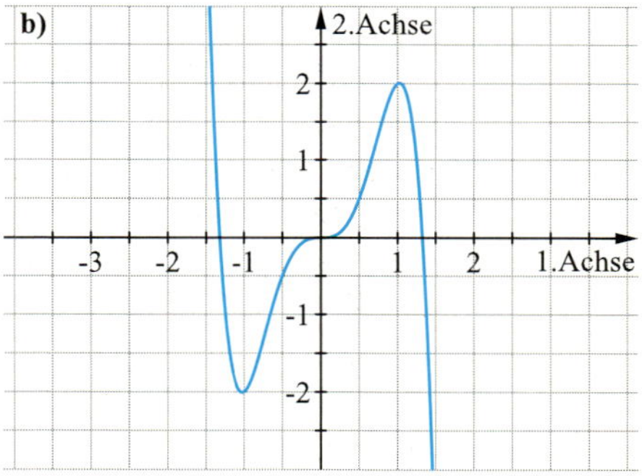

15.

Von einer Produktionsfunktion f sei bekannt, dass eine Einsatzmenge von 10 [Mengeneinheiten] zu einer Ausbringungsmenge von 20 [Mengeneinheiten] führt. Für einen Einsatz von 20 [Mengeneinheiten] wird die Ausbringungsmenge maximal, und zwar 40 [Mengeneinheiten].

Wähle als Ansatz für f eine ganzrationale Funktion 3. Grades, die duch den Ursprung verläuft, und bestimme f (x).

16.

Zwischen dem Verkaufspreis p für ein Produkt und der nachgefragten Menge x bestehe folgende Beziehung $p = 30 - \frac{1}{2}x$. Der *Umsatz* ist das Produkt aus dem Verkaufspreis und der zu diesem Preis abgesetzten Menge.

Gib den Umsatz als Funktion in Abhängigkeit vom Preis an. Zeichne den Graphen dieser Funktion in einem ökonomisch sinnvollen Bereich.

5.2 Extremwertprobleme

Ein wichtiger Anwendungsaspekt der Differentialrechnung ist die Berechnung von Extrema. Maximum- und Minimumprobleme waren schon immer ein zentraler Gegenstand der Mathematik und haben die Entwicklung der Differentialrechnung wesentlich mitgeprägt.
Extremwertprobleme gibt es in unterschiedlichen Anwendungsbereichen:

- Die Bahn eines geworfenen Balles ist parabelförmig. Unter welchem Abwurfwinkel α muss ein Ball geworfen werden, damit er möglichst weit fliegt?

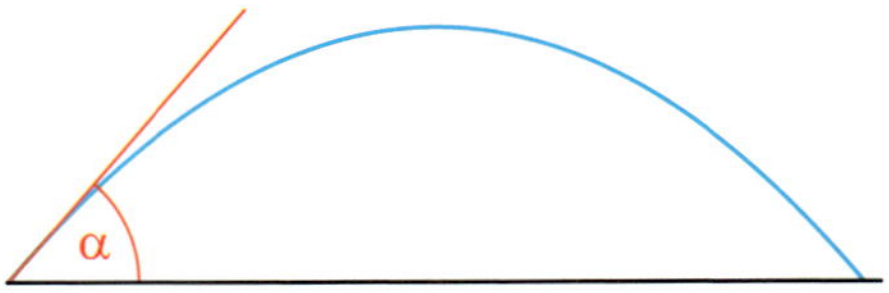

- Welchen (rechteckigen) Querschnitt muss ein Balken haben, der aus einem Baumstamm mit kreisförmigen Querschnitt geschnitten wird, damit seine Tragfähigkeit maximal wird?

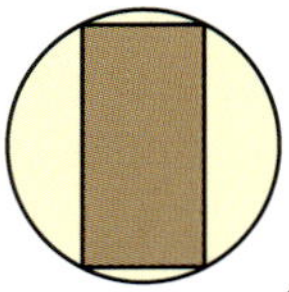

- Welche Maße muss ein quaderförmiger Kasten mit quadratischer Grundfläche und mit dem Volumen 1 000 cm^3 haben, wenn der Materialverbrauch minimiert werden soll (gemeint ist die Minimierung der Oberfläche)?

- In welchem Punkt P wird der Lichtstrahl reflektiert, damit der Weg P_1PP_2 minimal wird?

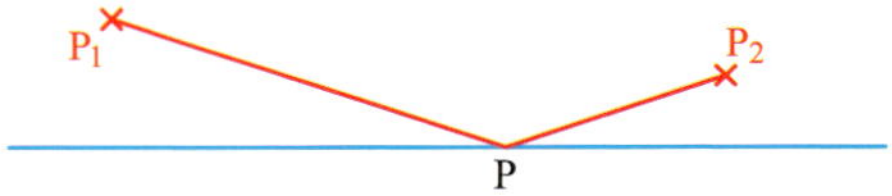

- Welche Einsatzmengen der verschiedenen Produktionsfaktoren muss ein Betrieb wählen, damit die Durchschnittskosten minimal [und der Gewinn maximal ist]?

Um Methoden für das Lösen derartiger Extremwertprobleme besser kennenzulernen, soll zunächst eine etwas einfachere Aufgabe gelöst werden.

Aufgabe 1 Ein rechteckiges Stück Pappe mit den Seitenlängen 20 cm und 32 cm wird jeweils an den Ecken parallel zu den Seiten eingeschnitten und anschließend zu einem oben offenen Kasten gefaltet.
Das Volumen des Kastens soll möglichst groß werden.

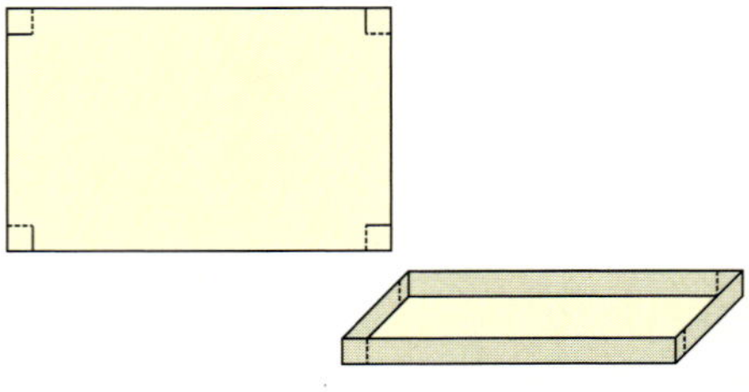

Lösung *Vorüberlegung*

Wir bezeichnen die Kantenlänge der an den Ecken eingeschnittenen Quadrate mit h. Der Wert von h gibt dann jeweils die Höhe des entstehenden Kastens an. Wir berechnen für einige Werte von h das Volumen des Kastens:

Höhe h (in cm)	Grundfläche A (in cm^2)	Volumen V (in cm^3)
1	540	540
2	448	896
3	364	1092
4	288	1152
5	220	1100
h	A	V

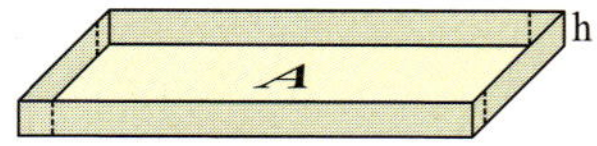

Zwischen diesen Werten muss ein Maximum liegen.

(1) *Benennen der gesuchten extremalen Größe*
Das *Volumen* des Kastens soll maximal sein:

$V = A \cdot h$ maximieren — Extremalbedingung

Das Volumen hängt also von den *beiden* Variablen A (Grundfläche) und h (Höhe) ab.

(2) *Herstellen einer Beziehung zwischen den Variablen anhand der Aufgabenstellung*

$A = (20 - 2h) \cdot (32 - 2h)$ — Nebenbedingung

(3) *Einsetzen in die Extremalbedingung, sodass eine Funktion mit nur einer Variablen entsteht*

$V = A \cdot h = (20 - 2h) \cdot (30 - 2h) \cdot h$ — Jetzt hängt V nur noch von h ab.

Die Funktion V mit

$V(h) = (20 - 2h) \cdot (32 - 2h) \cdot h$ — Zielfunktion

muss also auf Maxima untersucht werden.
Aus der Aufgabenstellung ergibt sich, dass wir uns dabei auf Werte von h zwischen 0 und 10 beschränken können, also $0 < h < 10$.
Warum kann man $h = 0$ und $h = 10$ ausschließen?

(4) *Bestimmen der Extrema der Zielfunktion*
Es ist $V(h) = (20 - 2h) \cdot (32 - 2h) \cdot h = 4 \cdot h^3 - 104 \cdot h^2 + 640 \cdot h$.
Ableitungen: $V'(h) = 12 \cdot h^2 - 208 \cdot h + 640$; $V''(h) = 24 \cdot h - 208$.
Für jede Extremstelle muss gelten $V'(h) = 12h^2 - 208h + 640 = 0$;
also $h = 4$ oder $h = \frac{40}{3} = 13\frac{1}{3}$.
Höchstens an diesen Stellen kann die Zielfunktion ein Extremum haben.
$h = \frac{40}{3} = 13\frac{1}{3}$: Diese Stelle liegt nicht zwischen 0 und 10.
$h = 4$: $V'(4) = 0$, $V''(4) = -112 < 0$; V hat an der Stelle 4 ein Maximum.
Über dem Intervall]0; 10[hat die Zielfunktion f an der Stelle 4 ein Maximum.

(5) *Bezug des berechneten Wertes zur Aufgabe*
Das Volumen wird für $h = 4$ maximal.
Der Inhalt der zugehörigen Grundfläche ist $A = 288$, das zugehörige maximale Volumen beträgt $V = 1152$.

Weiterführende Aufgaben

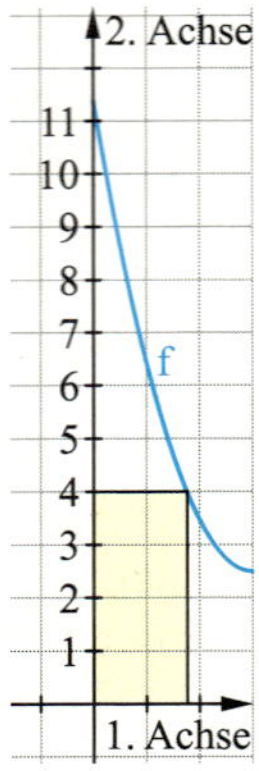

2. *Randextrema*
Gegeben ist die Funktion f mit $f(x) = (x-3)^2 + 2{,}5$ für $0 \le x \le 3$.
Von allen achsenparallelen Rechtecken mit dem Ursprung als einem Eckpunkt und dem Punkt $P(x \mid f(x))$ als gegenüber liegendem Eckpunkt ist dasjenige mit maximalem Inhalt zu bestimmen.

3. *Vereinfachen durch Quadrieren der Zielfunktion*
Gegeben ist die Parabel mit $y = 4 - x^2$. Es sollen alle Punkte auf der Parabel bestimmt werden, deren Abstand zum Koordinatenursprung $(0 \mid 0)$ minimal ist:

a) Zeichne die Parabel und zeige: f mit $f(x) = \sqrt{x^2 + (4-x^2)^2}$ ist Zielfunktion.

b) Begründe: Die Funktion g mit $g(x) = x^2 + (4-x^2)^2$ hat genau an der Stelle ein Minimum, an der auch die Funktion f ein Minimum hat.

c) Bestimme die gesuchten Punkte, indem du zur Extremwertberechnung die Funktion g verwendest.

d) Entscheide, ob gilt: Für eine Funktion f sei $f(x) > 0$ für $x \in [a, b]$. Dann gilt: f hat genau dann an der Stelle x_0 ein Maximum (Minimum), falls g mit $g(x) = (f(x))^2$ dort ein Maximum (Minimum) hat. Begründe.

4. *Allgemeine Lösung einer Extremwertaufgabe*
Welches Rechteck hat den kleinsten Umfang bei vorgegebenem Flächeninhalt?

Information **Verfahren für das Lösen von Extremwertaufgaben**

(1) *Extremalbedingung angeben:*
Benennen aller wichtigen Größen. Eine Gleichung angeben für die Größe, zu der ein Extremum (Maximum/Minimum) bestimmt werden soll.
Die Extremalgröße hängt in der Regel von mehreren Parametern ab.

(2) *Nebenbedingung angeben:*
Eine Gleichung aufstellen, die angibt, wie die Parameter voneinander abhängen.

(3) *Zielfunktion angeben:*
Die Parameter in der Extremalbedingung mithilfe der Nebenbedingung so ersetzen, dass eine Zielfunktion entsteht, die nur noch von *einer* Variablen abhängt.

(4) *Extremwerte bestimmen:*
Die Extremwerte der Zielfunktion bestimmen; prüfen, ob auch Randextrema vorliegen.
Unter Umständen kann es vorteilhaft sein, die Extremstellen mithilfe der quadrierten Zielfunktion zu bestimmen.

(5) *Bezug zur Aufgabe herstellen:*
Die Werte aller gesuchten Größen angeben.

Übungsaufgaben

Rechtecke und Quader

5.
Ein Draht der Länge 20 cm soll eine rechteckige Fläche mit möglichst großem Inhalt umrahmen.

6.
Ein Rechteck habe den Umfang 12 cm. Wie lang sind die Rechteckseiten zu wählen, damit das Rechteck maximalen Flächeninhalt hat?

7.
Ein Rechteck soll den Flächeninhalt 10 cm^2 erhalten. Wie lang sind die Rechteckseiten zu wählen, damit das Rechteck minimalen Umfang hat?

8.
Aus einem 36 cm langen Draht soll das Modell einer quadratischen Säule hergestellt werden. Wie lang sind die Kanten zu wählen, damit die Säule maximales Volumen hat?

9.
Aus einem rechteckigen Stück Pappe mit den Seitenlängen 40 cm und 25 cm soll man einen Kasten ohne Deckel herstellen, indem man an jeder Ecke ein Quadrat ausschneidet und die entstehenden Seitenflächen nach oben biegt.
Der Kasten soll ein möglichst großes Volumen haben.
Wie groß muss man die Grundfläche A (in cm^2) und die Höhe h (in cm) wählen?

10.
a) Welche oben offene Schachtel in der Form einer quadratischen Säule hat bei gegebenem Oberflächeninhalt 3 dm^2 ein möglichst großes Fassungsvermögen?
b) Löse Teilaufgabe a), falls die Schachtel anstatt nach oben nach vorn geöffnet ist. In welchem Verhältnis stehen jetzt Höhe und Breite der quadratischen Säule?
c) Löse die Teilaufgaben a) und b) allgemein bei gegebener Oberfläche O.

11.
Der Querschnitt eines Kanals ist ein Rechteck mit angesetztem Halbkreis. Wähle die Maße dieses Rechtecks so, dass bei gegebenem Umfang u des Querschnitts sein Inhalt möglichst groß wird.

12.
Aus einem rechteckigen Stück Blech gegebener Länge und der gegebenen Breite 49 cm soll eine gleich lange Röhre mit möglichst großem, rechteckigem Querschnitt hergestellt werden.

Zylinder, Kegel und Kugeln

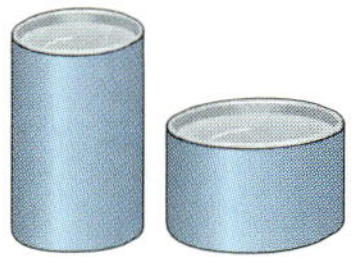

13.
a) Welche zylindrische Dose mit dem Oberflächeninhalt von 1 dm^2 hat das größte Volumen?
b) Welches oben offene zylindrische Gefäß mit 1 *l* Fassungsvermögen hat den geringsten Materialverbrauch?

14.
a) Welcher oben offene Zylinder hat bei gegebener Oberfläche das größte Volumen?
b) Welcher oben offene Zylinder hat bei gegebenem Volumen die kleinste Oberfläche?
c) Welcher unten offene Kegel hat bei gegebener Mantelfläche das größte Volumen?
d) Welcher unten offene Zylinder hat bei gegebenem Volumen die kleinste Mantelfläche?

15.
Ein Gefäß besteht aus einem Zylinder mit angesetzter Halbkugel.
Welche Form muss es haben, damit es ohne Deckel bei gegebener Oberfläche ein möglichst großes Volumen hat?

16.
Ein Kessel besteht aus einer Halbkugel mit aufgesetztem Zylindermantel.
Wie sind seine Maße zu wählen, damit er mit Deckel bei gegebener Oberfläche O ein möglichst großes Volumen hat?

Geometrische Aufgaben

17.
Die Katheten eines rechtwinkligen Dreiecks sind 12 cm und 8 cm lang. Diesem Dreieck ist ein möglichst großes Rechteck einzubeschreiben, von dem zwei Seiten auf den Katheten des Dreiecks liegen.

18.
Ein Dachboden hat als Querschnittsfläche ein gleichschenkliges Dreieck mit einer Höhe von 4,8 m und einer Breite von 8 m. In ihm soll ein möglichst großes quaderförmiges Zimmer eingerichtet werden.

19.
Aus einer rechteckigen Fensterscheibe mit den Seitenlängen a und b ist vom Mittelpunkt der kleineren Seite aus eine Ecke unter einem Winkel von 45° abgesprungen. Aus der restlichen Scheibe soll durch Schnitte parallel zu den ursprünglichen Seiten eine möglichst große neue Scheibe hergestellt werden.
Gib die Maße der neuen Scheibe an.

20.
a) In einen geraden Kreiskegel mit dem Grundkreisradius r und der Höhe h soll ein Zylinder mit möglichst großem Volumen einbeschrieben werden.
b) Auf der Deckfläche dieses maximalen Zylinders soll dem „Restkegel" erneut ein Zylinder größten Volumens einbeschrieben werden.
Löse diese Teilaufgabe b)
- durch erneute Rechnung;
- durch Analogieüberlegung zu a).

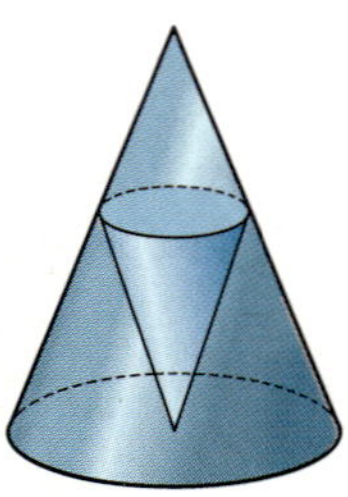

21.
Einem Kegel soll ein zweiter Kegel mit möglichst großem Volumen so einbeschrieben werden, dass die Spitze des zweiten Kegels im Mittelpunkt des Grundkreises des ersten Kegels liegt.

22.
Ein Kegel soll bei einer 12 cm langen Seitenkante ein möglichst großes Volumen bekommen.

23.
Einer Halbkugel [Kugel] soll ein Quader mit quadratischer Grundfläche einbeschrieben werden. Wie sind die Maße des Quaders zu wählen, wenn sein Volumen möglichst groß werden soll?

24.
Welche quadratische Säule mit gegebenem Volumen hat die kürzeste Körperdiagonale?

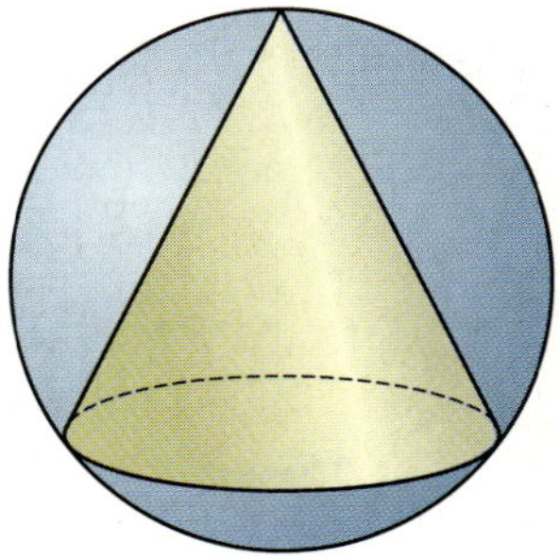

25.
Welche gerade quadratische Pyramide mit gegebenem Volumen hat die kürzeste Seitenkante?

26.
Welcher einer Kugel einbeschriebene gerade Kreiskegel hat die größte Mantelfläche?

27.
Aus vier vorgegebenen Stäben gleicher Länge soll eine gerade Pyramide mit quadratischer Grundfläche gebildet werden, die ein möglichst großes Volumen hat.

28.
a) Einer Pyramide mit quadratischer Grundfläche ist eine quadratische Säule mit maximalem Volumen einzubeschreiben.
b) Einem Kegel ist eine quadratische Säule mit maximalem Volumen einzubeschreiben.
c) Welcher der in den Teilaufgaben a) und b) berechneten maximalen Körper hat bei gleicher Größe der Oberfläche und gleicher Höhe das größere Volumen?

29.
Gegeben sei ein Kreis mit dem Radius r. Rollt man einen Kreissektor zusammen, entsteht ein Kegel. Bei welchem Mittelpunktswinkel α des Sektors entsteht ein Kegel mit maximalem Volumen?

30.
a) Welcher Punkt des Graphen der Funktion f mit $f(x) = \frac{1}{x}$ hat vom Koordinatenursprung minimalen Abstand?
b) Welcher Punkt des Graphen der Funktion f mit $f(x) = \frac{1}{3}(x^3 - 3x^2 + 5)$ hat vom Koordinatenursprung minimalen Abstand?

Aufgaben aus der Wirtschaft

31.
Für einen Betrieb gilt die Preis-Absatz-Beziehung $p = 100 - 2x$ mit x = Anzahl der abgesetzten (verkauften) Mengeneinheiten, p = Preis pro Mengeneinheit.
Für welchen Preis und welche Absatzmenge ist der Umsatz maximal?
Hinweis: Der Umsatz errechnet sich als Produkt aus der Anzahl der abgesetzten Mengeneinheiten und dem Stückpreis.

32.
Ein Betrieb hat die Kostenfunktion K mit $K(x) = x^3 + 8x$, wobei x die Anzahl der hergestellten Mengeneinheiten bezeichnet. Der Verkaufspreis betrage pro Mengeneinheit $p = 200$. Nimm an, dass sich zu diesem Stückpreis stets alle produzierten Mengeneinheiten verkaufen lassen.
Für welche Produktionsmenge wird der Gewinn maximal?

33.
Für einen Betrieb gilt die Kostenfunktion K mit $K(x) = \frac{3}{12\,500}x^3 - \frac{9}{250}x^2 + \frac{23}{10}x + 20$, wobei x mit $x \geq 0$ die Anzahl der produzierten Mengeneinheiten bezeichnet.

a) Bestimme das Minimum der Grenzkosten $K'(x)$.

b) Bestimme näherungsweise das Minimum der Durchschnittskosten $\frac{K(x)}{x}$.

c) Begründe geometrisch *ohne Rechnung*, dass die Grenzkostenkurve zu $K'(x)$ durch das Minimum der Durchschnittskostenkurve zu $\frac{K(x)}{x}$ verläuft.

Aufgaben zu den Einführungsbeispielen von Seite 14

34.
Wird ein Ball mit einer Wurfgeschwindigkeit von 20 m/sec unter einem Abwurfwinkel α geworfen, so lässt sich die Wurfbahn durch die Parabel zu $y = \tan\alpha \cdot x - \frac{49}{4000 \cdot (\cos\alpha)^2} \cdot x^2$ beschreiben.

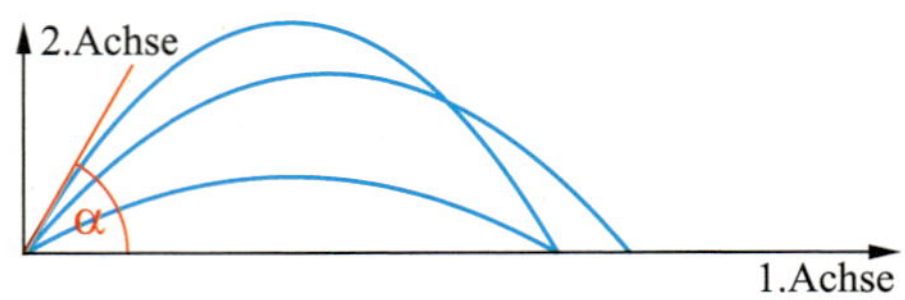

a) Berechne die Wurfweite bei vorgegebenem Abwurfwinkel α.

b) Bestimme α so, dass die Wurfweite maximal wird.

35.
Aus einem Baumstamm mit kreisförmigem Querschnitt und Durchmesser d wird ein Balken mit rechteckigem Querschnitt geschnitten. Die Tragfähigkeit des Balkens ist proportional zum Produkt aus der Grundlinie g und dem Quadrat der Höhe h: $T = c \cdot g h^2$.

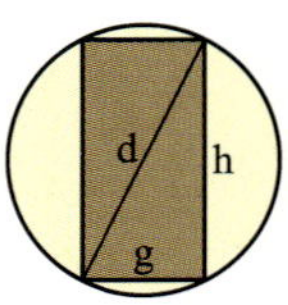

36.
Welche Maße muss ein quaderförmiger Kasten mit quadratischer Grundfläche und mit dem Volumen 1 000 cm^3 haben, wenn die Größe der Oberfläche minimal sein soll?

37.
In welchem Punkt P wird der Lichtstrahl reflektiert, damit der Weg P_1PP_2 minimal wird? *Hinweis:* Lösung ohne Differentialrechnung: Spiegele den Punkt P_2 an der Geraden g.

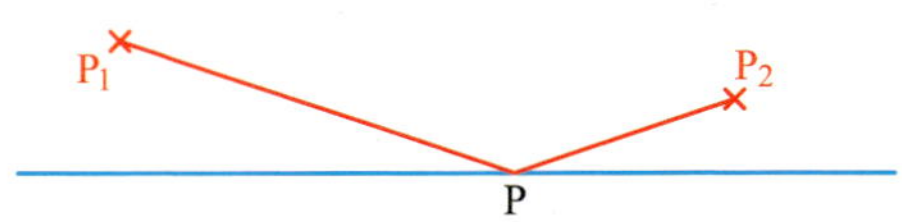

38.
Die Kostenfunktion K eines Betriebes gibt die Produktionskosten K(x) in Abhängigkeit von der produzierten Menge x an.
Es ist $K(x) = 0{,}01 \cdot x^3 - 3 \cdot x^2 + 320 \cdot x + 8000$.
Die Erlösfunktion E gibt den Erlös E(x) in Abhängigkeit von der verkauften Menge x an. Es ist $E(x) = 355 \cdot x$.

a) Berechne für welche Produktionsmenge die Grenzkosten minimal sind und für welche näherungsweise Produktionsmenge die Durchschnittskosten minimal sind.

b) Nimm an, dass alle hergestellten Produkte auch verkauft werden. Dann ist der Gewinn die Differenz zwischen dem Erlös und den Kosten.
Welche Produktionsmenge bringt einen maximalen Gewinn?

5.3 Untersuchung von Funktionenscharen

Funktionale Zusammenhänge sind in realen Anwendungszusammenhängen häufig komplizierter als die von uns bisher betrachteten. Oft hängt eine Größe y nicht nur von *einer* Variablen x ab, sondern von *mehreren* Variablen $x_1, x_2, x_3, \ldots$

Beispielsweise hängt der Benzinverbrauch eines Autos nicht nur von der Geschwindigkeit ab, mit der es gefahren wird, sondern auch z.B. davon, welcher Gang eingelegt ist.

Die Produktionskosten eines Betriebes hängen nicht nur von den geleisteten Arbeitsstunden ab, sondern auch von den geleisteten Maschinenstunden.

Der Druck eines (idealen) Gases hängt ab vom Volumen, das das Gas einnimmt, und von der Temperatur.

Es gibt viele weitere Beispiele von funktionalen Zusammenhängen, bei denen der Funktionswert von mehreren Variablen abhängt.

Bei der Untersuchung dieser Funktionen kann man sich einen Überblick verschaffen, indem man bis auf eine Variable alle anderen Variablen konstant setzt und jeweils die Graphen in Abhängigkeit der verbleibenden Variablen darstellt.

Die nebenstehende Abbildung zeigt beispielsweise jeweils für eine ganz bestimmte, als konstant unterstellte Temperatur, wie sich der Druck eines Gases ändert, wenn das Volumen verändert wird. Je nachdem welche Temperatur man unterstellt, erhält man je eine eigene Funktion. Nimmt man eine andere Temperatur an, so erhält man eine neue Funktion. Insgesamt erhält man eine ganze Schar von Funktionen. Jede Funktion gilt für einen ganz bestimmten Temperaturwert. Man bezeichnet daher die Temperatur auch als *Parameter* der Funktionenschar.

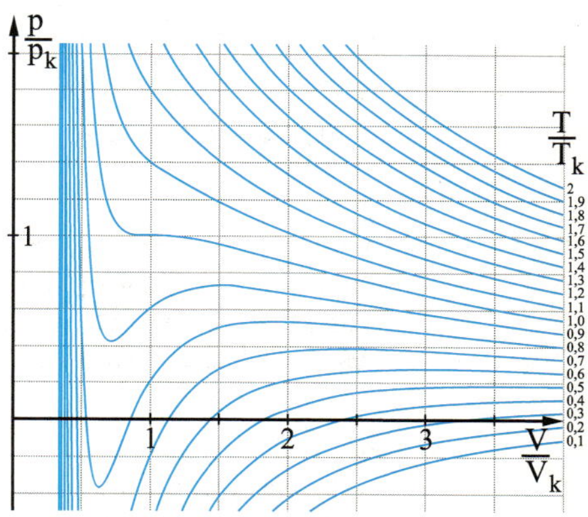

Im Folgenden werden Funktionenscharen systematisch untersucht.

Aufgabe 1 Gegeben sind Funktionen f_k mit $f_k(x) = x^4 + kx^3$ mit einem Parameter $k \in \mathbb{R}$.

a) Untersuche die Graphen der Funktionen f_k. Zeichne die Graphen für $k = -2$, für $k = 0$ und für $k = 2$.

b) Die Extrempunkte aller Funktionen f_k liegen auf dem Graphen einer Funktion g. Bestimme $g(x)$.

Lösung **a)** Wir fassen im Folgenden k als eine Konstante auf und untersuchen die Funktion f_k.

(1) *Gemeinsame Punkte von Graph und Koordinatenachsen*

1. Achse: Es ist $f_k(x) = x^4 + kx^3 = x^3(x+k)$.
Daher hat die Gleichung $f_k(x) = 0$ die Lösungen $x = 0$ und $x = -k$.
Der Graph von f_k hat als Schnittpunkte mit der 1. Achse:
$O(0|0)$ und $P_k(-k|0)$.

Alle Funktionsgraphen verlaufen durch den Koordinatenursprung

2. Achse: $f_k(0) = 0$; $O(0|0)$ ist auch Schnittpunkt mit der 2. Achse.

(2) *Extrempunkte*

Es ist $f(x) = 4x^3 + 3kx^2$.

In den Extrempunkten muss $f(x) = 4x^3 + 3kx^2 = x^2(4x + 3k) = 0$ gelten. Daher kann die Funktion f_k nur an den Stellen 0 und $-\frac{3}{4}k$ Extrempunkte haben.

Wir berechnen den Wert der zweiten Ableitung $f_k''(x) = 12x^2 + 6kx$ an diesen Stellen:

Stelle $-\frac{3}{4}k$: Es ist $f_k''\left(-\frac{3}{4}k\right) = \frac{9k^2}{4}$.

Wir unterscheiden die Fälle „$k \neq 0$" und „$k = 0$":

Fall $k \neq 0$: Da $f_k''\left(-\frac{3}{4}k\right) > 0$ und $f_k\left(-\frac{3}{4}k\right) = -\frac{27}{256}k^4$ ist, halten wir fest:

f_k hat an der Stelle $-\frac{3}{4}k$ einen Tiefpunkt $T_k\left(-\frac{3}{4}k \middle| -\frac{27}{256}k^4\right)$.

Fall $k = 0$: Es ist $-\frac{3}{4}k = 0$ und $f_k(x) = x^4 + 0 \cdot x^3 = x^4$ hat $O(0|0)$ als Tiefpunkt.

Auch dann können wir den Tiefpunkt in der Form $T_k\left(-\frac{3}{4}k \middle| -\frac{27}{256}k^4\right)$ schreiben.

Der Punkt $T_k\left(-\frac{3}{4}k \middle| -\frac{27}{256}k^4\right)$ ist also stets Tiefpunkt von f_k.

Stelle 0: $f_k''(0) = 0$. Wir können das hinreichende Kriterium für relative Extremstellen mittels der zweiten Ableitung nicht anwenden.

Es ist zweckmäßig, wieder die Fälle „$k \neq 0$" und „$k = 0$" zu unterscheiden:

Es ist stets $x^2 \geq 0$. Liegt x nahe bei 0, so ist $4x + 3k \geq 0$, falls $k > 0$ ist, $4x + 3k \leq 0$, falls $k < 0$ ist.

Fall $k \neq 0$: Da $f_k'(x) = 4x^3 + 3kx^2 = x^2(4x + 3k)$ ist, ist für Werte von x, die nahe bei 0 liegen, entweder stets $f_k'(x) \geq 0$ oder $f_k'(x) \leq 0$.

Daher ist der Funktionsgraph von f_k in der Nähe von 0 entweder monoton steigend oder monoton fallend.

An der Stelle 0 liegt also *kein* Extrempunkt.

Fall $k = 0$: $O(0|0)$ ist Tiefpunkt (s. o.).

Wir fassen zusammen:

	Stelle 0	Stelle $-\frac{3}{4}k$
$k \neq 0$	kein Extrempunkt	$T_k\left(-\frac{3}{4}k \middle| -\frac{27}{256}k^4\right)$ Tiefpunkt
$k = 0$	$O(0\|0)$ ist Tiefpunkt.	

(3) *Wendepunkte*

Es ist $f_k''(x) = 12x^2 + 6kx$.

In den Wendepunkten muss $f_k''(x) = 12x^2 + 6kx = 6x \cdot (2x + k) = 0$ gelten. Daher kann die Funktion f_k nur an den Stellen 0 und $-\frac{1}{2}k$ Wendepunkte haben.

Wir berechnen den Wert der dritten Ableitung $f_k'''(x) = 24x + 6k$ an diesen Stellen:

Stelle $-\frac{1}{2}k$: Es ist $f_k'''\left(-\frac{1}{2}k\right) = -6k$.

Wir unterscheiden wieder die Fälle „$k \neq 0$" und „$k = 0$".

Fall $k \neq 0$: Da $f_k'''\left(-\frac{1}{2}k\right) \neq 0$ und $f_k\left(-\frac{1}{2}k\right) = -\frac{1}{16}k^4$ ist, halten wir fest:

f_k hat an der Stelle $-\frac{1}{2}k$ einen Wendepunkt $W_k\left(-\frac{1}{2}k \middle| -\frac{1}{16}k^4\right)$.

Fall $k = 0$: Es ist $-\frac{1}{2}k = 0$ und $f_k(x) = x^4$. Daher liegt an der Stelle $-\frac{1}{2}k$ kein Wendepunkt vor, sondern ein Tiefpunkt (s. o.).

Stelle 0: Es ist $f_k'''(0) = 6k$.

Fall $k \neq 0$: $f_k'''(0) = 6k \neq 0$: $O(0|0)$ ist Wendepunkt von f_k.

Da außerdem $f_k'(0) = 0$ ist, gilt sogar: $O(0|0)$ ist Sattelpunkt von f_k.

Fall $k = 0$: $f_k(x) = x^4$. An der Stelle 0 liegt kein Wendepunkt vor.

Wir fassen zusammen:

	Stelle 0	Stelle $-\frac{1}{2}k$
$k \neq 0$	$O(0\|0)$ ist Wendepunkt.	$W_k\left(-\frac{1}{2}k \middle| -\frac{1}{16}k^4\right)$ ist Wendepunkt.
$k = 0$	kein Wendepunkt	

(4) *Verhalten für $x \to +\infty$ und für $x \to -\infty$*
Ausklammern des Summanden mit der höchsten Potenz:
$f_k(x) = x^4 + kx^3 = x^4\left(1 + \frac{k}{x}\right)$.
Für $x \to +\infty$ und für $x \to -\infty$ geht der Klammerterm gegen 1, d.h. das Verhalten von f_k wird von x^4 bestimmt.
Wenn $x \to +\infty$, dann $f(x) \to +\infty$. Wenn $x \to -\infty$, dann $f(x) \to -\infty$.

(5) *Graphen*

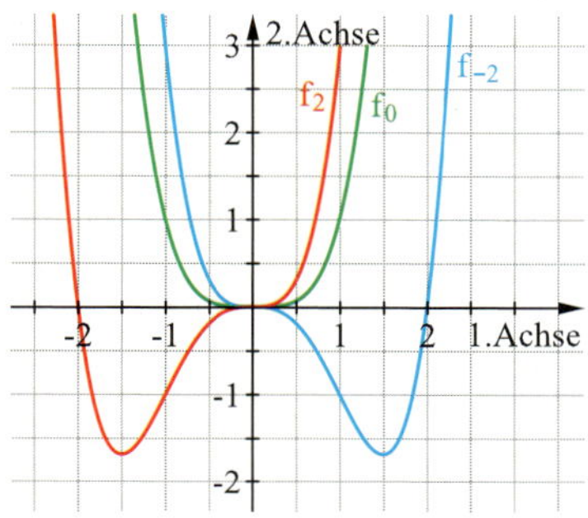

b) Die Extrempunkte aller Funktionen f_k sind die Tiefpunkte $T_k\left(-\frac{3}{4}k \middle| -\frac{27}{256}k^4\right)$.
Wir müssen einen funktionalen Zusammenhang zwischen den x-Werten x_e und den y-Werten y_e der Extrempunkte finden.
Es ist

$$y_e = -\frac{27}{256}k^4 = -\frac{1}{3} \cdot \frac{81}{256}k^4 = -\frac{1}{3}\left(-\frac{3}{4}k\right)^4 = -\frac{1}{3}x_e^4$$

Die Extrempunkte liegen also auf dem Graphen der Funktion zu $y = -\frac{1}{3}x^4$.
Begriff Ortslinie
Man bezeichnet den Graphen, auf dem die Extrempunkte aller Funktionen f_k liegen, als **Ortslinie** der Extrempunkte aller Funktionen f_k.

Weiterführende Aufgaben

2. *Rechenverfahren zum Auffinden einer Ortslinie*
Gegeben ist die Funktionenschar f_k mit $f_k(x) = x^3 + 3 \cdot x^2 + (1-k) \cdot 3 \cdot x, \quad k \in \mathbb{R}$.

a) Bestimme die Extrempunkte aller Funktionen f_k.

b) Bestimme eine Ortslinie für alle Extrempunkte $E(x_e \mid y_e)$ der Funktionenschar f_k. Löse dazu die Gleichung $f_k'(x_e) = 0$ nach k auf und substituiere in der Gleichung $y_e = f_k(x_e) = x_e^3 + 3 \cdot x_e^2 + (1-k) \cdot 3 \cdot x_e$ den Parameter k durch den für k aus der Gleichung $f_k'(x_e) = 0$ bestimmten Wert. Begründe dieses Vorgehen.

CAS **3.** *Darstellung als Fläche im 3-dimensionalen Raum*
Wenn man neben der 1. Achse und der 2. Achse noch eine 3. Achse für den Parameter k verwendet, kann man $y = f_k(x)$ als Funktionsgleichung mit zwei Veränderlichen auffassen. Den Graphen von f_k kann man dann als gekrümmte Fläche im 3-dimensionalen Raum darstellen.

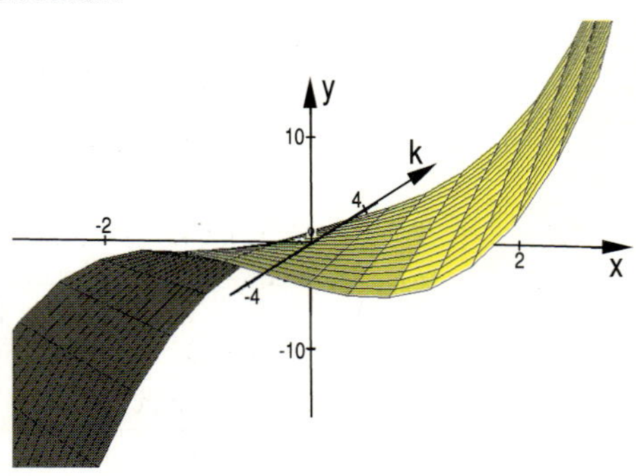

a) Interpretiere die folgende mit einem CAS gezeichnete Graphik als Darstellung der Funktionenschar f_k mit $f_k(x) = x^3 + kx$.

b) Stelle die Funktionenschar f_k mit $f_k(x) = x^4 - kx^2$ mithilfe eines CAS dar.

Übungsaufgaben

4.
Gegeben sind die Funktionen f_k mit $f_k(x) = 4x - kx^2$, $k \in \mathbb{R}$.

a) Untersuche allgemein die Funktion f_k. Skizziere den Graphen für $k = -3$, für $k = 0$ und für $k = 3$.

b) Zeige, dass sich alle Funktionsgraphen in einem Punkt schneiden und dort auch dieselbe Steigung haben.

5.
Gegeben sind die Funktionen f_k mit $f_k(x) = x^2 + kx + k$, $k \in \mathbb{R}$.

a) Untersuche allgemein die Funktion f_k. Skizziere den Graphen für $k = -2$, für $k = 0$ und für $k = 2$.

b) Zeige, dass alle Extrempunkte der Funktionenschar f_k auf der Parabel zu $y = -x^2 - 2x$ liegen.

c) Für welche k liegt der Extrempunkt von f_k oberhalb der 1. Achse?

6.
Gib eine Funktionenschar an, zu der die folgenden Funktionsgraphen gehören.

a)

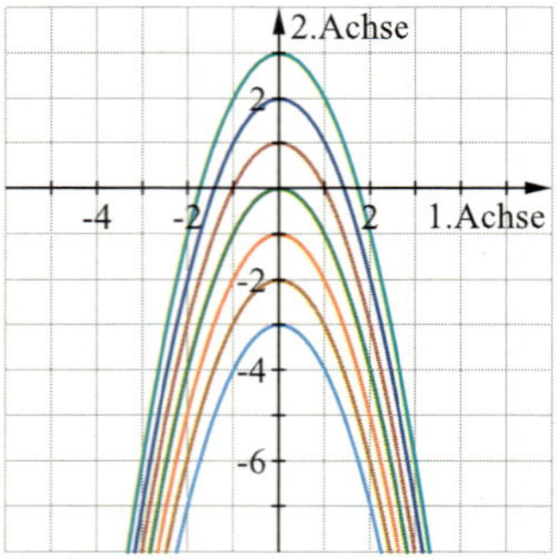

b)

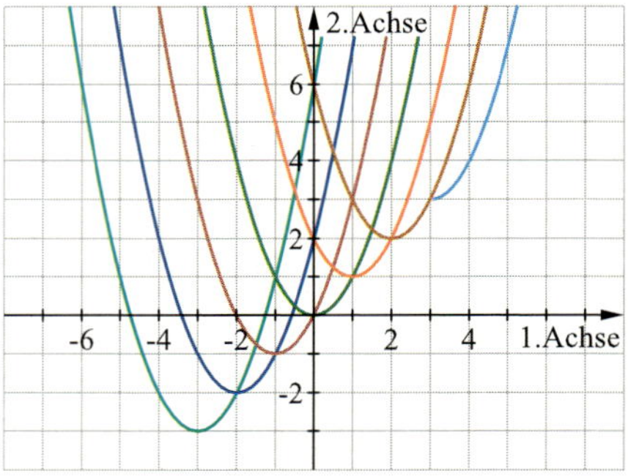

7.
Gegeben sind die Funktionen f_k mit $f_k(x) = x^4 - kx^2$, $k \in \mathbb{R}$.

a) Untersuche allgemein die Funktion f_k. Skizziere den Graphen für $k = -2$ und für $k = 2$.

b) Bestimme die Ortslinie für die Tiefpunkte aller Funktionsgraphen.

c) Es sei $k > 0$ und $x_e \neq 0$ eine Extremstelle, x_w eine Wendestelle von f_k.
Zeige: $\frac{x_e}{x_w}$ hängt nicht von k ab.

8.
Gegeben sind die Funktionen f_k mit $f_k(x) = x^2 - kx^3$, $k \in \mathbb{R}$.

a) Untersuche allgemein die Funktion f_k. Skizziere den Graphen für $k = -2$, $k = 0$ und für $k = 2$.

b) Für welchen Wert k hat die Funktion f_k an der Stelle $x = 100$ eine Nullstelle?

c) Zeige, dass die Wendepunkte aller Funktionen f_k auf einer Parabel liegen.

d) Welcher von allen Extrempunkten hat vom Punkt $P(0\,|\,2)$ minimalen Abstand?

9.
Gegeben sind die Funktionen f_k mit $f_k(x) = 2 \cdot x^3 - 3 \cdot k \cdot x^2 + k^3, \quad k \in \mathbb{R}$.

a) Zeige, dass für $k \neq 0$ alle Funktionen die 1. Achse berühren.

b) Untersuche allgemein die Funktion f_k. Skizziere den Graphen für $k = -1$ und 1.

c) Es sei $k > 0$, zeige: Die Graphen von f_k und f_{-k} sind symmetrisch zueinander.

10.
Gegeben ist die Funktionenschar f_k mit $f_k(x) = (x^2 - 1) \cdot (x - k), \quad k \in \mathbb{R}$.

a) Zeige, dass sich alle Funktionsgraphen in zwei Punkten schneiden.

b) Bestimme k so, dass der Graph von f_k die 1. Achse berührt.

c) Untersuche die Funktionenschar f_k.

11.
Gegeben ist die Funktionenschar f_k mit $f_k(x) = x^5 - kx^3, \quad k \in \mathbb{R}$.

a) Untersuche die Graphen der Funktionen f_k und zeichne die Graphen von f_k für $k = -3$ und für $k = 3$.

b) Bestimme eine Ortslinie für alle Extrempunkte.

12.
Für $k \in \mathbb{R}$ ist $f_k(x) = -x^3 + k \cdot x^2 + (k - 1) \cdot x$.

a) Zeige, dass sich alle Funktionsgraphen in genau zwei Punkten schneiden.

b) Bestimme k so, dass f_k an der Stelle 3 einen Extrempunkt hat.

c) Für welchen Wert des Parameters k hat der Graph von f_k *keinen* Extrempunkt?

d) Gibt es Parameter k, so dass der Graph von f_k keinen Wendepunkt hat?

13.
Für $a, b \in \mathbb{R}$ ist $f(x) = x^4 + ax^2 + bx$.

a) Bestimme a und b so, dass f an der Stelle 1 einen Sattelpunkt hat.

b) Für welche Parameter a und b hat der Graph von f *keinen* Wendepunkt?

CAS **14.**
Für $k \in \mathbb{R}$ ist $f_k(x) = -(x - k)^2 + k$.

a) Zeichne mithilfe eines CAS die Graphen von f_k für $k = -2; -1{,}75; -1{,}5; \ldots; 1{,}75; 2$. Stelle eine Vermutung auf bzgl. einer gemeinsamen Tangente für die Graphen aller Funktionen f_k, $k \in \mathbb{R}$.

b) Prüfe, die Vermutung aus Teilaufgabe a).

15.
Für $0 \leq u \leq 9$ und $0 \leq v \leq 9$ ist eine (Produktions-)Funktion gegeben durch
$y = u^2(9 - u)\, v^2(9 - v)$.

a) Untersuche für die Funktion zu $y = f_v(u) = u^2(9 - u)\, v^2(9 - v)$ für $0 \leq u \leq 9$. Zeichne die Graphen von f_v für $v = 0; 3; 6; 9$.

b) Vergleiche die Funktionen g_u mit $y = g(v) = u^2(9 - u)\, v^2(9 - v)$ für $0 \leq u \leq 9$ mit den Funktionen f_v aus Teilaufgabe a).

c) Für welche Werte u und v wird $y = u^2(9 - u)\, v^2(9 - v)$ maximal?

Blickpunkt

Safttüte mit minimalem Materialbedarf

Saft wird häufig in quaderförmigen 1-Liter-Verpackungen angeboten, die aus aluminiumbeschichteter Pappe bestehen. Dieses Verbundmaterial verursacht Kosten in der Herstellung, aber auch Gebühren an das Duale System Deutschland für die Entsorgung. Daher ist es günstig, solche Verpackungen mit möglichst wenig Materialbedarf herzustellen. Er lässt sich aus dem folgenden Netz erkennen:

Der Materialbedarf ist abhängig von der Breite, der Tiefe und der Höhe der Verpackung. Diese drei Größen sind so zu wählen, dass das Volumen der Verpackung $1\,l = 1\,000\text{ cm}^3$ beträgt. Daher lässt sich z.B. die Höhe aus der Breite und der Tiefe berechnen. Aber Breite und Tiefe sind unabhängig voneinander wählbar, so dass sich das gewünschte Volumen ergibt.

1.
Wähle einige Wertepaare für Breite und Tiefe der Verpackung. Bestimme jeweils die zugehörigen Werte für die Höhe und den Materialbedarf der Verpackung – unter Vernachlässigung der Falze.

2.
Bezeichne die Breite in cm mit x, die Tiefe in cm mit y. Erstelle dann den Funktionsterm für die Funktion, die jedem Wertepaar $(x\,|\,y)$ den entsprechenden Materialbedarf $M(x\,|\,y)$ – wieder unter Vernachlässigung der Falze – zuordnet. Betrachtet man die Wertepaare $(x\,|\,y)$ als Koordinaten von Punkten einer Ebene und trägt über jedem Punkt den Materialbedarf $M(x\,|\,y)$ als Höhe ein, so erhält man als Graphen dieser Funktion eine Fläche im dreidimensionalen Raum. Diese kann mithilfe eines Computer-Algebra-Systems gezeichnet werden. An diesem Graphen kann man mithilfe der Trace-Funktion den minimalen Wert für den Materialbedarf ablesen.

GTR

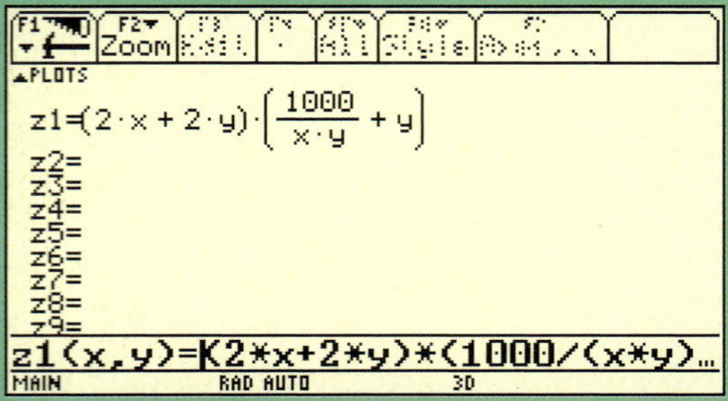

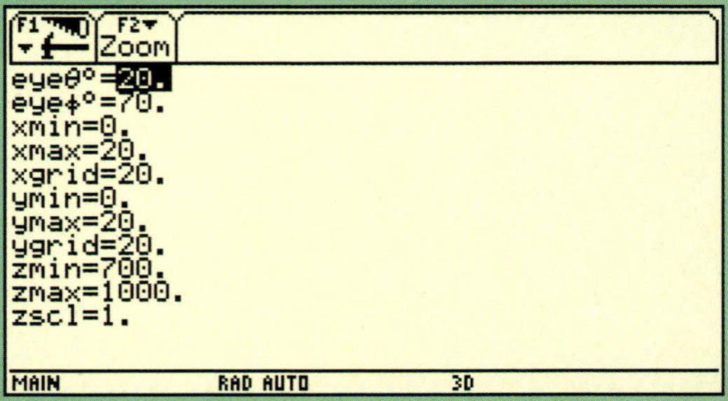

Lies aus dem abgebildeten Graphen Näherungswerte für Breite, Höhe und Materialbedarf der Verpackung mit minimalen Materialbedarf ab. Welches Aussehen hat die Tüte?

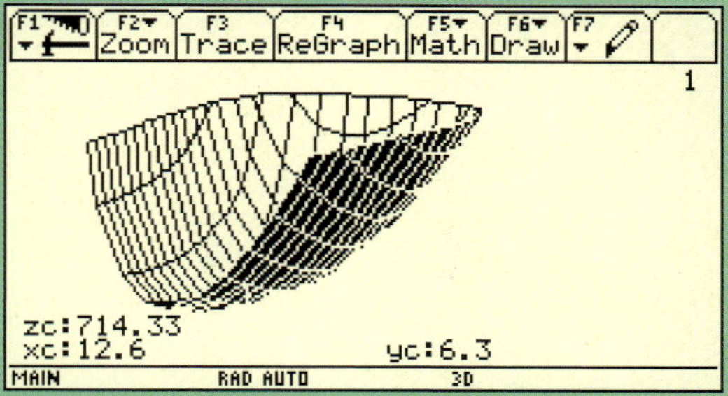

3.
Die Werte für die optimale Verpackung kannst du auch berechnen. Den Graphen dieser Funktion mit zwei Variablen kann man sich auch aus aneinander gelegten Graphen einer Schar von Funktionen mit einer Variablen entstanden denken. Dafür gibt es sogar zwei Möglichkeiten:

(1) $f_x(y) = (2x + 2y)\left(\frac{1000}{xy} + y\right)$ und (2) $f_y(x) = (2x + 2y)\left(\frac{1000}{xy} + y\right)$

Für jede der beiden Funktionenscharen kann man eine notwendige Bedingung für das Minimum bestimmen. Für den Tiefpunkt der Funktion mit zwei Variablen müssen beide Bedingungen erfüllt sein. Führe die Rechnung durch. Zeige, dass sich die Gleichung $-\frac{1}{500}y^6 + 2y^3 = -4000$ ergibt. Dies ist eine „bikubische" Gleichung. Löse sie, indem du w für y^3 setzt. Gib dann die genauen Abmessungen der optimalen Verpackung und ihren Materialbedarf an.

4.
Im Gegensatz zu den verkauften Verpackungen weist die oben errechnete eine quadratische Vorderfläche auf. Bei der obigen Modellierung sind aber noch nicht die Falze berücksichtigt worden. Sie sind jeweils 1 cm breit. Erstelle mithilfe der Abbildung des Netzes der Verpackung den Funktionsterm für den Materialbedarf unter Berücksichtigung der Falze.
Berechne nun damit den Materialbedarf der oben ermittelten Verpackung mit quadratischer Grundfläche. Probiere, ob sich für andere Werte eine günstigere Verpackung ergibt.

CAS **5.**
Auch hier kann man mithilfe eines Computer-Algebra-Systems wieder einen Näherungswert für die optimale Verpackung ermitteln.

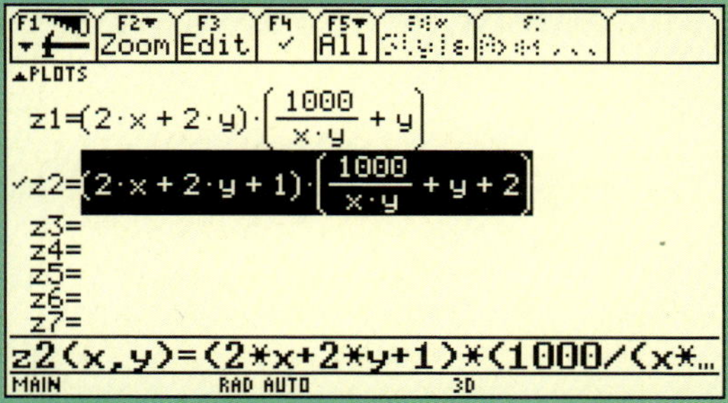

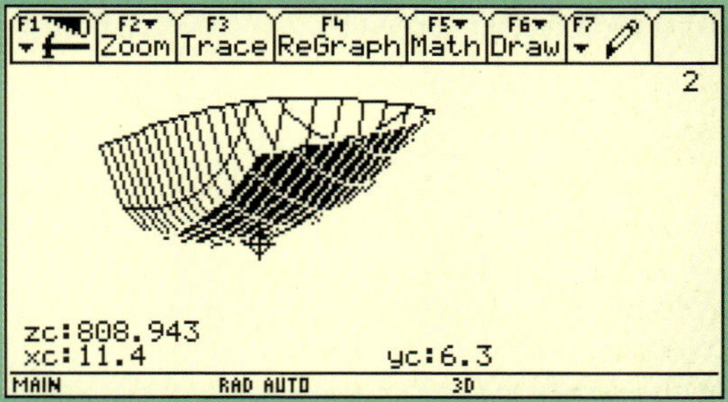

Lies die Werte für die optimale Verpackung ab. Vergleiche mit denen für die oben berechnete Verpackung mit quadratischer Vorderfläche und mit den Maßen einer gekauften Verpackung.
Berechne die prozentualen Abweichungen vom minimalen Materialbedarf.

CAS **6.**
Es ist ähnlich wie oben auch möglich, die Werte für das Minimum zu errechnen. Hier erhält man aber schwierigere Gleichungen, die sich vorteilhaft mithilfe eines Computer-Algebra-Systems numerisch lösen lassen.

Fragen zum Basiswissen

- In einem Sachzusammenhang soll eine ganzrationale Funktion bestimmt werden. Wie geht man vor? (Seite 217)
- Wie löst man eine Extremwertaufgabe mit Nebenbedingungen. Erläutere die Schritte beispielsweise an Aufgabe 6. (Seite 223)
- Zeige an einem Beispiel, wie man eine Schar von Funktionen untersucht. (Seite 227 ff)

Klausurtraining A

1.
Bestimme eine ganzrationale Funktion dritten Grades, deren Graph durch den Ursprung geht und den Hochpunkt $H(-1\,|\,2)$ und den Tiefpunkt $T(1\,|\,-2)$ hat.

2.
Zwei Masten einer Freileitung stehen 0,600 km voneinander entfernt. Die Spitze des rechten Mastes liegt 0,040 km höher als die Spitze des linken Mastes. Die Kurve sieht wie eine Parabel aus, deren Achse parallel zur 2. Achse des Koordinatensystems ist. Die Steigung der Kurve beim rechten Mast ist 0,5.

a) Bestimme die Parabelgleichung im angegebenen Koordinatensystem.

b) Welche Koordinaten hat der Scheitelpunkt der Parabel?

c) Bestimme die Winkel α und β.

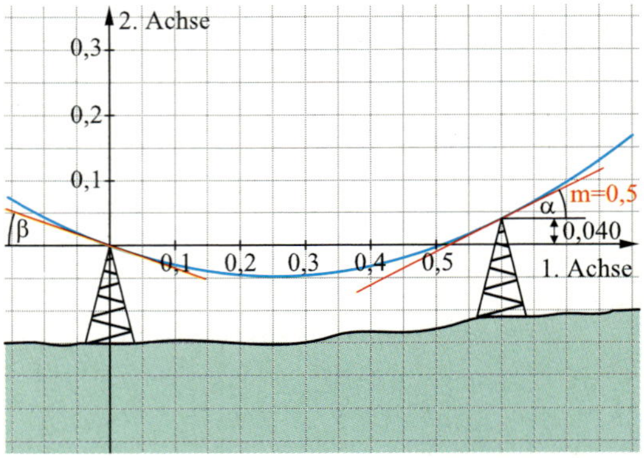

3.
Von der Anschlussstelle A an der geradlinigen Küste soll ein Versorgungskabel zu einer Bohrinsel B verlegt werden.
Die Bohrinsel liegt 18 km weiter östlich und ist 12 km von der Küste entfernt.
Die Verlegung an Land kostet 20000 € pro km, die Verlegung im Meer 52000 € pro km.
Wie muss das Kabel verlegt werden, damit die Kosten minimal werden?
Wie groß sind dann die Kosten?

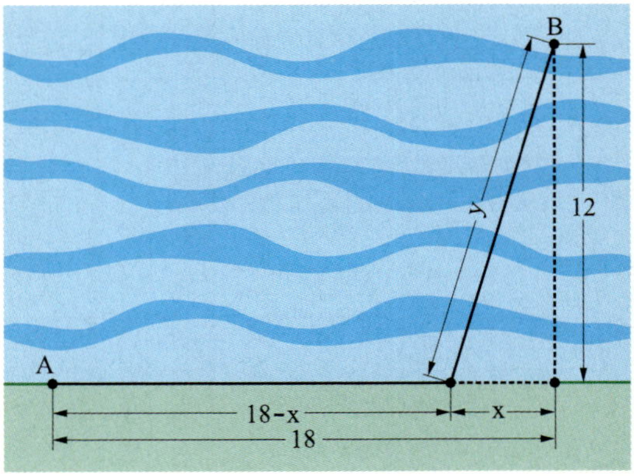

4.
Gegeben ist eine Kurvenschar durch $y = a + 3ax^2 + x^3$; $a \in \mathbb{R}$.

a) Bestimme die relativen Extrempunkte und die Wendepunkte für jeden Graphen der Schar. Bei welchen Einsetzungen für a liegt ein relativer Hochpunkt bzw. ein relativer Tiefpunkt vor?

b) Bei welchen Einsetzungen für a hat der Graph eine Wendetangente mit der Steigung -3? Zeichne die zugehörigen Graphen mit den Wendetangenten.

Klausurtraining B

1.
Bestimme eine ganzrationale Funktion dritten Grades, deren Graph durch den Ursprung geht und den Hochpunkt $H(1 \mid 2)$ und den Tiefpunkt $T(-1 \mid -2)$ hat.

2.
Der Term der Reproduktionsfunktion eines Fischbestandes einer Zuchtanlage wird angenähert durch $f(x) = a \cdot x^2 + b \cdot x;\ x \in [0; 7{,}2]$, dabei ist x die aktuelle Größe der Population und f (x) die zu erwartende Größe der Population im nächsten Jahr.
Der Züchter fand heraus, dass er zur Fangzeit 6,3 t Fisch hat. Wenn er dann 2,7 t Fisch fängt (Ertrag $E(x) = 2{,}7$), sind im nächsten Jahr wieder 6,3 t Fisch in der Zuchtanlage.
Dieser Ertrag von 2,7 t ist maximal.
Bestimme die Koeffizienten a und b für die Reproduktionsfunktion f.
(Hinweis: $E(x) = f(x) - x$ und 3,6 t Fisch bleiben in der Anlage.)

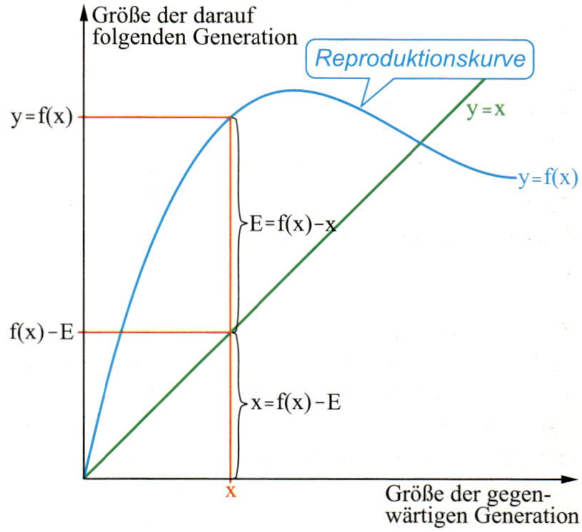

3.
Eine Kartonagenfabrik stellt quaderförmige Pakete mit quadratischen Seitenflächen her. Damit die Pakete nicht zu unhandlich werden, sollen noch zwei Bedingungen erfüllt sein:
Die Länge soll nicht größer als 200 cm sein.
Länge plus Umfang der quadratischen Seitenfläche soll 360 cm groß sein.

a) Welche Ausmaße hat das Paket mit dem größten Volumen?

b) Wie groß ist das maximale Volumen?

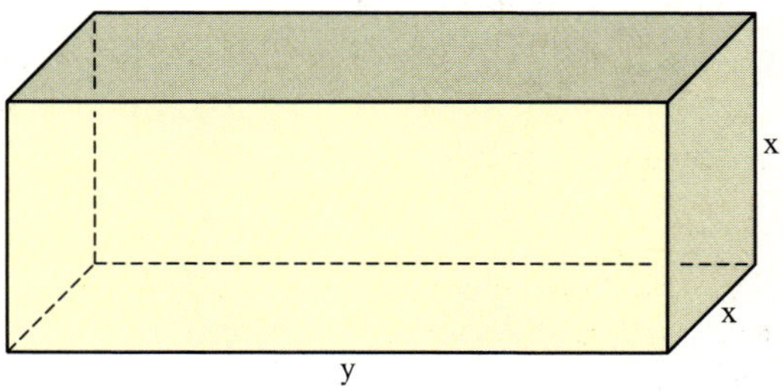

4.
Gegeben ist eine Kurvenschar durch $y = 2 \cdot \sqrt{a \cdot x} - x$ mit $a > 0$.

a) Welchen Punkt haben alle Graphen der Schar gemeinsam?

b) Zeige, dass jeder Graph der Schar einen Hochpunkt hat. Bestimme seine Koordinaten.

c) Auf welcher Geraden liegen alle diese Hochpunkte? Gib ihre Gleichung an.

d) Welcher Graph der Schar geht durch $P(8 \mid 0)$? Zeichne diesen Graphen. Bestimme den Wertebereich der zugehörigen Funktion.

ANHANG I: WEITERE ABLEITUNGSREGELN

I.1 Spezialfall der Kettenregel

Beim Modellieren periodischer Vorgänge mithilfe der trigonometrischen Funktionen wurden Funktionen mit einem Term der Form $c \cdot \sin(ax+b)$ verwendet. In anderen Sachsituationen kommen Funktionen mit einem Funktionsterm des Typs $f(ax+b)$ vor. Im Folgenden soll für solche Funktionen f, in deren Term ein linearer Teilterm $ax+b$ eingesetzt wurde, die Ableitung bestimmt werden. Dazu wird zunächst geometrisch analysiert, wie sich der Graph zu f durch das Einsetzen von $ax+b$ verändert.

Aufgabe 1 *Verschieben und Strecken von Funktionsgraphen parallel zur 1. Achse*

Gehe aus von dem Graphen der Kosinus-Funktion.

(1) Strecke den Graphen der Kosinus-Funktion mit dem Faktor $\frac{1}{3}$ parallel zur 1. Achse und verschiebe den gestreckten Graphen um $\frac{\pi}{2}$ nach links.

(2) Verschiebe ihn um $\frac{\pi}{2}$ nach links und strecke den verschobenen Graphen mit dem Faktor $\frac{1}{3}$ parallel zur 1. Achse.

Welcher Funktionsterm gehört jeweils zu dem entstandenen Graphen?

Lösung

(1) Der mit dem Faktor $\frac{1}{3}$ parallel zur 1. Achse gestreckte Graph hat den Funktionsterm $g(x) = \cos(3x)$. Verschiebt man diesen Funktionsgraphen um $\frac{\pi}{2}$ nach links, so hat der entstandene Graph den Funktionsterm $h(x) = \cos\left(3\left(x+\frac{\pi}{2}\right)\right)$. In dieser Reihenfolge sind wir beim Modellieren periodischer Vorgänge auf Seite 76 ff. vorgegangen.

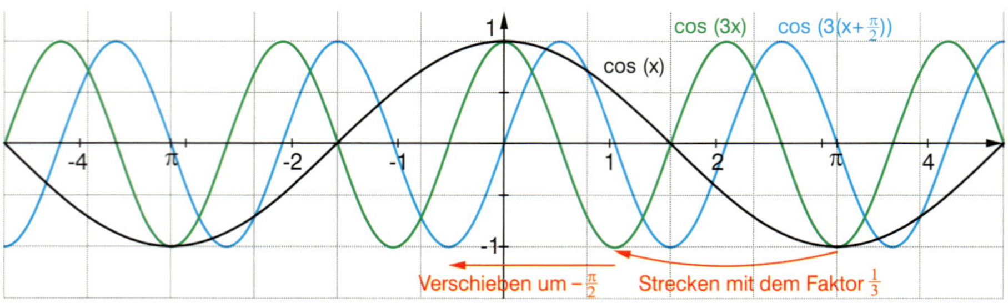

(2) Der nach links verschobene Graph hat den Funktionsterm $g(x) = \cos\left(x+\frac{\pi}{2}\right)$. Der anschließend mit dem Faktor $\frac{1}{3}$ parallel zur 1. Achse gestauchte Funktionsgraph hat den Funktionsterm $h(x) = \cos\left(3x+\frac{\pi}{2}\right)$, da jetzt im Vergleich zu $g(x)$ in $h(x)$ 3-mal so große Argumente eingesetzt werden müssen, um denselben Funktionswert zu erhalten.

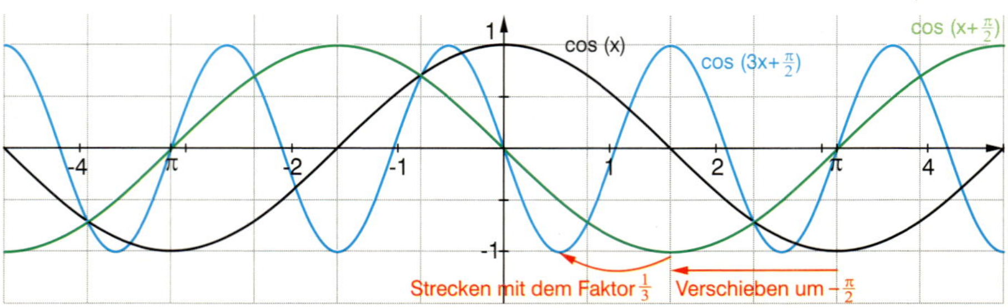

Information **(1) Verschieben und Strecken parallel zur 1. Achse**

Die Tabelle von Seite 41 kann verallgemeinert und ergänzt werden um das Strecken parallel zur 1. Achse des Graphen einer Funktion f:

Änderungen am Term	Neue Funktionsgleichung	Abbildungen	Graphen
x durch x − b ersetzen	$f(x-b)$	Verschieben um d Einheiten parallel zur 1. Achse; nach links für $b>0$, nach rechts für $b<0$.	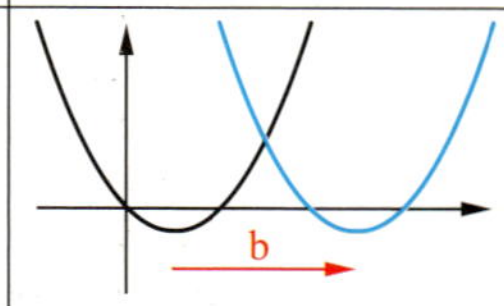
x durch ax ersetzen	$f(ax)$	Strecken mit dem Faktor $\frac{1}{a}$ parallel zur 1. Achse, also Stauchen für $a>0$.	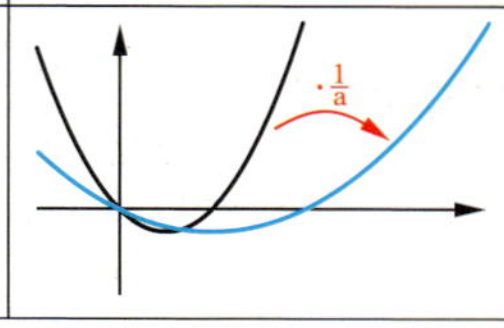

(2) Verketten von Verschieben und Strecken parallel zur 1. Achse

Streckt man den Funktionsgraphen zu f erst mit dem Faktor $\frac{1}{a}$ parallel zur 1. Achse und verschiebt ihn dann um b Einheiten parallel zur 1. Achse, so gehört der entstandene Graph zur Funktion mit dem Term $f\big(a(x+b)\big)$.
Verschiebt man dagegen den Funktionsgraphen zu f erst um b Einheiten parallel zur 1. Achse und streckt dann mit dem Faktor $\frac{1}{a}$ parallel zur 1. Achse, so gehört der entstandene Graph zur Funktion mit dem Term $f(ax+b)$.

Aufgabe 2 *Hinführung zum Spezialfall der Kettenregel*

a) Erzeuge schrittweise den Graphen zur Funktion $h(x)=\sin\left(3x+\frac{\pi}{2}\right)$ aus dem der Sinusfunktion. Fertige dafür 3 Koordinatensysteme nebeneinander an.

b) Erzeuge nun zu jeder der 3 Funktionen in einem Koordinatensystem darunter zeichnerisch den Graphen der Ableitungsfunktion. Äußere auch Vermutungen für deren Funktionsterme.

Lösung

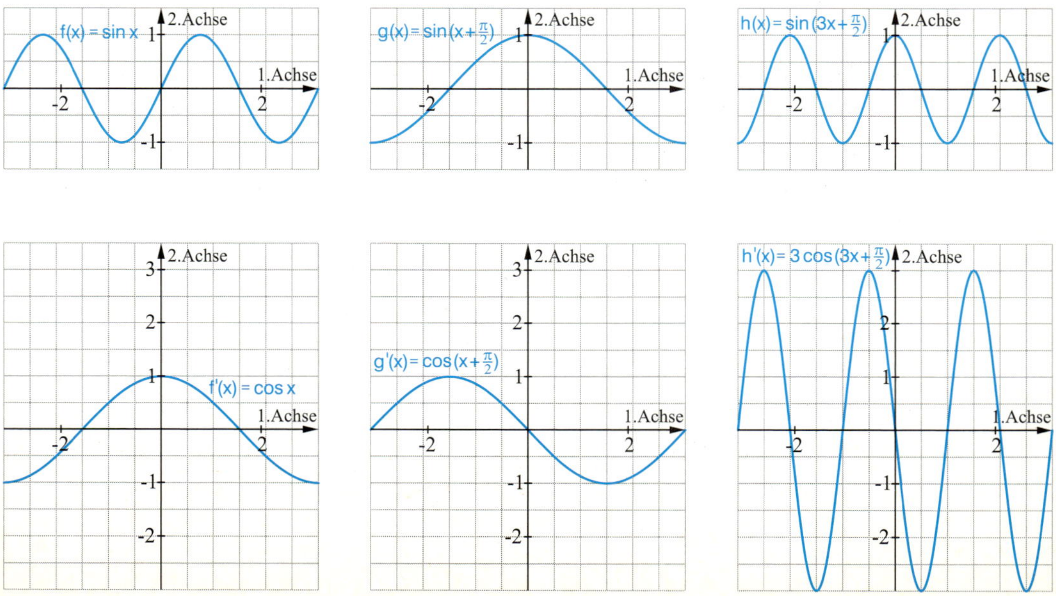

Information **(1) Spezialfall der Kettenregel**

Die Lösung der Aufgabe 2 legt folgende Regel zum Ableiten einer Funktion f nahe, in deren Term ein linearer Term $ax + b$ eingesetzt wurde:

> **Spezialfall der Kettenregel**
> Ist die Funktion f differenzierbar, so ist auch die Funktion zu $h(x) = f(ax + b)$ differenzierbar und es gilt: $h'(x) = a f'(ax + b)$

Da der Faktor a die Ableitung der „inneren Funktion“ $x \mapsto ax + b$ ist, gilt für die Ableitung von h folgende *Merkregel:*

Ableitung der Gesamtfunktion = innere Ableitung · äußere Ableitung.

Die (allgemeine) Kettenregel gibt an, wie die Ableitung einer solchen Funktion zu bestimmen ist, falls die innere Funktion beliebig ist.

(2) Geometrischer Beweis des Spezialfalles der Kettenregel

Der Graph der Funktion h wird durch Verschieben und anschließendes Strecken parallel zur 1. Achse aus dem Graphen zu f erzeugt. Anschließend wird an den Graphen zu f an der Stelle x eine Tangente mit Steigungsdreieck gezeichnet und ermittelt, aus welchem Steigungsdreieck für Funktion f es entstanden ist.

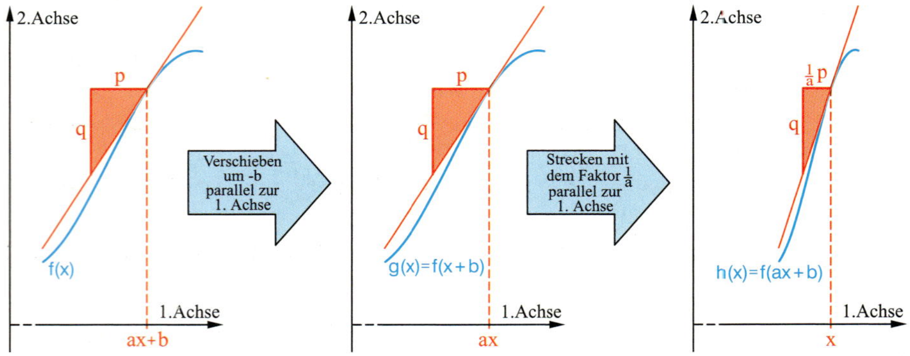

Die Tangente an den Graphen von h an der Stelle x ist aus der Tangente an den Graphen von g an der Stelle ax entstanden, da der Graph von h aus den von g durch Strecken mit dem Faktor $\frac{1}{a}$ parallel zur 1. Achse entsteht. Entsprechend ist diese Tangente entstanden aus der an den Graphen von f an der Stelle $ax + b$. Dieses Steigungsdreieck beschriften wir mit den Katheten-Längen p und q, für die gilt $\frac{q}{p} = f'(ax + b)$. Da der Graph von g nur durch Verschiebung aus dem von f entsteht, hat auch das Steigungsdreieck an dessen Tangente diese Kathetenlängen. Bei der Streckung mit dem Faktor $\frac{1}{a}$ parallel zur 1. Achse bleibt die Länge der senkrechten Kathete unverändert, die der waagerechten wird zu $\frac{1}{a} \cdot p$.
Also folgt $h'(x) = \frac{q}{\frac{1}{a} \cdot p} = a \cdot \frac{q}{p} = a \cdot f'(ax + b)$.

Übungsaufgaben

3.
Verschiebe den Graphen der Hyperbel zu $\frac{1}{x}$ um
(1) 3 Einheiten nach links, (2) 2 Einheiten nach rechts.
Gib jeweils den Term der Funktion zum entstandenen Graphen an.

4.

Verschiebe den Graphen der Sinusfunktion um

(1) $\frac{\pi}{2}$ Einheiten nach links, (2) π Einheiten nach rechts.

Gib jeweils den Term der Funktion zum entstandenen Graphen an.

5.

Strecke den Graphen der Funktion mit dem angegebenen Faktor parallel zur 1. Achse:

a) $f(x) = \cos(x);\ \frac{1}{2}$

b) $f(x) = \cos(x);\ 2$

c) $f(x) = \sin(x);\ 2$

d) $f(x) = \sin(x);\ \frac{1}{3}$

e) $f(x) = \sqrt{x};\ 3$

f) $f(x) = \sqrt{x};\ \frac{1}{4}$

g) $f(x) = \frac{1}{x};\ \frac{1}{4}$

h) $f(x) = \frac{1}{x};\ 4$

6.

Führe mit dem Graphen der Funktion die Abbildungen in der angegebenen Reihenfolge durch:

a) $f(x) = \sin(x)$,
Verschiebung um π nach links, dann Streckung mit $\frac{1}{2}$ parallel zur 1. Achse.

b) $f(x) = \sin(x)$,
Streckung mit $\frac{1}{2}$ parallel zur 1. Achse, dann Verschiebung um π nach links.

c) $f(x) = \cos(x)$,
Verschiebung um $\frac{\pi}{2}$ nach rechts, dann Streckung mit $\frac{1}{2}$ parallel zur 1. Achse.

d) $f(x) = \cos(x)$,
Verschiebung um $\frac{\pi}{2}$ nach rechts, dann Streckung mit 3 parallel zur 1. Achse.

e) $f(x) = \sqrt{x}$,
Verschiebung um 1 nach rechts, dann Streckung mit 2 parallel zur 1. Achse.

f) $f(x) = \sqrt{x}$,
Verschiebung um 8 nach rechts, dann Streckung mit $\frac{1}{4}$ parallel zur 1. Achse.

7.

Leite mithilfe des Spezialfalles der Kettenregel ab. Kontrolliere das Ergebnis durch Ausmultiplizieren des Funktionstermes.

a) $g(x) = (3x - 4)^2$ **b)** $g(x) = (x - 2)^2$ **c)** $g(x) = \sqrt{25 \cdot x}$

8.

Bestimme die Ableitung.

a) $g(x) = \sin(2x + 1)$

b) $g(x) = \cos\left(\frac{1}{2}x - 3\right)$

c) $g(x) = \sqrt{2x - 4}$

d) $g(x) = \frac{1}{3x - 5}$

e) $f(x) = 3\sin\left(\frac{1}{2}x - \pi\right)$

f) $f(x) = \frac{1}{4}\cos\left(3x + \frac{\pi}{2}\right)$

g) $f(t) = 2 \cdot \sqrt{5 - 2t}$

h) $f(z) = \frac{4}{2 - 3z}$

i) $f(x) = x^2 + \sin(2x - 3)$

j) $h(x) = \frac{1}{2}x^2 + x + 1 - 2\cos(x - 2)$

k) $f(t) = t - t^2 - 3\sqrt{2t - 1}$

l) $h(z) = 5\sqrt{3z - 1} - \frac{4}{2z + 1}$

9.

Bestimme für die Funktion zu $f(x) = \sqrt{2x - 3}$ die Ableitung, indem du die Funktionsgraphen schrittweise aus dem der Wurzelfunktion erzeugst und geeignete Steigungsdreiecke und deren Veränderung betrachtest.

1.2 Produktregel

Einführung **(1) Darf man ein Produkt gliedweise differenzieren?**

Wie differenziert man die Funktion f mit $f(x) = x \cdot \sqrt{x}$? Der Funktionsterm ist ein Produkt der Terme x und $\sqrt{x}$. Darf man auch bei einem Produkt wie bei einer Summe gliedweise differenzieren? Betrachte dazu das einfache Beispiel der Funktion f mit $f(x) = u(x) \cdot v(x) = x^2 \cdot x = x^3$.
Es ist $u(x) = x^2$; $v(x) = x$; $f(x) = x^3$.
Dann gilt: $u'(x) = 2x$; $v'(x) = 1$; $u'(x) \cdot v'(x) = 2x$.
Die Ableitung des Produktes ergibt aber: $f'(x) = 3x^2$.

Ein Produkt von Funktionen darf man i. a. nicht gliedweise differenzieren.

(2) Bestimmen der Ableitung der Funktion f mit f (x) = u (x) · v (x)

Wir müssen versuchen, die Ableitung von f an der Stelle a aufgrund der Definition der Ableitung zu bestimmen.

Zur Def. von f ′(a) siehe Seite 148.

$$f'(a) = \lim_{x \to a} \frac{f(x) - f(a)}{x - a}$$
$$= \lim_{x \to a} \frac{u(x) \cdot v(x) - u(a) \cdot v(a)}{x - a}$$

Um $f'(a)$ auf $u'(a)$ und $v'(a)$ zurückzuführen, formen wir den Term rechts so um, dass die Differenzquotienten von u und v auftreten. Dies wird erreicht, wenn wir im Zähler des Bruches das Produkt $u(a) \cdot v(x)$ zugleich subtrahieren und addieren. Wir erhalten:

$$f'(a) = \lim_{x \to a} \frac{u(x) \cdot v(x) - u(a) \cdot v(x) + u(a) \cdot v(x) - u(a) \cdot v(a)}{x - a}$$
$$= \lim_{x \to a} \left(\frac{u(x) - u(a)}{x - a} \cdot v(x) + u(a) \cdot \frac{v(x) - v(a)}{x - a} \right)$$

Subtrahieren und Addieren von $u(a) \cdot v(x)$

Wir müssen untersuchen, ob dieser Grenzwert existiert und welchen Wert er hat. Hierzu müssen wir voraussetzen, dass $\lim_{x \to a} \frac{u(x) - u(a)}{x - a}$, also $u'(a)$, sowie $\lim_{x \to a} v(x)$ und $\lim_{x \to a} \frac{v(x) - v(a)}{x - a}$, also $v'(a)$ existieren. Unter diesen Voraussetzungen folgt:

$$f'(a) = \lim_{x \to a} \frac{u(x) - u(a)}{x - a} \cdot \lim_{x \to a} v(x) + u(a) \cdot \lim_{x \to a} \frac{v(x) - v(a)}{x - a}$$

Wie aber berechnet man $\lim_{x \to a} v(x)$?

Wir wissen: $v'(a) = \lim_{x \to a} \frac{v(x) - v(a)}{x - a}$

Definition: f heißt an der Stelle a stetig, falls gilt $\lim_{x \to a} f(x) = f(a)$.

Hier geht der Nenner gegen 0. Da insgesamt ein endlicher Wert herauskommt, muss auch der Zähler gegen 0 gehen, d.h. $v(x)$ strebt gegen $v(a)$. Es gilt $\lim_{x \to a} v(x) = v(a)$. Dies besagt, dass v an der Stelle a stetig ist (vgl. dazu auch Satz 2, Seite 241).
Also folgt: $f'(a) = u'(a) \cdot v(a) + u(a) \cdot v'(a)$

Zum Begriff differenzierbar siehe Seite 148.

Satz 1: *Produktregel*

Wenn die Funktionen u und v an der Stelle a differenzierbar sind, so ist auch die Funktion f mit $f(x) = u(x) \cdot v(x)$ an der Stelle a differenzierbar, und es gilt: $f'(a) = u'(a) \cdot v(a) + u(a) \cdot v'(a)$. Wir schreiben kurz:

$(u \cdot v)' = u' \cdot v + u \cdot v'$

Aufgabe 1 Bestimme die Ableitung der Funktion f mit $f(x) = \frac{a}{x} \cdot \sin x$.

Lösung Es ist: $f(x) = \frac{a}{x} \cdot \sin x$

Wir setzen: $u(x) = \frac{a}{x} \qquad v(x) = \sin x$

Dann ist: $u'(x) = \frac{a}{x^2} \qquad v'(x) = \cos x$

Beachte: Es wird nach x differenziert; a ist Parameter.

$f'(x) = u'(x) \cdot v(x) + u(x) \cdot v'(x) = -\frac{a}{x^2} \cdot \sin x + \frac{a}{x} \cdot \cos x$

Weiterführende Aufgaben

Zur Faktorregel siehe Seite 158.

2. *Die Faktorregel als Spezialfall der Produktregel*
Die Faktorregel für die Funktion f mit $f(x) = c \cdot u(x)$ lautet $f'(x) = c \cdot u'(x)$. Sie kann als Spezialfall der Produktregel angefasst werden. Zeige dies.

3. *Produktregel für mehr als zwei Faktoren*

a) Zeige, dass für drei Funktionen folgende Regel gilt:
$(u \cdot v \cdot w)' = u' \cdot v \cdot w + u \cdot v' \cdot w + u \cdot v \cdot w'$
Bestimme dann die Ableitung der Funktion f mit $f(x) = \frac{1}{x} \cdot \sqrt{x} \cdot \sin x$.

b) Verallgemeinere die Regel auf vier [fünf] Funktionen.

4. *Potenzregel*

a) Zeige mithilfe der Produktregel:
(1) $(u^2)' = 2 \cdot u \cdot u'$ (2) $(u^3)' = 3 \cdot u^2 \cdot u'$
Wende diese Regel auf $\sin^2 x$ bzw. $\sin^3 x$ an.

b) Wie lautet vermutlich die Potenzregel für $(u^n)'$?

▲ **5.** *An der Stelle a unstetige und nicht differenzierte Funktion*

Faustregel: An Sprungstellen unstetig. Bei durchgehendem Graphen überall stetig.

Für die Funktion f gelte:

$$f(x) = \begin{cases} 1 & \text{für } x < a \\ 2 & \text{für } x \geq a \end{cases}$$

Zeige, dass f an der Stelle a nicht differenzierbar ist.

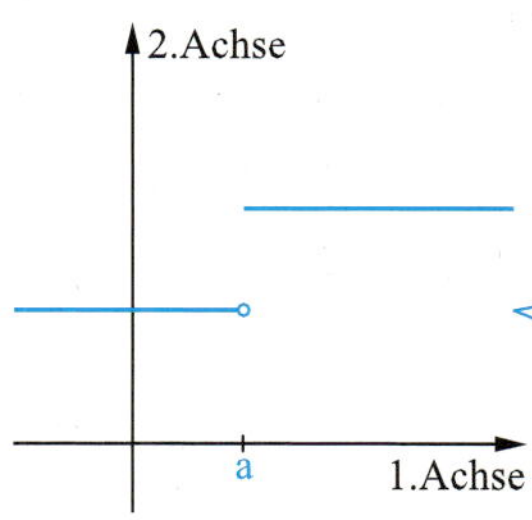

Sprungstelle des Graphen an der Stelle a

Information

Satz 2
Für jede an der Stelle a differenzierbare Funktion gilt: $\lim\limits_{x \to a} f(x) = f(a)$, d.h. f ist an der Stelle a auch stetig.

Beweis:
Es gilt: $f(x) = f(a) + \frac{f(x) - f(a)}{x - a} \cdot (x - a)$. Dann folgt:

$$\lim_{x \to a} f(x) = f(a) + f'(a) \cdot 0 = f(a),$$ d.h. f ist an der Stelle a stetig.

Definition: f heißt an der Stelle a stetig, falls gilt $\lim\limits_{x \to a} f(x) = f(a)$.

Übungsaufgaben

6.
Differenziere nach der Produktregel.

a) $f(x) = x^2 \cdot \sin x$
b) $f(x) = x \cdot \sqrt{x}$
c) $f(x) = \frac{1}{x} \cdot \cos x$
d) $f(x) = \frac{\sqrt{x}}{x}$
e) $f(x) = \sin x \cdot \cos x$
f) $f(x) = \sqrt{x} \cdot \cos x$
g) $f(x) = (3x^2 + 7) \cdot \sqrt{x}$
h) $f(x) = \sqrt{x} \cdot \sin x$
i) $f(x) = x \cdot \frac{1}{x}$ (!)

7.
Wende die Produktregel an.

a) $f(x) = (3x + 4) \cdot (7x^2 + 5)$
b) $f(x) = (2x + 2) \cdot (4x^5 + 7x + 2)$
c) $f(x) = (2x^2 - 9) \cdot (3x^2 - 4x)$
d) $f(x) = (4x^3 - 1) \cdot \frac{1}{x}$
e) $f(x) = (7x^2 + 5x + 3) \cdot \sqrt{x}$
f) $f(x) = (6x^7 + 5) \cdot \frac{1}{x}$
g) $f(x) = 3x^4 \cdot \sqrt{x}$
h) $f(x) = x \cdot \sin x$
i) $f(x) = x^3 \cdot \sin x$
j) $f(x) = 4x \cdot \cos x$
k) $f(x) = \sin^2 x$
l) $f(x) = \cos^2 x$
m) $f(x) = \sqrt{x} \cdot (\sin x - \cos x)$
n) $f(x) = (x^2 + 1) \cdot \sin x$
o) $f(x) = (2x^2 + x) \cdot \cos x$
p) $f(x) = \left(2 \cdot \sqrt{x} + 4\right) \cdot \cos x$
q) $f(x) = \sqrt{x} \cdot \left(\sin x - \frac{1}{x}\right)$
r) $f(x) = \sin x \cdot \sin x + \cos^2 x$

8.
Bilde die erste und zweite Ableitung von f, ohne vorher die Klammern aufzulösen.

a) $f(x) = (x^2 + 1) \cdot (3x - 7)$
b) $f(x) = (8x^2 - 5x + 7) \cdot (4x^7 - 3x^4 + 2x)$
c) $f(x) = (4x - 1) \cdot (7x^3 - 4x^2 + x + 2)$
d) $f(x) = (5x^7 - 3x) \cdot (9x^6 + 4x^2 + 9)$
e) $f(x) = (x - 1)^2$
f) $f(x) = (x^2 + 5)^2$
g) $f(x) = (\sin x - 1)^2$
h) $f(x) = \left(\sqrt{x} + 1\right)^2$

9.
Bilde die erste Ableitung von f.

a) $f(x) = (x - 1) \cdot (x^2 + 3) \cdot (x - 7)$
b) $f(x) = (x + 5) \cdot (3x^4 + 7) \cdot (x^4 - 7x + 5)$
c) $f(x) = (8x^3 - 4) \cdot (4x^4 - 7) \cdot (5x^8 - 7x + 5)$
d) $f(x) = (x - 1) \cdot \sqrt{x} \cdot (x^2 - 1)$
e) $f(x) = \frac{1}{x} \cdot \sqrt{x} \cdot (x^2 - 1)$
f) $f(x) = \sqrt{x} \cdot \sin x \cdot \cos x$
g) $f(x) = \frac{\sin x \cdot \cos x}{x}$
h) $f(x) = x\sqrt{x} \cdot \frac{1}{x}$

10.
Bilde die Ableitung.

a) $f(x) = (a + x) \cdot \cos x$
b) $f(x) = ax^2 \cdot \sin x$
c) $f(x) = a\sqrt{x} \cdot \sin x$
d) $f(x) = \frac{\sqrt{x}}{c \cdot x}$; $(c \neq 0)$
e) $f(x) = (2ax)^2 \cdot \frac{1}{x}$
f) $f(x) = \frac{\sin x \cdot \cos x}{p}$; $(p \neq 0)$

1.3 Quotientenregel

Die Funktion f mit $f(x)=\frac{a}{x}\cdot\sin x$ haben wir mithilfe der Produktregel differenziert. Man kann auch den Funktionsterm umformen: $\frac{a}{x}\cdot\sin x=\frac{a\cdot\sin x}{x}$. Um dann zu differenzieren, ist es günstig, eine Regel für die Ableitung eines Quotienten von Funktionen zur Verfügung zu haben.

Aufgabe 1

a) Leite eine Formel (Quotientenregel) für die Ableitung einer Funktion f mit $f(x)=\frac{u(x)}{v(x)}$ her. Gehe ähnlich wie bei der Herleitung der Produktregel vor und formuliere einen entsprechenden Satz.

b) Wende die Quotientenregel auf folgende Funktionen f an:

(1) $f(x)=\frac{3x+1}{x^2+1}$; (2) $f(x)=\frac{a\cdot\sin x}{x}$; (3) $f(x)=\tan x=\frac{\sin x}{\cos x}$

Lösung

a) Nach der Definition der Ableitung von f an der Stelle a (mit $v(a)\neq 0$) gilt:

$$f'(a)=\lim_{x\to a}\frac{f(x)-f(a)}{x-a}=\lim_{x\to a}\frac{\frac{u(x)}{v(x)}-\frac{u(a)}{v(a)}}{x-a}$$

$$f'(a)=\lim_{x\to a}\frac{\frac{u(x)\cdot v(a)-u(a)\cdot v(x)}{v(x)\cdot v(a)}}{x-a}=\lim_{x\to a}\frac{u(x)\cdot v(a)-u(a)\cdot v(x)}{(x-a)\cdot v(x)\cdot v(a)}$$

Um $f'(a)$ auf $u'(a)$ und $v'(a)$ zurückführen zu können, wird im Zähler das Produkt $u(a)\cdot v(a)$ subtrahiert und zugleich addiert (vgl. auch den entsprechenden Schritt bei der Herleitung der Produktregel, Seite 240.

$$f'(a)=\lim_{x\to a}\frac{u(x)\cdot v(a)-u(a)\cdot v(a)-u(a)\cdot v(x)+u(a)\cdot v(a)}{(x-a)\cdot v(x)\cdot v(a)}$$

Subtrahieren und Addieren von $u(a)\cdot v(a)$

$$=\lim_{x\to a}\frac{[u(x)-u(a)]\cdot v(a)-u(a)\cdot[v(x)-v(a)]}{(x-a)\cdot v(x)\cdot v(a)}$$

$$=\lim_{x\to a}\frac{\frac{[u(x)-u(a)]\cdot v(a)-u(a)\cdot[v(x)-v(a)]}{x-a}}{v(x)\cdot v(a)}$$

$$=\lim_{x\to a}\frac{\frac{u(x)-u(a)}{x-a}\cdot v(a)-u(a)\cdot\frac{v(x)-v(a)}{x-a}}{v(x)\cdot v(a)}$$

Nach den Grenzwertsätzen folgt, sofern die Grenzwerte existieren:

$$f'(a)=\frac{\lim\limits_{x\to a}\frac{u(x)-u(a)}{x-a}\cdot v(a)-u(a)\cdot\lim\limits_{x\to a}\frac{u(x)-u(a)}{x-a}}{\lim\limits_{x\to a}v(x)\cdot v(a)}$$

Nun gilt $\lim\limits_{x\to a}v(x)=v(a)$ (vgl. dazu Satz 2, Seite 241). Also gilt:

$$f'(a)=\frac{u'(a)\cdot v(a)-u(a)\cdot v'(a)}{(v(a))^2}$$

Satz 3: *Quotientenregel*

Wenn die Funktionen u und v an der Stelle a (mit $v(a)\neq 0$) differenzierbar sind, dann ist auch die Funktion f mit $f(x)=\frac{u(x)}{v(x}$ an der Stelle a differenzierbar, und es gilt:

$$f'(a)=\frac{u'(a)\cdot v(a)-u(a)\cdot v'(a)}{(v(a))^2}$$

Wir schreiben kurz: $\left(\frac{u}{v}\right)'=\frac{u'\cdot v-u\cdot v'}{v^2}$.

b) (1) Es ist: $f(x) = \frac{3x+1}{x^2+1}$

Wir setzen: $u(x) = 3x+1$; $v(x) = x^2+1$

Dann ist: $u'(x) = 3$; $v'(x) = 2x$

$f'(x) = \frac{u'(x) \cdot v(x) - u(x) \cdot v'(x)}{(v(x))^2}$

$f'(x) = \frac{3 \cdot (x^2+1) - (3x+1) \cdot 2x}{(x^2+1)^2} = \frac{3x^2+3-6x^2-2x}{(x^2+1)^2} = \frac{-3x^2-2x+3}{(x^2+1)^2}$

(2) Es ist: $f(x) = \frac{a \cdot \sin x}{x}$

Wir setzen: $u(x) = a \cdot \sin x$; $v(x) = x$

Dann ist: $u'(x) = a \cdot \cos x$; $v'(x) = 1$

$f'(x) = \frac{a \cdot \cos x \cdot x - a \cdot \sin x \cdot 1}{x^2} = \frac{a}{x} \cdot \cos x - \frac{a}{x^2} \cdot \sin x$

Dies stimmt mit dem Ergebnis von Aufgabe 1, Seite 241 überein.

(3) Es ist: $f(x) = \tan x = \frac{\sin x}{\cos x}$

$u(x) = \sin x$; $v(x) = \cos x$

$u'(x) = \cos x$; $v'(x) = -\sin x$

$f'(x) = \frac{\cos x \cdot \cos x - \sin x \cdot (-\sin x)}{\cos^2 x} = \frac{\cos^2 x + \sin^2 x}{\cos^2 x} = \frac{1}{\cos^2 x}$

$\tan' x = \frac{1}{\cos^2 x}$ für $\cos x \neq 0$

Weiterführende Aufgaben

2. *Spezialfall bei konstanter Zählerfunktion oder Nennerfunktion*

a) Welche Regel ergibt sich bei $u(x) = a$?

b) Zeige, dass eine Konstante $a \neq 0$ im Nenner beim Differenzieren erhalten bleibt. Zeige, dass dieses Ergebnis auch aus der Faktorregel folgt.

Zur Faktorregel siehe Seite 158.

3. *Verallgemeinerungen der Quotientenregel*

Stelle eine Formel für die Ableitung der Funktion f mit

(1) $f(x) = \frac{u(x) \cdot v(x)}{w(x)}$; (2) $f(x) = \frac{u(x)}{v(x) \cdot w(x)}$ auf.

4. *Wege bei der Ableitung einer gebrochen rationalen Funktion*

Bei der Funktion f mit $f(x) = \frac{12x^3+7x^2+5x+8}{4x+1}$ ist der Grad der Zählerfunktion größer als der Grad der Nennerfunktion. Erläutere die beiden Wege zur Bestimmung der Ableitung.

Zur Polynomdivision siehe Seite 61.

1. Weg: Man dividiert zunächst den Zähler durch den Nenner. Dann wendet man die Summen- und die Quotientenregel an.

$$
\begin{array}{l}
(12x^3+7x^2+5x+8) : (4x+1) = 3x^2+x+1+\frac{7}{4x+1} \\
\underline{-(12x^3+3x^2)} \\
\qquad 4x^2+5x+8 \\
\qquad \underline{-(4x^2+x)} \\
\qquad\qquad 4x+8 \\
\qquad\qquad \underline{-(4x+1)} \\
\qquad\qquad\quad 7
\end{array}
$$

2. Weg: Man wendet sofort die Quotientenregel an.

Verfahre im folgenden nach beiden Wegen und vergleiche.

a) $f(x) = \frac{2x^3+5x+2}{x+1}$ **c)** $f(x) = \frac{x^3+2x^2+1}{x^2+1}$ **e)** $f(x) = \frac{x^2-\frac{1}{2}x+\frac{3}{4}}{\frac{1}{4}x-\frac{1}{2}}$

b) $f(x) = \frac{x^4+2x^2-3}{x+4}$ **d)** $f(x) = \frac{x^5-x+1}{x^2-1}$ **f)** $f(x) = \frac{7x^6-14x^4+4x^2}{x^6-24}$

5. *Potenzregel für negative ganzzahlige Exponenten*
Bilde die Ableitung von f mit $f(x) = x^{-n}$ $(n \in \mathbb{N})$. Zeige, dass gilt:

Die Funktion f mit $f(x) = x^{-n}$ $(n \in \mathbb{N})$ ist an jeder Stelle ihres Definitionsbereiches differenzierbar, und es gilt:
$f'(x) = (-n) \cdot x^{-n-1}$

vergleiche Seite 156

Die Differentiation erfolgt also wie bei der Potenzregel für natürliche Exponenten.

Übungsaufgaben

6.
Differenziere nach der Quotientenregel. Bilde auch die 2. Ableitung.

a) $f(x) = \frac{x^2}{x^2+1}$ **c)** $f(x) = \frac{7x+4}{2x+6}$ **e)** $f(x) = \frac{x^2+1}{x}$ **g)** $f(x) = \frac{8x^2-1}{x+2}$

b) $f(x) = \frac{3x}{x^2-1}$ **d)** $f(x) = \frac{1}{x^2-1}$ **f)** $f(x) = \frac{3x}{7x^5-1}$ **h)** $f(x) = \frac{2x^2+5}{x-1}$

7.
Bilde die Ableitung.

a) $f(x) = \frac{x^3+2x-1}{x-1}$ **c)** $f(x) = \frac{x^3+x^2+1}{x^2-1}$ **e)** $f(x) = \frac{\frac{1}{2}x^2 - x + \frac{1}{7}}{\frac{3}{2}x+1}$

b) $f(x) = \frac{x^4-x^2+1}{x-2}$ **d)** $f(x) = \frac{x^5+x^3+1}{2x^2-4}$ **f)** $f(x) = \frac{x^6-2x^4+x^2}{x^6-2x^3}$

8.
Differenziere nach der Quotientenregel.

Überprüfe mit einem CAS.

a) $f(x) = \frac{\sqrt{x}}{\sin x}$ **f)** $f(x) = \frac{\cos x}{x^2}$ **k)** $f(x) = \frac{\cos x}{\sqrt{x}}$ **p)** $f(x) = \frac{a \sin x}{b \cdot \sqrt{x}}$

b) $f(x) = \frac{1}{\tan x}$ **g)** $f(x) = \frac{x^2}{\cos x}$ **l)** $f(x) = \frac{\frac{1}{x} + \sqrt{x}}{\frac{1}{x} - \sqrt{x}}$ **q)** $f(x) = \frac{a \sin x + b \cos x}{c \cdot x^2}$

c) $f(x) = \frac{x}{\cos x}$ **h)** $f(x) = \frac{\sqrt{x}+x}{\sin x}$ **m)** $f(x) = \frac{\sqrt{x}+4}{\cos x}$ **r)** $f(x) = \frac{x \cdot \cos x}{\sqrt{x}}$

d) $f(x) = \frac{1}{\cos x}$ **i)** $f(x) = \frac{\sqrt{x}}{x}$ **n)** $f(x) = \frac{4ax^2}{\sqrt{x}}$ **s)** $f(x) = \frac{1}{x \cdot \sin x}$

e) $f(x) = \frac{1}{\sin x}$ **j)** $f(x) = \frac{x}{\sqrt{x}}$ **o)** $f(x) = \frac{\sqrt{ax}}{2bx}$ **t)** $f(x) = \frac{ax^2 \cdot \sqrt{x}}{bx \cdot \cos x}$

9.
Bilde die Ableitung der Funktion f mit

a) $f(x) = x^{-1}$ **b)** $f(x) = x^{-2}$ **c)** $f(x) = x^{-3}$ **d)** $f(x) = x^{-4}$ **e)** $f(x) = x^{-5}$

10.
Warum erniedrigt sich häufig bei der Differentiation einer gebrochen rationalen Funktion der Grad des Zählers nicht, wenn der Grad des Nenners mindestens 1 ist?

11.
Zeige, dass für die Ableitung der Tangensfunktion auch gilt: $\tan' x = 1 + \tan^2 x$.

ANHANG II: LÖSUNGEN

Lösungen zu den Seiten 104 – 105

Klausurtraining A

1.

a) BC: $m_1 = 3$ AB: $m_2 = -\frac{1}{3}$ $m_1 \cdot m_2 = -1$ $D(-1|3)$

Der Mittelpunkt von $\overline{AC}$ ist der Schnittpunkt der Diagonalen: $M(1{,}5|0{,}5)$

b) $d_1: y = -x + 2$ $d_2: y = \frac{1}{7}x + \frac{2}{7}$ $D(-1|3)$ Schnittwinkel: 53,1° (126,9°)

2.

a) Wir bringen die Gleichung auf die Scheitelpunktform:

$y = ax^2 + 10ax + 25a - 2$

$y = a(x^2 + 10x + 25) - 2$

$y = a(x+5)^2 - 2$

Alle Parabeln der Schar haben den Scheitelpunkt $S(-5|-2)$.

b) $-6 = a - 10a + 25a - 2$, also $a = -\frac{1}{4}$

c) $0{,}5 = 25a - 2$, also $a = \frac{1}{10}$

d) Alle Parabeln mit $a < 0$.

e) $a(x+5)^2 - 2 = 3x + 12{,}25$

$a(x+5)^2 = 3x + 14{,}25$

$a(x+5)^2 = 3(x+5) - 0{,}75$

$a(x+5)^2 - 3(x+5) + 0{,}75 = 0$

Setzen wir $u = x + 5$, so erhalten wir

$au^2 - 3u + 0{,}75 = 0$

$u^2 - \frac{3}{a}u + \frac{3}{4a} = 0$

$u_{1/2} = \frac{3}{2a} \pm \sqrt{\frac{9}{4a^2} - \frac{3}{4a}}$

Es gibt genau eine Lösung, wenn $\frac{9}{4a^2} - \frac{3}{4a} = 0$, also $a = 3$.

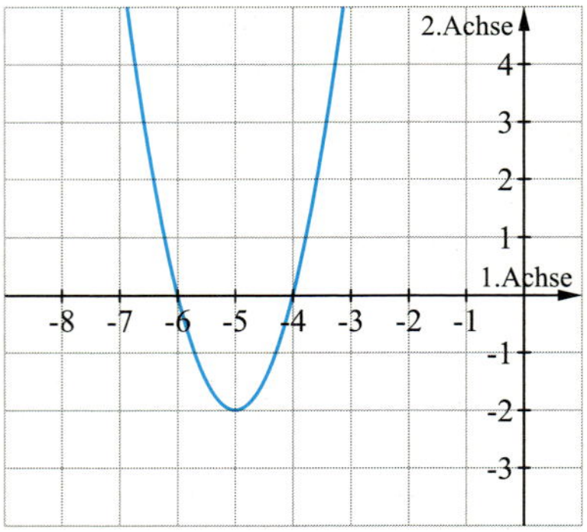

Damit ergibt sich die Parabel $f(x) = 3(x+5)^2 - 2$ und der Schnittpunkt $S(-4{,}5|-1{,}25)$.

3.

a) $y = -\frac{2}{3}x + 4$

b) $A(x) = x \cdot \left(-\frac{4}{3}x + 8\right) = -\frac{4}{3}x^2 + 8x = -\frac{4}{3} \cdot (x-3)^2 + 12$

Setzt man 3 für x, nimmt A(x) ein Maximum an. $P(3|2)$ Der größte Flächeninhalt ist 12 Flächeneinheiten groß.

4.

a) $y = 2 \cdot 10^x$

$x = 2 \cdot 10^y$

$\frac{x}{2} = 10^y$

$y = \lg \frac{x}{2}$

b) Verschiebung um ungefähr 0,3 nach unten.

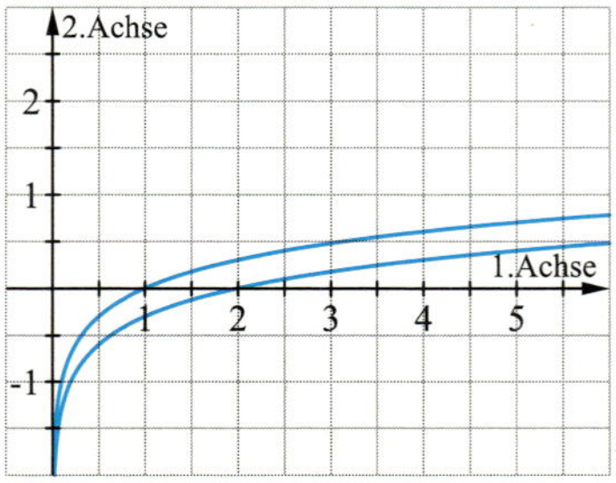

c) $y = \log_2 \frac{x}{3}$

$\left[y = \log_4 \frac{x}{0{,}8};\ y = \log_{0{,}3} \frac{x}{6}\right]$

⋮

⋮

⋮

d) $\lg \frac{x}{2} = \lg x - \lg 2 \approx \lg x - 0{,}3$

Klausurtraining B

1.

a) Wertebereich: $y \geq -4$
Man kann umgekehrt jedem y aus dem Wertebereich genau ein x aus dem Definitionsbereich zuordnen, deshalb hat f auch eine Umkehrfunktion g. Den Graphen von g erhält man durch Spiegelung des Graphen von f an der Hauptwinkelhalbierenden.

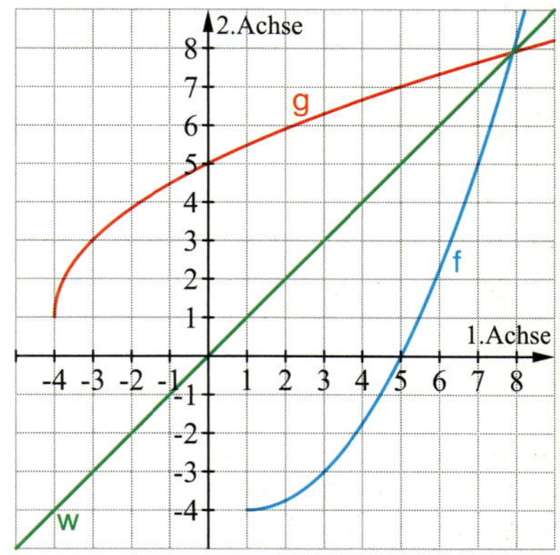

b) Durch folgende Umformungen erhält man g:

$y = \frac{1}{4}x^2 - \frac{x}{2} - \frac{15}{4}$

$y = \frac{1}{4}(x^2 - 2x - 15)$

$4y = x^2 - 2x + 1 - 16$

$4y = (x-1)^2 - 16$

$4y + 16 = (x-1)^2$

$x = 1 + \sqrt{4y + 16}$

Also $g(x) = 1 + \sqrt{4x + 16} = 1 + 2\sqrt{x + 4}$ mit $x \geq -4$

c) Definitionsbereich: $x \geq -4$; Wertebereich: $y \geq 1$
Man erhält den Graphen von g aus dem Graphen der Quadratwurzelfunktion durch Verschiebung um -4 parallel zur 1. Achse, durch Streckung mit dem Faktor 2 in Richtung der 2. Achse und durch Verschiebung um 1 parallel zur 1. Achse.

2.

a)

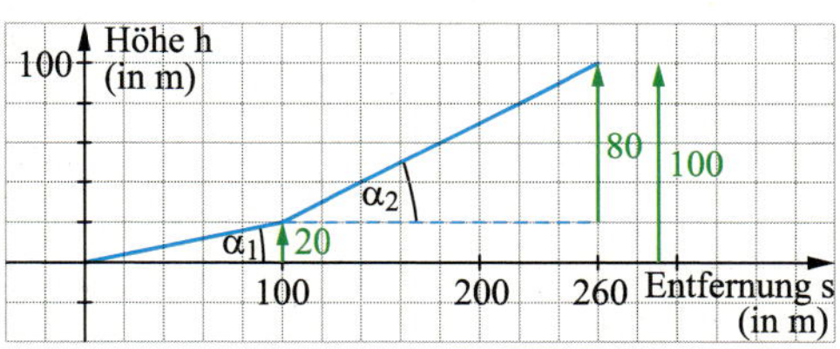

b) Es handelt sich um eine abschnittsweise definierte Funktion.

$$h(s) = \begin{cases} \frac{1}{5} \cdot s & \text{für } 0 \leq s \leq 100 \\ \frac{1}{2} \cdot s - 30 & \text{für } 100 \leq s \leq 260 \end{cases}$$

c)

Entfernung s (in m)	20	80	200	50	130	180
Höhe h (in m)	4	16	70	10	35	60

d) Die durchschnittliche Steigung beträgt $\frac{100}{260} = \frac{5}{13} \approx 38{,}5\,\%$.

e) $\alpha_1 = 11{,}3°$; $\alpha_2 = 26{,}6°$; Im oberen Abschnitt $100 \leq s \leq 260$ nimmt der Wagenkasten eine waagerechte Lage ein.

3.

a) $S\left(\frac{1}{5} \middle| \frac{1}{5}\right)$

b) (1) $k \neq 1$ und $k \neq -1$
Gemeinsamer Punkt:
$S\left(\frac{1}{1+k} \middle| \frac{1}{1+k}\right)$

(2) $k = 1$
Alle Punkte der Geraden mit $y = -x + 1$ sind gemeinsame Punkte.

(3) $k = -1$
Es gibt keine gemeinsamen Punkte.

4.

a)

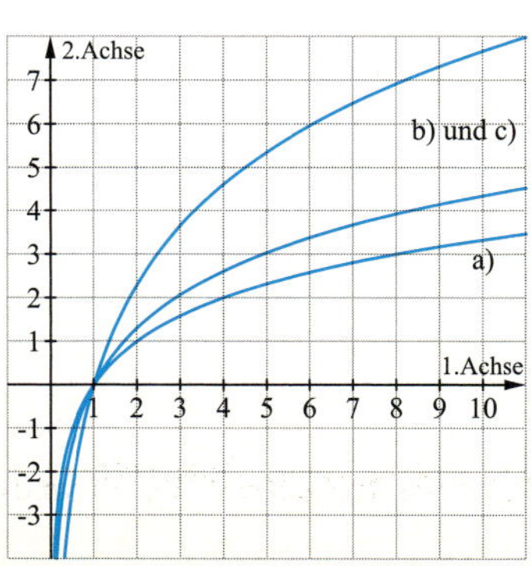

b) Man behält eine Stelle x bei und addiert die beiden Ordinaten (cm-Maß).

c) Es ergibt sich derselbe Graph wie in b).
Begründung:

$$\log_2 x + \log_{1,7} x = \frac{\lg x}{\lg 2} + \frac{\lg x}{\lg 1{,}7}$$
$$= \lg x \cdot \left(\frac{1}{\lg 2} + \frac{1}{\lg 1{,}7}\right)$$
$$= 7{,}661\ldots \cdot \lg x$$

Lösungen zu den Seiten 178 – 179

Klausurtraining A

1.
a) $f'(x) = -6x^2 + 5$ **b)** $f'(x) = \frac{3}{2\sqrt{x}} - 4x^3$ **c)** $f'(x) = n\,x^{n-1}$ **d)** $f'(x) = a(n-1)\,x^{n-2} - b(m+1)\,x^m$

2.
a) $f(x) = x^2 - 2x^3$ **b)** $f(x) = \frac{1}{9}x^3 + \frac{3}{2}x^2$ **c)** $f(x) = \sin(x)$ **d)** $f(x) = \frac{1}{2x^2}$

3.
a)

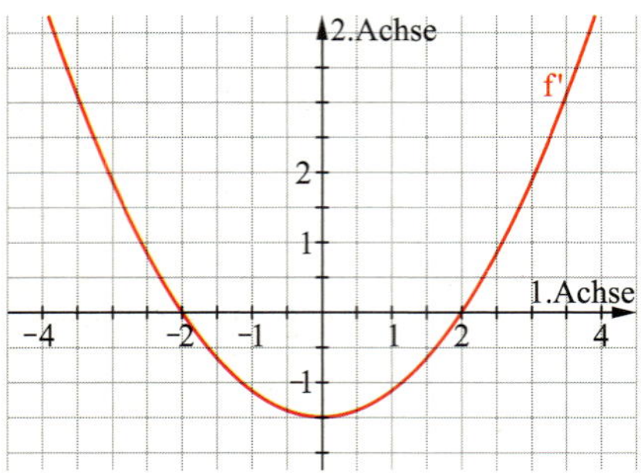

b)

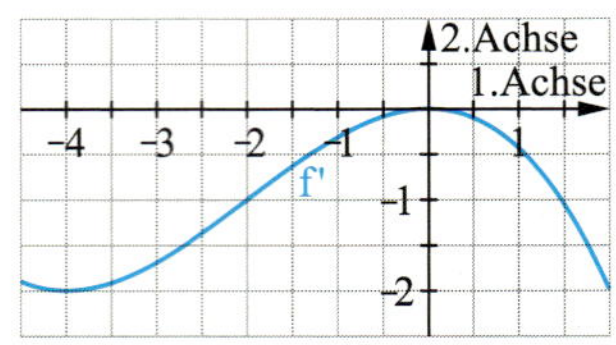

4.
$y = 10x - 16$ ist Gleichung der Tangenten.

5.
Sekantensteigung: $\frac{\frac{1}{x^3} - \frac{1}{a^3}}{x - a} = \frac{a^3 - x^3}{x^3 a^3 (x-a)} = -\frac{a^2 + ax + x^2}{x^3 a^3}$, Ableitung: $f'(a) = -\frac{3}{a^4}$

6.
a) $S_1(0\,|\,0)$; $S_2\left(\frac{5}{4}\,\middle|\,-\frac{15}{16}\right)$; $f'(0) \cdot g'(0) = -1$; $f'\left(\frac{5}{4}\right) \cdot g'\left(\frac{5}{4}\right) = -1$

b) $S_1(0\,|\,0)$; $f'(0) \cdot g_k'(0) = -1$; $k = 1$ oder $k = \frac{1}{4}$

Klausurtraining B

1.
a) $f'(x) = 20x^3 - 6x$ **c)** $f'(x) = 3\cos x + 4\sin x$ **e)** $f'(x) = 1 - \frac{1}{x^2}$

b) $f'(x) = 2x - 6$ **d)** $f'(x) = -\frac{5}{x^2} + \frac{2}{x^3}$ **f)** $f'(x) = \frac{1}{2} + \frac{2}{x^2}$

2.
a) $f(x) = \frac{3}{5}x^5 + \sqrt{5x}$ **b)** $f(x) = 2x^3 - 2x^2$ **c)** $f(x) = 2\sqrt{x}$ **d)** $f(x) = \frac{1}{2}\sin x + 2\cos x$

3.
$S_1(-1\,|\,15)$; $S_2(2\,|\,-15)$; $y = -x + 14$; $y = -x - 13$

4.
a) (1)

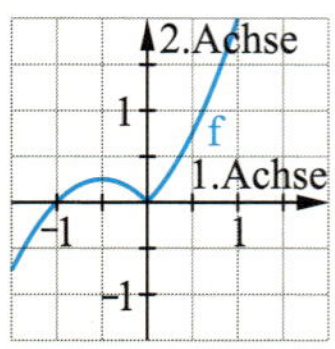

f ist nicht an der Stelle 0 differenzierbar.

(2)

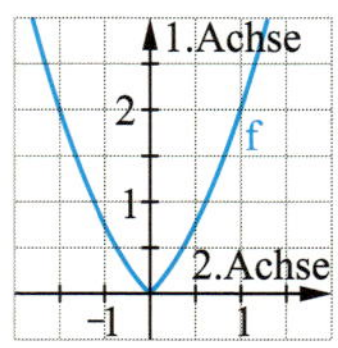

f ist nicht an der Stelle 0 differenzierbar.

b) (1) $f'(0) = 1$
(2) $f'(0) = 1$

5.
$B_1(-6\,|\,15)$; $B_2(6\,|\,3)$

6.

a) $Q(0\,|\,-2a^3)$. Die Tangente an den Graphen von f durch P hat die Gleichung $y = 3a^2x - 2a^3$.
Die 2. Koordinate von Q und der y-Achsenabschnitt der Tangente sind gleich. Daher ist das Verfahren korrekt.

b) $Q(0\,|\,-(n-1)\,a^n)$. Die Tangente an den Graphen von f durch P hat die Gleichung $y = n \cdot a^{n-1} \cdot x - (n-1) \cdot a^n$.
Die 2. Koordinate von Q und der y-Achsenabschnitt der Tangente sind gleich. Daher ist das Verfahren korrekt.

Lösungen zu den Seiten 212 – 213

Klausurtraining A

1.

a) *Nullstellen:* $x_1 = 2$; $x_2 = 1$; *relativer Hochpunkt:* $H\left(\frac{3}{2}\,|\,\frac{1}{16}\right)$;
absolute Tiefpunkte: $T_1(1\,|\,0)$; $T_2(2\,|\,0)$
Wendepunkte: $W_1\left(\frac{3}{2} - \frac{1}{6}\sqrt{3}\,|\,\frac{1}{36}\right)$; $W_2\left(\frac{3}{2} + \frac{1}{6}\sqrt{3}\,|\,\frac{1}{36}\right)$

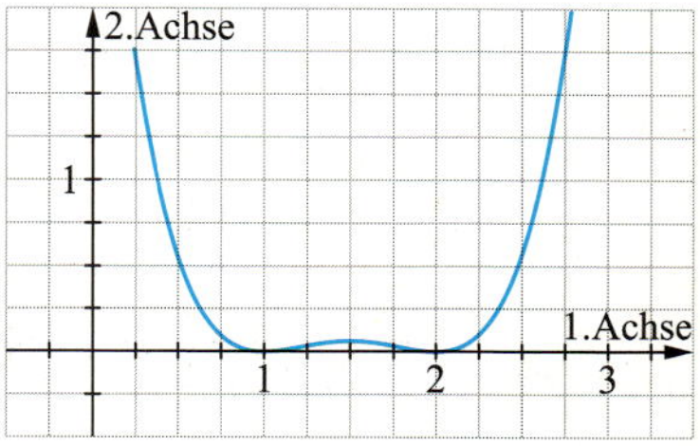

b) Der Graph ist achsensymmetrisch zu $x = \frac{3}{2}$.
Es gilt: $f\left(\frac{3}{2} - x\right) = f\left(\frac{3}{2} + x\right)$.
Nullstellen, Tiefpunkte und Wendepunkte sind symmetrisch zu $x = \frac{3}{2}$. Der Hochpunkt liegt auf dieser Geraden.

2.

a) und b) **f(x)**
Nullstellen: $x_1 = 0$; $x_2 = -2$; *relativer Hochpunkt:* $H(-1\,|\,1)$; *absolute Tiefpunkte:* $T_1(-2\,|\,0)$; $T_2(0\,|\,0)$
Wendepunkte: $W_1\left(-1 + \frac{1}{3}\sqrt{3}\,|\,\frac{4}{9}\right)$; $W_2\left(-1 - \frac{1}{3}\sqrt{3}\,|\,\frac{4}{9}\right)$

g(x)
Nullstellen: $x_1 = 0$; $x_2 = -2$; *absoluter Tiefpunkt:* $T(-1\,|\,-1)$
keine Wendepunkte

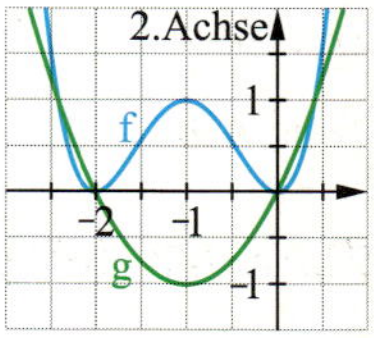

c) Wenn man den Graphen von g an der 1. Achse spiegelt, dann haben beide Graphen den gemeinsamen Hochpunkt $H(-1\,|\,1)$. Wenn man bei $g(x)$ den Exponenten ändert (z. B. $g(x) = x(x+2)^2$), dann gibt es an der jeweiligen Nullstelle (hier $x = -2$) eine gemeinsame Tangente. Andere Möglichkeit: $g(x) = x^2(x+2)$.

d) Beide Graphen sind achsensymmetrisch zu $x = -1$, denn es gilt: $f(-1+x) = f(-1-x)$

3.

a) Der Graph von f steigt in $]-\infty; 0]$ monoton. $H(0\,|\,0)$ ist Hochpunkt von f.
Der Graph von f fällt in $]0; 2]$ monoton. An der Stelle 2 liegt ein Tiefpunkt von f vor.
Der Graph von f steigt in $]2; +\infty[$ monoton.

b) Die Tangenten schneiden sich im Schnittpunkt des Graphen mit der 1. Achse, jedoch nicht im Ursprung.

4.

(1) Grad 5 (2) Grad 4 (3) Grad 9

Klausurtraining B

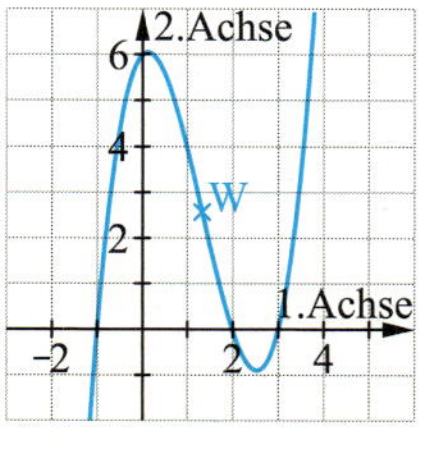

1.

a) und b)
Nullstellen: $x_1 = -1$; $x_2 = 2$; $x_3 = 3$
relativer Hochpunkt: $H(0{,}1315\,|\,6{,}0646)$
relativer Tiefpunkt: $T(2{,}5352\,|\,-0{,}8794)$
Wendepunkt: $W\left(\frac{4}{3}\,|\,\frac{70}{27}\right)$

2.

a) 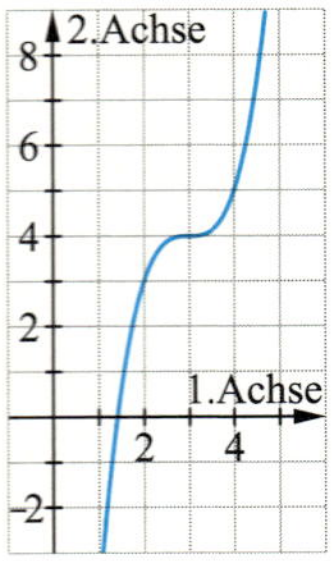

b) z. B. $y = (x-3)^3 + 4$
Tangente: $y = 4$

3.

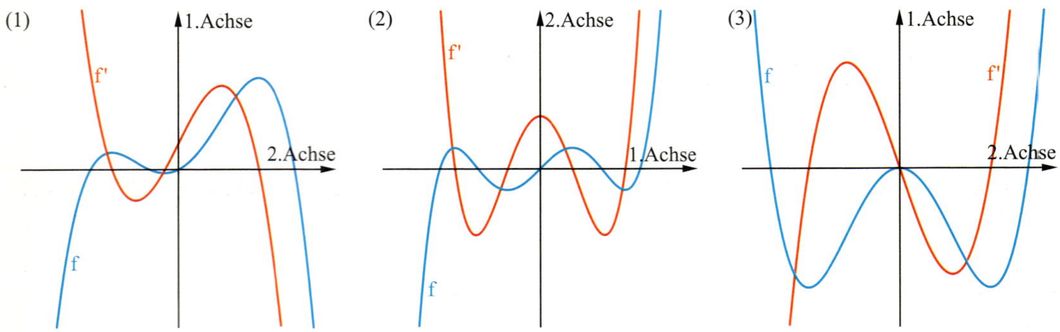

4.

a) Eine Extremstelle kann höchstens an der Stelle 0 vorliegen. Wegen $f''(0) = 0$ und $f'''(0) = 1{,}8 \neq 0$ liegt an der Stelle 0 aber ein Wendepunkt vor.

b) Sei f eine Funktion vom Grade 6.
Für $|x| \to \infty$ gilt dann: entweder (1) $f(x) \to +\infty$ oder (2) $f(x) \to -\infty$.

Fall (1) Wir bewegen uns von links nach rechts entlang der 1. Achse:
Linkskurve | Wendepunkt 1 | *Rechtskurve* | Wendepunkt 2 | *Linkskurve* | Wendepunkt 3 | *Rechtskurve*
Die letzte Kurve muss aber eine Linkskurve sein, da $f(x) \to +\infty$, also muss es nach 3 Wendepunkten auch noch einen 4. Wendepunkt geben.

Fall (2) Hier kann man analog zum Fall (1) argumentieren.

Lösungen zu den Seiten 234 – 235

Klausurtraining A

1.
Ansatz: $f(x) = ax^3 + bx^2 + cx + d$; Es gilt $d = 0$, wegen $f(0) = 0$; Aus $f'(1) = f'(-1) = 0$ ergibt sich $b = 0$;
Wegen $f(1) = -2$ und $f(-1) = 2$ erhält man $a = 1$ und $c = -3$.
Damit ergibt sich die eindeutige Lösung: $f(x) = x^3 - 3x$

2.

a) $f(x) = a \cdot x^2 + b \cdot x$, da 0 Nullstelle. $f'(x) = 2a \cdot x + b$

$$\left.\begin{aligned} f(0{,}6) &= 0{,}6^2 \cdot a + 0{,}6 \cdot b = 0{,}04 \\ f'(0{,}6) &= 2 \cdot 0{,}6 \cdot a + b = 0{,}5 \end{aligned}\right\} \rightarrow \begin{aligned} a &= \tfrac{13}{18} \approx 0{,}72 \\ b &= -\tfrac{11}{30} \approx -0{,}37 \end{aligned} \rightarrow y = \tfrac{13}{18}x^2 - \tfrac{11}{30}x$$

b) $T\left(\frac{33}{130} \,\middle|\, -\frac{121}{2600}\right)$ $T(0{,}254 \mid -0{,}047)$

c) $\tan\alpha = 0{,}5$, $\alpha = 26{,}6°$; $\tan\beta = -\frac{11}{30}$, $\beta = 20{,}1°$

3.

(1) $K = 20000 \cdot (18 - x) + 52000 \cdot y$, möglichst klein, Extremalbedingung

$y^2 = x^2 + 12^2, \quad y = \sqrt{x^2 + 144}$, Nebenbedingung

$K(x) = 20000 \cdot (18 - x) + 52000 \cdot \sqrt{x^2 + 144}; \; 0 \leq x \leq 18$ Zielfunktion

(2) Relative Extremstellen:

$K'(x) = \frac{52000 \cdot x}{\sqrt{x^2 + 144}} - 20000; \quad 0 \leq x \leq 18$

$K'(x) = 0; \quad \frac{52000 \cdot x}{\sqrt{x^2 + 144}} - 20000; \quad 0 \leq x \leq 18$

$52x = 20\sqrt{x^2 + 144} \rightarrow 2704x^2 = 400x^2 + 57600$

$2304x^2 = 57600$

$x = \sqrt{\frac{57600}{2304}} = 5$

$K'(4) \approx -3556 < 0; \quad K'(6) \approx 3255 > 0$

Vorzeichenwechsel bei $K'(x)$ von $-$ nach $+$ an der Stelle $x = 5$.

$T(5 \mid 936000)$ ist ein relativer Tiefpunkt.

(3) Für $x = 5$ erhält man $y = 13; \quad y = \sqrt{x^2 + 144}$.

(4) $K(0) = 984000; \quad K(18) \approx 1124930$; T ist absoluter Tiefpunkt.

Ergebnis: Von A legt man das Kabel zunächst an Land 13 km nach Osten und dann im Meer geradlinig zur Bohrinsel B. Die minimalen Kosten betragen 936000 €.

4.

a) $f_a(x) = x^3 + 3ax^2 + a, \quad f_a'(x) = 3x^2 + 6ax, \quad f_a''(x) = 6x + 6a, \quad f_a'''(x) = 6$

$f_a'(x) = 0, \quad 3x^2 + 6ax = 0$ für $x = -2a$ oder $x = 0$

$f_a''(0) = 6a; \quad f_a''(-2a) = -6a$

$f_a''(0) < 0$ für $a < 0 \quad f_a''(-2a) > 0$ für $a < 0$

$a < 0$: $H(0 \mid a)$ ist relativer Hochpunkt und $T(-2a \mid 4a^3 + a)$ ist relativer Tiefpunkt.

$f_a''(0) > 0$ für $a > 0 \quad f_a''(-2a) < 0$ für $a > 0$

$a > 0$: $T(0 \mid a)$ ist relativer Tiefpunkt und $H(-2a \mid 4a^3 + a)$ ist relativer Hochpunkt.

$f_a''(x) = 0, \quad 6x + 6a = 0$ für $x = -a$

$f_a'''(-a) = 6 > 0$

$W(-a \mid 2a^3 + a)$ ist Wendepunkt.

$a = 0$: $W(0 \mid 0)$ ist Wendepunkt mit waagerechter Tangente, da $f_0'(0) = 0$.

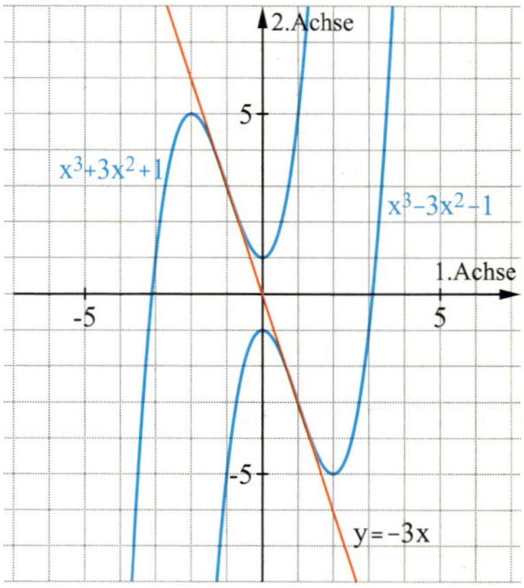

b) $f'(-a) = -3a^2$ Setzt man 1 oder -1 für a, hat die

$-3a^2 = -3$ Wendetangente die Steigung -3.

$a^2 = 1 \quad a = 1$ oder $a = -1$

Wendetangenten: $y = -3x$

Klausurtraining B

1.

Ansatz: $f(x) = ax^3 + bx^2 + cx + d$; Es gilt $d = 0$, wegen $f(0) = 0$; Aus $f'(1) = f'(-1) = 0$ ergibt sich $b = 0$;

Wegen $f(1) = 2$ und $f(-1) = -2$ erhält man $a = -1$ und $c = 3$.

Damit ergibt sich die eindeutige Lösung: $f(x) = -x^3 + 3x$

2.

(1) $E(x) = a \cdot x^2 + b \cdot x - x$ $\quad x \in [0; 7{,}2]$ $\quad E'(x) = 2ax + b - 1, \quad E''(x) = 2a$

(2) $E'(3{,}6) = 7{,}2 \cdot a + b - 1 = 0$ $\quad E(3{,}6) = 3{,}6^2 \cdot a + 3{,}6 \cdot b - 3{,}6 = 2{,}7$
$= 12{,}96a + 3{,}6b = 6{,}3$

(3) $\left| \begin{array}{l} 7{,}2a \quad + b = 1 \\ 12{,}96a + 3{,}6b = 6{,}3 \end{array} \right|$

$a = -\frac{5}{24}$

$b = \frac{5}{2}$

(4) Probe: $E''(x) = 2a = 2 \cdot \left(-\frac{5}{24}\right) = -\frac{5}{12} < 0$

Also: H(3,6 | 2,7) ist relativer Hochpunkt.

$E(3{,}6) = -\frac{5}{24} \cdot 3{,}6^2 + \frac{5}{2} \cdot 3{,}6 - 3{,}6 = 2{,}7$

$E(0) = 0 \quad E(7{,}2) = 0$

H ist absoluter Hochpunkt.

(5) Ergebnis: $E(x) = -\frac{5}{24}x^2 + \frac{5}{2}x - x$

$f(x) = -\frac{5}{24}x^2 + \frac{5}{2}x$

3.

(1) $V = x^2 \cdot y$ möglichst groß Extremalbedingung
$y = 360 - 4x; \quad x = (360 - y) : 4$ Nebenbedingung
$V(x) = 360x^2 - 4x^3; \quad 40 \le x \le 90$ Zielfunktion

(2) Relative Extremstellen
$V'(x) = 720x - 12x^2, \quad V''(x) = 720 - 24x$
$V'(x) = 0; \quad 720x - 12x^2 = 0$ für $x = 60$ wegen $40 \le x \le 90$
$V''(60) = -720 < 0$
$V(60) = 432\,000$
H(60 | 432 000) ist relativer Hochpunkt.

(3) Für $x = 60$ erhält man $y = 120$.

(4) $V(40) = 320\,000; \quad V(90) = 0;$ H ist absoluter Hochpunkt.

Ergebnis: a) Wenn das Paket 120 cm lang ist und die Größe der Quadratseiten 60 cm beträgt, ist das Volumen maximal.
b) Das maximale Volumen ist 432 Liter.

4.

a) $2 \cdot \sqrt{a_1 \cdot x} - x = 2 \cdot \sqrt{a_2 \cdot x} - x$ $\quad$ Alle Graphen haben O(0 | 0) gemeinsam.
$(a_1 - a_2) \cdot x = 0$
$x = 0$

b) $f_a(x) = 2 \cdot \sqrt{a \cdot x} - x; \quad a > 0$

$f'_a(x) = \frac{a}{\sqrt{a \cdot x}} - 1, \quad f'_a(x) = 0, \quad \frac{a}{\sqrt{a \cdot x}} - 1 = 0, \quad x = a$

$f'_a(x)$ hat bei a einen Vorzeichenwechsel von + nach −.

$f'_a(a) = 0 \quad f'_a\left(\frac{a}{4}\right) = 1 \quad f'_a(4a) = -0{,}5 \quad f_a(a) = a$

H(a | a) ist ein Hochpunkt.

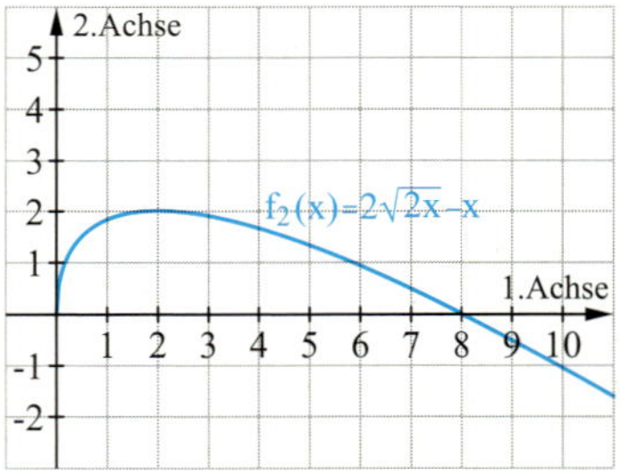

c) H(a | a) liegt auf der Geraden mit $y = x$.

d) $2 \cdot \sqrt{a \cdot 8} - 8 = 0$
$a = 2$

$f_2(x) = 2 \cdot \sqrt{2x} - x$

$W_f = \{y \in \mathbb{R} \mid y \le 2\}$

Stichwortverzeichnis

Ableitung 135, 148
Abnahme 82
abschnittsweise definierte Funktion 11
absolutes Maximum 183
absolutes Minimum 183
Additionstheoreme 72
allgemeine Form der Geradengleichung 26
allgemeine Sinusfunktion 76
analytische Geometrie 28
Änderungsrate 22, 149
Anfangswertvorgabe 16
Anhalteweg 210
Astronomische Einheit 6

Bahnradius 6
Betrag 11
Betragsfunktion 11
biquadratische Gleichung 66
Bogenmaß 73

CANTOR 131
Cantorsches Diagonalverfahren 131
CARDONO 64
CAVALIERI 109

Definitionsbereich 8
Delta x 151
DESCARTES 28
Diagonalform 45
Differentialquotient 151
Differentialrechnung 132
differenzierbar 148
Differenzieren 152
Differenzregel 160
DIRICHLET 109
divergent 113
Dreiecksform 45

ε-Umgebung 111
EIGEN 168
Einheitskreis 67
Erde 6
EULER 180
explizite Vorgabe einer Folge 16, 18
Exponent 53
Exponentialfunktion 82
Extremalbedingung 221
Extremstelle 43, 183
Extremwert 43
Extremwertaufgaben 214, 222
Extremwertprobleme 220

Faktorregel 158
FERMAT 28
FERRARI 64
Folge 18
Funktion 6, 8
–, abschnittsweise definierte 11
–, Betrags- 11
–, Exponential- 82
–, ganzrationale 58 ff.
–, Ganzteil- 11
–, lineare 22
–, Logarithmus- 85 ff.
–, Potenz 53
–, Produktions- 214
–, quadratische 36
–, Quadratwurzel- 48
–, Signum- 11
–, trigonometrische 67 ff.
–, Umkehr- 48, 87
–, Weg-Zeit- 163
–, Wurzel- 11
funktionaler Zusammenhang 9
Funktionenschar 97, 227
Funktionsgleichung 8
Funktionsterm 8

GALILEI 109
GALOIS 64
ganzrationale Funktion 58 ff.
Ganzteilfunktion 11
GAUSS 45
Gauß'scher Algorithmus 45
geometrische Folge 91
geometrische Reihe 94, 118
Gerade 22
Glied der Folge 16, 18
Globalverlauf 58
Grad 58
Grafikfähiger Taschenrechner 106
Graph 7, 59
Graph einer Folge 19
Grenzsteuer 176
Grenzwert einer Funktion 120
Grenzwert 112
Grenzwert der Sekantensteigung 147
Grenzwertsätze bei Funktionen 126 ff.
Grenzwertsätze für Folgen 115 ff.
Guthabenwert 16

Heron-Verfahren 170
h-Methode 122
Hochpunkt 183
höhere Ableitung 152
Hyperbel 145

Intervall 12

KEPLER 6
Kettenregel 236
konvergent 113
Konvergenz 118
Koordinatengeometrie 24
Kosinus 67
Kreis 12
Kurvenschar 97

Länge einer Strecke 28
LEIBNIZ 108, 151, 180
lineare Funktion 22
linearer Term 63
lineares Gleichungssystem 44
linksgekrümmt 199
Linkskurve 199
Logarithmengesetze 86
Logarithmus 85
Logarithmusfunktion 85 ff.
Lösungsformel für quadratische Gleichungen 38

Mars 6
Merkur 6
Mittelpunkt einer Strecke 28
mittlere Änderungsrate 149
Modellieren 9, 76
Momentangeschwindigkeit 164
monoton fallend 56
monoton wachsend 56
Monotonieeigenschaft 56
Monotoniesatz 194

näherungsweises Bestimmen von Nullstellen 37
Nebenbedingung 221
negative Steigung 134
NEWTON 180
Newton-Verfahren 169
nicht differenzierbar 148
Normale 144
Normalform 25, 27
Normalparabel 39, 144
Nullfolge 114, 124
Nullstelle 36, 61, 64 ff.

orthogonal 26
Ortslinie 229

Parabel 36
Parabelachse 42
parallel 26
Parameter 227
Periodenlänge 68
periodischer Dezimalbruch 129
Periodizität 68
Pfeilbild 9
Platznummer 18
Polarkoordinaten 73
Polynom 58
Polynomdivision 61 f., 66
positive Steigung 134
Potenzfunktion 53 ff.
Potenzregel 156
Produktionsfunktion 214
Produktregel 240
Punktprobe 11, 27
Punkt-Steigungs-Form 25
punktuelle Änderungsrate 149, 163, 165

quadratische Funktion 36
Quadratwurzelfunktion 48
Quotientenregel 243

Randextremum 222
rechtsgekrümmt 199
Rechtskurve 199
Rekursionsformel 17
Rekursionsgleichung 16
rekursive Vorgabe einer Folge 18
relatives Maximum 183
relatives Minimum 183
Reproduktionskurve 182
ROBINSON 181

Sattelpunkt 184, 200
Satz von Vieta 61
Scharparameter 97
Scheitelpunkt 36
Scheitelpunktform 42
Schrecksekunde 210
Sicherheitsabstand 210
Signumfunktion 11
Sinus 67
Sinusfunktion, allgemeine 76
Spitzensteuersatz 176
Splittingverfahren 177
Steigung
– der Sekante 146
– der Tangente 146
Steigungsdreieck 133
Steuerfunktion 176
Steuersatz 176
Steuerprogression 177
streng monoton fallend 56
streng monoton wachsend 56
Subtraktionsverfahren 36
Summenformel 95
Summenregel 160
Summenwert der Reihe 118
Symmetrie des Graphen 59

Tangens 67
Tangente 149 f.
Tangentensteigung 137 f.
Tiefpunkt 183
TRACE 10, 37
trigonometrische Funktion 67 ff.

Umkehrfunktion 48, 87
Umlaufzeit 6
unendlich 130

Venus 6
Verkehrsdichte 166
Verkehrsfluss 210
Vieta, Satz von 61
Vorzeichenwechsel 190
Vorzeichenwechselkriterium 190

Wachstum 82
Weg-Zeit-Funktion 163
WEIERSTRASS 181
Wendepunkt 199
Wendetangente 200
Wertebereich 8
Wurzelfunktion 11

zeichnerisches Differenzieren 134
Zielfunktion 221
Zinseszins 16
Zuordnungsvorschrift 8
Zwei-Punkte-Form 25

Überblick über den Kern des Lehrgangs

1. Funktionen S. 6 bis 109

2.1 Grenzwerte bei Folgen
2.1.1 Grenzwert einer Folge S. 111 bis 114
2.1.2 Grenzwertsätze für Folgen S. 115 bis 117

2.2 Grenzwerte bei Funktionen
S. 120 bis 131

2.1.3 Konvergenz der geometrischen Reihe
S. 118 bis 119

3. Differentialrechnung
S. 132 bis 155

4. Funktionsuntersuchungen
S. 182 bis 213

5. Bestimmen von Funktionen – Extremwertaufgaben
S. 214 bis 235

Anhang
Weitere Ableitungsregeln
S. 236 bis 245

Verzeichnis mathematischer Symbole

Mengen, Zahlen

$\mathbb{N}$	Menge der natürlichen Zahlen
$\mathbb{N}^*$	Menge der natürlichen Zahlen ohne null
$\mathbb{Z}$	Menge der ganzen Zahlen
$\mathbb{Q}$	Menge der rationalen Zahlen
$\mathbb{R}$	Menge der reellen Zahlen
$\mathbb{R}^*$	Menge der reellen Zahlen ohne null
$\mathbb{R}^+$	Menge der positiven reellen Zahlen
$\mathbb{R}^-$	Menge der negativen reellen Zahlen
$\mathbb{R}_0^+$	Menge der positiven reellen Zahlen zuzüglich null
$x \in M$	x ist Element von M
$x \notin M$	x ist nicht Element von M
$\{x \in M \mid \ldots\}$	Menge aller x aus M, für die gilt …
$\{a, b, c, d\}$	Menge mit den Elementen a, b, c, d
$\{\ \}$	Leere Menge
$[a; b]$	$\{x \in \mathbb{R} \mid a \leq x \leq b\}$, abgeschlossenes Intervall
$]a; b[$	$\{x \in \mathbb{R} \mid a < x < b\}$, offenes Intervall
$[a; b[$	$\{x \in \mathbb{R} \mid a \leq x < b\}$
$[a; +\infty]$	$\{x \in \mathbb{R} \mid a \leq x\}$
$]-\infty; a[$	$\{x \in \mathbb{R} \mid x < a\}$
$U_\varepsilon(a)$	$]a - \varepsilon; a + \varepsilon[$ ε-Umgebung von a
$(a \mid b)$	geordnetes Paar a, b
$a < b$	a kleiner als b
$a \leq b$	a kleiner oder gleich b
$\lvert x \rvert$	Betrag von x
x^n	x hoch n, n-te Potenz von x
$\sqrt{x}$	Wurzel aus x, (Quadrat-)Wurzel aus x
$\sqrt[n]{x}$	n-te Wurzel aus x
b^x	Potenz zur Basis b mit Exponent x (b hoch x)
$\sin x$	Sinus von x
$\cos x$	Kosinus von x
$\tan x$	Tangens von x
$\log_b x$	Logarithmus von x zur Basis b
$\ln x$	natürlicher Logarithmus von x

Funktionen

$x \mapsto \operatorname{sgn} x$	Signumfunktion
$x \mapsto H(x)$	Heavisidefunktion
$x \mapsto \operatorname{INT}(x)$	Ganzteilfunktion
$x \mapsto b^x$	Exponentialfunktion
$x \mapsto a \cdot b^x$	allgemeine Exponentialfunktion
$x \mapsto \log_b x$	Logarithmusfunktion
$x \mapsto e^x$	e-Funktion
$x \mapsto \sin x$	Sinusfunktion
$x \mapsto \cos x$	Kosinusfunktion
$x \mapsto \tan x$	Tangensfunktion
$f(x)$	Funktionsterm der Funktion f, Funktionswert von f an der Stelle x
$x \mapsto f(x)$	Zuordnungsvorschrift der Funktion f
D_f	Definitionsbereich der Funktion f
W_f	Wertebereich der Funktion f
f'	Ableitungsfunktion von f
f'' $[f''', f^{IV}, \ldots]$	zweite [dritte, vierte, …] Ableitung der Funktion f
$f'(a)$	Ableitung der Funktion f an der Stelle a
$\dot{s}$	1. Ableitung der Weg-Zeit-Funktion
$\ddot{s}$	2. Ableitung der Weg-Zeit-Funktion
$\lim\limits_{x \to a} f(x)$	Grenzwert der Funktion f an der Stelle a
$\langle a_n \rangle$	Folge mit den Gliedern $a_1, a_2, a_3, \ldots$
$\lim\limits_{n \to \infty} a_n$	Grenzwert der Folge $\langle a_n \rangle$

Geometrie

$P(x \mid y)$	Punkt mit den Koordinaten x und y
$P(x \mid y \mid z)$	Punkt mit den Koordinaten x, y und z
$\underline{AB}$	Gerade durch A und B
$\overline{AB}$	Strecke mit den Endpunkten A und B
$\overline{AB}$ (mit Anfangsstrich)	Halbgerade mit Anfangspunkt A durch B
$\lvert AB \rvert$	Länge der Strecke $\overline{AB}$
ABC	Dreieck mit den Eckpunkten A, B und C
$g \parallel h$	g parallel zu h
$g \perp h$	g orthogonal zu h